中国轻工业“十三五”规划教材

发酵工艺

主 编
高大响

中国轻工业出版社

图书在版编目(CIP)数据

发酵工艺/高大响主编．—北京：中国轻工业出版社，2023.8
中国轻工业“十三五”规划教材
ISBN 978-7-5184-2260-9

Ⅰ．①发…　Ⅱ．①高…　Ⅲ．①发酵—生产工艺—高等学校—教材　Ⅳ．①TS261.4

中国版本图书馆CIP数据核字(2019)第097827号

责任编辑：张　靓　　责任终审：劳国强　　封面设计：锋尚设计
版式设计：砚祥志远　　责任校对：晋　洁　　责任监印：张　可

出版发行：中国轻工业出版社(北京东长安街6号，邮编：100740)
印　　刷：三河市国英印务有限公司
经　　销：各地新华书店
版　　次：2023年8月第1版第2次印刷
开　　本：720×1000　1/16　印张：22.5
字　　数：450千字
书　　号：ISBN 978-7-5184-2260-9　定价：52.00元
邮购电话：010-65241695
发行电话：010-85119835　传真：85113293
网　　址：http://www.chlip.com.cn
Email：club@chlip.com.cn
如发现图书残缺请与我社邮购联系调换
231061J2C102ZBQ

本书编写人员

主　编　高大响　江苏农林职业技术学院

副主编　王　娟　河南农业职业学院

黄小忠　江苏农林职业技术学院

参　编　庄晓辉　山东科技职业学院

邵晓庆　甘肃农业职业技术学院

操庆国　江苏农林职业技术学院

崔鹏景　江苏恒顺醋业股份有限公司

束　震　安徽旭辰生物科技有限公司

余诗庆　上海丰原普乐思食品有限公司

前　言

本书为中国轻工业高职高专类“十三五”规划教材。为适应发酵行业对高素质技能型人才的需要，全书编写按照工作过程设置项目，各项目以发酵工艺为主线，以理论知识为基础，相应的发酵设备为载体，技能操作为核心。本着理论够用，突出实践性、实用性和先进性的原则，各项目重点阐述了项目知识和工作任务。项目知识包含基础知识，为必学部分，另一个是拓展知识，以扫二维码形式查阅，可供学生选学；一般技能操作，以“工作任务”的形式体现。部分典型发酵产品的生产工艺，统一安排在“项目十”，便于师生根据需要选用。

本书由高大响任主编，其中项目二、项目四、项目六、项目八、项目十及项目十一（二）由其编写。邵晓庆编写项目一，庄晓辉编写项目三，黄小忠编写项目五，崔鹏景编写项目七，王娟编写项目九，操庆国编写项目十一（一），余诗庆编写项目十一（三），束震编写项目十一（四、五）。

本书适用于高职高专生物制药技术、农业生物技术、生物技术及应用及微生物技术等专业作为教材使用，也可供发酵行业技术人员参考。

本书编写过程中得到了部分兄弟院校的同行及行业专家的指导，并参考了大量书目和期刊论文等文献资料，列于书后，限于篇幅，部分未能一一列出，在此一并致以诚挚的谢意。

由于编者水平及时间有限，书中难免出现错误和不当之处，恳请各位同行、广大读者批评指正。

编者

目 录 CONTENTS

项目一

认识发酵

项目导读

当今的发酵工业，是从以家庭为单位生产发酵食品的手工作坊演变而来的，有很长历史，但由于对发酵的本质长期缺乏认识，因而发展很慢。1857 年，巴斯德用著名的曲颈瓶试验证明了发酵现象是由微生物引起的，提出了著名的发酵理论，后来科学家们又进一步揭示了发酵的真相，把发酵过程中微生物的生命活动与酶化学结合起来。微生物纯培养技术的建立开创了人为控制微生物发酵进程的时代，从此，发酵工程技术经历了几次重大转折，不断发展和完善。进入 21 世纪，随着发酵技术的广泛应用，越来越多的产品可以通过生物发酵来进行生产。现代发酵工业产品已涵盖食品、医药、化学、能源、酶制剂、农业、环境保护以及冶金等很多领域，产品种类多。

本项目介绍了发酵及与发酵有关的概念和基本知识，发酵的本质、发酵工程的重要历史阶段和转折点、工业发酵和产品的类型以及工业发酵的范围等。

项目知识

一、 发酵与发酵工艺

英语“发酵”（fermentation）一词来源于拉丁语“发泡、翻涌”（fervere），描述的是酵母作用于果汁或麦芽浸出液出现气泡的现象，这种现象是由浸出液中的糖在缺氧条件下降解而产生的二氧化碳所引起的。近代微生物学家巴斯德（Pasteur）研究了酒精发酵的生理意义后认为：发酵是酵母在无氧条件下的呼吸过程，是生物获取能量的一种形式。也就是说，发酵是在厌氧条件下，糖在酵母菌等生物细胞的作用下进行分解代谢，向菌体提供能量，从而得到产物酒精和二氧化碳的过程。但后来发现柠檬酸、醋酸等有机酸的发酵需供给氧气，而且新的发酵产品不断涌现，如氨基酸、抗生素、核苷酸、酶制剂、单细胞蛋白等发酵产品，其中很多发酵产品与微生物的能量代谢没有直接关系。因此，人们对发酵的认识有了进一步深化。

（一）发酵的定义和本质

1. 发酵的定义

狭义的发酵是指微生物在厌氧条件下，分解各种有机物，并产生能量的过程。或者更严格地说，发酵是以有机物同时作为电子受体和供体的氧化还原产能反应。例如，酵母菌的乙醇发酵过程，酵母菌分解糖分子并失去分子内的电子，而电子的最终受体为糖的分解产物乙醛，乙醛接受电子后被还原为乙醇，此过程为生物化学意义上典型的“发酵”。

从发酵工业的角度，广义的发酵是指利用微生物在有氧或无氧条件下的生命活动来生产目标产物的过程。它包括厌氧培养的生产过程，如酒精、丙酮丁醇、乳酸等，以及通气（有氧）培养的生产过程，如抗生素、氨基酸、酶制剂等的生产。产物既有细胞代谢产物，也包括菌体细胞、酶等。

目前，发酵的定义进一步扩展：“在合适的条件下，利用生物细胞内特定的代谢途径转变外界底物，生成人类所需要的目标代谢产物或菌体的过程。”这种生物细胞主要是指微生物细胞、基因工程菌，还包括动、植物细胞。

想一想 酿造与发酵

“酿造”一词是由酿扩展而来，包括造酒和酒等含义，如现在所说的酿酒（作动词）、甜酒酿（作名词）等，其应用的范围不仅仅限于造酒和酒本身。在我国，人们习惯把通过微生物纯种或混种作用后，不经过单一成分的分离提取和精制，获得成分复杂、有较高风味要求的食品生产称为酿造，如啤酒、葡萄酒、黄酒、白酒等酒类发酵及酱油、食醋、酱品、豆豉、腐乳、酸泡菜、酸奶等发酵食品的生产，均称为酿造。

“发酵”一词由酵字扩演而来，据《辞源》释义，酵指酵母菌，而酵母菌所起的作用称为发酵。可见发酵一词是随着微生物学的发展而出现的，是近代（即在人们认识了酵母菌及其作用之后）从西方引进过来的。从起源来看，酿造在前，发酵在后。近代研究证明，酿造实际是多种微生物的共同发酵，即酿造包含着许多发酵过程。因此，人们通常把经过微生物纯种作用后，再经分离提取和精制，获得的成分单纯、无风味要求的产品生产称为发酵，如有机溶剂、抗生素、有机酸、酶制剂、氨基酸、核苷酸、维生素、激素和生长素等发酵产品的生产，均称为发酵。

2. 发酵的本质

19世纪之前，人们对发酵的本质并不了解，此时，亚里士多德的“自然发生学说”占据统治地位，认为：生命有机体可以从一些没有生命的东西中产生。

1680年，荷兰人列文虎克（A. Van Leeuwenhoek）发现微生物的存在，揭开了人类认识微生物世界的序幕，为认识发酵的本质奠定了基础。

19世纪中期，巴斯德的酒精发酵和著名的曲颈瓶试验否定了“自然发生学说”，提出了发酵的基本原理：“生命体只能由生命体产生；发酵是通过微生物的代谢活动而进行的化学变化（即发酵的生命理论）”；“不同种类的微生物可引起不同的发酵过程”。这些理论给发酵技术带来了巨大的影响。

1897年，德国的化学家毕希纳（Büchner）用磨碎的酵母细胞制成酵母液，并滤去细胞，加入蔗糖后，意外发现酵母提取液仍能发酵形成酒精，无细胞酵母菌压榨汁中有发酵能力的物质便是酒化酶（zymase）。这一试验有力地证明了酒精发酵过程是微生物产生的酶催化所发生的一系列生化反应，从而阐明了微生物发酵的化学本质；同时也表明了存在于生物体内酶的重要价值，为后来的发酵工艺研究和发酵机制的探讨奠定了坚实的基础。

（二）发酵工艺及发酵工程

发酵工业生产是通过微生物群体的生长代谢来加工或制备产品，其对应的加工或制备工艺被称为“发酵工艺”。为了实现工业化生产，就要解决发酵工艺的工业化生产环境、设备和过程控制参数等工程学的问题，由此就有了“发酵工程”。发酵工程是利用微生物特定性状和功能，通过现代化工程技术生产有用物质或直接应用于工业化生产的技术体系，是将传统发酵与现代生物技术的DNA重组、细胞融合、分子修饰和改造等新技术结合并发展起来的发酵技术。由于主要利用的是微生物发酵过程来生产产品，因此也可称为微生物工程。

从工程学的角度把实现发酵工艺的发酵工业过程分为菌种、发酵和提炼等三个阶段，这三个阶段都有各自的工程学问题，一般分别把它们称为工业发酵的上游工程、中游工程和下游工程。发酵工程的三个阶段都分别有它们各自的工艺、设备和过程控制原理，它们一起构成发酵工程原理，简称为发酵原理。

发酵工程技术和化学工程技术的最大区别在于：前者是利用生物体或生物体产生的酶进行的化学反应；而后者是利用非生物体进行的化学反应。因此，发酵工程是发酵原理与工程学的结合，是研究生物细胞（包括微生物、动植物细胞）

参与的工艺过程原理和科学，是研究利用生物材料生产有用物质，服务于人类的一门综合性科学技术。生物材料包括来自于自然界的微生物、基因重组微生物、各种来源的动植物细胞。因此，发酵工程是生物工程的主要基础和支柱。

二、 发酵工程的发展史

人类利用微生物进行发酵生产已有数千年的历史，然而人们对发酵的认识经历了一个漫长的过程。

（一）自然发酵时期

在我国，据考古证实，公元前4200—前4000年的龙山文化时期就有酒器出现，公元前3500年的商代，就开始用人畜的粪便和秸秆、杂草沤制堆肥。公元3000年前，中国已有用长霉的豆腐治疗皮肤病的记载。孙思邈在《齐民要术》里记录了我国人民能用蘖（麦芽）制造饴糖，用散曲制酱、酿醋，利用微生物制泡菜、奶酒、干酪及豆腐乳等。

在国外，公元前4000—前3000年，古埃及人已熟悉了酒、醋的酿造方法。约公元前2000年，古希腊人和古罗马人已会利用葡萄酿造葡萄酒。在巴黎卢浮宫保存的“蓝色纪念碑”上，记载着公元前3世纪古巴比伦居民利用谷物酿造某些品种的啤酒，有约20种不同啤酒，如用大麦芽酿造的含乳酸的酸啤酒。后来逐渐出现了用烘焙的“啤酒面包”酿造的黑啤酒，以及加入了红花和各种植物果实作为香料的啤酒。

从史前到19世纪末期，人们对微生物与发酵的关系了解不多，只是在实践中应用微生物，利用自然接种方法进行发酵制品的生产，一代代的传授着这种发酵工艺。这一时期被称为自然发酵时期，主要产品有各种饮料酒、酒精、酱、酱油、食醋、干酪、泡菜和酵母等。当时还谈不上发酵工业，仅仅是家庭式或作坊式的手工业生产。多数产品为厌氧发酵，非纯种培养，凭经验传授技术和产品质量不稳定是这个阶段的特点。

（二）纯培养技术的建立

1857年，巴斯德发现了发酵是由微生物引起的，为后来的微生物纯培养奠定了基础。1872年，英国的布雷菲尔德（Brefeld）用孢子法分离到纯种霉菌，建立了霉菌的分离与纯培养方法。1875年，丹麦植物学家汉逊（Hansen）用纯化法分离啤酒酵母，建立了酵母菌纯培养技术。1881年，德国医生柯赫（R. Koch）发明了固体培养基，第一次分离得到微生物纯种，建立了单种微生物的分离和纯培养技术，柯赫因此被称为微生物纯培养技术的先驱。纯培养技术为有效控制不同类型微生物以及获取不同代谢产物奠定了基础，开创了人为控制微生物发酵进程的时代，对发酵工业的建立起到关键的作用。因此，微生物纯培养技术的建立是发酵工程发展史的第一个转折时期，从此，发酵由食品工业向非食品工业发展。

第一次世界大战中，由于战争的需要，德国需要大量用于制造炸药的硝化甘油，从而使甘油发酵工业化。英国制造无烟炸药需要大量的优质丙酮，促使魏茨曼（Weizmann）开拓了丙酮-丁醇发酵，是第一个进行大规模工业生产的发酵过程，也是工业生产中首次大量采用纯培养技术而进行的真正意义上的单菌发酵。

这个时期生产的主要是厌氧发酵产品，包括甘油、乳酸、丙酮、丁醇等；另外，还有一些通过表面固体发酵生产少量的好氧产品，如酵母菌体、柠檬酸等。

（三）通气搅拌液体深层发酵技术的建立

1929 年，英国细菌学家弗莱明（Fleming）发现了青霉素，并确认青霉素对伤口感染有很好的治疗效果。发酵工程发展的第三个时期始于青霉素的研究和发酵生产。

1941 年，美英两国合作对青霉素做了进一步的研究和开发。开始进行表面培养生产青霉素，采用大量的扁瓶或锥形瓶，内装湿麦麸培养基产出的青霉素效价低，耗时耗力，因此急需新的发酵生产线来生产青霉素。随后，工程技术人员将机械搅拌技术引入到带无菌通气装置的发酵罐中，该技术使好氧菌的发酵生产走上了大规模工业化生产途径，青霉素开始进行大规模的发酵生产。目前，采用通气搅拌液体深层培养，100~200m^3发酵液可以产生的青霉素效价高达 5 万~7 万U/mL。通气搅拌深层发酵技术的建立有力推动了抗生素工业乃至整个发酵工业的快速发展，是发酵工程发展史上的第二个转折时期。

通气搅拌深层发酵技术使有机酸、酶、维生素、激素等需氧发酵产品都可以用发酵法大规模生产，也促进了甾体转化、微生物酶与氨基酸发酵工业的迅速发展。传统高分子都是用化学聚合方法进行的，近几年，开始采用深层发酵法生产功能高分子，特别是生物可降解高分子，如透明质酸、黄原胶等也已实现了发酵法生产。

（四）代谢调控发酵技术的建立及发酵原料的转变

大多数的工业产品并不是微生物代谢的末端产物，而是微生物代谢的中间物质，要合成、积累这些物质，必须解除它们的代谢调控机制。代谢控制发酵概念的提出最早源于日本人在谷氨酸发酵上取得的成功。1956 年，日本首先成功地利用自然界存在的野生生理缺陷型菌株进行谷氨酸生产，这是以代谢调控为基础的新的发酵技术。

以 1956 年谷氨酸发酵技术的产业化为标志，发酵工业进入第三个转折期——代谢控制发酵时期，其核心内容为代谢控制技术，之后该技术得到了飞跃的发展和广泛应用，取得了引人注目的成就。利用代谢控制发酵的基本理论，目前已成功地进行了大多数的氨基酸发酵法生产，同时也完成了诸如肌苷酸（IMP）、干扰素等新型药物的开发生产。

目前，发酵企业广泛采用的补料分批发酵技术可以有效地减少发酵过程中培养基黏度升高引起的传质效率降低、降解物的阻遏和底物的反馈抑制现象，很好地控制代谢方向，延长产物合成期和增加代谢物的积累。所需营养物限量的补加，常用来控制营养缺陷型突变菌株，使代谢产物积累达到最大。氨基酸发酵中采用这种补料分批技术最普遍，实现了准确的代谢调控。

随着代谢控制发酵技术的广泛应用，发酵工业需要大量的粮食及农户产品作为发酵原料。20 世纪 60 年代初期，为了解决这一问题，生物学家开始对发酵原料的多样化开发进行了研究，出现了利用烷烃、天然气、石油等进行发酵。如利用廉价的碳氢化合物为碳源不仅能够生产单细胞蛋白（Single Cell Protein，SCP）。而且还可发酵生产各种各样发酵产品。

（五）基因工程的应用

发酵工业发展史中的第五阶段始于 20 世纪 70 年代微生物的体外遗传操作技术，通常称为基因工程（或者 DNA 重组技术）。基因工程技术的诞生使发酵技术进入一个崭新的阶段，也使发酵工业发生了革命性变化。

采用“基因工程菌”能够生产自然界一般微生物不能合成的产物，如胰岛素、干扰素等，大大拓宽了发酵工业的范围。通过基因工程构建的新菌种可以提高代谢产物的产量或质量，例如，原来提取 100g 胰岛素大约需 720g 猪胰脏，而用基因工程菌发酵，仅用 2000L 培养液即可提取 100g 胰岛素。目前，许多国家已用计算机操作细菌生产胰岛素，产量更为可观。生长激素释放抑制因子是一种人脑激素，能够抑制生长激素的不适宜分泌，用于治疗肢端肥大症。该激素最初是从羊脑中提取，50 万个羊脑才能提取 5mg，远远不能满足需要，而利用整合了生长激素释放抑制因子基因的工程菌进行发酵生产，7.5L 培养液就能得到 5mg 的生长激素释放抑制因子，而价格只有原来的几百分之一。

表 1-1　　基因工程菌的发酵产品应用实例

产品	应用	菌种
牛生长激素	奶牛产奶	埃希大肠杆菌
纤维素酶	分解纤维素	埃希大肠杆菌
人生长激素	治疗发育不良	埃希大肠杆菌
人胰岛素	治疗糖尿病	埃希大肠杆菌
单克隆抗体	医学诊断、癌症治疗等	哺乳动物细胞培养物
Ice-minus	阻滞植物结冰	丁香属假单胞菌
Sno-max	造雪	丁香属假单胞菌
组织纤溶酶原激活剂（tPA）	凝血剂	哺乳动物细胞培养物
肿瘤坏死因子	分散肿瘤细胞	埃希大肠杆菌

20 世纪 80 年代以来，一些发达国家的研究人员纷纷试验将大豆球蛋白基因导入大肠杆菌中，通过发酵工程培养，生产出大豆球蛋白，使大豆球蛋白产量倍增。

若种植大豆获得大豆球蛋白，至少需要一个生长季，而应用发酵工程只需要 3d 时间就可以生产出大量的大豆球蛋白。

基因工程的引入是发酵工程发展史上的第四个转折点。现代发酵工程以基因工程的诞生为标志，以微生物工程为核心内容，以数学、动力学、化工原理等为基础，通过计算机实现发酵过程自动化控制的研究，使发酵过程的工艺控制更为合理，相应的新工艺、新设备也层出不穷。

三、 发酵工艺过程和关键技术

（一）发酵工艺过程

发酵工业中，从原料到产品的生产过程非常复杂，包含了一系列相对独立的程序和相关的设备。一般来说，典型的发酵工艺过程如图 1-1 所示，具体可分为七个基本组成部分：①原料预处理及发酵生产所需各种培养基的制备；②发酵设备和培养基的灭菌；③微生物菌种进行扩大培养，以一定比例将菌种接入发酵罐中；④无菌空气的制备；⑤发酵调控管理，提供最佳条件，使菌体生长和产物形成；⑥发酵产品的分离和纯化；⑦发酵废弃物处理和资源化利用。

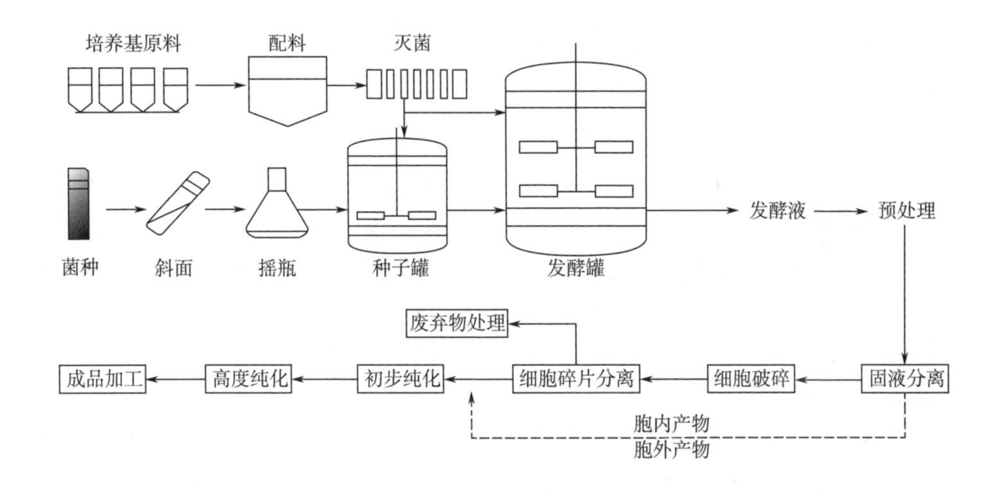

图 1-1　典型发酵工艺过程示意图

（二）发酵工艺中的关键技术

发酵工艺中的关键技术主要包括菌种选育、纯培养（灭菌）、发酵过程优化、发酵过程自动监测和控制、发酵过程放大、分离纯化等技术。

微生物菌种是决定发酵产品的工业价值以及发酵工程成败的关键，只有具备良好的菌种基础，才能通过改进发酵工艺和设备以获得理想的发酵产品。纯培养系指只在单一种类存在的状态下所进行的生物培养，纯培养的方法要依靠灭菌和菌种分离。以获得高产量、高底物转化率和高生产强度相对统一为目标的发酵过程优化技术，是工业生物技术的核心和关键。近年来，发酵工业逐渐由劳动密集型向技术密集型转变，影响这一进程的关键因素之一是发酵过程最优化控制技术，特别是发酵过程在线连续监测控制技术。生物过程的放大是发酵工程中的重要研究内容，研究不同规模生物反应器中的培养过程特性，通过对培养过程进行放大，在稳定、可控的大规模培养过程中实现高产目标。发酵产物的分离提纯是获得商业产品的关键环节，拥有市场竞争力的重要保证。

四、 工业发酵类型及发酵产品类型

（一）工业发酵类型

微生物发酵是一个错综复杂的过程，尤其是大规模工业发酵，要达到预定目的，需要采用和研究开发多种多样的发酵方式，通常按发酵工艺中某一方面的情况，人为地进行分类。

1. 纯菌/混菌

纯菌发酵：指接入纯种微生物进行培养的发酵过程，这种发酵在现代发酵工业中最常见，如啤酒等发酵食品。

混菌发酵：指采用两种或两种以上的微生物进行发酵，这是传统发酵中常用的发酵方式。这种发酵方式可以利用天然的微生物菌群或已知的纯种进行混合发酵，传统大曲酒的生产采用天然微生物菌群进行发酵，而酸乳、液态酿酒等则采用已知的纯种进行混合发酵。污水处理过程往往采用多种微生物共同作用来分解有机污染物。

2. 好氧/厌氧/兼性厌氧

好氧发酵：也称通风发酵，指需要通风提供氧气的发酵过程，如谷氨酸、柠檬酸、醋酸发酵等属于好氧发酵。

厌氧发酵：指不需要通风提供氧气的发酵过程，如乳酸发酵等属于厌氧发酵。一般厌氧发酵过程需要在密闭容器里进行。

兼性厌氧发酵：指菌体生长繁殖是在好氧条件下进行，而在厌氧条件下积累代谢产物。如酵母菌属于兼性厌氧微生物，当有氧供给的条件下，进行好氧呼吸，积累酵母菌体；而在缺氧条件下，进行厌氧发酵，积累代谢产物酒精。

3. 固态/半固态/液态

固态发酵：指微生物接种于固态培养基中进行的发酵过程。如固态酱油发酵。

半固态发酵：指微生物接种于半固态培养基中进行的发酵过程。如黄酒发酵、酱油稀醪发酵。

液态发酵：指微生物接种于液态培养基中进行的发酵过程，是目前发酵工业中最主要的发酵方式。目前我国和世界大多数国家发酵工厂都采用液体深层发酵。如柠檬酸、醋酸及啤酒等的发酵。

4. 分批/补料分批/连续

分批发酵：指在一个密闭系统内投入有限数量的营养物质后，接入少量的微生物菌种进行培养，使微生物生长繁殖，在特定的条件下只完成一个生长周期的微生物培养方法，是目前广泛采用的一种发酵方式。

补料分批发酵：指在微生物分批发酵过程中，以某种方式向发酵系统中补加一定物料，但并不连续地向外放出发酵液的发酵技术。

连续发酵：是将发酵液连续不断放出，同时不断添加等量的培养基，使菌体保持稳定的生长状态的发酵过程。

5. 研究/中试/生产

研究规模发酵：指在实验室进行小规模的发酵过程，一般反应器容积在10~100L。

中试规模发酵：指介于实验室小试和工业规模生产之间中试规模上进行的发酵过程，一般反应器容积在 100~3000L。

生产规模发酵：指在工业生产规模上进行的发酵过程，一般反应器容积在3000L 以上。

在微生物发酵工业生产中，各种发酵方式往往是结合进行的。现代发酵工业大多数主流发酵方式采用的是好氧、液体、深层、分批、游离、单一纯种发酵方式结合进行的。

（二）发酵产品类型

发酵产品的类型繁多，根据其性质大致分为四类：微生物菌体、微生物酶、微生物代谢产物和微生物转化产物等。

1. 微生物菌体

微生物菌体产品是指发酵的最终产物是微生物本身。目前，按用途不同，主要有如下几类。

（1）微生态制剂　可以直接食用，用于改善人体和动物肠道微生物环境。目前，微生态制剂已被应用于饲料、农业、医药保健和食品等各领域中。在饲料工业中广泛应用的有植物乳杆菌、枯草芽孢杆菌等，在食品中广泛应用的有乳酸菌、双歧杆菌、肠球菌和酵母菌等。

（2）活性干酵母　包括面包活性干酵母和各种酿酒活性干酵母，使用方便。酵母菌是工业上最重要，应用最广泛的一类微生物，如啤酒酵母、饲料酵母、酵母抽提物等。酵母细胞的生产工艺过程如图 1-2 所示。

（3）食用和药用酵母　包括作为营养强化剂或添加剂用的普通食用酵母，用于帮助消化的普通药用酵母，能产生药用代谢产物的红酵母，以及具有特殊功效的富集酵母，如富锌酵母、富铁酵母、富硒酵母等。

（4）单细胞蛋白　20 世纪 70 年代出现了微生物单细胞蛋白的生产，包括藻类、

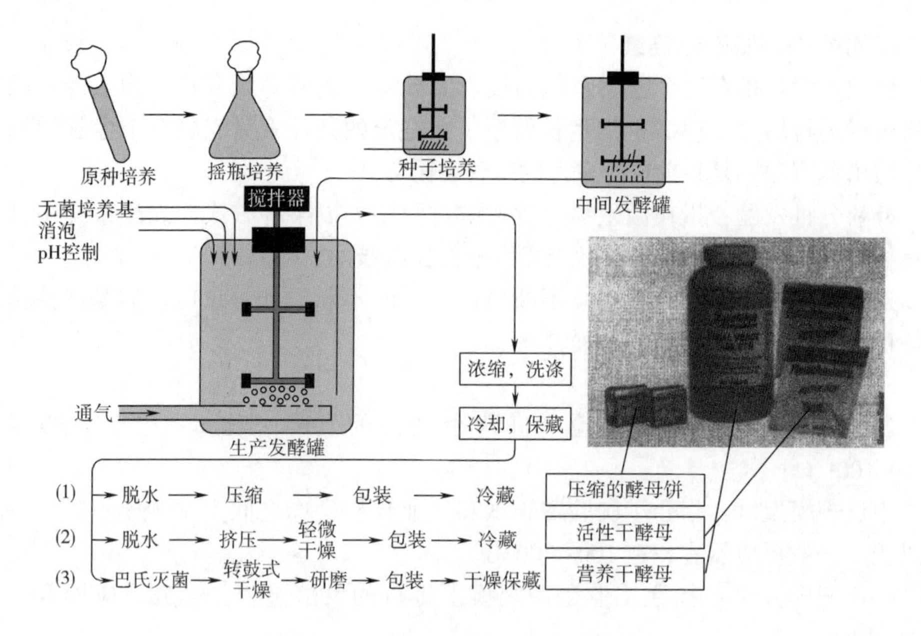

图 1-2　酵母细胞的工业化生产

酵母、细菌、丝状真菌和放线菌等。作为饲料用单细胞蛋白，其粗蛋白含量高达40%~80%，是饲料的良好蛋白质来源。近年来，螺旋藻等光自养微生物的大规模培养也有很大的发展，藻体细胞用于营养保健或提取有关细胞成分（如类胡萝卜素等）。

（5）其他菌体产品　其他菌体产品有食用菌、药用真菌、某些工业用酶制剂（胞内酶）、微生物杀虫剂和生物防治剂等，也被广泛研究和应用。如苏云金杆菌芽孢的伴孢晶体对鳞翅目害虫有非常好的防治作用。

2. 微生物酶

酶最初来源于动、植物组织中，目前工业应用的酶大多来自微生物的发酵。利用发酵法生产各种酶，已经是当今发酵工业的重要组成部分。微生物酶分为胞内酶和胞外酶，其生物合成特点是需要诱导作用，或受阻遏、抑制等调控作用的影响。胞内酶仅以少量的形式产生，并参与细胞过程，而一些生物体还可产生大量特异性的酶分泌到培养基中，成为胞外酶。胞外酶通常能够催化分解不溶性营养物质（如纤维素、蛋白质、淀粉等），分解后的产物运输到细胞中作为营养供菌体生长。

微生物酶可以由细菌或真菌工业化生产，发酵特点是生产容易，成本低。所生产的酶制剂有广泛应用，如淀粉酶和糖化酶用于食品工业中生产葡萄糖，氨基酰化酶用于氨基酸的光学拆分，葡萄糖氧化酶可用于检测血液葡萄糖的含量。

3. 微生物代谢产物

微生物的代谢产物是发酵工业中种类最多，也是最重要的产品之一。可根据它们与菌体生长、繁殖的关系分为初级代谢产物和次级代谢产物。

在菌体对数生长期所产生的产物，是菌体生长繁殖所必需的，这些产物称作初级代谢产物。如单糖或单糖衍生物、核苷酸、维生素、氨基酸、脂肪酸等单体以及由它们组成的各种大分子聚合物，如蛋白质、酶类、核酸、多糖、脂类等生命必需的物质。许多初级代谢产物在经济上具有相当的重要性，分别形成了各种不同的发酵工业，具体产品如表 1-2 所示。

表 1-2　　发酵生产的微生物初级代谢产物

初级代谢产物	产　品
溶剂	乙醇、丙酮和丁醇等
有机酸	柠檬酸、乙酸、乳酸、苹果酸、葡萄糖酸、衣康酸、丙酮酸等
氨基酸	谷氨酸、赖氨酸、苯丙氨酸、异亮氨酸等
核苷或核苷酸	肌苷、鸟苷、肌苷酸、鸟苷酸等
维生素	维生素 B_2、维生素 B_{12}、生物素、核黄素等
多元醇	甘油、1，3-丙二醇等

在菌体生长进入稳定期，某些菌体能合成一些具有特定功能的产物，这些产物与菌体生长繁殖无明显关系，称为次级代谢产物。许多次级代谢产物是抗生素，有些是特异性的酶抑制剂，有的是细胞生长的促进剂，还有许多具有药理特性。

次级代谢产物只有极少数微生物种类才能合成，如放线菌、真菌以及产芽孢的细菌。这些代谢产物可积累在细胞内，但通常都分泌到细胞外。次级代谢产物多为低分子质量化合物。根据次级代谢产物的结构特征与生理作用的研究，次级代谢产物可大致分为抗生素、植物生长激素、色素、生物碱与毒素等不同类型，具体产品如表 1-3 所示。

表 1-3　　发酵生产的微生物次级代谢产物

次级代谢产物	产　品
抗生素	青霉素、链霉素、灰黄霉素、红霉素、头孢菌素、短杆菌肽 S 等
植物生长激素	赤霉素、吲哚乙酸和萘乙酸等
生物碱	麦角生物碱
细胞毒素	白喉毒素、破伤风毒素、肉毒毒素、黄曲霉毒素等
色素	红曲素、β-胡萝卜素、红色小球菌细胞中含有的花青素等
抗肿瘤药物	紫杉醇、多柔比星、丝裂霉素、平阳霉素等
免疫抑制剂	环孢菌素 A、雷帕霉素（ripamycin）等
驱虫剂、杀虫剂	阿维菌素、依维菌素、多拉菌素等

次级代谢产物的发酵生产是发酵工业的主要组成部分，日益受到人们的关注。其生物合成与初级代谢产物一样受到遗传调节和环境条件的控制，要提高产生菌

的生产能力，就要解除一些瓶颈反应，增大代谢流量，提高发酵产品产量。

需要强调的是，将微生物的代谢产物简单地划分为初级代谢产物和次级代谢产物，有时则是困难的，因为某些产物的合成动力学会随着培养条件的改变而发生改变。

4. 微生物转化产物

工业微生物中最具深远意义的是认识到利用微生物的生物转化能完成一些有机化学手段无法实现的特定化学反应。微生物的转化反应是利用微生物代谢过程中的某一种酶或酶系将一种化合物转化成含有特殊功能基团产物的生化反应。其过程是在大型发酵罐中使微生物生长，然后在适当时间加入所需转化的化学底物，经过进一步培养，最后提取发酵液并纯化所需产物。生物转化反应的特点：①反应条件温和（30~40℃，常压，水相反应），反应选择性高；②反应产物纯度高；③反应底物简单便宜（一般无毒、不易燃）；④反应收率主要取决于菌种的性能；⑤设备简单。

19 世纪 80 年代，巴斯德发现乙酸杆菌能将乙醇氧化为乙酸，以后相继发现用微生物可将异丙醇转化为丙醇，葡萄糖转化为葡萄糖酸，山梨醇转化为 L-山梨糖等。值得一提的是上海药物所成功将喜树碱（治疗癌症药物，但毒性较大）转化为 10-羟基喜树碱（毒性小），提高了对癌症的疗效，属国际首例。另外，维生素 C 和甾体激素的转化受到广泛重视。

在维生素 C 生产中，某些合成步骤是由微生物转化完成的。应用乙酸杆菌将 D-山梨醇转化为 L-山梨糖，再用氧化葡萄糖酸杆菌与巨大芽孢杆菌的自然组合进行第二步转化，将 L-山梨糖转化成维生素 C 的前体 2-酮基古龙酸。我国发明的这种维生素 C“二步发酵法”（图 1-3）已经推广到世界各国，该方法不仅简化了“莱氏法”生产工艺，排除有毒化学药品的污染，而且该工艺实行液体发酵，实现了工业生产的连续化、自动化，大大提高维生素 C 的产量。

可的松是一种皮质激素药物，具较强的消炎作用，可减轻轻微皮肤刺激所引起的肿胀和瘙痒。单纯用化学方法在天然甾体母核 C-11 位上导入一个氧原子改造成孕酮需要 37 步反应，收率为 $2/10^5$，但采用黑根霉的羟化酶进行微生物氧化转化，一步就能完成 C-11 上的立体特异性羟化作用（图 1-4），使原来的合成步骤减少到 11 步，收率达 90%，大大降低了可的松的成本。

由于甾体化合物的微生物转化作用是利用微生物的酶对甾体底物进行特定的化学反应，因而转化的产物不是微生物代谢的产物。在整个发酵过程中，微生物的生长和甾体的转化反应可以完全分开。首先进行菌体的培养，积累转化所需要的酶，再利用这些酶改造甾体分子。转化反应可直接用菌体细胞或孢子，也可用有活性的酶或者采用固定化细胞或固定化酶来完成。

五、 发酵工业的特点及范围

利用微生物具有的化学活性进行物质转化，从事各种发酵产品生产的工业称

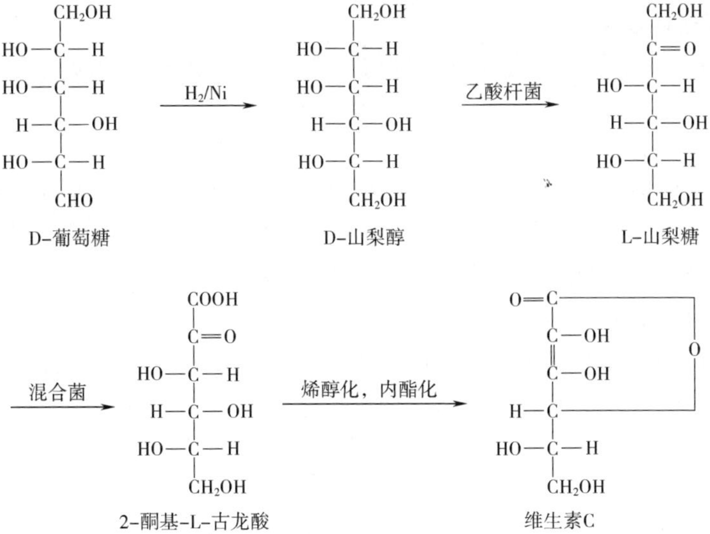

H_2/Ni　乙酸杆菌

D-葡萄糖　D-山梨醇　L-山梨糖

混合菌　烯醇化，内酯化

2-酮基-L-古龙酸　维生素C

图 1-3　“二步发酵法”合成维生素 C

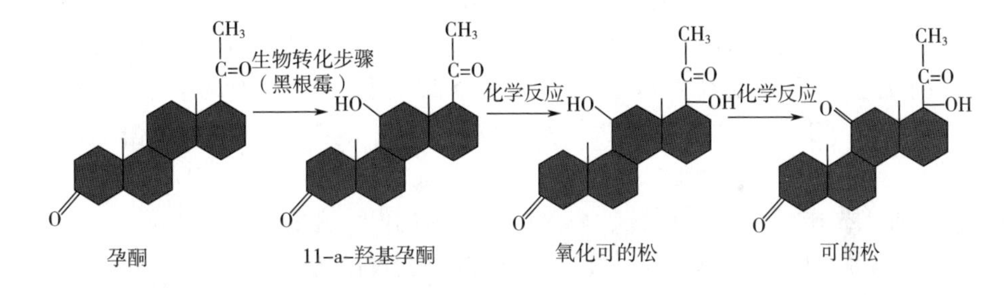

图 1-4　微生物转化发酵生产可的松

为发酵工业。随着发酵工程技术的不断提升，发酵工业已发展成为一个重要的工业体系，在国民经济中占有重要地位，涉及的范围更加广泛。

（一）发酵工业的特点

1. 原料廉价而广泛

发酵所用的原料通常以淀粉、糖蜜或其他农副产品为主，只要加入少量的有机和无机氮源就可进行反应。此外，可以利用工农业生产的废水、废弃物和下脚料以及矿产资源和石油产品等作为发酵的原料进行生物资源的改造和更新，而且原料一般不需要精制。

2. 以微生物为主体

微生物菌种是进行发酵的根本因素，可以通过筛选、诱变或基因工程等手段获得高产优良的菌株。

3. 反应条件温和

发酵过程一般是在常温常压下进行的生物化学反应，反应安全，要求条件简单。

4. 生产的非限制性

发酵过程周期短，不受气候、场地制约。与动物、植物培养过程相比，发酵时间一般几天或几周，远低于动植物的生长周期。发酵过程在反应器中可人为控制规模和环境条件，因而不受场地面积和气候条件的制约。

5. 产物单一，产品多样

发酵过程是通过生物体的自动调节方式来完成的，同一发酵罐中能够连续进行多级酶促反应，而且生物体酶促反应专一性强，数十个生化反应过程能通过单一微生物的代谢完成，因而可获得单一的代谢产物。生物的多样性、不同的代谢方式和调控机制使工业发酵既能生产出小分子产品（如苹果酸、氨基酸等），也能很容易地生产出复杂的高分子化合物（如酶制剂、活性肽、核苷酸等）。

（二）发酵工业的范围

发酵工业已经深入到国民经济的各个部门，根据产业部门划分，与食品相关的大致包括11个产业部门：①酿酒工业；②食品酿造工业；③有机酸发酵工业；④淀粉糖工业；⑤酶制剂发酵工业；⑥氨基酸发酵工业；⑦维生素发酵工业；⑧核苷酸类发酵工业；⑨微生物菌体蛋白发酵工业；⑩特种功能性发酵制品工业（低聚糖、真菌多糖、活性肽、红曲色素、辅酶Q_{10}、功能性不饱和脂肪酸等）；⑪食品添加剂发酵工业（黄原胶、海藻糖、食用色素、乳酸链球菌素等）。

另外，还包括以下发酵产业部门：①有机溶剂发酵工业；②抗生素发酵工业；③名贵医药产品发酵工业（基因工程菌发酵的新型产品，如乙肝疫苗、干扰素、白介素等）；④生理活性物质发酵工业（激素、赤霉素等）；⑤环境净化发酵工业（微生物处理废水、污水等）；⑥冶金发酵工业（利用微生物探矿、冶金、石油脱硫等）；⑦生物能发酵工业（利用纤维素、沼气等天然原料发酵生产酒精、乙烯、甲烷等）。

未来，随着生物学科以及生物技术的发展，基于各种组学和实验生物科学的进步，对细胞功能的认识和优化的方法将进一步深入和不断丰富，发酵产品以及相关发酵工艺将大大拓展，发酵工业的范围会进一步扩大。图1-5所示为发酵产品随着生物学科和生物技术的进步而不断发展的趋势。

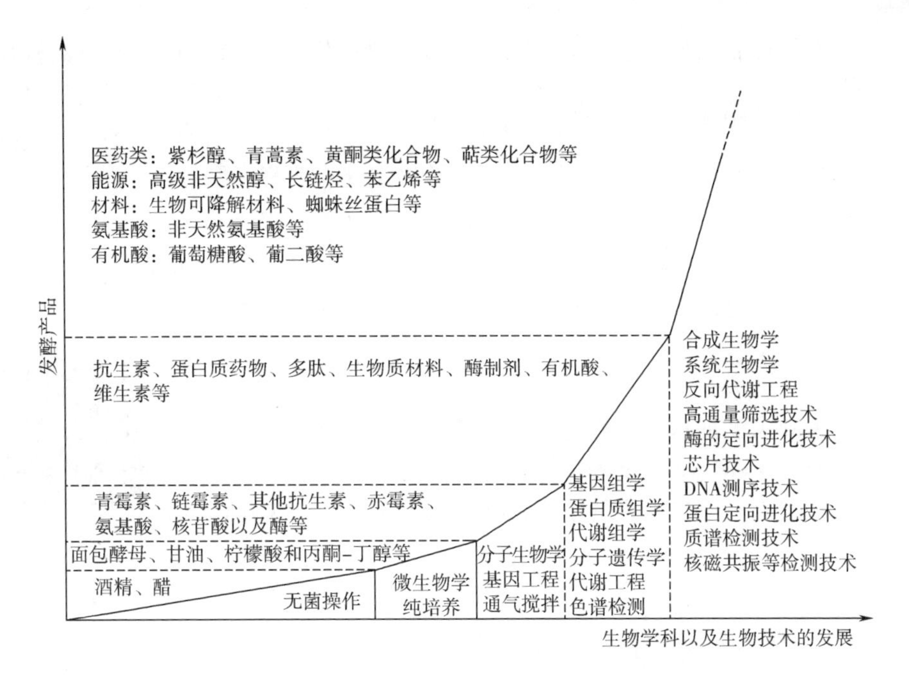

图 1-5　生物学科以及生物技术的发展与发酵产品的发展趋势

项目任务

任务 1-1　参观啤酒发酵工厂

一、 任务目标

通过此项工作，了解啤酒生产的原料、生产技术规范及相关设备，掌握啤酒发酵生产工艺流程。

二、 材料器具

电化教学设备，生产车间工作服、鞋套每人一套。

三、 工作过程

1. 电化教学

（1）观看啤酒生产工艺相关幻灯片。

（2）观看啤酒生产教学片视频。

2. 参观啤酒厂

（1）听取啤酒生产企业的介绍，参观产品展示室。

（2）按照产品工艺流程参观各生产车间，了解啤酒生产的技术规范及设备组成。

四、 注意事项

（1）进入啤酒生产企业，注意安全，严格遵守企业规章制度。
（2）不经允许，不能私自开启相关设备、开关和阀门。
（3）遵守纪律，服从企业和老师的安排。
（4）认真对待参观，做好相关记录。

五、 任务考核

（1）啤酒生产现状与发展趋势了解情况。(20 分)
（2）遵守企业规章制度和纪律情况。(50 分)
（3）啤酒生产工艺流程的了解情况和相关记录。(30 分)

项目拓展（一）

项目思考

1. 名词解释：发酵、发酵工程、发酵工艺。
2. 比较初级代谢产物和次级代谢产物的区别。
3. 简述发酵工程的发展简史和几次重大转折点。
4. 简述发酵的类型和发酵产品的类型。
5. 简述发酵生产的基本工艺和设备流程。
6. 简述微生物工业的特点及范围。
7. 在发酵技术发展历程中以下两个事件有何重要意义？
（1）巴斯德发现发酵是由微生物引起的；
（2）青霉素的工业化生产。

项目二

菌种的选育

项目导读

工业发酵生产水平的高低取决于生产菌种、发酵工艺和后提取工艺三个因素，其中拥有良好生产菌种是前提，菌种质量好坏直接影响了发酵产品的产量、质量及其成本。例如，青霉素的发酵生产，在投产之初只有40U/mL，得到黄色晶体，纯度很低，价比黄金；而现在采用新型菌种可以达到60000U/mL以上，得到晶体为纯白色，青霉素纯度高达95%以上，成本不到0.1元。青霉素发酵生产的这种质的飞跃，生产所用菌种在其中起了关键作用。只有具备良好的菌种基础，才能通过改进发酵工艺和设备获得理想的发酵产品。

微生物资源非常丰富，广泛分布于土壤、水和空气中，尤以土壤中最多。生产上用的菌种，最初都是来自自然界。菌种选育方法主要包括诱变育种、杂交育种和基因工程育种等手段。有的微生物从自然界中分离出来就能被利用，有的需要对分离到的野生菌株进行改良才能被利用。

本项目介绍了发酵工业中常用的微生物、野生型菌株的分离筛选、发酵工业菌种的改良以及菌种的保藏。通过本项目的学习，初步了解有关野生型菌株的分离筛选、菌种改良方法，进一步熟悉和掌握诱变育种的方法、步骤及常见的菌种保藏方法。

项目知识

一、工业生产常用的微生物

工业生产上常用的微生物有细菌、放线菌、酵母菌和霉菌四大类，由于发酵工程本身的发展以及遗传工程的介入，藻类、病毒等也正在逐步成为工业生产的微生物。

藻类是自然界分布极广的一类自养微生物资源，许多国家已把它用作人类保健食品和饲料，如螺旋藻、栅列藻。担子菌资源目前已引起人们的重视，如多糖、抗癌药物的开发。近年来，一些国家的科学家对香菇的抗癌作用进行了深入的研究，发现香菇中“1，2-β-葡萄糖苷酶”及两种糖类物质具有抗癌作用。

尽管微生物工业用的菌种多种多样，但作为大规模生产，对菌种有下列要求：①原料廉价、生产迅速、目的产物产量高；②易于控制培养条件，酶活性高，发酵周期较短；③抗杂菌和噬菌体的能力强；④菌种遗传性能稳定，不易变异和退化，不产生任何有害的生物活性物质和毒素，保证安全生产。

二、重要工业微生物的分离筛选

工业微生物产生菌的筛选一般包括两部分：一是从自然界分离所需要的菌株；二是把分离到的野生型菌株进一步纯化并进行代谢产物鉴别。菌株的分离和筛选一般可分为采样、富集、分离、产物鉴别几个步骤。

（一）菌种标本的采集

土壤是微生物的温床，土壤样品往往是首选的采集目标。采样时，将表层 5cm 左右的浮土除去，取 5~25cm 处的土样 10~25g，装入事先准备好的容器内，编号并做好记录。一般样品取回后应马上分离，以免微生物死亡。

另外，有些要根据微生物生理特点进行采样。例如，在筛选果胶酶产生菌时，由于柑橘、草莓及山楂等果蔬中含有较多的果胶，因此，从上述样品的腐烂部分及果园土中采样较好。筛选高温酶产生菌时，通常到温度较高的南方，或温泉、火山爆发处及北方的堆肥中采集样品，分离耐高渗透压酵母菌时，由于其偏爱糖分高、酸性的环境，一般在土壤中分布很少，因此，通常到甜果、蜜饯或甘蔗渣堆积处采样。

（二）样品的预处理

为提高菌种分离的效果，在分离之前，对采集到的含微生物的样品要进行预处理，其处理方法如表 2-1 所示。

表 2-1 含微生物的样品预处理方法

材料	处理方法	具体措施	分离菌株
水、粪肥	热处理	55℃/6min	嗜粪红球菌、小单孢菌属
土壤、根土	热处理	100℃/1h 或 40℃/（2~6h）	链霉菌、马杜拉放线菌等
土壤	热处理	80℃/10min	芽孢杆菌
海水、污泥	离心法	不同转速处理	链霉菌属
发霉稻草	空气搅拌法	在沉淀池中搅拌	嗜热放线菌
土壤	化学法	培养基中添加 1%的几丁质	链霉菌属
土壤	化学法	培养基中添加碳酸钙提高 pH	链霉菌属
土壤	诱饵法	花粉埋在土壤 1~2 周	游动放线菌属
土壤	诱饵法	用涂石蜡的棒置于碳源培养基中	诺卡菌
土壤	诱饵法	人头发埋在土壤里	角质菌属

一般将采集到的带菌标本做加热处理，可杀死材料中的营养体，使孢子或耐热高温菌存活分离，用滤膜过滤可使水中或空气中的菌株相对集中。诱饵技术是将诱发材料置于土壤或水域等环境中，使有关菌株富集在上面以便于分离。

（三）富集培养

富集培养是在目的微生物含量较少时，根据微生物的生理特点，设计一定的限制性因素（如选择性培养基、特定培养条件、添加抑制剂或促进剂等），使目的微生物在最适的环境下迅速生长繁殖，由原来自然条件下的劣势种变成人工环境下的优势种，以利分离到所需要的菌株。

1. 控制培养基的营养成分

在分离该类菌株之前，可在增殖培养基中人为加入相应的底物作唯一碳源或氮源。那些能分解利用的菌株因得到充足的营养而迅速繁殖，其他微生物则由于不能分解这些物质，生长受到抑制。如分离放线菌的几种培养基如表 2-2 所示。

表 2-2 分离放线菌的几种培养基

培养基	占优势的菌株
几丁质培养基（含几丁质、矿物盐）	链霉菌属、微单孢菌属
淀粉酪素培养基（淀粉、酪素、矿物盐）	链霉菌属、微单孢菌属
基质减半的营养琼脂培养基	嗜热放线菌
天冬酰胺培养基（葡萄糖、天冬酰胺、矿物盐、维生素）	马杜拉放线菌、小双孢菌、链孢囊菌
M_3培养基（无机盐、丙酸盐、硫胺素）	小单孢菌、红球菌
高氏培养基	诺卡菌属

2. 控制培养条件

在筛选某些微生物时，除通过培养基营养成分的选择外，还可通过它们对 pH、温度及通气量等其他一些条件的特殊要求加以控制培养，达到有效分离的目的。如细菌、放线菌的生长繁殖一般要求偏碱（pH7.0~7.5），霉菌和酵母菌要求偏酸（pH4.5~6.0）。因此，把富集培养基的 pH 调节到被分离微生物要求的范围内，不仅有利于自身生长，也可排除一部分不需要的菌类。分离放线菌时，可将样品液在 40℃恒温预处理 20min，有利于孢子的萌发，可以较大地增加放线菌数目；而分离芽孢杆菌时，可将样品液在 80℃恒温预处理 20min，杀死不产芽孢的菌种后再进行分离。

3. 抑制不需要的杂菌

通过高温、高压、添加抗生素等抑制其他微生物杂菌的生长。在选择性培养基中，也经常采用加入抗生素或抑制剂来增加其选择性，如表 2-3 所示。

表 2-3　　培养基中加入抗生素（抑制剂）及分离菌

抗生素等浓度/（μg/mL）	受抑制菌	欲分离菌
放线菌酮（50~500），杀真菌素（100）	霉菌、酵母菌	一般细菌
多黏菌素（5）	G^-细菌	节杆菌
放线菌酮（100）	G^+细菌	G^-细菌
青霉素（1）	G^+细菌	肠杆菌
胆汁酸（1500~5000）	大肠杆菌	沙门菌
制霉菌素（50），亚胺环己酮（50）	真菌	高温放线菌
新生霉素（25），链霉素（0.5~2）	细菌	马杜拉放线菌

（四）纯种分离

经富集培养后的样品中，目的微生物得以增殖，占有一定优势，其他种类微生物在数量上相对减少，但并未死亡。因此，富集后的培养液中仍然有多种微生物存在。

稀释涂布法和划线分离法是微生物学中常见的两种分离方法。稀释涂布法，在平板培养基上得到单菌落的机会较大，特别适合于分离易蔓延的微生物。划线分离法操作简便、快捷，效果较好。此外，菌种分离还有其他一些常见方法。

1. 利用平皿的生化反应进行快速分离

平皿快速检测法是利用菌体在特定固体培养基上的生理生化反应，将肉眼观察不到的产量性状转化成可见的“形态”变化。实际上是指每个菌落产生的代谢产物与培养基内的指示物在平板上表现出的一些容易观察判断的生理反应，其大小表示菌株生产能力的大小。微生物特异性平板检测项目和方法如表 2-4 所示。

表 2-4　　微生物特异性平板检测项目和方法（酶为胞外酶）

项目	检测方法
柠檬酸	pH 指示颜色变化或掺入琼脂平板的碳酸钙的溶解
淀粉酶	由碘液指示的可溶性淀粉的液化
蛋白酶	酪蛋白的溶解
脂肪酶	三丁酸甘油酯的消化，以维多利亚蓝为指示剂形成透明圈
果胶酶	果胶凝胶的液化（1.5%的聚果胶酸钠），多糖沉淀剂
磷酸脂酶 C	卵磷脂平板的混浊圈
磷酸脂酶 A	卵磷脂平板的透明圈
纤维素酶	纤维素平板的透明圈
酶抑制剂	用含酶的琼脂平板上的抑制圈筛选

平皿快速检测法有纸片培养显色法、变色圈法、透明圈法、生长圈法和抑制圈法等，具体如图 2-1 所示。这些方法常用于初筛的定性或半定量用，可以大大提高筛选的效率。缺点是由于平皿上种种条件与摇瓶培养，尤其是发酵罐深层液体培养时的条件有很大的差别，往往会造成两者结果的不一致。

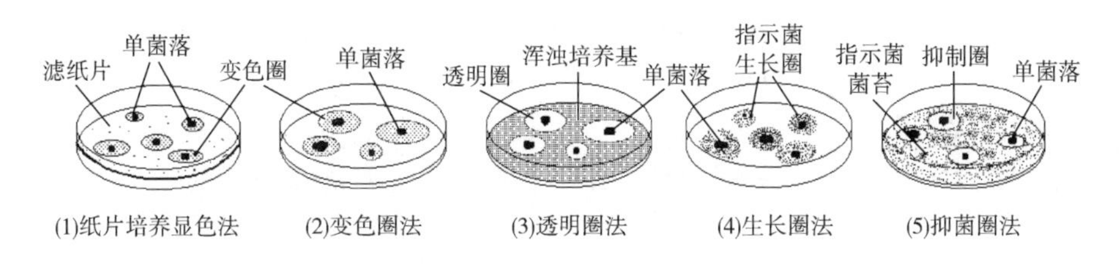

图 2-1　平皿快速检测法示意图

（1）纸片培养显色法　将饱浸有固体培养基（含有某种指示剂）的滤纸片搁于培养皿中，用牛津杯架空，下放一小块浸有 3%甘油的脱脂棉以保湿，将待筛选的菌悬液稀释后用接种环接种到滤纸上，保温培养形成分散的单菌落，菌落周围将会产生对应的颜色变化。从指示剂变色圈与菌落直径之比可以了解菌株的相对产量性状。指示剂可以是酸碱指示剂，也可以是能与特定产物反应产生颜色的化合物。这种方法适用于多种生理指标的测定，如氨基酸显色圈（转印到滤纸上再用茚三酮），柠檬酸变色圈（用 0.02%溴甲酚蓝指示剂）等。

（2）透明圈法　在平板培养基中加入溶解性较差的底物，如可溶性淀粉、碳酸钙等，使培养基混浊。能分解底物的微生物便会在菌落周围产生透明圈，透明圈的大小初步反映该菌株利用底物的能力。

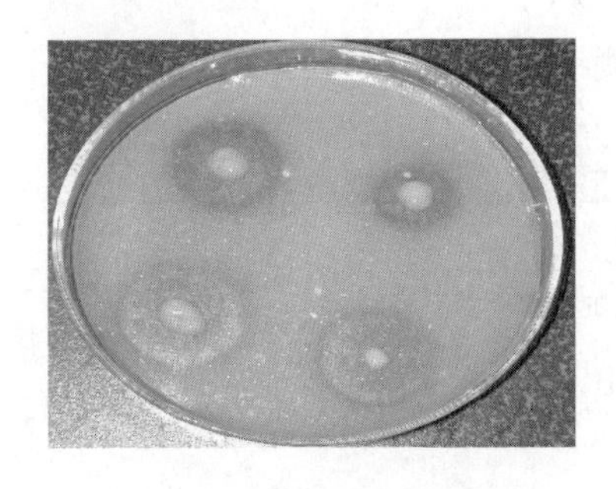
图 2-2 酪蛋白培养基产生的透明圈

该法在分离水解酶产生菌时采用较多，如脂肪酶、淀粉酶、蛋白酶等产生菌都会在含有底物的选择性培养基平板上形成肉眼可见的透明圈。酪蛋白培养基产生的透明圈如图 2-2 所示。分离产生有机酸的菌株时，在培养基中加入碳酸钙，将样品悬液涂抹到平板上培养，产酸菌产生的有机酸能把菌落周围的碳酸钙水解，形成清晰的透明圈，从而轻易地鉴别出来。

(3) 变色圈法　将指示剂直接掺入固体培养基中，进行待筛选菌悬液的单菌落培养，或喷洒在已培养成分散单菌落的固体培养基表面，在菌落周围形成变色圈。如在含淀粉的平皿中涂布一定浓度的产淀粉酶菌株的菌悬液，使其呈单菌落，然后喷上稀碘液，发生显色反应，如图 2-3 所示。变色圈越大，说明菌落产酶的能力越强。筛选果胶酶产生菌时，用含 0.2%果胶为唯一碳源的培养基平板，待菌落长成后，加入 0.2%刚果红溶液染色 4h，具有分解果胶能力的菌落周围便会出现绛红色水解圈。

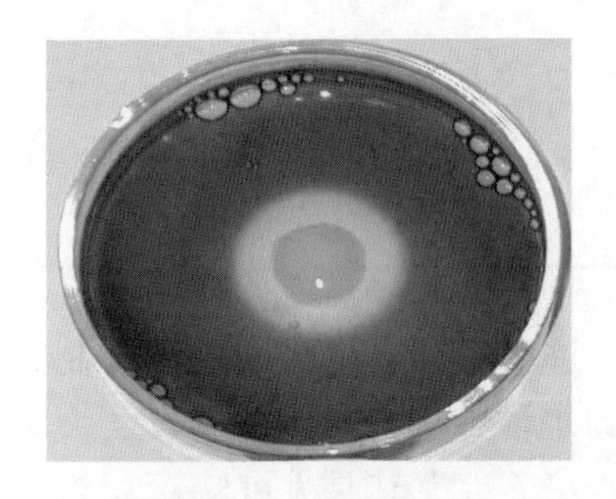
图 2-3 以淀粉为碳源的培养基产生的变色圈

(4) 生长圈法　是根据指示菌（或称工具菌）在目的菌周围形成生长圈而对目的菌进行检出。生长圈法通常用于分离筛选氨基酸、核苷酸和维生素的产生菌。指示菌通常是某种生长因子的营养缺陷型。将某待检菌涂布于含有高浓度的指示菌并缺少该指示菌生长所需营养因子的平板上进行培养，若某菌能合成指示菌所需的生长因子，指示菌就会在该菌的菌落周围形成一生长圈。

(5) 抑菌圈法　抑菌圈法是常用的初筛方法，常用于抗生素产生菌的分离筛选，指示菌采用抗生素的敏感菌。若被检菌能分泌某些抑制菌生长的物质，如抗生素等，便会在该菌落周围形成指示菌不能生长的抑菌圈，从而使被检菌很容易被鉴别出来。

具体操作：将溶化的固体培养基与被测定微生物混合做成平板，把含不等量被测物质的液体滴入平板上（直接滴样法）；或注入平板上的牛津杯内（管碟法，见图 2-4）；或吸入圆形滤纸片后，再置于平板上（纸片法，见图 2-5）；也可以在平板上挖一定大小的圆孔，然

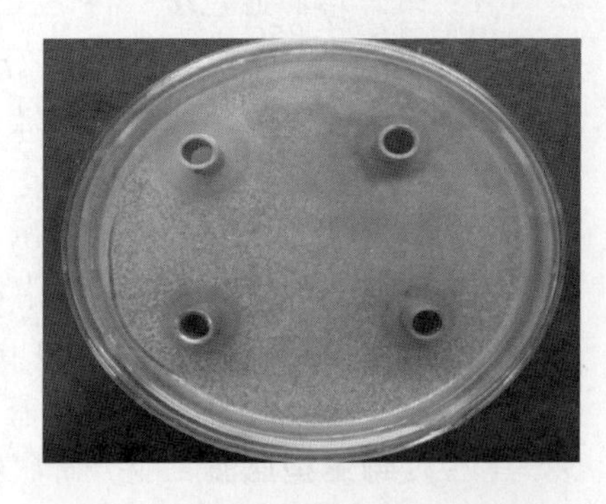
图 2-4 牛津杯滴样得到的抑菌圈

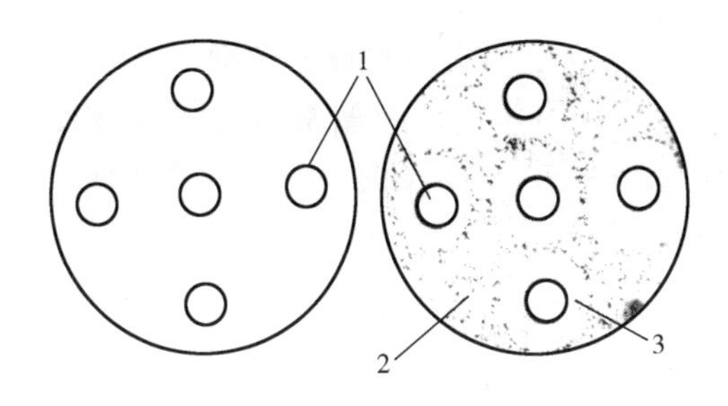

图 2-5　滤纸片法形成的抑菌圈示意图
1—滤纸片　2—细菌生长区　3—抑菌区

后把被测物滴入孔内（打孔法）。经培养后，在物质扩散所及的范围内出现抑菌法（或生长圈），测量圈的直径，并与标准曲线对比，可以计算出被测物质的含量。

2. 组织分离法

组织分离法是从一些有病组织或特殊组织中分离菌株的方法。如从患恶苗病的水稻组织中分离赤霉菌，从根瘤中分离根瘤菌，从植物组织中分离内生真菌，以及从各种食用菌的子实体中分离孢子等。

（五）野生型菌株的筛选

在目的菌株分离的基础上，进一步通过筛选，选择具有目的产物合成能力相对高的菌株。一般分为初筛和复筛两步。

1. 初筛

初筛是从大量分离到的微生物中将具有合成目的产物的微生物筛选出来的过程。初筛可以分为两种情况进行。

（1）平板筛选　出发菌株多，工作量大，为了提高初筛的效率，可采用先采用平皿快速检测法，通过测量不同类型的反应圈直径与菌落直径之比，作为某菌株代谢产物量的“形态”指标。其最大的优点就是简便、快速，因而在筛选工作量大时具有相当的优越性；该法的不足之处是产物活性只能相对比较，难以得到确切的产量水平，只适用于初筛。

（2）摇瓶发酵筛选　由于摇瓶振荡培养更接近于发酵罐培养的条件，效果比较一致，由此筛选到的菌株易于推广；因此，经过平板定性筛选的菌种可以进行摇瓶培养。一般一个菌株接一个瓶，在一定转速的摇瓶机上及适宜的温度下振荡培养，得到的发酵液进行定性或定量测定。

初筛可淘汰 85%~90%不符合要求的微生物，剩下较好的菌株则需进行摇瓶培养复筛。

2. 复筛

一般通过摇瓶或台式发酵罐进行液体培养，再对培养液进行分析测定，才能逐步地筛选出高产菌株。摇瓶（发酵罐）复筛是经过初筛得到的较优良菌株进一步复证，考察其产量性状的稳定性，从中再淘汰一部分不稳定的、相对产量低的或某些遗传性状不良的菌株。复筛时，一个菌株通常要重复 3~5 个瓶。

（六）野生型菌株的鉴定

经典分类鉴定方法主要根据形态学特征、生理生化特征、血清学试验和噬菌体分型等。现代分类鉴定方法主要是利用分子生物学的实验手段，在微生物鉴别及特定目标产物的筛选方面发挥了着越来越重要的作用，如微生物遗传型鉴定(DNA 碱基组成分析、DNA-DNA 杂交、16S rRNA 同源性分析、以 DNA 为基础的分型方法等)；另外，还有细胞化学成分特征分类法。

三、 发酵工业菌种的改良

直接从自然界分离得到的菌株为野生型菌株。根据菌种的自发突变而进行菌种筛选的过程，称作自然选育或自然分离。自发突变的频率较低，因此自然选育筛选出来的菌种，往往低产，不能满足育种工作的需要，只有经过进一步的人工改良才能真正用于工业生产。诱变育种可以获得高产菌株，但不能达到定向育种的目的。随着现代生物技术的发展，杂交育种、原生质体融合、DNA 重组以及代谢工程等均可达到改良菌种的目的。

（一）诱变育种

利用物理、化学或生物制剂等因素，使微生物的遗传物质发生变异导致物种的遗传性状改变，从而获得生产上的优良菌株的方法统称诱变育种。诱变育种与其他育种方法相比，具有操作简便、速度快和收效大的优点，至今仍是一种重要的、广泛应用的微生物育种方法。

（二）杂交育种

生产上，长期使用诱变剂处理，会使菌种的生活能力逐渐下降，利用杂交育种的方法，可以提高菌种的生产能力。杂交育种的目的是将不同菌株的遗传物质进行交换、重组，使不同菌株的优良性状集中在重组体中，克服长期诱变引起的生活力下降等缺陷。杂交育种的一般程序为：选择原始亲本→诱变筛选直接亲本→直接亲本之间亲和力鉴定→杂交→分离到基本培养基或选择性培养基→筛选重组体→重组体分析鉴定。微生物杂交的程序如图 2-6 所示。

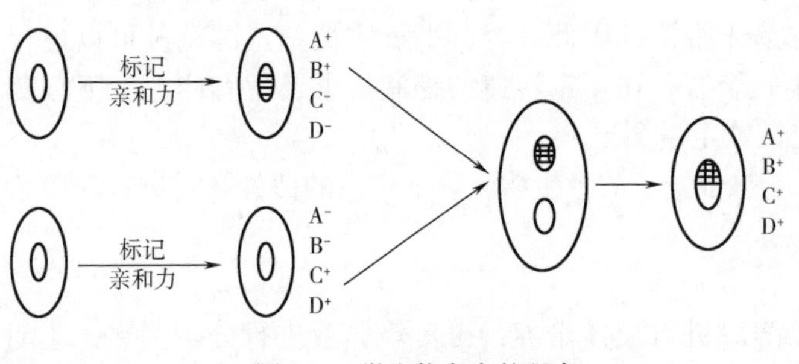

图 2-6 微生物杂交的程序

大部分发酵工业中具有重要经济价值的微生物是准性生殖方式杂交重组。原核微生物杂交仅转移部分基因，然后形成部分结合子，最终实现染色体交换和基因重组。丝状真核微生物通过接合、染色体交换，然后分离形成重组体。常规杂交主要包括接合、转化、转导和转染等技术。

（三）原生质体融合育种

原生质体融合技术是在动植物细胞融合研究的基础上发展起来的，然后才应用于真菌、细菌和放线菌。由于这一技术可以打破种属间的界限，提高重组频率，扩大重组幅度，而备受关注。

原生质体融合的方法是先用酶酶解两个出发菌株的细胞壁，在高渗环境中释放出原生质，然后将它们混合，在助融剂或电场作用下，使它们互相凝集，最后发生细胞融合，实现遗传重组。一般包括原生质体制备，原生质体融合，原生质体再生和融合子筛选等步骤。微生物原生质体融合的一般原理和过程如图 2-7 所示。

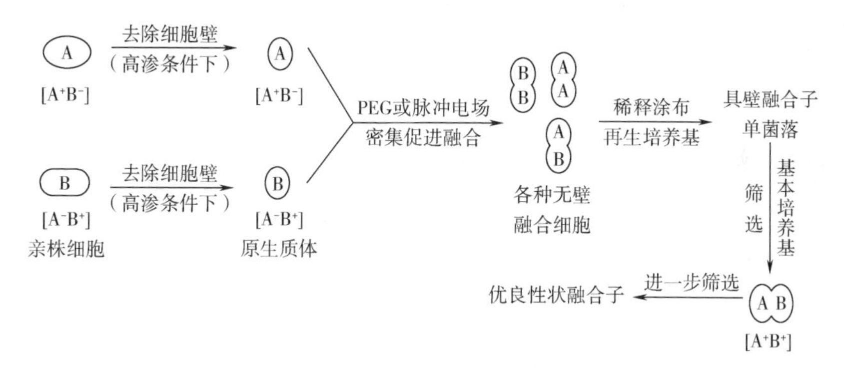

图 2-7　微生物原生质体融合的一般原理和过程

在高渗溶液中，用适当的脱壁酶去除细胞壁，剩下的便是由细胞膜包裹的原生质体，去壁方法如表 2-5 所示。把两个亲株的原生质体混合在一起，在融合剂 PEG 和 Ca^{2+}作用下，促进原生质体的融合。原生质体融合后，需再生，即重组子重建细胞壁，恢复完整细胞的生长和分裂。融合子的选择主要依靠两个亲株的选择性遗传标记。在选择性培养基上，通过两个亲株的遗传标记互补而挑选出融合子。在融合子再生后，经过几代自然分离、选择，才能确定优良性状融合子。

表 2-5　原生质体制备时菌体去壁方法

微生物		细胞壁主要成分	去壁方法
革兰阳性菌	芽孢杆菌	肽聚糖	溶菌酶处理
	葡萄球菌	肽聚糖	溶葡萄球菌素处理
	链霉菌	肽聚糖	溶菌酶处理（菌丝生长时补充 0.5%～5.0%甘氨酸或 10%～34%的蔗糖）
	小单孢菌	肽聚糖	溶菌酶处理（菌丝生长时补充 0.2%～0.5%甘氨酸）

续表

微生物		细胞壁主要成分	去壁方法
革兰阴性菌	大肠杆菌	肽聚糖和脂多糖	溶菌酶和 EDTA 处理
	黄色短杆菌	肽聚糖和脂多糖	溶菌酶处理（生长时补充 0.41mol/L 的蔗糖或 0.3U/mL 青霉素）
霉菌		纤维素和几丁质	纤维素酶或真菌中分离的溶壁酶
酵母菌		葡聚糖和几丁质	蜗牛酶

（四）基因工程育种

基因工程或称体外重组 DNA 技术、遗传工程，是现代生物技术的一个重要组成部分，为发酵工业提供了能生产巨大应用价值产品的生产菌株。基因工程一般包括：目标 DNA 片段的获得、与载体 DNA 分子的连接、重组 DNA 分子引入宿主细胞及从中选出含有所需重组 DNA 分子的宿主细胞。随着重组 DNA 技术的发展，将高等生物的基因克隆到大肠杆菌中，由大肠杆菌发酵生产人胰岛素、人生长激素和干扰素等高附加值药物产品已工业化生产。同时，在微生物发酵生产的其他产品中，重组 DNA 技术对产量的提高及性状的改良等也得到了广泛的研究和应用。用基因工程菌生产胰岛素的过程如图 2-8 所示。

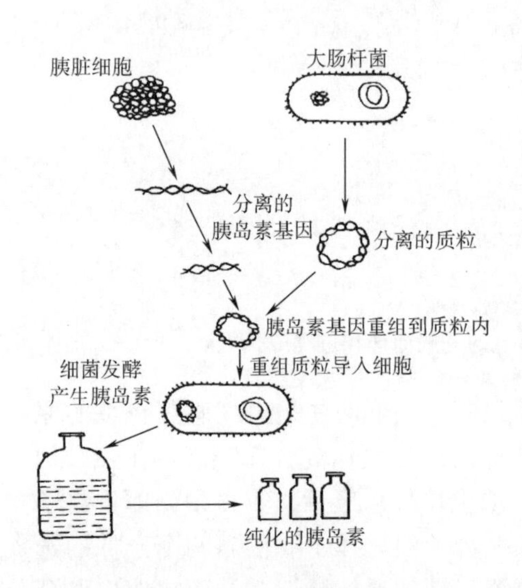

图 2-8　基因工程菌生产胰岛素过程示意图

基因工程菌最大的缺点就是因为传代时重组质粒丢失而造成的遗传不稳定，从而导致工程菌发酵生产时产量不稳定。

难点透析　适应性进化

适应性进化，通常也称为菌种驯化，一般是指通过人工措施使微生物逐步适应某一条件，而定向选育微生物的方法。通过驯化可以取得具有较高耐受力及活动能力的菌株。

目前实验室最常用的适应性进化方法是在特定条件（给予选择压力）下将微生物连续传代培养，通过菌株自发突变的不断富集，获得适应特定条件的表型或生理性能。在人工选育过程中，通过人工施加定向的选择压力，使微生物沿着所需的方向的进化，从而获得目标性状的菌种。适应性进化作为一种传统的菌种改良手段，在实际生产中有广泛应用，特别是在传统发酵、环境保护、金属冶炼等领域。例如，为了提高柠檬酸产生菌对高浓度柠檬酸的耐受力，可将该菌株在柠檬酸适应性进化培养基中进行耐酸性进化，柠檬酸浓度从低逐步提高，这样经过若干次传代后就能得到可耐高浓度柠檬酸的优良菌株。生物乙醇的生产中，副产物乙酸会严重抑制乙醇的生产，Peter Steiner 等人将不耐受乙酸的野生型菌株进行适应性进化实验，将逐渐提高浓度的乙酸作为选择压力，经过 240 代的适应性进化，获得了能够耐受 50g/L 浓度乙酸的菌株。

四、 诱变育种及其应用

诱变育种包括出发菌株的选择、诱变处理和筛选突变株三个部分。

（一）诱变育种的一般步骤

诱变育种的一般步骤如图 2-9 所示。

第一轮：一个出发菌株 —诱变剂处理→ 200个单菌落 —初筛（每株1瓶）→ 50株 —复筛（每株3～5瓶）→ 5株

第二轮：5个菌株 —诱变剂处理→ 5×40 —初筛（每株1瓶）→ 50株 —复筛（每株3～5瓶）→ 5株

第三、第四轮：同第二轮

图 2-9　诱变育种一般步骤

1. 出发菌株的选择

出发菌株是指用于诱变处理的原始菌株。它可以是从自然界分离到的野生型菌株，也可以是正在使用的生产菌株或从其他单位购买的菌株。选择的原则是菌种要对诱变剂有较强的敏感性、变异幅度大、产量高。

2. 同步培养

同步培养，又称为前培养，是指在诱变育种中，处理材料一般采用生理状态一致的单倍体或单核细胞，即菌悬液的细胞应尽可能达到同步生长状态。同步培养的目的就是为了获得生理状态一致的培养物，这样才能保证突变率高，重现性也好。细菌一般要求培养至对数生长期；霉菌处理使用分生孢子，应该将分生孢子在液体培养基中短时间培养，使孢子孵化，处于活化状态，并恰好未形成菌丝体。

3. 单细胞（或单孢子）悬液制备

在诱变育种中，所处理的细胞必须是单细胞、均匀的悬液状态。这是因为，一方面分散状态的细胞可以均匀地接触诱变剂，还可减少分离现象发生；另一方面又可避免长出不纯菌落。菌龄为对数期细胞、刚成熟的孢子或活化的孢子；菌悬液浓度一般真菌孢子或酵母菌细胞悬浮液的浓度为10^6个/mL、放线菌或细菌的浓度为10^8个/mL左右。菌悬液的孢子或细菌数可用平板计数、血球计数器计数和光密度计数。

4. 诱变处理

通过诱变剂对单细胞（或单孢子）悬液进行处理，诱变剂包括物理诱变剂、化学诱变剂和生物诱变剂。其中，物理诱变剂包括紫外线、*X*射线、γ射线、快中子等；化学诱变剂包括烷化剂（如甲基磺酸乙酯、硫酸二乙酯、亚硝基胍、亚硝基乙基脲、乙烯亚胺及氮芥等）、天然碱基类似物、脱氨剂（如亚硝酸）、移码诱变剂、羟化剂和金属盐类（如氯化锂及硫酸锰等），各种化学诱变剂常用浓度及处理时间如表2-6所示；生物诱变剂包括噬菌体等。物理诱变剂因其价格经济，操作方便，所以应用最为广泛；化学诱变剂多是致癌剂，对人体及环境均有危害，使用时须谨慎；生物诱变是利用噬菌体、转座子将遗传物质DNA片断载入细胞，使其在复制过程中嵌入新的信息，由此获得高产菌株。

表2-6　几种化学诱变剂常用浓度及处理时间

诱变剂	诱变剂浓度	处理时间	缓冲液	终止反应方法
亚硝酸	0.01~0.1mol/L	5~10min	pH4.5 1mol/L醋酸缓冲液	pH8.6，0.07mol/L磷酸二氢钠溶液
硫酸二乙酯（DES）	0.5%~1%（体积分数）	10~30min，孢子18~24h	pH7.0 磷酸缓冲液	硫代硫酸钠或大量稀释
亚硝基胍（NTG）	0.1~1.0mol/mL，孢子3mg/mL	15~60min，孢子90~120min	pH7.0，0.1mol/L磷酸缓冲液或Tris缓冲液	大量稀释
氮芥	0.1~1.0mol/mL	5~10min	—	甘氨酸或大量稀释
氯化锂	0.3%~0.5%	加入培养基中，在生长过程中诱变	—	大量稀释
秋水仙碱	0.01%~0.2%	加入培养基中，在生长过程中诱变	—	大量稀释

复合处理是用两种以上的诱变剂先后处理菌株，实践证明复合处理要比单一处理突变率要高3~4倍，金色链霉菌的高产株就是用紫外和乙烯亚胺复合处理后筛选得到的。诱变剂复合处理效果如表2-7所示。

在生产实践上，选用哪种诱变剂、剂量大小、处理时间等，都要视具体情况和条件，并经过预备实验后才能确定。一般以诱变后微生物的致死率在90%~99.9%的剂量为最佳剂量。一般认为，偏低的剂量处理后正突变率较高，而用较高的剂量时则负突变率较高，但高剂量造成损伤大、回复少，如图2-10所示。目前趋向采用低剂量、长时间处理，尽管致死率较高，而诱变效果较好。

表 2-7 诱变剂复合处理效果

菌种	单独处理		复合处理	
	诱变剂	突变率/%	诱变剂	突变率/%
土曲霉	紫外线	21.3	紫外线+X 射线	42.8
	X 射线	19.7		
	紫外线	4.7		
链霉菌	紫外线	31.0	紫外线+γ 射线	43.6
	γ 射线	35.0		
金色链霉菌（2U-84）	二乙烯三胺	6.06	紫外线+二乙烯三胺	26.6
	硫酸二乙酯	1.78	紫外线+硫酸二乙酯	35.86
	紫外线	12.5		
灰色链霉菌（JIC-1）	紫外线	9.8	紫外线+可见光照射 1 次	9.7
			紫外线+可见光照射 6 次	16.6

5. 突变株的筛选

菌种经诱变处理后，一般还要经过初筛和复筛两个阶段。前者以量（选留菌株的数量）为主，后者以质（测定数据的精确度）为主。

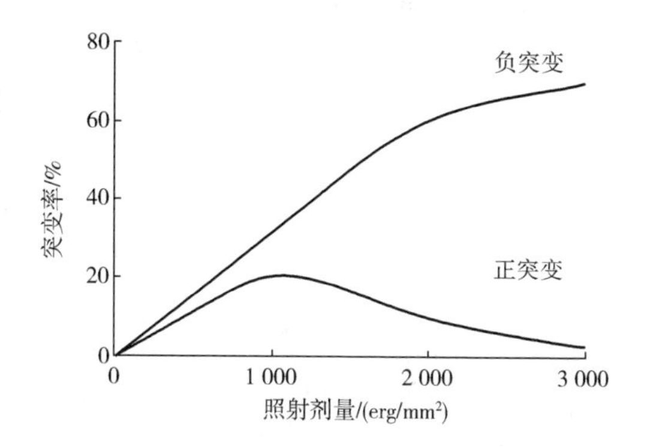

图 2-10 紫外线照射剂量与龟裂链霉菌土霉素某高产菌株变异的关系

6. 发酵生产性能测定

发酵生产性能测定包括形态、培养特征、营养要求、生理生化特性、发酵周期、产品品种和产量、耐受最高温度、生长和发酵最适温度、最适 pH、提取工艺等。

7. 培养基和培养条件的调整

利用单因子法、正交实验法、均匀设计、响应面法等方法进行培养基和培养条件的优化，以充分发挥高产菌株的高产性能。

（二）营养缺陷型突变菌株的筛选与应用

1. 有关基本定义

（1）营养缺陷型指野生型菌株因某些物理或化学因素处理，使编码合成代谢途径中某些酶的基因突变，丧失了合成某些代谢产物（如氨基酸、核酸碱基、维生素）的能力，只能在补充了相应生长因子的培养基上才能正常生长。从野生型经诱变筛选得到的这类菌株，称为营养缺陷型。这类菌株可以通过降低或消除末端产物浓度，在代谢控制中解除反馈抑制或阻遏，而使代谢途径中间产物或分支合成途径中末端产物积累。在氨基酸、核苷酸生产中已广泛使用营养缺陷型菌株。

(2) 基本培养基仅能满足某微生物的野生型菌株生长需要的培养基。

(3) 完全培养基含有满足某微生物的所有营养缺陷型和野生型菌株生长所需营养物质的天然或半合成培养基。完全培养基营养丰富，全面，一般可在基本培养基中加入富含氨基酸，维生素和碱基之类的天然物质配制而成。

(4) 补充培养基补充一种或数种生长因子，以满足某微生物特定的营养缺陷型生长的培养基，其中的生长因子多是通过直接添加氨基酸、碱基或维生素而提供。

2. 营养缺陷型菌株的筛选

营养缺陷型菌株筛选包括诱变处理、淘汰野生型（浓缩）、检出营养缺陷型、确定生长谱等步骤。

(1) 淘汰野生型菌株方法　限制营养成分使缺陷型细胞生长受抑制，野生型细胞在生长过程中被杀死或生长后被除去。淘汰野生型菌株（浓缩）的方法有抗生素法、菌丝过滤法、差别杀菌法等。

抗生素法：某些抗生素能杀死生长繁殖的微生物，而对处于休止状态的微生物无杀伤作用。如青霉素能抑制细菌细胞壁肽聚糖的生物合成。

菌丝过滤法：适用于放线菌、霉菌等丝状微生物。在基本培养基中野生型孢子能萌发长成菌丝体，而营养缺陷型孢子则不生长。将经诱变处理的孢子接种于液态基本培养基中，振荡培养 10~12h，使野生型长成菌丝体，然后以滤纸、棉花等介质过滤，菌丝被滤除，未萌发的缺陷型孢子能顺利通过，从而达到富集营养缺陷型的目的。

差别杀菌：利用芽孢或孢子比营养细胞更耐热的特点，先将诱变处理的细菌形成芽孢，把芽孢在基本培养液中培养一段时间，然后加热杀死营养体。由于野生型芽孢能萌发所以被杀死，而营养缺陷型不能萌发而得以存活。

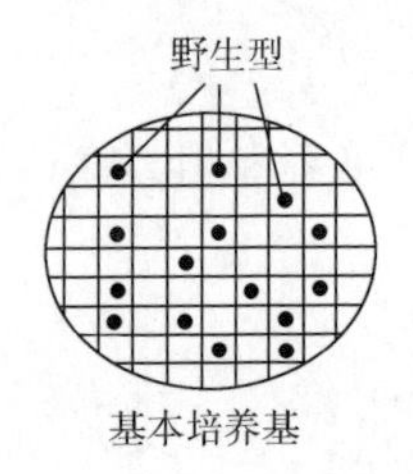

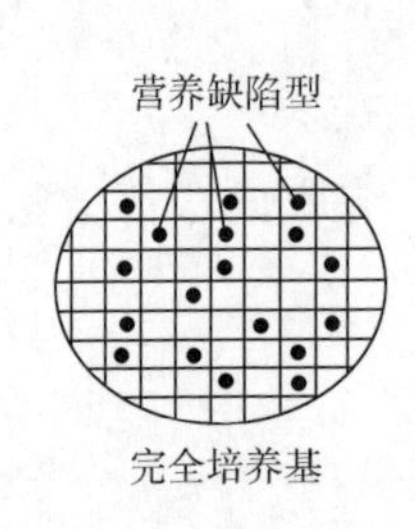

图 2-11　营养缺陷型菌株逐个检出法

(2) 检出缺陷型　浓缩后得到的营养缺陷型菌株比例较大，但不能保证全部为营养缺陷型菌株，还需要进一步分离。

逐个检出法（点种法）如图 2-11 所示。把经诱变处理并淘汰野生型后的菌液（细胞或孢子）在完全培养基上涂布分离，将培养后长出的每一个菌落逐个、同时分别点种在基本培养基和完全培养基上，凡在基本培养基上不能生长而在完全培养基的相应位置能生长的菌落，为营养缺陷型。

影印法如图 2-12 所示。将丝绒布包在直径小于平皿的圆柱台上，固定，作为影印接种工具，灭菌备用。这个类似印章的工具，可以使菌落位置不变地从一个平皿转移至另一个平皿。具体操作方法是将经诱变处理并淘汰野生型的菌液涂布于完全培养基表面上，培养，待长出菌落后，用影印接种工具在此平板上轻按一下（注意不要粘上培养基），然后轻轻地分别印在另一基本培养基和完全培养基上。经培养后，在基本培养基上不长而在完全培养基的相应部位上生长的菌落，为营养缺陷型。

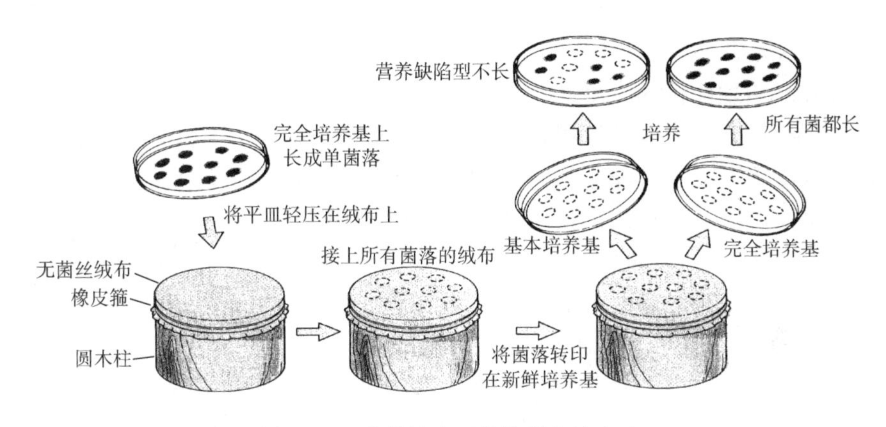

图 2-12　营养缺陷型菌株影印检出法

（3）鉴定缺陷型　营养缺陷型选出后需要鉴定。常用生长谱法，即在基本培养基中加入某种物质时，能生长的菌便是该种物质的缺陷型。首先要鉴定哪一类生长因子，然后再鉴定具体因子。

①缺陷型类别的鉴定：将生长在完全培养基斜面上的待测缺陷型菌株细胞或孢子用无菌水洗下（或液体培养后离心收集的菌体细胞），制成 $10^6 \sim 10^8$ 个/mL 菌悬液。取 1mL 菌悬液与基本培养基（融化并凉至 50℃）混合并倾注平皿。待凝固后，分别在平皿背面用记号笔划分三个区域，然后在平板的三个区域分别贴上蘸有三大类营养物质的圆形滤纸片。经培养后，发现某一类营养物质的滤纸片周围出现微生物生长圈，说明该待测菌株在生长时需要补充该类营养物质，该菌株为这类营养物质的营养缺陷型菌株。如果滤纸片蘸有酵母膏水溶液，无论哪类缺陷型菌株，滤纸片周围均会出现微生物生长圈，因为酵母膏水溶液中氨基酸、维生素、嘌呤和嘧啶均有。例如，营养因子为：

a. 酪素水解液（或氨基酸混合液），代表氨基酸类；

b. 水溶性维生素混合液，代表维生素类；

c. 核酸水解液（碱基），代表嘌呤、嘧啶类。

三大类营养物质缺陷鉴定如图 2-13 所示。

②缺陷营养因子的确定：可以采用滤纸法，将某缺陷型菌悬液分别接种到不同的补充培养基，每一种补充培养基中只添加一种营养成分，如一种氨基酸或一

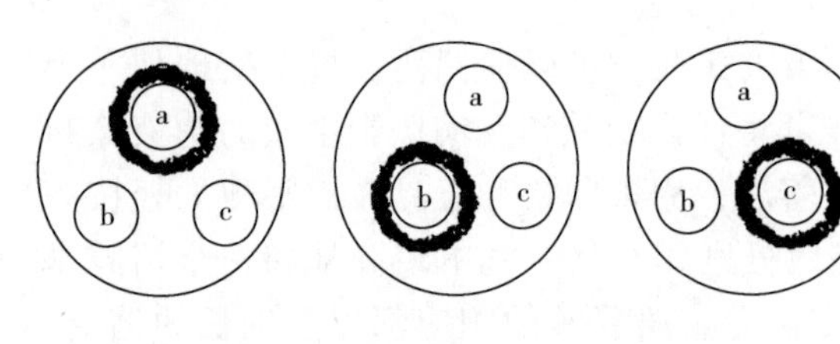

图 2-13　三大类营养物质缺陷鉴定

种碱基。如果在添加某种营养成分的补充培养基中能正常生长，那么被鉴定的突变型就是该营养成分缺陷突变型。例如在添加有腺嘌呤的培养基中能正常生长，该突变型就是腺嘌呤营养缺陷突变型。缺陷营养因子的确定也可用营养组分分组法。

3. 营养缺陷型菌株的应用

在科学研究中，营养缺陷型既可作为研究代谢途径和杂交、转化、转导、原生质体融合等遗传规律所必不可少的标记菌种，也可作为氨基酸、维生素或碱基等生物测定的试验菌种。在生产实践中，营养缺陷型可作为菌种杂交、重组育种和构建工程菌时所不可缺少的带有特定基因标记的亲本菌株。它们还常被用作生产核苷酸、氨基酸等代谢产物的生产菌株，由于营养缺陷型在代谢途径中某一步骤发生缺陷，致使终产物不能积累，从而遗传性地解除反馈抑制，使中间代谢产物或另一分支途径的末端产物得以积累。

一个典型的例子是谷氨酸棒状杆菌的精氨酸缺陷型突变株进行鸟苷酸发酵，如图 2-14 所示。由于合成途径中由鸟苷酸生成瓜氨酸的酶（氨基酸甲酰转移酶）缺陷，必须供应精氨酸和瓜氨酸，菌株才能生长，当这种供应维持在亚适量时，菌株达到最高生长水平，又不引起终产物（精氨酸）对酶（*N*-乙酰谷氨酸激酶）的反馈抑制，从而使鸟氨酸得以大量分泌。

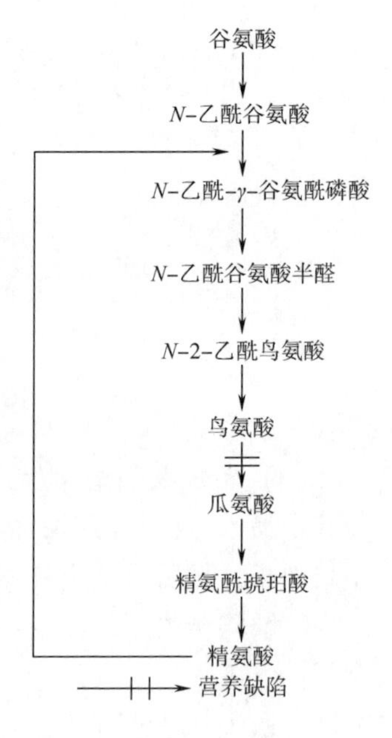

图 2-14　利用谷氨酸棒状杆菌的精氨酸缺陷型进行鸟氨酸发酵机制

项目任务

任务 2-1　土壤中高产淀粉酶菌株的分离

一、 任务目标

(1) 掌握平板稀释涂布法、分离筛选产淀粉酶菌株的基本原理。

(2) 初步掌握从土壤样品中分离筛选产淀粉酶菌株的基本方法。

二、 操作原理

鉴别培养基是用于鉴别不同类型微生物的培养基。在培养基中加入某种特殊化学物质，某种微生物在培养基中生长后能产生某种代谢产物，而这种代谢产物可以与培养基中的特殊化学物质发生特定的化学反应，产生明显的特征性变化，根据这种变化可将该种微生物与其他微生物区分开来。

一般高产淀粉酶芽孢杆菌的菌落较大，中央有皱褶、圆形、规则、无光泽、灰白色、不透明。显微镜观察菌体特征：杆状，直或接近直，多数运动，有侧生鞭毛，芽孢中生，椭圆形。

三、 材料器具

1. 材料

（1）菌源选择含淀粉丰富的土壤为最佳。

（2）平板筛选培养基可溶性淀粉2%，蛋白胨1%，NaCl 0.5%，牛肉膏0.5%，琼脂1.5%~2%，121℃灭菌20min。

（3）分离培养基液体培养基采用牛肉膏蛋白胨培养基加0.2%可溶性淀粉，即牛肉膏3g、蛋白胨10g、NaCl 5g、可溶性淀粉2g溶于1000mL蒸馏水中，pH调至7.2，121℃灭菌15min。

2. 主要仪器设备

锥形瓶，移液管，试管，接种环，涂布棒，培养皿，天平，灭菌锅，培养箱，摇床，离心机等。

四、 任务实施

1. 样品稀释

称取土壤样品1g溶于9mL无菌水中，或水样品5mL溶于45mL无菌水中，分别用无菌水梯度稀释至1×10^7倍。

2. 分离

取1×10^5、1×10^6、1×10^7稀释液涂布于平板筛选培养基表面，37℃培养72h。等长出菌落后，根据菌落不同挑取菌落进行保存并编号。

3. 初步筛选

将检测试剂（碘液）加入到平板中，涂布均匀，菌落周围形成水解圈的菌株即是产淀粉酶的菌株，记其编号，以便进行复筛。

4. 摇瓶复筛

将初筛分离到的产淀粉酶菌株活化后接入装有分离培养基液体培养基的三角瓶中，于30℃摇床进行发酵培养48h，发酵液8000r/min离心5min，取上清液。

在检测培养基上打孔后，将上清液加入孔中，放入恒温箱中静置8h取出，把碘液加入到平板中，涂布均匀，水解圈大的其发酵上清液中淀粉酶的活性就高，取活性最高的菌株作为目的菌株。

五、 结果分析

(1) 菌落形态观察。
(2) 显微镜观察菌体特征。
(3) 土壤中有淀粉酶活性细菌的比例。
(4) 水解圈大小测量。

六、 注意事项

(1) 严格无菌操作，防止污染情况的发生。
(2) 分离菌株时，稀释度不够导致水解圈黏连。

七、 任务考核

(1) 样品稀释和划线分离的正确操作。(30分)
(2) 平板初筛及水解圈形成明显。(30分)
(3) 摇瓶培养及水解圈大小的正确测量。(40分)

任务2-2 柠檬酸产生菌的筛选及诱变处理

一、 任务目标

(1) 掌握从土壤中分离工业用微生物的原理及方法。
(2) 掌握利用变色圈法筛选产酸菌的方法。

二、 操作原理

目前工业生产柠檬酸中多以黑曲霉为产生菌。黑曲霉耐酸性较强，在pH1.6时仍能良好生长。考虑到柠檬酸生产菌应该具有产酸能力强和耐柠檬酸浓度高的特性，可以采用酸性营养滤纸法分离该菌，简单易行，再加上用变色圈法进行初筛，使产柠檬酸的菌株更易被选出。以产酸能力的强弱作为复筛指标，筛选一株较高产柠檬酸的菌株，复筛时着重以其最本质的因素（产酸率）作为指标。

本任务对一株黑曲霉通过紫外线诱变处理。15W紫外灯在30cm处的紫外线波长多数为260nm左右。当菌体处在这样的波长条件下就会吸收大量能量造成DNA分子发生断裂、分子结构形式发生改变。通过诱变处理，进一步筛选突变菌株，从而使野生型或出发菌株的性状得到改良。

三、材料器具

1. 材料

（1）斜面培养基 PDA 培养基。

（2）察氏培养基（加 0.04%溴甲酚绿）蔗糖 30g，$NaNO_3$ 3g，$MgSO_4 \cdot 7H_2O$ 0.5g，KH_2PO_4 1g，KCl 0.5g，$FeSO_4 \cdot 7H_2O$ 0.01g，溴甲酚绿 0.4g，琼脂 20g，蒸馏水 1000mL。

（3）化学试剂：正丁醇，冰乙酸，酚酞指示剂，无菌生理盐水。

2. 主要仪器设备

15W 紫外灯，培养皿，滤纸，新华一号滤纸，层析缸，磁力搅拌器。

四、任务实施

（一）柠檬酸产生菌的分离筛选

1. 分离

采用酸性滤纸法。用薯干粉 10g、柠檬酸 15g 和土壤水稀释浸出液 100mL 混合，倒入少许于培养皿中的数层滤纸上（滤纸要全部湿润），在 30℃下培养。待长出黑褐色具有黑曲霉特征的菌落，挑到斜面上。

观察菌落形态特征，挑选出黑曲霉疑似菌株，接种到培养基上培养 2d，然后重复进行这一操作，进行多次分离纯化（三次），以确保分离到的是黑曲霉。根据所参照的文献在显微镜下观察黑曲霉的孢子和菌丝特征。

2. 初筛

采用变色圈法。将分离纯化所得黑曲霉（菌落丰厚边缘整齐、生长旺盛的单菌落）连续划线接种到察氏琼脂培养基上，30℃恒温培养 3~4d，菌落周围有黄色的变色圈（溴甲酚绿指示剂遇酸会产生颜色反应）。快速测定菌落及周围变色圈直径的大小，选择生长较快、变色圈与菌落直径之比相对较大者作为初筛菌株。

3. 复筛

将初筛得到的黑曲霉（变色圈明显）配制成菌悬液接种到查氏液体培养基中，摇瓶发酵 3~5d。

纸层析法测定柠檬酸的纯度：层析纸用新华一号滤纸，显色剂为 0.04%的溴甲酚绿溶液，展开剂为正丁醇∶冰乙酸∶水 = 12∶3∶5，点样 10μL，温度 24~26℃，上行 2~3h。

然后用 0.1429mol/L 的 NaOH 溶液滴定 10mL 的发酵液，记录各自消耗 NaOH 的体积并计算产酸量和产酸率。

产酸量的测定：取 1mL 发酵液，加入 5mL 蒸馏水，以酚酞为指示剂，用经标定的0.1429mol/L NaOH溶液滴定至浅粉红红色时为滴定终点。按如下公式计算产酸量（以柠檬酸计）和产酸率：

产酸量（g/L）=（$V-V_0$）×c_{NaOH}×M/样品毫升数；

式中 V——发酵液样品滴定消耗的NaOH体积，mL；

V_0——以空白培养基为对照滴定消耗的NaOH体积，mL；

c_{NaOH}——NaOH溶液的浓度，mol/L（0.1429mol/L）；

M——柠檬酸的相对分子质量（243）。

产酸率（g/L）为产酸量/发酵滤液的体积。

（二）黑曲霉菌株的诱变处理

1. 孢子悬液制备

挑取出发菌株固体斜面，用无菌生理盐水洗下孢子，制成孢子悬液，调整孢子液浓度为10^5~10^6个孢子/mL。

2. 紫外线处理

照射处理前，先开紫外灯预热20min使灯的功率稳定。然后取2mL孢子液加入无菌培养皿中，置于电磁搅拌器上，放在紫外灯（15W，灯距为30cm）正中下方，将整个培养皿照射1min后，打开皿盖，启动电磁搅拌器并计时，分别照射15，30，45，60min。将处理过的孢子液适当稀释，涂皿分离，选出菌落移至斜面上培养，并进行摇瓶发酵，测定产酸。

3. 产酸量的测定

产酸量的测定同上述测定方法。

五、结果分析

（1）柠檬酸纯度的纸层析法测定情况分析。
（2）初筛得到的黑曲霉菌株产酸量的测定。
（3）比较不同时间紫外诱变处理下的产酸量和产酸率。

六、注意事项

（1）紫外线照射计时从开盖起，加盖止。
（2）紫外线处理时，要戴防护镜，以防紫外线灼伤眼睛。

七、任务考核

（1）纸层析法的正确操作。(40分)
（2）紫外诱变处理操作规范。(20分)
（3）产酸量的正确测定。(40分)

项目拓展（二）

项目思考

1. 工业用微生物的要求有哪些？试举例说明微生物在工业中的应用。
2. 常用工业微生物的种类有哪些？每种列举一例，并说明其主要发酵产品。
3. 简述发酵工业中分离和筛选菌种的一般程序。
4. 平皿快速检测法具体有哪些？
5. 简要说明诱变育种的操作步骤。
6. 简述营养缺陷型菌株的检出方法有哪些？
7. 工业生产中使用的微生物为什么会发生退化？菌种退化表现在哪些方面？
8. 防止菌种退化的措施有哪些？
9. 简述发酵工业中微生物菌种选育的方法及特点。
10. 试述微生物菌种保藏的目的和原理。
11. 试述微生物菌种保藏的方法及及其使用范围。

项目三

培养基的制备与优化

项目导读

发酵工业中需要各种类型的培养基，这些培养基是为发酵工艺过程设计的符合不同阶段菌种生长和代谢要求的营养基质，其作用是为满足菌体的生长，促进产物的形成。良好的培养基成分及配比能充分发挥菌种的生物合成能力，达到最良好的生产效果；相反，则菌种生长及发酵效果就会受到不同程度的影响。培养基配方要随菌种的改良、发酵控制条件和发酵设备的变化而作相应的改变，而且不同目的，所使用的培养基也各不相同，因此发酵工业生产必须重视培养基成分的选择与优化。

本项目介绍了发酵工业培养基的基本成分和分类、培养基的设计与优化、淀粉水解糖液的制备。通过本项目的学习，初步了解发酵培养基配制的基本要求、方法及步骤，进一步掌握发酵培养基的配制和优化过程。

项目知识

一、 培养基的营养成分及来源

根据微生物对营养的要求，培养基基本成分包括碳源、氮源、无机盐、生长因子和水分等。此外，为了合成某些特殊目的产物和工艺控制需要，有些发酵培养基还需要加入前体、抑制剂、促进剂和消沫剂等。

（一）基本营养成分

1. 碳源

凡是能够提供微生物细胞物质和代谢产物中碳素来源的营养物质都称为碳源。有机碳源不仅用于构成微生物的细胞物质和代谢产物，而且为微生物生命活动提供能量。

微生物能够利用的碳源种类极其广泛，常用的碳源有糖类、脂类、有机酸、烃、低碳醇和碳氢化合物等。在特殊情况下，如碳源贫乏时，蛋白质水解物或者氨基酸等也可以被微生物作为碳源使用。

（1）糖类　糖类是发酵培养基中使用最广泛的碳源，主要糖类的来源如表3-1所示。糖类是微生物最好的碳源，其中，葡萄糖是最易利用的单糖，几乎所有微生物都利用，所以葡萄糖常作为培养基的一种主要成分，被广泛用于抗生素、氨基酸、有机酸、多糖、甾体转化等发酵产品的生产中。值得注意的是，过多的葡萄糖会加速菌体的呼吸，以致培养基中的溶解氧不能满足需要，使一些中间产物不能完全氧化而积累在菌体或培养基中，如丙酮酸、乳酸、乙酸等，导致pH下降，影响某些酶的活性，从而抑制微生物的生长和产物的合成。另外，葡萄糖引起的葡萄糖效应也会阻遏微生物对其他糖的利用。木糖和其他单糖，生产中应用很少。

表3-1　主要糖类的来源

碳源	来　源
葡萄糖	纯葡萄糖、水解淀粉
乳糖	纯乳糖、乳清粉
淀粉	山芋粉、马铃薯粉、玉米粉、木薯粉、燕麦粉、大麦等
蔗糖	甜菜糖蜜、甘蔗糖蜜、粗红糖、精白糖等

工业发酵生产中用的双糖主要有蔗糖、乳糖和麦芽糖。蔗糖、乳糖可以使用其纯制产品，也可以使用含有此二糖的糖蜜和乳清，麦芽糖多用其糖浆。它们主要用于抗生素、氨基酸、有机酸及酶类的发酵。

淀粉等多糖来源广泛、价格低廉，它们一般都要经菌体产生的胞外酶水解成单糖后再被吸收利用，可以解除葡萄糖效应。工业上发酵培养基通常将其液化和糖化为淀粉水解糖代替葡萄糖作碳源使用。有些微生物还可直接利用玉米粉、甘薯粉和土豆粉作为碳源，如用于微生物农药发酵生产的苏云金芽孢杆菌以及丙酮-丁醇发酵生产的丙丁芽孢杆菌。常用淀粉来源的种类及化学成分如表3-2所示。

表 3-2　　淀粉质原料种类

种类	内　容
薯类	甘薯、马铃薯、木薯、山药等
粮谷类	高粱、玉米、大米、谷子、大麦、小麦、燕麦等
野生植物	葛根、土茯苓、蕨根、石蒜等
农产品加工副产物	米糠饼、麸皮、高粱糠、淀粉渣等

糖蜜、亚硫酸盐纸浆废液等也是重要的碳源。糖蜜是制糖生产时的结晶母液，它是制糖工业的副产物，含有丰富的糖、氮类化合物，无机盐和维生素等。糖蜜主要含有蔗糖，总糖可达50%~75%。一般糖蜜分甘蔗糖蜜和甜菜糖蜜，二者在糖的含量上有所不同（表 3-3），即使同一种糖蜜由于加工方法不同其成分也存在差异（表 3-4），因此使用时要注意。此外，除糖分外，糖蜜含有较多的杂质，其中有些是有用的，但许多都会对发酵产生不利的影响，需要进行预处理。

表 3-3　　甘蔗糖蜜和甜菜糖蜜的糖成分　　单位：g/L

种类	甜菜	甘蔗
蔗糖	485	334
棉子糖	10	0
转化糖*	10	213

注：* 以葡萄糖计的还原糖含量。

表 3-4　　甘蔗糖蜜的成分　　单位：%

项目	蔗糖含量	转化糖含量	总糖含量	灰分含量	蛋白质含量
亚硫酸法（广东）	33.00	18.08	51.98	13.20	—
碳酸法（广东）	27.00	20.00	47.00	12.00	0.90
碳酸法（四川）	35.80	19.00	54.80	11.10	0.54

（2）油和脂肪　油和脂肪可以被许多微生物作为碳源和能源。这些微生物都具有比较活跃的脂肪酶，在脂肪酶作用下，油或脂肪被水解为甘油和脂肪酸，在溶解氧的参与下，进一步氧化成二氧化碳和水，并释放出大量能量。发酵过程中加入的油脂还兼有消泡作用。常用的油脂有豆油、菜油、葵花籽油、猪油、鱼油、棉籽油、玉米油等。

要注意的是，当微生物利用脂肪作为碳源时，要供给比糖代谢更多的氧，不然大量的脂肪酸和代谢中的有机酸会积累，从而引起 pH 的下降，并影响微生物酶系统的作用。

（3）有机酸及其盐类　一些微生物对乳酸、柠檬酸、乙酸、延胡索酸等及其盐类有很强的氧化能力，因此这些有机酸和它们的盐也能作为微生物的碳源。有机酸作为碳源，氧化产生的能量被菌体用于生长繁殖和代谢产物的合成。在利用有机酸时，发酵液的 pH 会随着有机酸氧化而上升，尤其是有机酸盐氧化时，常伴随着碱性物质的产生，使 pH 进一步上升。对整个发酵过程中 pH 的调节和控制增加困难。醋酸盐作为碳源被氧化时的反应：

$$CH_3COONa+2O_2 \longrightarrow 2CO_2+H_2O+NaOH$$

（4）烃和醇类　近年来，随着石油工业的发展，正烷烃（一般是从石油裂解中得到的 14~18 碳的直链烷烃混合物，以及甲烷、乙烷、丁烷等）用于有机酸、氨基酸、维生素、抗生素和酶制剂的工业发酵中。甘油、甲醇、乙醇、山梨醇等也用于碳源。例如，嗜甲烷棒状杆菌可以利用甲醇作为碳源生产单细胞蛋白，对甲醇的转化率可达 47%以上。乳糖发酵短杆菌以乙醇为碳源生产谷氨酸，对乙醇的转化率为 31%。其他碳源物质如碳酸气、石油、正构石蜡、天然气等石油化工产品，也是许多微生物的碳源。

2. 氮源

凡是能构成微生物细胞物质或其代谢产物中氮素来源的营养物质，称为氮源。氮源主要用于构成菌体细胞物质（氨基酸、蛋白质、核酸等）和含氮代谢物。常用的氮源可分为无机氮源和有机氮源两大类。

（1）无机氮源　常用的无机氮源包括氨水、硫酸铵、硝酸铵等，易被菌体吸收利用。铵盐、氨水等比有机氮源吸收要快得多，称为速效氮源，但无机氮源的迅速利用常引起 pH 的变化，如下述反应所示。

$$(NH_4)_2SO_4 \rightarrow 2NH_3\uparrow +H_2SO_4$$

$$NaNO_3+4H_2 \rightarrow NH_3+2H_2O+NaOH$$

无机氮源被菌体作为氮源利用后，培养液中就留下了酸性或碱性物质，形成酸性物质的无机氮源称为生理酸性物质，如硫酸铵；若代谢后产生碱性物质的则称为生理碱性物质，如硝酸钠。正确使用生理酸性、碱性物质，对稳定和调节发酵过程的 pH 有积极作用。

氨水在发酵过程中除可以调节 pH 外，还是发酵工业常用的无机氮源，在许多抗生素的生产中得到普遍使用。例如链霉素的发酵生产合成 1mol 的链霉素需要消耗 1mol 的 NH_3。红霉素的发酵生产中通氨工艺不仅可以提高红霉素的产量，而且可以增加有效组分的比例。但在生产中使用高浓度液氨时，要注意其分解带来的 pH 波动问题。

（2）有机氮源　常用的有机氮源包括蛋白胨、牛肉膏、鱼粉、花生饼粉、黄豆饼粉、麦麸、玉米浆、酵母粉（膏）、尿素、酒糟等，工业上常用的部分有机氮源及含氮量如表3-5所示。这些有机氮源在微生物分泌的蛋白酶作用下，水解成氨基酸被菌体吸收利用，或进一步分解，最终用于合成菌体的细胞物质和含氮的目的产物。有机氮源成分复杂，除含有丰富的蛋白质、多肽和游离氨基酸外，还含有糖类、脂肪、无机盐、维生素及某些生长因子，因而微生物在含有机氮的培养基中表现出生长旺盛、菌丝浓度增加迅速的特点。有机氮源还含有目的产物合成所需的诱导物、前体等物质。

表3-5　工业上常用的部分有机氮源及含氮量（质量分数）　单位：%

氮源	氮含量	氮源	氮含量
大麦	1.5~2.0	花生粉	8.0
甜菜糖蜜	1.5~2.0	燕麦粉	1.5~2.0
甘蔗糖蜜	1.5~2.0	大豆粉	8.0
玉米浆	4.5	乳清粉	4.5

玉米浆是玉米淀粉生产中的副产物，含有丰富的氨基酸、还原糖、磷、微量元素和生长素。玉米浆中含有的磷酸肌醇对红霉素、链霉素、青霉素和土霉素等生产有积极的促进作用。玉米浆还含有较多的有机酸，所以其pH在4.0左右。

尿素也是常用的有机氮源，但其成分单一，不具有上述有机氮源的特点。但在青霉素、谷氨酸等的生产中也常被使用。

有机氮源都来自天然产物，受产地、加工方法不同，其质量不稳定，常引发发酵水平波动。因此，选择有机氮源时，要注意品种、产地、加工方法、贮藏条件对发酵的影响，注意它们与菌体生长和代谢产物合成的相关性。

3. 无机盐类

无机盐是微生物生长所不可缺少的营养物质。其主要功能：①构成细胞的组成成分；②参与酶的组成；③作为酶的激活剂；④调节细胞渗透压、pH和氧化还原电位；⑤作为某些自氧微生物的能源和无氧呼吸时的氢受体。

磷、硫、钾、钠、钙、镁和铁等元素参与细胞结构组成，并与能量转移、细胞透性调节功能有关。微生物对它们的需要浓度在$10^{-4}\sim10^{-3}$mol/L，称为大量元素。可以通过添加有关化学试剂来补充大量元素，其中，首选是磷酸氢二钾和硫酸镁。

磷是合成核酸、磷脂、一些重要的辅酶（NAD、NADP及CoA等）及高能磷酸化合物的重要原料。此外，磷酸盐还是磷酸缓冲液的组成成分，对环境中的pH起着重要的调节作用。微生物所需的磷主要来自无机磷化合物，如磷酸氢二钾、磷酸二氢钾等。

硫是蛋白质中某些氨基酸（胱氨酸、半胱氨酸及甲硫氨酸等）的组成成分，是辅酶因子（CoA、生物素及硫胺素等）的组成成分，也是谷胱甘肽的组成成分。

硫及硫化氢、三氧化二硫等无机硫化物还是某些自养菌的能源物质。

镁是一些酶（己糖激酶、异柠檬酸脱氢酶、羧化酶和固氮酶等）的激活剂，是光合细菌菌绿素的组成成分。镁还起稳定核糖体、细胞膜和核酸的作用。微生物可以利用硫酸镁或其他镁盐。

钾不参与细胞结构物质的组成，但它是许多酶（如果糖激酶）的激活剂，也与细胞质胶体特性和细胞膜的透性有关。各种水溶性钾盐，如磷酸氢二钾、磷酸二氢钾等可作为钾源。

钙一般也不参与微生物的细胞结构物质（除细菌芽孢外）组成，但它是某些酶（如蛋白酶）的激活剂，还参与细胞膜通透性的调节，在细菌芽孢耐热性和细胞壁稳定性方面起着关键作用。各种水溶性的钙盐，如氯化钙、硝酸钙等，都是微生物钙元素来源。

钠与细胞的渗透压调节有关，在细胞内的浓度低，细胞外浓度高。对嗜盐菌来说，钠除了维持细胞的渗透压外，还与营养物的吸收有关，如一些嗜盐菌吸收葡萄糖时，需要钠的帮助。

铜、锌、锰、钼、钴和镍等元素，微生物对其需要浓度在 $10^{-8} \sim 10^{-6}$mol/L，称为微量元素。微量元素往往参与酶蛋白的组成或者作为酶的激活剂。如铁是过氧化氢酶、过氧化物酶、细胞色素和细胞色素氧化酶的组成元素，也是铁细菌的能源，铜是多酚氧化酶和抗坏血酸氧化酶的成分，锌是乙醇脱氢酶和乳酸脱氢酶的活性基，钴参与维生素 B_{12} 的组成，钼参与硝酸还原酶和固氮酶的组成，锰是多种酶的激活剂，有时可以代替镁起激活剂的作用。

由于天然原料和天然水中微量元素都以杂质等状态存在，因此，配制复合培养基时一般不需单独加入，从天然物、自来水中就可以满足。

4. 生长因子

从广义上讲，凡是微生物生长不可缺少的微量有机物质，如氨基酸、嘌呤、嘧啶、维生素等均称生长因子。生长因子不是对于所有微生物都必需的，只是对于某些自己不能合成这些成分的微生物才是必不可少的营养物。如以糖质原料为碳源的谷氨酸生产菌均为生物素缺陷型，目前所使用的赖氨酸产生菌几乎都是谷氨酸产生菌的各种突变株，均为生物素缺陷型，需要生物素作为生长因子。如肠膜状明串珠菌生长需要补充 10 种维生素、19 种氨基酸、3 种嘌呤以及尿嘧啶。

有机氮源是生长因子的重要来源，多数有机氮源含有较多的 B 族维生素和微量元素及一些微生物生长不可缺少的生长因子。例如，玉米浆和麸皮水解液能提供生长因子，特别是玉米浆，因含有丰富的氨基酸、还原糖、磷、微量元素和生长素，是多数发酵产品良好有机氮源。玉米浆中氨基酸的类别及占总含氮量比例如表 3-6 所示。

表 3-6　玉米浆中氨基酸的类别及占总含氮量比例　单位：%

氨基酸	占总含氮量比例	氨基酸	占总含氮量比例
丙氨酸	25	苏氨酸	3.5
精氨酸	8	缬氨酸	3.5
谷氨酸	8	苯丙氨酸	2.0
亮氨酸	6	甲硫氨酸	2.0
脯氨酸	5	胱氨酸	1.0
异亮氨酸	3.5		

5. 水

水是所有培养基的主要组成成分，也是微生物机体的重要组成成分。

对于发酵工厂来说，恒定的水源是至关重要的，因为在不同水源中存在的各种因素对微生物发酵代谢影响甚大。例如，在抗生素发酵生产中，水质好坏有时是决定一个优良生产菌种在异地能否发挥其生产能力的重要因素。另外，水中的矿物质组成对酿酒工业和淀粉糖化影响也很大。水源质量的主要考虑参数包括 pH、溶解氧、可溶性固体、污染程度以及矿物质组成和含量。

（二）特殊功用物质

发酵培养基中除了基本的营养成分外，还需要添加某些特殊功用的物质，包括前体物质、促进剂、抑制剂等。添加的这些物质往往与菌种特性和生物合成产物的代谢控制有关，有助于调节产物的形成，而并不促进微生物的生长。

1. 前体物质

前体指某些化合物加入到发酵培养基中，能直接使微生物在生物合成过程中合成到产物分子中去，而其自身的结构并没有多大变化，但是产物的产量却因加入前体而有较大提高的一类化合物。

前体最早是在青霉素发酵生产过程中发现的，青霉素发酵时，人们发现添加玉米浆后，青霉素单位可从 20U/mL 增加到 40U/mL。研究表明，发酵单位增加的主要原因是玉米浆中含有苯乙酰胺，它能被优先结合到青霉素分子中，从而提高青霉素 G 的产量。在实际生产中，前体的加入不仅提高产物的产量，还显著提高产物中目的成分的比重，如在青霉素生产中加入前体物质苯乙酸可增加青霉素 G 的产量，而用苯氧乙酸作为前体可增加青霉素 V 的产量。

大多数前体（如苯乙酸）对微生物的生长有毒性，在生产中为减少毒性和增加前体的利用率，通常采用少量多次的流加工艺。一些生产抗生素和氨基酸的重要前体物质如表 3-7 所示。

表 3-7　　发酵生产中所用的一些前体物质

产品	前体	产品	前体
青霉素 G	苯乙酸、苯乙酰胺等	核黄素	丙酸盐
青霉素 V	苯氧乙酸	维生素 B_{12}	5，6-二甲基苯骈咪唑
金霉素	氯化物	类胡萝卜素	β-紫罗酮
灰黄霉素	氯化物	L-异亮氨酸	α-氨基丁酸
红霉素	丙酸、丙醇、乙酸盐等	L-色氨酸	邻氨基苯甲酸
链霉素	肌醇、甲硫氨酸、精氨酸	L-丝氨酸	甘氨酸

2. 抑制剂

抑制剂是指在发酵过程中加入的，会抑制某些代谢途径的进行，同时会使另一代谢途径活跃，从而获得人们所需的某种产物或使正常代谢的某一代谢中间物积累起来的一种物质。抑制剂最初应用于甘油发酵，酵母中的乙醇脱氢酶活力很强，以乙醛作为氢受体而被还原成乙醇，而甘油的产量很少；如果改变发酵条件或加入抑制剂磷酸二羟丙酮作为氢受体，阻止乙醛作为氢受体，就会生成大量甘油。目前，抑制剂在抗生素工业中应用最多，如在四环素发酵时，加入溴化物可以抑制金霉素的生物合成，而使四环素的合成加强。抗生素发酵常用的抑制剂如表 3-8 所示。

表 3-8　　发酵中已使用的通用的和专一的抑制剂

目的产物	被抑制的产物	抑制剂
链霉素	甘露糖链霉素	甘露聚糖
去甲基链霉素	链霉素	乙硫氨酸
四环素	金霉素	溴化物、巯基苯并噻唑、硫脲嘧啶、硫脲
去甲基金霉素	金霉素	磺胺化合物、乙硫氨酸
头孢菌素 C	头孢菌素 N	L-甲硫氨酸
利福霉素 B	其他利福霉素	巴比妥药物

3. 产物合成促进剂

产物合成促进剂，是指那些细胞生长非必需的，但加入后却能显著提高发酵产量的物质，它们常以添加剂的形式加入发酵培养基中。在氨基酸、抗生素和酶制剂发酵生产过程中，经常可以在发酵培养基中加入促进剂或诱导剂。一些酶生产促进剂如表 3-9 所示。

表 3-9　　一些酶生产的促进剂

添加剂	酶	微生物	酶活力增加倍数
吐温（0.1%）	纤维素酶	许多真菌	20
	蔗糖酶	许多真菌	16
	β-葡聚糖酶	许多真菌	10
	木聚糖酶	许多真菌	4
	淀粉酶	许多真菌	4
	脂酶	许多真菌	6
	右旋糖酐酶	绳状青霉 QM424	20
	普鲁兰酶	产气杆菌 QMB1591	1.5
大豆酒精提取物（2%）	蛋白酶	米曲霉	2.87
	脂肪酶	泡盛曲霉	2.50
植酸质（0.01%~0.3%）	蛋白酶	曲霉、橘青霉、枯草杆菌、假丝酵母	2~4
聚乙烯醇	糖化酶	筋状拟内胞霉	1.2
苯乙醇（0.05%）	纤维素酶	真菌	4.4
醋酸+纤维素	纤维素酶	绿色毛霉	2

目前，人们对促进剂提高产量的机制还不完全清楚，原因可能有多种：如在酶制剂生产中，有些促进剂本身是酶的诱导物；有些促进剂是表面活性剂，可改善细胞的透性，改善细胞与氧的接触，从而促进酶的分泌与生产，也有人认为表面活性剂对酶的表面失活有保护作用；有些促进剂的作用是沉淀或螯合有害重金属离子等。

各种促进剂的效果除受菌种、菌龄影响外，还与所用的培养基组成有关，即使是同一种产物促进剂，用同一菌株，生产同一产物，在使用不同的培养基时效果也会不一样。另外，促进剂的专一性较强，往往不能相互套用。

二、 培养基类型及选择

微生物培养基的种类很多，由于微生物不同，他们所需要的培养基类型也有所不同，即使对于同一菌种，由于使用的目的不同，对培养基的要求也不完全一样。培养基一般根据营养物质的不同来源、物理性状（状态）和用途（或生产工艺要求）进行分类，如表 3-10 所示概括了培养基的类型。以下重点介绍发酵生产工艺中的培养基类型。

表 3-10　　培养基的类型

分类依据	培养基名称	应用
基质来源	天然培养基	原料来源丰富（大多为农副产品）、价格低廉，适于工业化生产
	合成培养基	培养基成分明确、稳定，价格较高，适合于研究菌种基本代谢过程中的物质变化规律
	半合成培养基	配制方便、成本低，广泛应用于生产或实验
物理状态	液体培养基	广泛用于微生物学实验和生产，在发酵生产中，绝大多数发酵都采用液体培养基
	固体培养基	适合于菌种和孢子的培养和保存，也广泛应用于有子实体的真菌类的生产
	半固体培养基	在液体培养基中加入少量凝固剂（如 0.5%～0.8%的琼脂）而制成的。半固体培养基可以用于通过穿刺培养观察细菌的运动能力，进行厌氧菌的培养及菌种保藏等
目的用途	斜面培养基	供微生物细胞生长繁殖或菌种保藏
	种子培养基	种子的扩大培养
	发酵培养基	生产中用于供菌种生长繁殖并积累发酵产品

（一）发酵生产中的培养基类型

1. 斜面培养基

用于微生物细胞生长繁殖和保藏的一类培养基，包括细菌、酵母菌等的斜面培养基以及霉菌、放线菌产孢子培养基或麸曲培养基等。

菌种保藏培养基一般根据微生物的种类和营养要求加以选择，如细菌常用营养琼脂培养基，酵母菌常用麦汁培养基，霉菌常用察氏培养基，放线菌常用高氏一号培养基。

产孢子培养基或麸曲培养基是供菌种繁殖孢子的一种常用固体培养基，这类培养基在配制时有几点要注意：①富含有机氮源，少含碳源。有机氮有利于菌体的生长繁殖，能获得更多的细胞。对于放线菌或霉菌的产孢子培养基，则氮源和碳源均不宜太丰富，否则容易长菌丝而较少形成孢子，如灰色链霉菌在葡萄糖-硝酸盐-其他盐类的培养基上都能很好地生长和产孢子，但若加入 0.5%酵母膏或酪蛋白后，就只长菌丝而不长孢子。②所用无机盐的浓度要适量，否则就会影响孢子量和孢子颜色。斜面培养基中宜加少量无机盐类，供给必要的生长因子和微量元素。③pH 和湿度要适中。

生产上常用的孢子培养基：麸皮培养基、大米（小米）培养基、玉米碎屑培养基等。例如，大米和小米常用作霉菌孢子培养基，因为它们含氮量少，疏松、表面积大，是较好的孢子培养基。

2. 种子培养基

为在较短时间内获得数量较多、强壮而整齐的种子细胞，要采用种子培养基，包括摇瓶种子和小罐种子培养基。种子培养基要求营养丰富、全面，氮源、维生素的比例应较高，碳源比例应较低。供孢子发芽生长用的种子培养基，可添加一些易被吸收利用的碳源和氮源；种子培养基成分还应考虑与发酵培养基的主要成分相近。由于种子培养基用量少，对菌体生长要求高，故使用原料要求较高。

3. 发酵培养基

指用来生产目的发酵产物的培养基，它既要使种子接种后能迅速生长，达到一定的菌体（丝）浓度，又要使长好的菌体能迅速合成所需产物。由于产物分子中往往以碳成分为主，所以发酵培养基中碳源含量往往高于种子培养基。当然，如果产物是含氮物质，应相应增加氮源的供应量。发酵培养基是发酵生产中最主要的培养基，是决定发酵生产成功与否的重要因素。由于碳源、氮源用量多，原料来源、原材料质量以及价格等必须予以重视，还应有利于下游的分离提取工作。

（二）发酵培养基的选择

不同微生物的生长情况不同或合成不同的发酵产物时所需的发酵培养基有所不同，但是一般适宜大规模发酵的培养基应该具有以下几个共同特点：①培养基中营养成分的含量和组成能够满足菌体生长和产物合成的需求；②发酵副产物尽可能少；③培养基原料价格低廉、性能稳定、资源丰富，便于运输和采购；④培养基的选择应能满足总体工艺的要求。应根据具体情况，从微生物营养要求的特点和生产工艺的要求出发，选择合适的营养基，使之既能满足微生物生长的需要，又能获得高产量的产品，同时也要符合增产节约，因地制宜的原则。

议一议　培养基分析

谷氨酸发酵工艺中种子及发酵培养基配方：

一级种子培养基：葡萄糖 2.5%，尿素 0.5%，磷酸氢二钾 0.1%，$MgSO_4 \cdot 7H_2O$ 0.04%，玉米浆 2.5%~3.5%（按质增减），硫酸亚铁、硫酸锰各 2mg/L，pH 7.0。

二级种子培养基（B9）：水解糖 2.5%，尿素 0.4%，玉米浆 2.5%~3.5%，磷酸氢二钾 0.15%，$MgSO_4 \cdot 7H_2O$ 0.04%，硫酸亚铁、硫酸锰各 2mg/L，pH 6.8~7.0。

发酵培养基（B9）：水解糖 15%~20%，尿素 0.4%~0.5%，玉米浆 0.7%~1.2%，$MgSO_4 \cdot 7H_2O$ 0.065%，氢氧化钾 0.055%，$Na_2HPO_4 \cdot 12H_2O$ 0.2%，硫酸

亚铁、硫酸锰各 2.2mg/L，pH 6.8~7.0。

1. 请对上述培养基的组成加以分析。

2. 分析种子培养基和发酵培养基在碳源和氮源上的差异性及其原因。

三、 发酵培养基配制

（一）配制原则

1. 满足微生物的营养需要

首先要了解生产菌株的生理生化特性和对营养的需求，还要考虑目的产物的合成途径和目的产物化学性质等方面，设计一种既有利于菌体生长又有利于代谢产物生成的培养基。

2. 恰当的营养成分配比

无论对菌体生长还是代谢产物生成，营养物质之间应有适当的比例，其中培养基的碳氮比对发酵尤其关键。碳氮比是指原料配制时碳元素与氮元素的总量之比，一般用“C/N”表示。不同菌株、不同代谢产物的营养需求比例不一样，例如，赖氨酸发酵对氮源的需求比谷氨酸发酵要高。即使同一菌株，菌体生长阶段和产物生成阶段的营养需求比例又往往不同，例如，氨基酸生成阶段对氮源的需求比菌体生长阶段要高。因此，应针对不同菌株、不同时期的营养需求对培养基的营养物质进行配比。

3. 合适的培养基渗透压

对生产菌株来说，培养基中任何营养物质都有一个适合的浓度，从提高发酵罐单位容积的产量来说，应尽可能提高底物浓度，但底物浓度太高，会造成培养基的渗透压太大，从而抑制微生物的生长，反而对产物代谢不利。例如，赖氨酸基础发酵培养基中，硫酸铵浓度超过 40g/L 时，对菌体生长产生抑制；在谷氨酸发酵培养基中，葡萄糖浓度超过 200g/L 时，菌体生长明显缓慢。但营养物质浓度太低，有可能不能满足菌体生长、代谢的需求，发酵设备的利用率也不高。为了避免培养基初始渗透压过高，又要获得发酵罐单位容积内的高产量，目前倾向于采用补料发酵工艺，即培养基底物的初始浓度适中，然后在发酵过程通过流加高浓度营养物质进行补充。

4. 适宜的 pH 范围

每种生产菌株有其生长最适 pH 和产物生成最适 pH 范围，一般霉菌和酵母菌比较适于微酸性环境，放线菌和细菌适于中性或微碱性环境。为了满足微生物的生长和代谢的需要，培养基配制和发酵过程中应及时调节 pH，使之处于最适 pH 范围。

此外，对于专性厌氧细菌，由于自由氧的存在对其有毒害作用，往往需要在培养基中加入还原剂以降低氧化还原电位。还应注意各营养成分的加入次序以及操作步骤。尤其是一些微量营养物质，如生物素、维生素等，更要注意避免沉淀生成或破坏而造成的损失。

（二）实验室液体培养基制备

配制液体培养基的基本流程：

原料称量 → 溶解 → 调 pH → 过滤澄清 → 分装 → 塞棉塞和包扎 → 灭菌

1. 原料称量和溶解

根据培养基配方，准确称取各种原料成分，需水量的一半，然后依次将各种原料加入水中，用玻璃棒搅拌使之溶解。某些不易溶解的原料如蛋白胨、牛肉膏等可事先在小容器中加水少许并加热溶解后再和其他溶液混合。有些原料用量很少，不易称量，可先配成高浓度的溶液，再按比例换算后取一定体积的溶液加入容器中。待原料全部溶解后补足所需的全部水量，即成基础培养基。

2. 酸碱度调整

液体培养基配好后，常用盐酸及氢氧化钠溶液进行调 pH，如 pH 偏酸，则加稀氢氧化钠溶液；偏碱则加稀盐酸溶液，调至所需 pH 即可。使用高浓度的碱液或酸液进行培养基 pH 调整，可避免由于使用低浓度溶液调整时使用量过多而影响培养基的总体积和浓度，并可节约时间。

3. 过滤

培养基配制后，往往因其中含有某些未溶解的物质而浑浊或不透明，应在分装前过滤除去沉渣、颗粒，使之澄清透明。培养基过滤可采用脱脂棉或 3~4 层纱布过滤，纱布过滤时，只能滤去原料中粗渣滓，不能使培养基透明。

4. 分装

分装过程中，应注意勿使培养基沾污管口和瓶口，以免弄湿或粘住棉塞造成污染。培养基中如有某些不溶于水的原料（如碳酸钙），应在分装前不断搅拌，使之成悬浮状态，才能均匀地分装到各容器内。培养基的分装量，必须依照使用目的及试验的具体情况决定。

5. 塞棉塞和包扎

培养基分装到各种规格的容器（如试管、三角瓶、克氏瓶等）后，应按管口或瓶口的大小不同分别塞以大小适度、松紧适合的棉塞。加棉塞的作用主要在于阻止外界微生物进入培养基内，防止由此可能导致的污染，同时还可保证良好的通气性能，使微生物能不断地获得无菌空气。由于棉塞外面容易附着灰尘及杂菌，且灭菌时容易凝结水汽，因此在灭菌前和存放过程中，应用牛皮纸或废报纸将管口、瓶口罩起来，再用橡皮圈或线绳扎紧。

6. 灭菌

一般情况下，经分装、塞棉塞、包扎后，应立即进行灭菌。如延误时间，则因杂菌繁殖滋生，可能导致培养基变质而不能使用。特别在夏季炎热天气，如不及时灭菌，数小时内培养基就可能变质。若确实不能立即灭菌，可将培养基暂放于4℃冰箱或冰柜中，但时间不宜过久。

7. 贮存

培养基不宜配制过多，最好是现用现配。因培养基较长时间搁置不用或贮存不当，往往会因污染、脱水或光照等因素而变质，因此，用不掉的培养基应放在低温、低湿、阴暗而洁净的地方保存。

四、 发酵培养基优化

培养基设计和优化是实验室实验和生产规模放大的一个重要步骤。培养基的设计和优化是件复杂的工作，需要考虑的因素很多，最终确定要通过实验的方法获得。

（一）培养基成分设计与优化的步骤

（1）根据前人的经验和培养基配制的基本原则和要求，先选择一种较好的培养基作基础，初步确定可能的成分。

（2）通过单因子摇瓶实验确定适宜的培养基成分，每次仅限一种成分。

（3）通过多因子实验确定各成分的最适浓度。单因子实验比较简单，对于多因子实验，为了通过较少的实验次数获得所需各成分最适浓度，常采用一些合理的实验设计方法，常用的有正交实验设计、响应面分析等。

（二）常用的优化方法

1. 单因子设计

实验室进行培养基优化最常用的方法是单因子法。这种方法是在假设各因素间不存在交互作用的前提下，通过一次改变一个因子而其他因子保持恒定水平，逐个因素进行考察的优化方法。另外，为了精确确定主要影响因子的适宜浓度，也可以进一步进行单因子实验。该法的优点是简单，结果明了，其主要缺点是忽略了组分间的交互作用，可能会完全丢失最适宜的条件，也不能确定因素的主次关系，当考察的实验因素较多时，还需要大量的实验和较长的实验周期。

以井冈霉素产生菌UN-80为例说明通过单因子实验确定适宜的培养基成分的方法，井冈霉素产生菌UN-80基础发酵培养基成分（%）：可溶性淀粉6.0，酵母粉0.5，蚕蛹粉0.5，黄豆粉2.0，磷酸二氢钾0.1，氯化钠0.2，碳酸钙0.5，pH 7.0~7.5。

（1）不同碳源对井冈霉素发酵产量的影响　用多种碳源代替基础发酵培养基中的可溶性淀粉，用量为6%，考察不同碳源对发酵液OD_{500}值及井冈霉素化学效价的影响，结果如表3-11所示。

表 3-11 单因子碳源选择实验结果

碳源	用量/%	OD_{500}	效价/（μg/mL）	碳源	用量/%	OD_{500}	效价/（μg/mL）
可溶性淀粉	6	1.674	15943	蔗糖	6	1.237	11781
玉米粉	6	1.769	16848	麦芽糖	6	1.087	10352
大米粉	6	1.433	13648	葡萄糖	6	0.900	8571

结果表明，以玉米粉为碳源时，井冈霉素化学效价最高，可能与其含有维生素以及富含微量元素有关。其次，以可溶性淀粉为碳源，化学效价也比较高。考虑经济成本因素，选择玉米粉作为最佳碳源。

（2）不同氮源对井冈霉素发酵产量的影响　用多种氮源代替基础发酵培养基中的酵母粉、蚕蛹粉及黄豆粉，用量为 2%，考察不同氮源对发酵液 OD_{500}值及井冈霉素化学效价的影响，结果如表 3-12 所示。

表 3-12 单因子氮源选择实验结果

氮源	用量/%	OD_{500}	效价/（μg/mL）	氮源	用量/%	OD_{500}	效价/（μg/mL）
黄豆粉	2	1.834	14229	蛋白胨	2	1.344	15467
酵母粉	2	1.494	12213	硝酸钾	2	0.401	3819
蚕蛹粉	2	1.283	12800	硝酸铵	2	0.361	3438
花生饼粉	2	2.166	17629	硫酸铵	2	0.192	1829

结果表明，以有机氮源中的花生饼粉作为氮源时，井冈霉素化学效价最高。其次是黄豆粉和蛋白胨。在实际生产中，既要考虑发酵产量，还要考虑经济成本。因此选择花生饼粉和黄豆粉作为最佳氮源的组合有利于大大节约成本。

2. 多因子正交实验设计

正交实验设计是利用正交表来安排多因子实验并利用普通的统计方法来分析实验结果的一种设计方法，是研究多因子多水平的一种高效、快速、经济的设计方法。它是在实验因子的全部水平组合中，挑选部分有代表性的水平组合进行实验，然后根据实验和分析结果确定主、次因子，并确定较优的工艺条件。

以井冈霉素发酵培养基的优化为例，一个四因子三水平的实验，按全面实验要求，需进行 81 次（3^4）实验；若按正交表安排，只要做 9 次实验，大大减少了工作量。正交实验设计通常用 L_9（3^4）表示，其中，L 正交代表代号，9 代表实验次数，3 代表水平数，4 代表因子数。因此，L_9（3^4）就表示需做 9 次实验，可观察 4 个因子，每个因子均为 3 水平。

（1）根据单因子实验结果，结合相关文献，确定因子和水平。井冈霉素发酵培养基中碳、氮、磷的比例是影响发酵水平的主要因素，因此，固定基础培养基中主要考虑玉米粉、花生饼粉、黄豆粉及磷酸二氢钾 4 个因子，因子水平如表 3-13 所示。

表 3-13　　因子水平表　　单位：%

因素	玉米粉	花生饼粉	黄豆粉	磷酸二氢钾
1	3	1	1	0.05
2	6	2	2	0.1
3	9	3	3	0.2

（2）根据因子和水平数选用合适的正交表，并进行实验，结果如表 3-14 所示。

表 3-14　　正交实验表及实验结果

实验号	玉米粉/%	花生饼粉/%	黄豆粉/%	磷酸二氢钾/%	效价/（μg/mL）
1	3	1	1	0.05	18371
2	3	2	2	0.1	15695
3	3	3	3	0.2	16952
4	6	1	2	0.2	16781
5	6	2	3	0.05	16846
6	6	3	1	0.1	19667
7	9	1	3	0.1	17993
8	9	2	1	0.2	18891
9	9	3	2	0.05	21790
k_1	17006	17715	18976	19002	
k_2	17765	17144	18089	17785	
k_3	19558	19470	17264	17541	
R	2552	2326	1712	1461	

（3）根据实验结果计算各因子对应的不同水平下的效价平均值，并分别进行极差 R 分析，比较各因子的极差大小。

极差越大，说明该因子水平变动时，实验结果的变动越大，即该因子对实验结果的影响越大，从而可按极差的大小来确定各因子的主次顺序。本实验 4 个因子对井冈霉素化学效价影响的顺序为玉米粉 > 花生饼粉 > 黄豆粉 > 磷酸二氢钾。k_1、k_2、k_3分别反映每个因子的三个不同水平对实验结果的影响，最大的 k 值对应最好的水平。本实验优化后的发酵培养基为玉米粉 9%，花生饼粉 3%，黄豆粉 2%，磷酸二氢钾 0.05%，氯化钠 0.2%，碳酸钙0.5%。

五、 淀粉质原料酶解制糖工艺

目前发酵工业所用的碳源大都是玉米、薯类、大米等淀粉质原料，但许多微生物很难直接发酵淀粉。例如，几乎所有的氨基酸生产菌不能直接利用（或只能微弱利用）淀粉和糊精；酒精发酵过程中，酵母菌也不能直接利用淀粉和糊精。有些微生物能够直接利用淀粉作原料，但必须在微生物产生淀粉酶后才能进行，但发酵周期长。另外，淀粉原料在高温灭菌过程中会导致淀粉结块，发酵液黏度剧增。因此，发酵过程中，当以淀粉为原料时，必须先将淀粉水解成葡萄糖，才能供发酵使用。淀粉水解为葡萄糖的过程称为淀粉的糖化，所制得的糖液称为淀粉水解糖。发酵生产中，淀粉水解糖液的质量，与生产菌的生长速度及产物的积累直接相关。

（一）淀粉水解的理论基础

1. 淀粉分子结构

淀粉颗粒呈白色，不溶于冷水和有机溶剂，其内部呈复杂的结晶组织。随原料品种和种类的不同，淀粉颗粒具有不同的形状和大小。颗粒较大的薯类淀粉较易糊化，颗粒较小的谷物淀粉相对较难糊化。

淀粉可分为直链淀粉和支链淀粉两类，其结构如图 3-1 所示。直链淀粉通过 α-1，4 键连接，支链淀粉的直链部分通过 α-1，4 键连接，分支点则由 α-1，6 键连接。一般植物中直链淀粉含量为 20%～25%，支链淀粉占 75%～80%。直链淀粉在 70～80℃的水中可溶，溶液黏度较小，遇碘液呈纯蓝色；支链淀粉在高温水中可溶，溶液的黏度大，遇碘液呈蓝紫色。

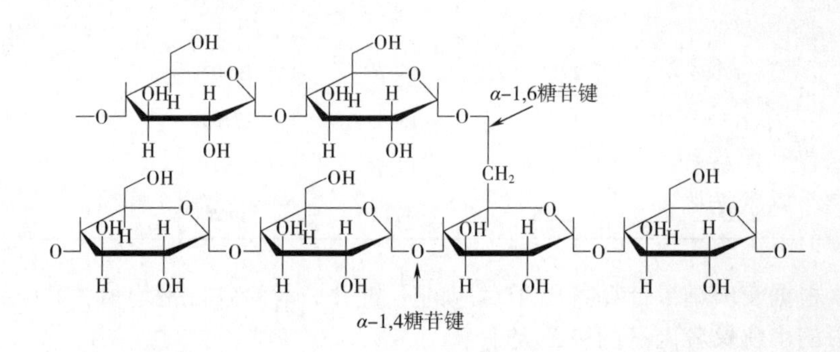

图 3-1　直链淀粉和支链淀粉的结构示意图

2. 淀粉在水热处理过程中的变化

淀粉的水热处理是指将淀粉原料与水混合，在一定温度和压力条件下进行处理的过程。淀粉原料经过水热处理的主要目的是将淀粉从细胞中游离出来，并转化为溶解状态，以便淀粉酶系统进行糖化作用。

（1）膨胀　淀粉是一种亲水胶体，遇水并加热后，水分子渗入淀粉颗粒内部，因而淀粉颗粒的体积和质量增加，这种现象称为膨胀。

（2）糊化　在温水中，淀粉颗粒因膨胀而形成均一、黏稠液体的现象，称为淀粉糊化，此时的温度称为糊化温度。如表3-15所示为部分淀粉糊化温度范围。淀粉糊化前后的结构如图3-2所示。

表3-15　部分淀粉糊化温度范围

淀粉	淀粉颗粒大小/μm	糊化温度范围/℃		
		开始	中点	终点
玉米	5~15	62.0	67.0	72.0
马铃薯	15~100	50.0	63.0	68.0
小麦	2~45	58.0	61.0	64.0
大麦	5~40	51.5	57.0	59.5
黑麦	5~50	57.0	61.0	70.0
大米	3~8	68.0	74.5	78.0
高粱	5~25	68.0	73.0	78.0

(1)淀粉颗粒层（粗线表示结晶束）

(2)糊化淀粉层

图3-2　淀粉颗粒糊化前后的结构示意图

（3）液化　淀粉糊化后，如果提高温度至130℃，由于支链淀粉的全部（几乎）溶解，网状结构彻底破坏，淀粉溶液的黏度迅速下降，变为流动性较好的醪液，这种现象称为淀粉液化。

3. 淀粉水解反应

淀粉的水解反应是在酸或酶等催化下进行的，其主要化学反应可用下面各步反应式表示：

$$\underset{\text{淀粉}}{(C_6H_{10}O_5)_n} \rightarrow \underset{\text{糊精}}{(C_6H_{10}O_5)_x} \rightarrow \underset{\text{麦芽糖}}{C_{12}H_{22}O_{11}} \rightarrow \underset{\text{葡萄糖}}{C_6H_{12}O_6}$$

在水解过程中，淀粉首先生成糊精、低聚糖、麦芽糖等中间产物，最后生成葡萄糖，其水解过程如图3-3所示。糊精是指分子大于低聚糖的碳水化合物的总称，由7~12个葡萄糖残基组成，低聚糖由3~6个葡萄糖残基组成。

（二）淀粉的液化和糖化工艺

淀粉液化和糖化主要有酸法和酶法两种工艺，目前双酶法已完全取代酸法，成为淀粉液化和糖化的主要手段。

1. 淀粉的双酶水解

淀粉的双酶水解工艺主要包括淀粉液化和糖化两个步骤。液化是利用液化酶使糊化的淀粉黏度降低，并水解成糊精和低聚糖；经过液化后的料液，加入一定量的糖化酶，使溶解状态的淀粉变成可发酵的糖类，完成糖化过程。可发酵性糖主要包括蔗糖、麦芽糖、葡萄糖、果糖和半乳糖等。发酵工业中通常用的是蔗糖和葡萄糖，其次是麦芽糖和果糖。

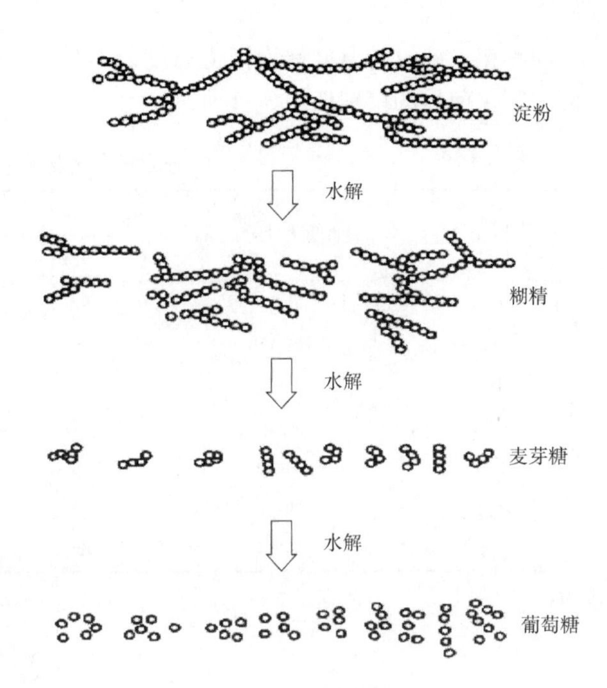

图 3-3　淀粉水解过程示意图

淀粉糖工业上常用还原糖值（DE 值）来表示淀粉水解程度。糖化液中的还原糖含量（以葡萄糖计算）占干物质的百分率称为 DE 值，计算公式如下：

$$\mathrm{DE}=\frac{\text{还原糖（\%）}}{\text{干物质（\%）}}\times 100\%$$

还原糖用斐林氏法或碘量法测定，干物质用阿贝折光仪测定。由于阿贝折光仪所测出的浓度是指 100g 糖液中所含有的干物质的克数，而还原糖含量指 100mL 糖液中所含有的还原糖的克数。因此，DE 值实际还应除以糖液的相对密度。因此，实际上 DE 值的计算公式：

$$\mathrm{DE}\text{值}=\frac{\text{还原糖含量（\%）}}{\text{干物质含量（\%）}\times\text{糖液相对密度}}\times 100\%$$

工业上为检验淀粉水解效果，往往还检测糖液 OD 值。在味精行业糖液制备工艺中，OD 值可用来衡量液化结果。当然，OD 值只是一个参考，因为糖化过程产生的其他低聚糖、异麦芽糖等不发酵性糖在 OD 值上是反映不出来的。

糊精不溶于乙醇，糊精与无水乙醇作用出现白色浑浊，通过测定吸光度来检查糊精的量，具体方法：正确吸取 0.5mL 的糖液加到 19.5mL 的无水乙醇中，用分光光度计在 420nm 波长比色，OD 值越低，则糊精越少。

2. 酶法水解淀粉常用的酶

（1）α-淀粉酶　为一种内切淀粉酶，俗称液化酶，能在较高温度下随机水解淀粉、可溶性糊精及低聚糖中的 α-1，4-糖苷键。酶作用后可使糊化淀粉的黏度迅速降低，变成液体淀粉，水解生成糊精和少量葡萄糖、麦芽糖。工业上常用的

α-淀粉酶有高温 α-淀粉酶和中温 α-淀粉酶。

（2）糖化酶　为一种外切淀粉酶，又称为葡萄糖淀粉酶，它是从淀粉的非还原末端开始水解 α-1，4 和 α-1，6 糖苷键，使葡萄糖单位逐个分离出来，从而产生葡萄糖。糖化酶水解 α-1，6-糖苷键的速度较慢，仅为水解 α-1，4-糖苷键速度的 1/10。液化液经糖化酶作用后，原来的糊精和低聚糖逐渐转变成葡萄糖。

（3）β-淀粉酶　为可以从多糖分子的非还原性末端，逐次以麦芽糖为单位切割 α-1，4-葡萄糖苷键，生成麦芽糖。由于该酶水解淀粉只能到分支点（支链淀粉的 α-1，6-糖苷键）或反常键（直链淀粉的 α-1，3 糖苷键）为止，因此淀粉和 β-淀粉酶作用的产物除了麦芽糖外，还有极限糊精。

（4）异淀粉酶　为能水解支链淀粉和糖原分子中支叉地位的 α-1，6-糖苷键，使支叉结构断裂，但对于直链结构中的 α-1，6-糖苷键却不能水解。

3. 酶法液化方法

（1）间歇（升温）液化法　将浓度 30%～40%淀粉乳 pH 调整至 6.5，加入氯化钙（0.01mol/L）和一定量淀粉酶（5～8U/g 淀粉），剧烈搅拌，加热至 85～90℃，保持 30～60min，达到液化程度（DE 15～18），升温至 100℃，灭酶 10min。

此方法简便，但效果较差，能耗大，原料利用率低，过滤性能差。

（2）半连续（高温）液化法　将淀粉乳调整到适当 pH 和 Ca^{2+} 浓度，加入一定量的液化酶，用泵打给喷淋头引入液化罐中（其中已有 90℃热水），淀粉糊化后，立即液化，控制流量，由液化罐底部流出，进入保温罐，于 90℃保温 40min，达到液化的程度后继续升温至 100℃，灭酶 10min。

该法的优点是设备和操作简单，效果比间歇液化好；缺点是不安全，蒸汽消耗量大，温度无法达到最佳温度，液化效果差，糖液过滤性能也差。

（3）连续喷射液化法　利用喷射器将蒸汽直接喷射至淀粉薄层，以在短时间内达到要求的温度，完成糊化和液化。一次加酶一次喷射工艺是目前工厂采用较多的一种液化工艺，如图 3-4 所示。它是利用喷射器只进行一次高温喷射，在高

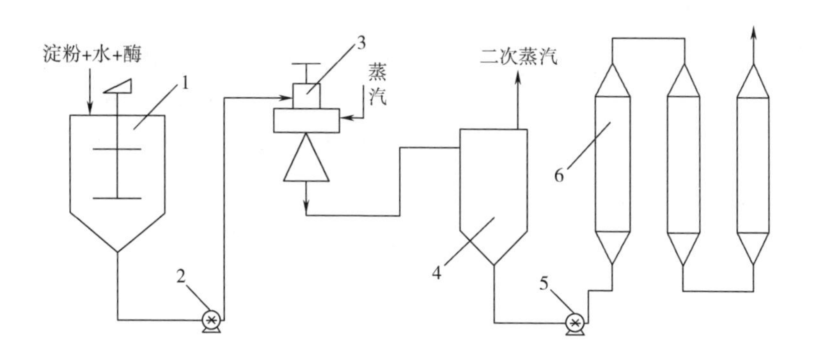

图 3-4　丹麦 DDS 公司一次加酶喷射工艺流程

1—调浆罐　2—泵　3—喷射器　4—闪蒸罐　5—泵　6—立式层流罐

温淀粉酶的作用下，通过高温维持、闪蒸降温和层流罐维持，完成对淀粉的液化。

喷射液化工艺的关键设备为喷射液化器，其结构如图 3-5 所示。喷射液化器大大节省能源，便于规模化生产，广泛应用在淀粉糖和味精等生产中。

4. 液化程度的控制

根据生产经验，液化程度一般控制 DE 为 10%~20%比较合适。此时液化液中保持较多的糊精和低聚糖，较少的葡萄糖。液化程度太低，液化淀粉黏度大，操作困难，淀粉液还容易老化，不利于糖化；液化程度也不能太高，因为糖化酶是先与底物分子结合生成络合结构，而后再发生水解作用。所以，当液化超过一定程度，影响了催化效率，最终 DE 也不高。

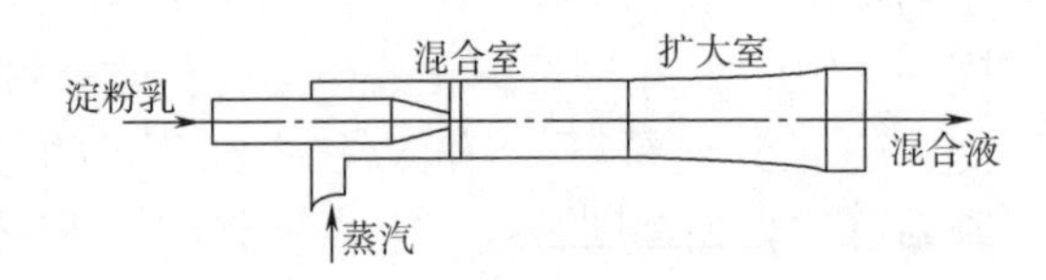

图 3-5　喷射液化器示意图

在液化工艺中，可通过调节淀粉酶用量、喷射温度、高温维持温度、液化层流罐维持时间等条件来控制液化程度。液化达终点，酶活力逐渐丧失，为避免其他酶影响糖化酶的作用，需对液化液进行灭酶活处理。一般液化结束，升温至 100℃保持 10min 即可，然后降低温度，供糖化用。

5. 酶法糖化

酶法糖化工艺流程：

液化液→过滤→冷却→糖化→灭酶→过滤→贮糖计量→发酵

液化结束后，迅速将料液降温至 59~61℃后打入糖化罐，并用盐酸调 pH 至 4.4~4.6，然后加入一定量的糖化酶，加量按 80~100U/g 淀粉计算，搅拌 30min，混合均匀后，停止搅拌进行糖化，58~60℃保温数小时。当 DE 值不再增长或者用无水乙醇检验无糊精存在时，将料液升温至 80~85℃维持 20min 灭酶活，加入助滤剂或者活性炭对糖液过滤除杂脱色。

糖化的主要设备是糖化罐，一般包括冷却和升温设备，冷却或升温可以用夹套或内置列管完成，应用较多的是用内置列管交换器形式，其结构如图 3-6 所示。

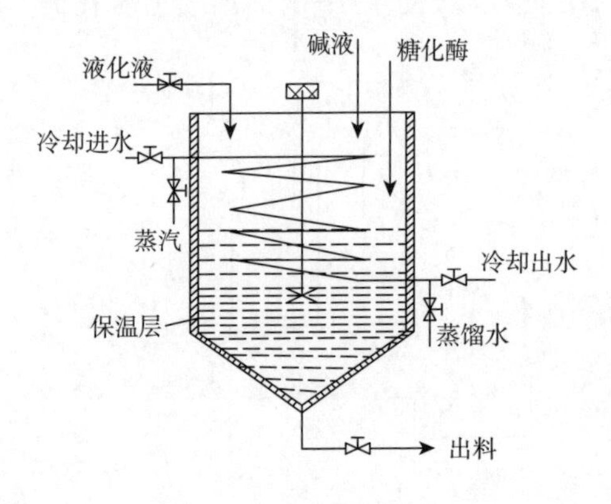

图 3-6　糖化罐结构示意图

6. 酶解过程的检验

淀粉水解过程中，生成糊精能溶解于水，不溶于酒精。因为分子大小的不同，糊精遇碘液呈不同的颜色，如表 3-16 所示。因此，在工业生产中，可用淀粉-碘液的显色反应来判断液化的终点。糖化是否完全，可测定还原糖或用无水乙醇进行检验。工业上可参考经验，根据糖化时间来判断糖化程度（工业生产中糖化时间一般控制在24h左右，此时DE可达到96%~98%），同时用无水乙醇检验糖液有无糊精存在来辅助判断。

表3-16　淀粉液化及糖化过程检验

	淀粉	蓝糊精	糊精	糊精	麦芽糖	葡萄糖
碘液	蓝紫色	蓝色	红色	无色	无色	无色
无水乙醇	不溶	不溶	不溶	不溶	微溶	溶

项目任务

任务3-1　淀粉质原料水分的测定

一、任务目标

掌握烘干法测定淀粉质原料中的水分含量。

二、操作原理

水分在工业发酵中是一个极为重要的分析项目。原料中的水分对原料品质与保存关系很大。水分过高，原料在贮藏时容易发霉变质，影响原料的利用价值。

水分测定方法一般采用烘干法，即在100~105℃烘箱中直接干燥。试样中的水分一般是指在100℃左右直接干燥所失去的总量。在此条件下失去质量不仅是水分，还有微量的挥发性物质。

三、材料器具

1. 材料

玉米粉（粒）或其他淀粉质原料。

2. 主要仪器设备

电子天平，称量瓶，干燥器，电热恒温干燥箱。

四、任务实施

准确称取约5g试样，置入经100~105℃干燥恒重后的称量瓶中，在100~105℃烘箱中干燥1~2h，取出，置于干燥器中冷却至室温，称重。然后于相同温度下再干燥1h左右，同上操作，直至恒重。

五、结果分析

具体计算公式如下：

$$水分（\%）=\frac{m_1-m_2}{m_1-m_0}\times100\%$$

式中　m_0——称量瓶重，g；

m_1——干燥前试样与称量瓶重，g；

m_2——干燥后试样与称量瓶重，g。

六、注意事项

（1）原料的水分测定一般采用100~105℃烘箱中直接干燥，其结果较为准确。对生产过程中的水分快速测定，可采用更高温度下干燥（如120~140℃）或红外灯下干燥，以缩短分析时间。

（2）测定水分时，称量恒重指试样连续两次干燥后，称量之差不超过2mg。

七、任务考核

（1）称量瓶干燥。（20分）

（2）操作过程完整、准确。（40分）

（3）数据的准确性。（40分）

任务3-2　淀粉水解糖液的制备

一、任务目标

（1）了解淀粉原料酶法制备水解糖的原理及方法。

（2）熟悉双酶糖化的工艺过程。

（3）掌握还原糖的比色测定方法。

二、材料器具

1. 实验材料及药品

玉米淀粉，高温α-淀粉酶，糖化酶，氯化钙，碘液，10%的碳酸钠溶液，1%盐酸，DNS试剂，葡萄糖，无水酒精。

2. 主要仪器设备

pH试纸，量筒，分光光度计，水浴锅，电炉，白瓷板，三角瓶，小型板框过滤机，离心机，布氏漏斗，抽滤机。

三、任务实施

1. 淀粉液化

配制30%的淀粉乳，调节pH至6.5，加入氯化钙（对固形物0.2%）。加入中

温 α-淀粉酶（10U/g 淀粉），在搅拌作用下，加热至 70℃，保温 20min，碘反应呈棕红色。液化结束，升温至 120℃，保持 5~8min，以凝聚蛋白质，改进过滤。

2. 糖化

淀粉液化结束后，迅速将料液用酸将 pH 调至 4.2~4.5，同时迅速降温至 60℃。加入糖化酶（参考量 100U/g 淀粉），60℃保温若干小时后，当用无水酒精检验无糊精存在时，用 10%的碳酸钠溶液将糖化醪 pH 调至 4.8~5.0，然后加热至 90℃，保温 10min，最后将糖化醪温度降至 75~80℃，加入 1%的活性炭，脱色 30min。

3. 过滤

将糖化醪趁热用布氏漏斗进行抽滤或离心分离，如果量大可以用小型板框过滤机压滤，所得滤液即为水解糖液。量取糖液体积，取样分析还原糖浓度。

四、结果分析

1. 液化终点确定

利用碘反应检验，在洁净的比色板上滴入 1~2 滴碘液，再滴加 1~2 滴待检的液化液，若反应液呈橙黄色或棕红色即液化完全。

2. 糖化终点确定

用无水酒精检验，在一试管中加入 10~15mL 无水酒精，加糖化液 1~2 滴，摇匀后若无白色沉淀，表明已达到糖化终点。

3. 还原糖测定

采用 DNS 比色法。

4. 糖液透光率测定

采用分光光度计法，将试样在 420nm 的波长测定透光率。

五、注意事项

为加快糖化速度，可以提高酶用量，缩短糖化时间，但酶用量太高，反而使复合反应加剧，最终导致 DE 降低。在实际生产中，应充分利用糖化罐的容量，尽量延长糖化时间，减少糖化酶用量。

六、任务考核

（1）简述淀粉水解的原理及方法。（10 分）

（2）玉米淀粉糖化的操作流程。（20 分）

（3）分析项目测定。（50 分）

（4）结果记录及数据处理。（20 分）

附：还原糖含量测定（DNS 比色法）

1. 原理

利用 3，5-二硝基水杨酸试剂（DNS 试剂）与还原糖溶液共热后被还原成棕红色的氨基化合物，在一定范围内还原糖的量和棕红包物质颜色深浅程度成一定比例关系，可通过比色测定。葡萄糖与 DNS 反应生成的有色物质在 520nm 处有最大吸收峰，故在此波长下进行比色。

2. DNS 试剂

准确称取 3，5-二硝基水杨酸 0.63g 于 100mL 烧杯中，用少量蒸馏水于水浴 45℃下溶解后，逐步加入 2mol/L NaOH 溶液 26.2mL，同时不断搅拌，直到溶液清澈透明（在加入 NaOH 过程中，溶液温度不要超过 48℃）。再逐步加入 50mL 含有 18.5g 酒石酸钾钠（$C_4H_4O_6KNa \cdot 4H_2O$，$M_W=282.22$）的热水溶液中，再加 0.5g 苯酚和 0.5g 无水亚硫酸钠，搅拌溶解，冷却后移入 100mL 容量瓶中用蒸馏水定容至 100mL，充分混匀。贮于棕色瓶中，室温放置一周后使用。

3. 操作步骤

（1）标准曲线制作　取 6 支试管，从 0~5 分别编号，按下表加入各种试剂。

试剂	管号					
	0	1	2	3	4	5
1mg/mL 葡萄糖溶液/mL	0	0.2	0.4	0.6	0.8	1.0
蒸馏水/mL	1.0	0.8	0.6	0.4	0.2	0
DNS 试剂/mL	0.5	0.5	0.5	0.5	0.5	0.5

将各试管溶液振荡混匀后，在沸水浴中煮沸 5min，取出迅速用冷水冷却至室温，加入蒸馏水 15mL，摇匀。在 520nm 波长下，用空白调零测吸光值。以吸光值为纵坐标，葡萄糖含量为横坐标绘制标准曲线。

（2）样品还原糖测定　取糖化醪液 5mL，5000r/min 离心 5min，取上清液 1mL 于试管中，加入 0.5mL DNS 试剂，同以上操作，测吸光值，用 Origin 软件绘制标准曲线，并求出各个时期样品的葡萄糖含量。

任务 3-3　发酵工业培养基的优化

一、任务目标

（1）熟悉正交实验方案设计及优化发酵培养基的方法。

（2）掌握发酵液菌体浓度的测定方法。

二、 操作原理

采用摇瓶、玻璃瓶等小型仪器，对碳、氮、无机盐和前体等进行酵母菌发酵的单因素实验，本实验在单因素实验的基础上，采用四因素三水平［L_9（3^4）］进行正交实验设计。通过正交设计及实验减少实验次数，确定培养基组分浓度和影响情况，从而优化酵母菌发酵培养基。

酵母生物量采用比浊法借助分光光度计测定细胞悬液的光密度表示。

三、 材料器具

1. 实验材料及药品

酵母，葡萄糖，蔗糖，酵母膏，KH_2PO_4。

2. 主要仪器设备

恒温振荡培养箱，分光光度计，恒温水浴锅，电子天平，电炉。

四、 任务实施

1. 实验方案设计

根据培养基配方，设计实验因素和水平（表3-17），设计正交表（表3-18）。

表3-17　实验因素与水平　单位：%

因素水平	葡萄糖	蔗糖	酵母膏	KH_2PO_4
1	1.0	0.0	0.5	0.5
2	2.0	1.0	1.0	1.0
3	3.0	2.0	2.0	2.0

表3-18　正交实验表

编号	葡萄糖	蔗糖	酵母膏	KH_2PO_4	生物量（OD值）					
					0h	12h	24h	36h	48h	60h
1	1	1	1	1						
2	1	2	2	2						
3	1	3	3	3						
4	2	1	2	3						
5	2	2	3	1						
6	2	3	1	2						
7	3	1	3	2						
8	3	2	1	3						
9	3	3	2	1						

2. 培养基配制

如表3-18所示配制9组培养基于250mL锥形瓶中，每瓶60mL，于121℃下灭菌 30min，冷却。

3. 接种培养

冷却后接种（接种量为 5%），置于振荡培养箱培养（30℃，180r/min）。

五、结果分析

将不同时间的培养液摇均匀后于 560nm 波长、1cm 比色皿中测定 OD 值，用未接种的培养基作空白对照，并将 OD 值填入表中，最终确定最佳培养基的组成及培养时间。

六、考核内容与评分标准

项目拓展（三）

（1）正交实验方案设计。(20 分)
（2）液体培养基的配制。(30 分)
（3）接种、摇床培养操作。(30 分)
（4）菌体浓度的比浊法测定。(20 分)

项目思考

1. 发酵工业培养基的基本要求是什么？
2. 工业发酵培养基的主要成分有哪些？
3. 依据不同的分类方法，培养基有哪几种类型？
4. 简述液体发酵培养基制备的基本步骤。
5. 发酵过程中的促进剂和抑制剂的作用如何？
6. 简述淀粉双酶水解糖的原理及制备方法。
7. 液化和糖化终点如何判断？

项目四

灭菌

项目导读

在发酵过程中感染杂菌可能会造成很多后果，轻者造成原料的损失和产量的下降，严重的会使培养过程彻底失败，导致“倒罐”，造成严重经济损失，而且会扰乱生产秩序，破坏生产计划。可见，发酵过程中无菌操作及其控制会直接关系到生产的成败。因此，种子和发酵培养基及相关设备必须经过灭菌后方可使用，灭菌就是为了保证进行纯种发酵。

在现代工业发酵生产中，为了获得大量菌体细胞或特定代谢产物，均已应用纯种培养技术，即在培养期间除大量繁殖生产菌外，不允许其他微生物存在。为了保证纯种培养，在接种前，要对发酵罐、管道、空气除菌系统及补料系统等设备进行空消，对培养基、消泡剂、补料液和空气彻底除菌，还要对生产环境进行消毒处理，防止杂菌和噬菌体的大量繁殖。

本项目介绍了常见的灭菌方法，湿热灭菌的原理及操作，工业中湿热灭菌采用的两种灭菌方式（实罐灭菌和连续灭菌），常见灭菌问题的分析和处理以及培养基和设备灭菌中出现的染菌及防止。通过本项目的学习，初步了解常见灭菌的方法和原理，在此基础上，进一步熟悉和掌握培养基的湿热灭菌操作。

项目知识

一、 常用灭菌方法

微生物是无孔不入、无处不在的，但在自然界却很难找到纯培养状态下生长的微生物。自从发酵工业利用纯培养技术以来，许多发酵过程特别是氨基酸等新型发酵工业都要求纯种培养，如有杂菌，可引起的后果：①生产菌和杂菌同时在培养基中生长，结果丧失了生产能力；②杂菌的生长速度有时比生产菌生长得快，结果使反应器中以杂菌为主；③杂菌会污染最终产品；④杂菌所产生的物质，使提取产物时发生困难；⑤杂菌降解所需要的产物；⑥如污染噬菌体，可使生产菌株发生溶菌现象。

概念解析　消毒和灭菌

消毒通常指的是用物理或化学方法杀死物料、容器、器皿内外的部分病源微生物，使之不再发生危害。消毒只是杀死微生物的营养体，许多细菌芽孢、霉菌厚垣孢子等不会完全杀死，即在消毒后的环境里和物品上还可能有活着的微生物。

灭菌不同于消毒，灭菌指的是用物理或化学方法杀死或除去（物体表面或内部）环境中所有微生物（或生物体），包括营养细胞、细菌芽孢和孢子。工业中一般笼统地称为杀菌或灭菌。工程上灭菌是指使用物理或化学方法将培养基中的杂菌细胞和孢子杀灭至不影响发酵为限。

灭菌的方法很多，总的可以分为物理灭菌和化学灭菌。物理灭菌包括热力灭菌、辐射灭菌、过滤除菌等，化学灭菌是采用化学试剂进行灭菌。

（一）热力灭菌

每一种微生物都有一定的最适生长温度范围。当微生物处于最低温度以下时，代谢作用几乎停止而处于休眠状态。当温度超过最高限度时，微生物细胞中的原生质体和酶发生不可逆的凝固变性，使微生物在短时间内死亡，热力灭菌即是根据微生物这一特性而进行的。

热可以灭活一切微生物，包括细菌繁殖体、真菌、病毒和细菌芽孢。因此，热力灭菌在所有可利用的灭菌方法中应用最早、效果最好、使用也最广泛。热力灭菌包括干热灭菌和湿热灭菌。

1. 干热灭菌

(1) 火焰灼烧灭菌　火焰灼烧灭菌即利用火焰直接将微生物烧死。这种方法灭菌迅速、可靠、简便，适用于耐火材质（如金属、玻璃、瓷器等）的物品与用具的灭菌，一般不适合药品的灭菌。在实验室的接种操作中，金属接种工具、试管口、锥形瓶口及涂布用玻璃棒等的灭菌，就是采用这种方法；一些耐高温的器械（金属、搪瓷类），在急用或无条件用其他方法消毒时也可采用此法。

（2）干热空气灭菌　利用高温（160~170℃）干热空气（相对湿度20%以下）加热灭菌。干热灭菌由空气导热，在干燥状态下，因热穿透力差，微生物耐热性较强，需长时间受高温作用才能达到灭菌目的。一般繁殖体在80~100℃干热1h可以杀死，芽孢需160~170℃经2h方可杀死。干热灭菌温度和时间关系如表4-1所示。

表4-1　干热灭菌温度和时间的关系

灭菌温度/℃	170	160	150	140	121
灭菌时间/min	60	120	150	180	过夜

该法适用于耐高温金属、玻璃等物品与用具的灭菌以及不允许湿气穿透的油脂类（如油性软膏基质、注射用油等）和耐高温的粉末化学药品的灭菌，不适于橡胶、塑料及大部分药品的灭菌。

大多数干热灭菌是利用电热或红外线在某设备内加热到一定温度将微生物杀死，例如，实验室常用的干燥箱对玻璃器具等的灭菌，常采用160℃，120min。

2. 湿热灭菌

在实验室或工业生产中，对于培养基、管道、设备的灭菌，通常采用蒸汽加热到一定温度，并保温一段时间的灭菌方法，称之为湿热灭菌。湿热灭菌通常采用饱和水蒸气、沸水进行灭菌。

（1）煮沸灭菌　系指将待灭菌物品置于沸水中加热灭菌的方法。该法灭菌效果较差，煮沸（100℃）5h，能杀死一般细菌的繁殖体，许多芽孢需经煮沸5~6h才死亡。必要时可加入适量抑菌剂，如三氯叔丁醇、甲酚及氯甲酚等，以提高灭菌效果，煮沸时间通常为30~60min。另外，水中加入2%碳酸钠，可提高其沸点到105℃，既可促进芽孢的杀灭，又能防止金属器皿生锈。煮沸法可用于饮水和一般器械（刀剪、注射器等）的消毒。

（2）巴氏消毒　有些物品不能加热到蒸煮温度（100℃左右），可采用较低的温度，如62℃加热30min，以杀死不耐高温的微生物营养细胞（对芽孢无效）。这种方法是法国微生物学家巴斯德首创的，故名“巴氏消毒法”。

巴氏消毒法利用病原菌不耐热的特点，用适当的温度和保温时间处理，将其全部杀灭，因而是一种以杀死致病菌为主而又保护营养成分不被破坏的消毒方法，常用于消毒牛乳和酒类等。

（3）高压蒸汽灭菌　利用具有适当压力和温度的饱和水蒸气对物料或设备进行灭菌。其灭菌原理：蒸汽冷凝时释放出大量潜热并具有强大穿透力，在高温和有水存在时，微生物细胞中的蛋白质、酶和核酸分子内部的化学键（特别是氢键）

极易受到破坏，引起不可逆变性，致使微生物在短时间内因代谢障碍而死亡。如乙型肝炎病毒能耐受干热160℃达4min，而在高压蒸汽121℃下作用1min就能破坏其抗原性。多数细菌和真菌的营养细胞在60℃下处理5~10min后即可杀死，酵母菌和真菌的孢子稍耐热，要用80℃以上的高温处理才能杀死，而细菌的芽孢最耐热，一般要在120℃下处理15min才能杀死。通常灭菌时，使用的压力为0.107MPa，此时饱和水蒸气对应的温度可达到121℃，该温度下的灭菌时间一般为20~30min，灭菌时间和温度的规律如图4-1所示。

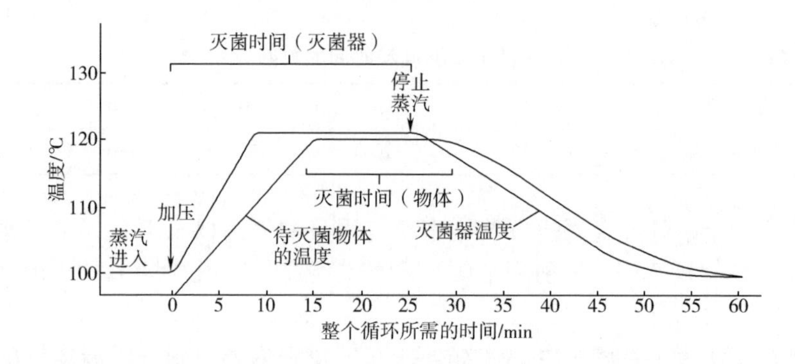

图4-1　灭菌时间和温度规律

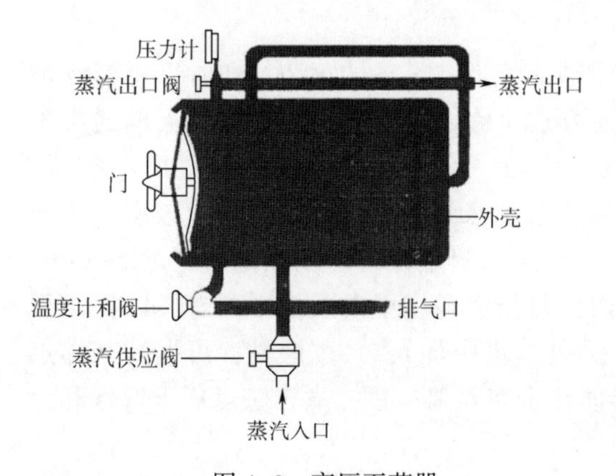

图4-2　高压灭菌器

高压蒸汽灭菌常用于培养基、发酵设备、附属设备（管道）、实验器材及工作服等的灭菌。高压灭菌器是常采用的灭菌设备，如图4-2所示。目前使用高压蒸汽灭菌器有手提式、卧式、立式，基本原理都是以蒸汽为灭菌介质，用一定压力的饱和蒸汽，直接通入灭菌器内，对待灭菌品进行加热灭菌。锅内饱和蒸汽压力与温度的对应关系如表4-2所示。

表4-2　某灭菌锅饱和蒸汽压力（表压）与温度的关系

蒸汽压力/MPa	0.05	0.08	0.10	0.11	0.13	0.15	0.20
温度/℃	111.4	116.9	120.2	121.7	124.7	127.4	133.6

高压蒸汽灭菌的关键是为热的传导提供良好条件，其中最重要的是使冷空气从灭菌器中顺利排除。因为冷空气导热性差，阻碍蒸汽接触欲灭菌物品，并且还可降低蒸汽分压使之不能达到应有的温度。如果灭菌器内冷空气排除不彻底，压

力表所显示的压力就不单是罐内蒸汽的压力，还有空气的分压，因此，罐内的实际温度低于压力表所对应的温度，造成灭菌温度不够，如表 4-3 所示。

表 4-3　　空气排除程度与罐内温度的关系

蒸汽压力/atm	罐内实际温度/℃				
	完全未排除	排除 1/3	排除 1/2	排除 2/3	完全排除
0.3	72	90	94	100	109
0.7	90	100	105	109	115
1.0	100	109	112	115	121
1.3	109	115	118	121	126
1.5	115	121	124	126	130

注：1atm = 1.01325×10^5 Pa。

概念解析　蒸汽压力

蒸汽压力一般指的是蒸汽的表压力，即管路或容器内介质的工作压力，蒸汽的绝对压力指的是表压力与大气压力之和。对于饱和蒸汽，蒸汽压力指的是相应温度下对应的饱和蒸汽压力，是由水的基本性质决定的。在灭菌过程中，经常使用的表压力单位一般用 MPa、kPa 表示，物理学上常用标准大气压（atm），欧美等国家习惯使用磅/英寸^2（psi，lb/in^2）作单位。具体换算关系：

1atm = 0.1013MPa；

1psi = 6.895kPa。

干热灭菌与湿热灭菌虽然都是利用热力作用杀菌，但由于本身的性质与传导介质不同，所以其灭菌的特点亦不一样，如表 4-4 所示。

表 4-4　　干热灭菌与湿热灭菌的比较

项目	干热	湿热
传热介质	空气	水和蒸汽
对物品影响	烤焦	濡湿（皮革损坏）
适用对象	金属玻璃与其他不畏焦化物品	棉织品等不畏湿热物品
作用温度	高（160～400℃）	低（60～134℃）
作用时间	长（1～5h）	短（4～60min）
杀菌能力	较差	较强

湿热与干热各有特点，互相很难完全取代，但总的说来，湿热的灭菌效果较干热好，所以使用也普遍。湿热较干热灭菌效果好的原因有三：①蛋白质在含水

多时易变性，含水量越多，越易凝固（表4-5）；②湿热穿透力强，传导快（表4-6）。③蒸汽具有潜热，当蒸汽与被灭菌的物品接触时，可凝结成水而放出潜热，使湿度迅速升高，加强灭菌效果。

表4-5　蛋白质含水量和凝固温度的关系

蛋白质含水量/%	30min 内凝固温度/℃	蛋白质含水量/%	30min 内凝固温度/℃
50	56	6	145
25	74～80	0	160～170
18	80～90		

表4-6　干热与湿热穿透力的比较

	温度/℃	时间/h	透过布层温度/℃		
			20层	40层	100层
干热	130～140	4	85	72	72以下
湿热	105.3	3	101	101	101.5

（二）辐射灭菌

辐射灭菌是利用电磁辐射产生的电磁波杀死物品上微生物的一种有效方法。用于灭菌的电磁波有微波、紫外线（UV）、*X*射线和γ射线等，在发酵工业中常用紫外线进行灭菌。

紫外线灭菌是一种使用简便的灭菌方法。紫外线使DNA分子中相邻的嘧啶形成嘧啶二聚体，抑制DNA复制与转录等功能，从而杀死微生物。紫外线对芽孢和营养细胞都能起作用，但细菌芽孢和霉菌孢子对紫外线的抵抗力较强。波长为253.7nm的紫外线易被细胞中核酸吸收，杀菌作用最强。紫外线可被不同的表面反射，穿透力较弱，普通玻璃、纸张、尘埃、水蒸气等均能阻挡紫外线，因此，对固体物料灭菌不彻底，主要用于表面灭菌，如食品表面、食品包装材料等。液体物料灭菌时，可使液体料，如饮料、牛乳等以薄层状通过紫外线照射区即可灭菌。如果紫外线与空气加热、双氧水和乙醇等灭菌方法结合使用，可大大增强其灭菌能力。紫外线一般用于手术室、病房、实验室的空气消毒。

用于辐射灭菌的装置包括微波炉、紫外光灯、阴极射线管、*X*射线发生器、放射性核素等。

（三）过滤除菌

过滤除菌是用过滤的方法将液体或空气中的细菌除去，以达到无菌目的。主要用于血清、毒素、抗生素等不耐热生物制品、培养基及空气的除菌。所用的器具是含有微小孔径的过滤器，包括固定孔径过滤器（对应于绝对过滤器）和非固定孔径过滤器（对应于深层过滤器）。由于过滤操作之前或之后要对过滤器进行蒸汽灭菌，所以，过滤介质必须具有在高温下的热稳定性。

针对热敏性的物料或培养基，尤其是动物培养基，因为其含有热不稳定性蛋白质，不能用蒸汽灭菌，而采用固定孔径过滤器进行过滤除菌。工业好氧发酵需要大量的无菌空气，均采用深层介质过滤除菌系统制备。

微生物学实验室最常用的除菌滤器是膜滤器，如图 4-3 所示。滤膜通常由醋酸纤维或硝酸纤维构成，孔径一般选择为 0.45μm，用于对少量的液体的除菌，如滤除血清和酶液中的微生物。

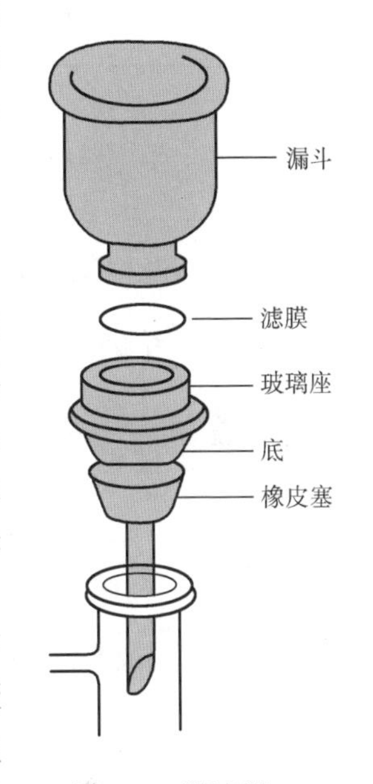

图 4-3　膜滤器

（四）化学灭菌

化学灭菌是用化学药剂直接作用于微生物而将其杀死的方法。一般化学药剂无法杀死所有的微生物，而只能杀死其中的病原微生物，所以起消毒剂作用，而不起灭菌剂作用。能迅速杀灭病原微生物的药物，称为消毒剂；能抑制或阻止微生物生长繁殖的药物，称为防腐剂。但是一种化学药物是杀菌还是抑菌，常不易严格区分。

化学药剂灭菌的原理是利用药物与微生物细胞中的某种成分产生化学反应，而破坏细菌代谢机能，如使蛋白质变性、核酸的破坏、酶类失活、细胞膜透性的改变而杀灭微生物。由于化学药剂会与培养基中的蛋白质等营养物质发生反应，加入后还不易去除，所以不适用于培养基的灭菌，主要用于生产车间、无菌室、接种用小器具及双手的消毒等。

常用的化学药剂有乙醇、臭氧、环氧乙烷、甲醛、石炭酸、过氧乙酸、高锰酸钾和新洁尔灭等。化学药剂灭菌的使用方法，根据灭菌对象的不同有浸泡、添加、擦拭、喷洒、熏蒸等方法。如表 4-7 所示列出了常用化学药剂及使用方法。

表 4-7　常用化学杀菌剂及应用

类型	名称	使用浓度	应用范围
醇	乙醇	70%~75%	皮肤消毒或器皿表面消毒
醛	甲醛（福尔马林）	36%~40%	熏蒸（接种室、培养室）
酚	石炭酸	50g/L	空气喷雾消毒
	煤酚皂（来苏尔）	30~50g/L	皮肤消毒
酸	乳酸	0.33~1mol/L	空气喷雾消毒
	醋酸	3~5mL/m^3	熏蒸空气消毒

续表

类型	名称	使用浓度	应用范围
碱	石灰水	10~30g/L	厕所、厂房灭菌
	高锰酸钾	1~30g/L	器具灭菌
氧化剂	氯气	3%	自来水灭菌
	次氯酸钙（漂白粉）	10~50g/L	清洗培养室、水消毒
去垢剂	新洁尔灭	1∶50	皮肤消毒

二、 培养基湿热灭菌的理论基础

（一）微生物的致死温度和致死时间

湿热灭菌的效果，取决于致死温度和致死时间。杀死微生物的极限温度称为致死温度，在致死温度下，杀死全部微生物所需的时间称为致死时间。在致死温度以上，温度越高，致死时间越短。几类杂菌致死温度和致死时间如表 4-8 所示。

表 4-8　　几类杂菌致死温度和致死时间

杂菌名称	致死温度/℃	致死时间/min
嗜热芽孢杆菌	120	12
枯草芽孢杆菌	100	6~17
大肠杆菌	60	10
肺炎球菌	56	5~7
酵母菌	50~60	5~10

一般微生物营养细胞在 60℃下加热 10min 即可全部被杀死，而细菌的芽孢要在 100℃下保温 10min 乃至数小时才能被杀死。在实际生产中，由于不能完全了解杂菌的数量和类型，因此，一般评价灭菌彻底与否主要以完全杀死耐热的芽孢杆菌作为依据。

（二）灭菌时间的确定

微生物的湿热灭菌过程，本质上是微生物细胞内蛋白质的变性过程。在一定温度下，微生物的受热死亡符合单分子反应动力学，微生物的热死亡速率与任一瞬间残存的活菌数成正比，即在灭菌过程中，活菌数逐渐减少，其减少量随残存的活菌数的减少而递减，这就是对数残留定律，用方程表示：

$$-\frac{dN}{dt}=kN \tag{4-1}$$

式中　t——受热时间；

N——灭菌过程中某瞬间的活菌数；

$-\frac{dN}{dt}$——灭菌过程中某瞬间活菌的减少速率，即死亡速率；

k——灭菌过程中菌体死亡速率常数（s^{-1}或min^{-1}），是判断微生物受热死亡难易程度的基本依据。

将式（4-1）积分后得对数残留定律的数学表达式：

$$t=\frac{1}{k}\ln\frac{N_0}{N_t}=\frac{2.303}{k}\lg\frac{N_0}{N_t} \tag{4-2}$$

该公式可变形：

$$\frac{N_t}{N_0}=e^{-kt}\text{ 或 }\ln\frac{N_t}{N_0}=-kt \tag{4-3}$$

式中　t——表示理论灭菌时间，s；

N_0——开始灭菌（$t=0$）时原有活菌数，个/mL；

N_t——经时间 t 后残存活菌个数，个/mL；

k——菌死亡速率常数，s^{-1}，与微生物的种类和温度有关。

式（4-2）是理论灭菌时间的计算公式。由此式可知，灭菌时间取决于污染程度（N_0）、灭菌程度（N_t）和 k 值。在实践过程中，因蒸汽压力（不稳定）、蒸汽的流量等有很大差别，甚至培养基中固体颗粒的大小、培养基的黏度等因素，都会影响灭菌效果。

由式（4-3）可知，在灭菌过程中活菌数呈指数减少，如果取 $N_t=0$，那么 $t=\infty$，显然与实际不符，也不可能实现。通常生产中对培养基的灭菌要求，即灭菌度为 $N_t=10^{-3}$个/罐（次），即每处理1000罐（次）中只允许1罐（次）因灭菌不彻底而染菌，或者说因培养基灭菌不彻底而造成染菌的概率是1/1000，这是工业上对培养基达到无菌程度的标准。

微生物死亡速率常数 k 是微生物耐热性的一种特征，随着微生物种类和灭菌温度而异。相同温度下，不同微生物的 k 值是不同的（表4-9、表4-10），k 值越小，微生物越耐热。如在121℃，细菌芽孢的 k 值比营养细胞的 k 值小得多，表明细菌芽孢的耐热性比营养细胞大。因此，k 值大小反映了微生物的耐热性。

表4-9　　某些细菌的 k 值（121℃）

细菌孢名称	k/min^{-1}	细菌名称	k/min^{-1}
枯草芽孢杆菌 FS5230	3.8~2.6	嗜热芽孢杆菌 FS1518	0.77
梭状芽孢杆菌 PA3679	1.8	嗜热芽孢杆菌 FS617	2.9

表 4-10　　悬浮于缓冲液中的某些细菌芽孢的 k 值（121℃）

细菌芽孢名称	k/min^{-1}	细菌芽孢名称	k/min^{-1}
枯草芽孢杆菌 FS5230	0.047~0.063	嗜热芽孢杆菌 FS1518	0.013
梭状芽孢杆菌 PA3679	0.030	嗜热芽孢杆菌 FS617	0.048

同一种微生物在不同的温度下，k 值也不同。将存活率 N_t/N_0 的对时间作图，可以得到一条曲线（图 4-4）；在半对数坐标上，将存活率 N_t/N_0 的对数对时间作图，可以得到一条直线（图 4-5），其斜率的绝对值即死亡速率常数 k 值。

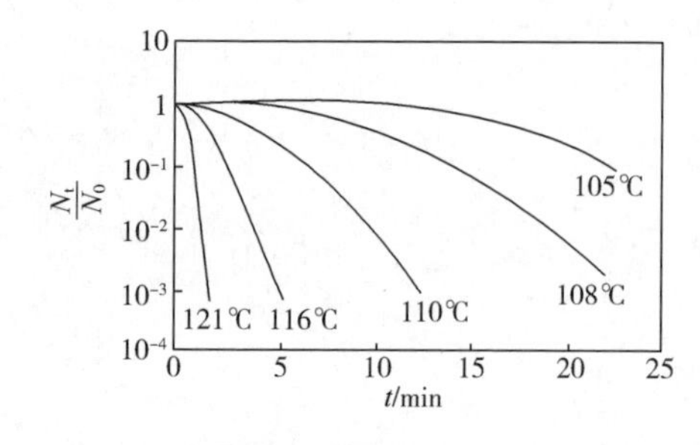

图 4-4　不同温度下嗜热脂肪芽孢杆菌的残留曲线

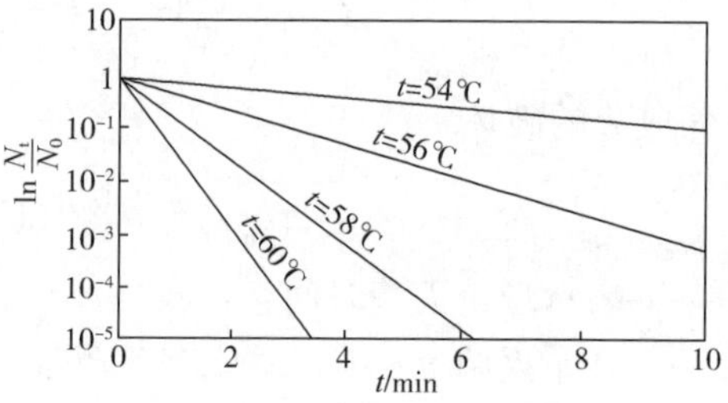

图 4-5　不同温度下大肠杆菌的残留曲线

因此，对于同一微生物而言，温度升高时，k 越大，微生物越容易热死，需灭菌时间越短；反之，温度越低，k 越小，微生物越不易热死。

（三）灭菌温度的选择

在实际灭菌过程中，对灭菌的要求：达到无菌程度；尽量减少营养成分损失；降低能量消耗。

湿热灭菌过程中，微生物被杀灭的同时，培养基中的营养成分也受到一定程度的破坏，特别是氨基酸和维生素。培养基组分的破坏主要包括两种情况：①培养基中不同营养成分之间的相互反应。例如，灭菌过程中在热的作用下，通常发生美拉德反应，即棕色化反应，这类反应通常由培养基中的还原糖与氨基酸、肽、蛋白质等发生化学反应，形成 5-羟甲基糠醛和类黑精，造成培养基原有营养成分的含量变化，因而影响培养基质量。②热敏感物质的降解，主要是对热不稳定的组分如氨基酸和维生素等的分解作用。例如，在对嗜热脂肪芽孢杆菌孢子进行杀灭时，达到相同灭菌效果时，不同灭菌温度对维生素 B_1 损失影响很大（表 4-11）。

表 4-11　　灭菌温度、时间和维生素 B_1 损失的关系

灭菌温度/℃	达到灭菌程度的时间/min	维生素 B_1 的损失/%
100	843	99.99
110	75	89
120	7.6	27
130	0.851	10
140	0.107	3
150	0.015	1

因此，灭菌过程实质上也是营养成分破坏的过程，灭菌温度和时间的选择应考虑营养成分的破坏，要在保证灭菌效果的前提下，尽可能减少培养基中营养成分的破坏。

研究证明，随着温度上升，菌体死亡速率增加的倍数要大于培养基成分破坏速率常数增加的倍数。也就是说，温度升高，菌体死亡速率要比营养成分破坏速率快得多。将温度提高到一定程度，会加速细菌孢子的死亡速率，缩短灭菌时间，从而减少有效成分的破坏。采用高温短时灭菌既能达到灭菌的效果，又可以减少营养成分的破坏。

尽管高温短时灭菌的优点非常明显，但不能说发酵领域采用高温短时灭菌是唯一的选项，因为高温短时灭菌需要一定的设备条件，通常需要连续灭菌工艺流程。而高温后的快速冷却在大型的生物反应器内也是很难实现的。

在发酵工业中，有时采用分开灭菌的方法来减少营养成分的破坏，即对培养基中糖类等不耐高温的成分与培养基其他成分分开灭菌，冷却后再混合。将培养基成分中的 Ca^{2+}、Fe^{3+} 与磷酸盐成分分别灭菌，可避免发生沉淀反应。

三、工业培养基灭菌的操作方法

工业化生产中培养基的灭菌主要采用高压蒸汽灭菌法，基本工艺过程：培养基→加热升温→维持保温→冷却降温→发酵。具体可采用实罐灭菌和连续灭菌两种操作方法进行灭菌。

（一）实罐灭菌

实罐灭菌（实消）是将配制好的培养基全部输入到发酵罐内或其他装置中，通入蒸汽将培养基和所用设备一起加热至灭菌温度后维持一定时间，再冷却到接种温度的灭菌过程，如图 4-6 所示。这一工艺过程又称为间歇灭菌或分批灭菌。

实罐灭菌操作实际上包括升温、保温、冷却三个过程，如图 4-7 所示为培养基实罐灭菌过程中温度变化情况。实罐灭菌操作步骤如下。

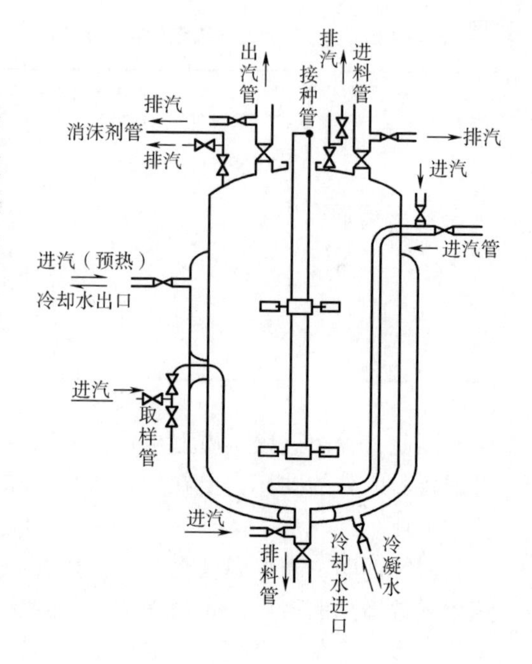

图 4-6 实罐灭菌示意图

1. 罐体清洗检查

清洗时应注意罐盖顶部的电器接口不能进水，否则可能会引起电器元件的损坏或数据测量错误。检查设备、管道有无渗漏，主要是冷却管道。检查发酵罐夹套内的冷凝水是否排掉，保证夹套内无冷却水。罐体内部结构合理（主要是无死角），焊缝及轴封装置可靠，蛇管无穿孔现象。

2. 灭菌前准备

把发酵罐的分空气过滤器灭菌，并用无菌空气吹干。关闭空气管路进气阀，打开罐体排气阀卸压。将清洗完并校正好的电极插入罐内，连接好电极线。将配好的物料加入罐内，按照工艺要求加入所需的水定容，加入消泡剂，并检查有没有遗漏的物料。完毕，开搅拌以防料液沉淀。

3. 加热升温

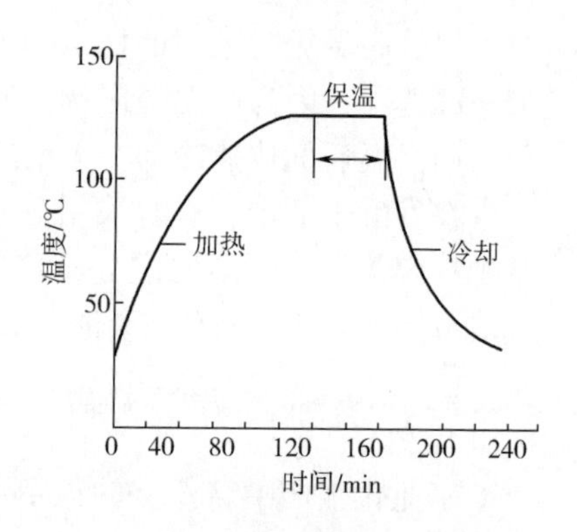

图 4-7 实罐灭菌过程温度的变化情况

（1）间接加热　打开罐体各排气阀，同时，关掉夹套冷却水，打开夹套或蛇管蒸汽阀，将蒸汽引入夹套或蛇管对料液进行间接加热，微开夹套进水管排污阀，排出罐体及夹套内的冷凝水。待罐温升至 80～90℃，将排气阀逐渐关小。

夹套进汽预热的作用：①减少冷凝水的生成，保证消后培养基体积的准确性。开始罐内直接进汽，罐体中冷的物料直接冲入蒸汽，极易产生大量冷凝水而使培养基消后体积过大。有的工厂省略此步，需通过试验掌握冷凝水的生成量，确保培养基的浓度。②减轻噪音。物料与蒸汽之间温差过大，直接进蒸汽时会引起设备震动。③有利于淀粉质原料的糊化和液化。夹套升温相对缓慢一些，对淀粉质的物料，有利于培养基中可能存在的尚未完全溶解的物料充分溶解，避免升温太快使物料表面糊化结块，影响灭菌效果。

（2）直接加热　用夹套预热至 80～90℃后，关闭夹套进汽阀，打开罐体进汽阀，蒸汽直接通入罐中，使罐温上升到 118～120℃，并打开各种排汽阀，并停止搅拌。

4. 保温保压

当物料温度接近工艺规定温度时，逐渐收小蒸汽阀门并调节各阀门的平衡，使压力和温度平稳达到工艺要求的压力和温度（一般比培养温度略高 0.5~2℃）。此时要求与反应器相连的所有管道处于两个状态：进汽或出汽，目的是对管道进行灭菌。在保温阶段，凡进口在培养基液面下的各管道都应通入蒸汽；在液面上的其余管道则应排放蒸汽，这样才能保证灭菌彻底，不留死角。通用发酵罐一般有三个开口（进空气管、出料管、取样管）进蒸汽，这就是所谓的“三路进汽”。“四路出汽”即蒸汽直接从排气、接种、进料和消沫剂管排汽。

5. 冷却降温

灭菌结束后，首先关闭所有的进汽阀，将排汽阀稍微收小一些。接着，当罐内压力低于空气分过滤器压力时，打开进空气阀通入无菌空气，以维持罐压。最后，打开冷却水阀在夹套或蛇管中通冷水进行快速冷却，开搅拌，使培养基的温度冷却至发酵工艺要求的温度。

值得注意的是，空气分过滤器压力要高于罐内压力（一般降至为 0.5MPa 左右）时才能打开进空气阀，防止培养基倒流入过滤器。灭菌结束后，需要及时引入无菌空气，保证罐内压力（一般调节罐压在 0.1MPa）后，方进冷却水冷却。通入无菌空气的作用是加速降温并保持罐内正压，防止培养基的冷却使罐内形成负压，易染菌或引起发酵罐破坏（发酵罐的罐压跌零，罐体被吸瘪），这是不锈钢夹套发酵罐在实罐灭菌操作中常发生的事故。

培养基实罐灭菌质量优劣的判断标准有以下四点：①灭菌后达到无菌要求；②营养成分破坏少；③灭菌后培养基体积与加料体积相符；④泡沫较少。

灭菌过程中还要注意的几个问题：

（1）灭菌搅拌的作用　在实罐灭菌中，搅拌的作用是十分重要的。开启搅拌的目的：①使灭菌的物料均匀受热、传热，避免实罐灭菌过程中假压力的形成；②避免物料沉积，一旦出现沉淀和分层，也会造成受热温度不一致，易产生假压力。

（2）灭菌后料液体积的变化　配制培养基时，应充分考虑培养基在灭菌后体积的增加。灭菌时间越长，体积增加得越多。夹套没有预热或者预热不够，蒸汽管道内的冷凝水没有排尽，锅炉房送出的蒸汽含水量过大等原因，会形成很多冷凝水使体积增加。

（3）实罐灭菌时间的考虑　在工业化发酵生产中，通常只是把保温维持阶段看作是灭菌的时间。不同规模的发酵罐要到达同样的灭菌效果所需的灭菌维持时间如表 4-12 所示。

表 4-12　不同规模发酵罐的灭菌时间

发酵罐规模/L	120℃维持时间/min	发酵罐规模/L	120℃维持时间/min
200	17.5	5000	11.3
500	12.6	50000	8.8

算一算

有一发酵罐，内装培养基 $40m^3$，在121℃温度下进行实罐灭菌。设培养基中含有耐热菌的芽孢 2×10^7 个/mL，在121℃时的灭菌速率常数为 $0.0287s^{-1}$。试求灭菌失败的概率为0.001所需的时间。

解：

$$N_0 = 40 \times 10^6 \times 2 \times 10^7 = 8 \times 10^{14}(\text{个})$$

$$N_t = 0.001(\text{个})$$

$$k = 0.0287(s^{-1})$$

$$t = \frac{2.303}{k}\lg\frac{N_0}{N_t} = \frac{2.303}{0.0287}\lg(8 \times 10^{17}) = 1436s = 23.9(min)$$

这里值得注意的是，对 $40m^3$ 的发酵罐进行实罐灭菌，灭菌时间是23.9min，这里没有考虑培养基由室温升至121℃和由121℃降至发酵培养温度这两个阶段的灭菌效应。实际上加热升温对培养基灭菌是有一定贡献的，特别是培养基加热到100℃以上时，这个作用更为明显。

若考虑培养基在加热升温阶段的灭菌效应，假如把培养基从100℃上升至121℃需15min，经计算保温阶段的灭菌时间是21.1min，保温时间缩短了12%。发酵罐体积越大，其实罐灭菌的升温时间越长，升温阶段对灭菌的影响就越大，相应的保温时间就越短。小型罐升温快，升温时间可忽略。当前发酵工业采用发酵罐体积比较大（$60\sim100m^3$），应考虑到升温阶段的灭菌效应，尽量减少营养成分的破坏。对于发酵罐体积在 $40m^3$ 以下，可不考虑该效应。

另外，降温阶段对灭菌也有一定的贡献，但现在普遍采用迅速降温的措施，时间短，在计算时一般不予以考虑。

（二）连续灭菌

连续灭菌（连续灭菌）是指将培养基在罐外经过专用的消毒设备，连续进行加热、维持和冷却，然后再进入已灭菌发酵罐的灭菌方法。培养基连续灭菌过程中所需时间如图4-8所示。其优点是升温快，营养成分破坏少，生产效率高和自动化程度高。但设备比较复杂，投资较大。

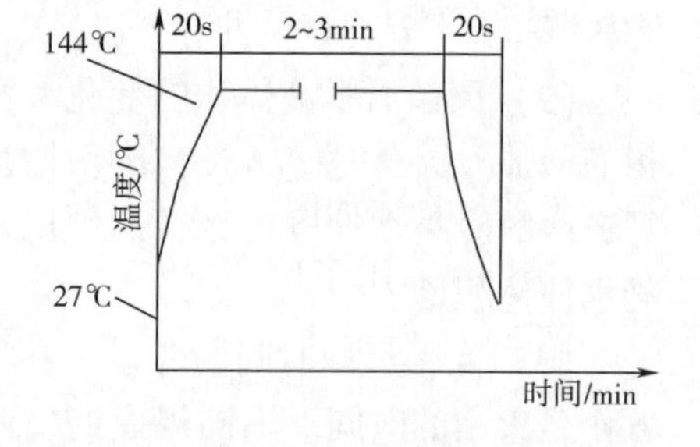

图4-8 培养基连续灭菌的时间

大型发酵罐采用连续灭菌时，空罐需先行灭菌（空消）。但也有在发酵完毕后，将空罐保压不灭菌就进连续灭菌好的培养基，这要根据各厂的生产菌株特性和生产设备等具体情况而定。

连续灭菌对设备的要求：①加热设备：加热均匀，快速升温到灭菌温度（温度一致)；②维持设备：使培养基按顺序流动，维持灭菌温度达到灭菌时间（时间一致)；③冷却设备：传热速率高，尽快冷却到发酵要求温度，密封性好，回收热能。

1. 连消塔加热灭菌流程

连消塔加热灭菌流程如图 4-9 所示。

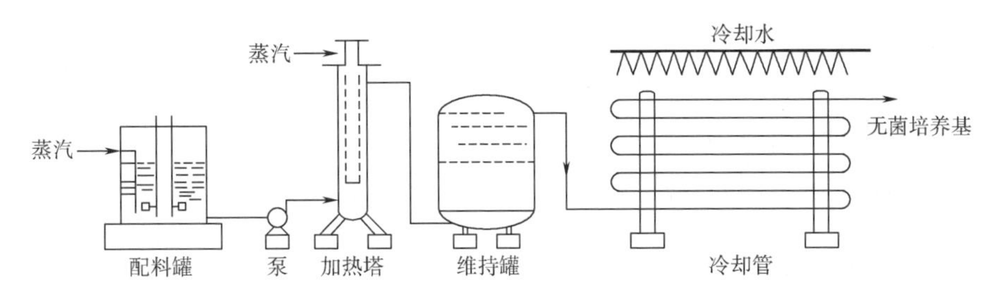

图 4-9　连消塔加热连续灭菌流程

（1）先在配料罐中将配好的培养基预热到 60~75℃。

（2）用连消泵把预热的料液送入加热器（连消塔）底部，用高温饱和蒸汽使料液温度很快升至灭菌温度（一般以 126~132℃为宜)，停留时间为20~30s。连消塔的主要作用是使高温蒸汽与料液迅速接触混合，并使后者温度很快达到灭菌温度。培养基由塔底进入，在塔内环隙中流动，从塔上部流出。

（3）料液升至灭菌温度后，由连消塔流入维持罐。生产上一般维持时间为5~7min。

（4）灭菌结束后，料液经喷淋冷却器冷却，用冷水在排管外从上向下喷淋，使管内料液逐渐冷却，料液在管内逆向流动。一般料液冷却到 40~50℃后，输送到预先灭菌过的罐内。喷淋冷却器结构简单，被广泛使用。

2. 喷射加热器加热灭菌流程

随着发酵工程与技术的进步，目前，实际生产中还可采用喷射加热、管道维持、真空冷却的连续灭菌流程及设备，具体如图 4-10 所示，流程中采用了喷射加热器如图 4-11 所示。

用泵将培养液打入喷射加热器，培养液以较高的速度自喷嘴喷出，借高速流体的抽吸作用与蒸汽混合后，培养液急速升至预定的灭菌温度（140℃)，然后在该温

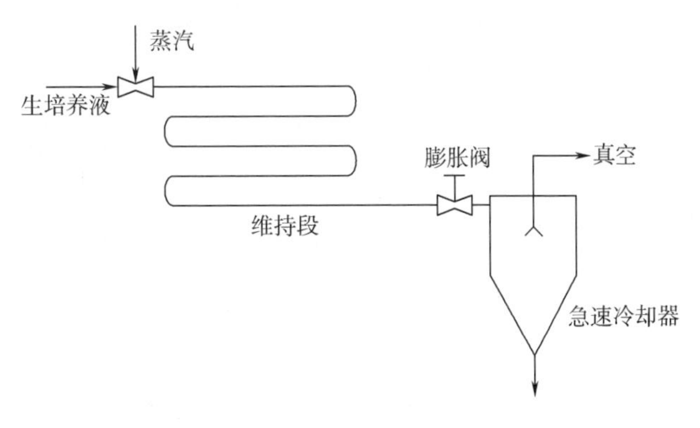

图 4-10　培养基喷射加热连续灭菌流程

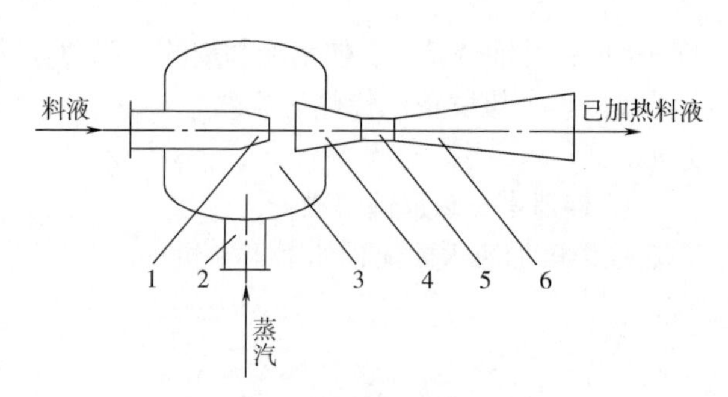

图 4-11 喷射加热器示意图

1—喷嘴 2—吸入口 3—吸入室

4—混合喷嘴 5—混合段 6—扩大管

度下进入维持管道维持一段时间灭菌。灭菌后的培养基通过一膨胀阀进入真空冷却器，因真空作用使水分急剧蒸发而迅速冷却至70~80℃，再进入发酵罐冷却到接种温度。

该流程采用的高温灭菌可以将温度升高到 140℃，并且培养基的加热和冷却是瞬时完成的，营养成分破坏最少。同时该流程能保证培养基物料先进先出，避免了过热或灭菌不彻底等现象。

3. 薄板换热器连续灭菌流程

薄板换热器连续灭菌流程如图 4-12 所示。流程采用了薄板换热器作为培养液的加热和冷却器，蒸汽在薄板换热器的加热段使培养液的温度升高，经维持段保温一定时间后，培养基在薄板换热器的冷却段进行冷却，从而使培养基的预热、加热灭菌及冷却过程可在同一设备内完成。该流程的加热和冷却时间比喷射加热连续灭菌流程要长些，但由于在培养基预热的同时，灭菌后的培养基也能得到一定的冷却，因而节约了蒸汽和冷却水的用量。板式换热器体积小，换热效率高，但流动阻力较大。

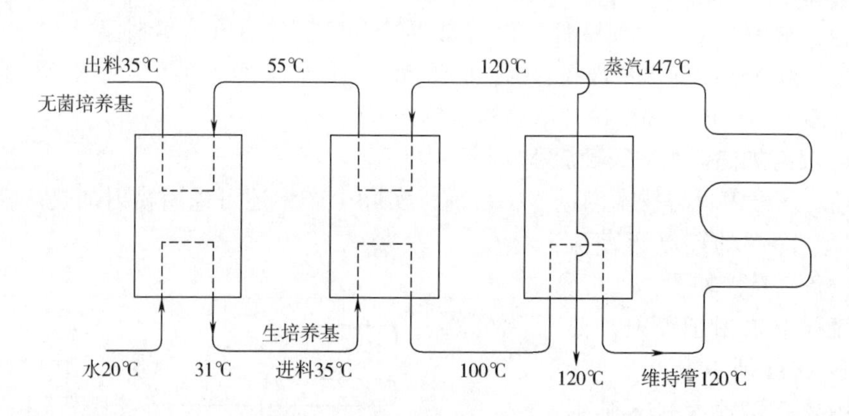

图 4-12 薄板换热器连续灭菌流程

四、 发酵设备及附属设备灭菌

发酵设备的灭菌包括发酵罐、管道和阀门、空气过滤器、补料系统、消沫剂系统等的灭菌。通常选择 0.15~0.2MPa 的饱和蒸汽，这样既可以较快使设备和管路达到所要求的灭菌温度，又使操作安全。对于大型的发酵设备和较长的管路，可根据具体情况使用压强稍高的蒸汽。

1. 空罐灭菌

发酵罐是发酵工业生产最重要的设备，是生化反应的场所，对无菌要求十分严格。发酵罐在培养基采用连续灭菌前，必须进行空罐灭菌（空消），即通入饱和蒸汽于未加培养基的发酵罐罐体内进行湿热灭菌的操作。其目的是消除罐内死角，杀灭与罐直接相通的各管路、阀门的微生物等。长时间未使用的反应器也要进行空消。

实消时，要考虑培养基营养成分的破坏，一般会适当控制温度及时间。而空消，尤其是染菌后空消时，温度较实消时高，时间能延长。一般空消控制的条件为（126±1）℃持续 1h。空消之后，先用无菌空气保压，待灭菌的培养基输入罐内后，才可以开冷却系统进行冷却。除发酵罐外，培养基的贮罐也要求洁净无菌。由于空消时反应器内的死角少，蒸汽的传热效率高，对于反应器灭菌效果好。

2. 发酵罐附属设备灭菌

发酵罐附属设备主要有空气过滤器、补料系统及消沫剂系统等。通用发酵罐需通入大量的无菌空气，这就需要空气过滤器，但过滤器本身必须经蒸汽加热灭菌后才能起过滤除菌的作用。灭菌时，先排出过滤器中的空气，从过滤器上部通入蒸汽，并从上、下排汽口排汽，保持压力 0.147MPa，维持 2h。灭菌后用空气吹干备用。

若发酵过程中需要更换过滤器，必须采用过滤器单独加热灭菌设计，其杀菌管路和阀门配置如图 4-13 所示。此管路配置可保证空气过滤器单独蒸汽加热灭菌，且安全高效。

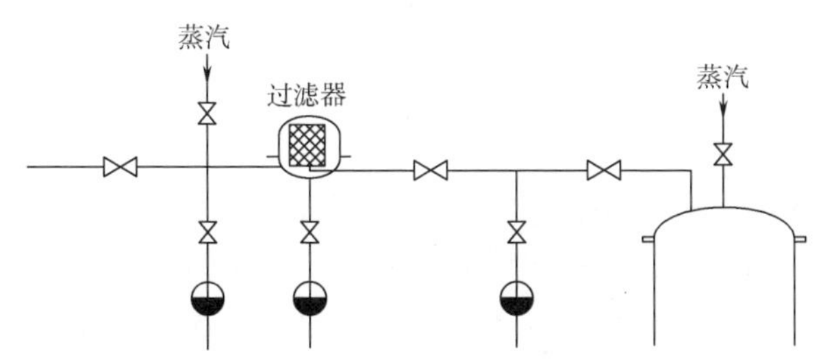

图 4-13　空气过滤器的蒸汽灭菌管路和阀门的配置

空气过滤器灭菌操作要点：

①目前常用的空气分过滤器一般是金属过滤器（表面涂层）或玻璃纤维纸的折叠式过滤器，灭菌时要注意两个方面：一是压力不能太高，一般要严格控制在 0.10~0.12MPa，压力高很容易将滤芯击穿，失去过滤效果；二是灭菌时蒸汽速度不能太快，进汽太快，瞬间即可将过滤器滤芯击穿。一般工业上染菌部分原因是过滤器被击穿或过滤器受潮失效所致。

②粗过滤器不空消或实消时，要关闭通向粗过滤器的阀门。

③为使空气过滤器始终保持干燥状态，当过滤器用蒸汽灭菌时，应事先将蒸汽管和过滤器内部的冷凝水放掉。

④过滤器灭菌后应立即引入无菌空气，以便将介质层内部的水分吹出，避免染菌。但温度不宜过高，以免介质被烤焦或焚化。蒸汽压力和排汽速度不宜过大，以避免过滤介质被冲翻而造成短路。

⑤在使用过滤器时，如果发酵罐的压力大于过滤器的压力（这种情况主要发生在突然停止进空气或空气压力忽然下降时），则发酵液会倒流入过滤器。因此，在过滤器通往发酵罐的管道上应安装单向阀门，操作时必须予以注意。

补料罐的灭菌温度根据料液不同而异，如淀粉料液，121℃保温30min；尿素溶液，121℃保温5min。补料管路、消沫剂管路可与补料罐、发酵罐同时进行灭菌，但保温时间为1h。移种管路灭菌一般要求蒸汽压力为0.3~0.45MPa，保温1h。上述各管路在灭菌之前，要进行气密性检验，以防泄漏。

五、 常见灭菌问题的分析及处理

（一）影响培养基灭菌的其他因素

1. 培养基成分

培养基中的油脂、糖类和蛋白质等有机物是传热的不良介质，会增加微生物的耐热性，这就要提高灭菌温度或延长灭菌时间。例如，大肠杆菌在水中加热60~65℃、10min便死亡；在10%糖液中，需70℃、4~6min；在30%糖液中，需70℃、30min。如果培养基中存在高浓度的盐类、色素等物质时，则会削弱微生物的耐热性，较易灭菌。

2. 培养基的物理状态

一般固体培养基的灭菌要比液体培养基的灭菌时间要长。液体培养基100℃时灭菌为1h，而固体培养基则需要2~3h，才能达到同样的效果。此外，培养基成分的颗粒越大，灭菌时蒸汽穿透所需的时间越长，灭菌较难；颗粒越小，灭菌越容易。一般对小于1mm颗粒的培养基，可不必考虑颗粒对灭菌的影响，但对于含有少量大颗粒及粗纤维培养基的灭菌，特别是存在凝结成团的胶体时会影响灭菌效果，则应适当提高灭菌温度或过滤除去。

3. pH

pH对微生物的耐热性影响很大。pH在6.0~8.0时，微生物最不易死亡，pH值低于6.0时，氢离子易渗入微生物细胞内改变其生理反应而容易死亡，所以培养基pH越低，所需的时间也越短。培养基pH与灭菌时间的关系如表4-13所示。

表 4-13 培养基的 pH 对灭菌时间的影响

温度/℃	孢子数/（个/mL）	灭菌时间/min				
		pH 6.1	pH 5.3	pH 5.0	pH 4.7	pH 4.5
120	10000	8	7	5	3	3
115	10000	25	25	12	13	13
110	10000	70	65	35	30	24
100	10000	340	720	180	150	150

4. 微生物性质与数量

各种微生物对热的抵抗力相差较大。细菌的营养体、酵母、霉菌的菌丝体对热较为敏感，而放线菌及霉菌的孢子对热的抵抗力较强。处于不同生长阶段的微生物，所需灭菌的温度与时间也不相同。繁殖期的微生物对高温的抵抗力要比衰老时期抵抗力小很多，这与衰老时期微生物细胞中蛋白质的含水量低有关。在同一温度下，微生物数量越多，所需的灭菌时间越长，因为微生物数量比较多时，耐热个体出现的机会也越多。此外，还要注意的是天然原料尤其是麸皮等植物性原料配成的培养基，一般含菌量较高，而用纯化学试剂配制成的组合培养基，含菌量低。

5. 蒸汽性质

蒸汽有饱和蒸汽、湿饱和蒸汽和过热蒸汽。对于饱和蒸汽，当压力一定时，其温度也是个定值。高压蒸汽灭菌应采用饱和蒸汽，只有蒸汽的压力和温度相匹配才是保证灭菌效果的重要条件。饱和蒸汽如果继续加热，使蒸汽温度升高并超过沸点温度，此时得到的蒸汽称为过热蒸汽。灭菌器内的过热蒸汽遇到待灭菌物品时不能充分凝结成水，不能释放出足够的热能，不利于灭菌。

另外，灭菌效果还跟蒸汽的饱和度有关，如果灭菌器内的空气未排除或未完全排除，则蒸汽达不到饱和，压力和温度的协调性破坏，可导致灭菌失败。另外，若空气未完全排除，蒸汽不能穿透到待灭菌包裹的中心部位，会发生包内温度低、包外温度高的情况，致使包内达不到灭菌要求。此外，水质、水温和蒸汽的干燥程度都会影响灭菌的效果，灭菌器应使用干燥程度不小于 0.9 的饱和蒸汽，即蒸汽含水量不超过 10%。

概念解析　饱和蒸汽和湿饱和蒸汽

饱和蒸汽的温度与水的沸点相当，当压力达到平衡时，此时蒸汽中不含有微细的水滴。它的特点是热含量较高，穿透力强，还存在潜热（蒸汽变为水的同时所放出的热量），因此灭菌效果好。当遇到比蒸汽温度低的灭菌物体时，这种潜热能迅速提高物体的温度，达到杀灭杂菌的目的。

在蒸汽输送过程中，由于一部分热量损失形成无数细微的水滴混悬在蒸汽之中，称为湿饱和蒸汽，它的特点是蒸汽中带有水分，热含量较低、穿透力差、灭菌效力较低。有些工厂自己烧锅炉产生蒸汽，蒸汽压力波动很大，同时蒸汽中含水量大，温度达不到要求，基本属于此类型的蒸汽。

因此，灭菌蒸汽要求一定要采用饱和蒸汽，冷凝水越少越好。在冷凝水较多或蒸汽管道较长的情况下，蒸汽进车间后的总管上要装设汽水分离装置将冷凝水分离后再使用。灭菌时蒸汽压力要求平稳，在压力变动较大时，操作人员需灵活掌握加以控制。

（二）培养基和设备灭菌中出现的染菌及防止

消后培养基带菌的原因很多，统计表明（表4-14），设备损坏、密封不严以及空气过滤系统带菌等是造成染菌的主要原因。

表4-14　　染菌原因及出现的概率

染菌原因	概率/%	染菌原因	概率/%
种子被污染	8	培养基灭菌不彻底	9
接种时罐压为零	1	设备及管道灭菌不彻底	3
空气过滤系统带菌	18	补料过程造成染菌	5
发酵液逃液	2	设备损坏或不严密	26
人为操作失误	9	原因不明	19

1. 空气系统

空气过滤系统带菌是发酵全过程中引起染菌的重要因素。在灭菌过程中，主要是防止过滤器中过滤介质因蒸汽压力过大被冲翻而造成短路。若空气过滤器前后两个压力表的压力差大于0.03MPa，说明过滤器的滤芯损坏或被浸湿，应停止灭菌，拆开检查，将滤芯更换或吹干，再重新灭菌。

2. 设备及管道的渗漏及“死角”

（1）发酵罐及其管道渗漏　发酵罐及其管道渗漏涉及很多方面，包括罐体焊接、法兰焊缝等不严密，罐内和罐外各管路腐蚀、穿孔等现象，阀门的掉头、掉垫及泄漏等。发酵罐或种子罐在进料灭菌前一定要经过载荷气压试漏的检查。特别是要定期对罐内的蛇形管、夹套等冷却设备的试压、试漏的检查，应确保发酵罐及附属设备无渗漏。凡与物料、空气、下水道连接的管件阀门保证严密不漏，及时更换泄漏的阀门。

走进企业　焊接泄漏造成的染菌

有一台发酵罐，取样阀门和发酵罐连接处的管路腐蚀穿孔，如图4-14所示。

于是更换了一段不锈钢管并与碳钢壁焊接在一起。由于两种钢的材质不同，灭菌遇热冷却后即产生焊缝裂纹渗漏的现象。但是操作者发现该漏点却不以为然，也未采取相应措施，造成该罐多批染菌。当把焊缝重新进行焊接，并做罐体严密度检查合格后，就不再发生染菌现象了。

这个事例说明，不重视严密度检查，哪怕是一个微小的漏点，也会造成染菌的机会。所以，在培养基进罐灭菌前，发酵罐及其附属设备管道一定要认真检查，做到防微杜渐。

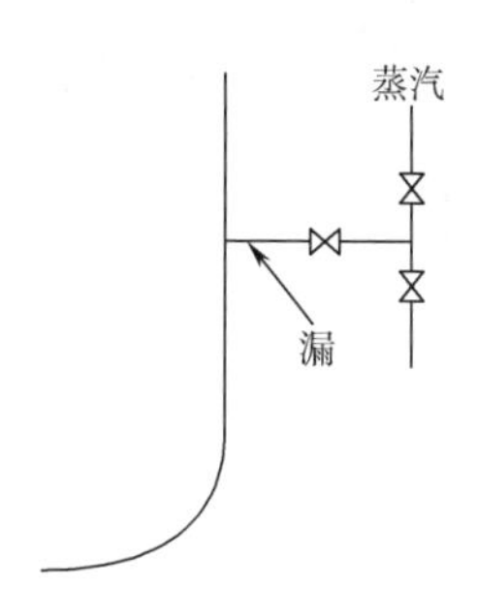

图 4-14　罐壁与接管处泄漏示意图

灭菌过程中，高温蒸汽所达不到或不能彻底灭菌的部位称为“死角”。主要指设备结构死角和人为操作构成的死角两大类。实际过程中，“死角”还包括发酵设备或连接管道的某一部位和培养基或其他物料的某一部分等。

（2）发酵罐“死角”　主要原因是罐焊接处等的周围容易积结污垢，发酵罐制作不良，发酵罐封头上存在各个接口以及发酵罐的修补焊接位置不当等。

取样管经常在蒸汽保护之下，取样后残存菌丝体，被高温烘烤成焦物积累堵塞取样阀芯，造成灭菌“死角”，如图 4-15所示。采用环形空气分布管时，远离进口处的管道常被来自空气过滤器中的活性炭或培养基中的某些物质堵塞，最易产生“死角”而染菌。因此，工艺上要做好发酵罐放罐后的检查和清洗工作，清理罐内残渣，去除罐壁上的污垢，清除空气分布管、温度计套管等处堆积的污垢及罐内“死角”，及时更换阀门或空气分布管。

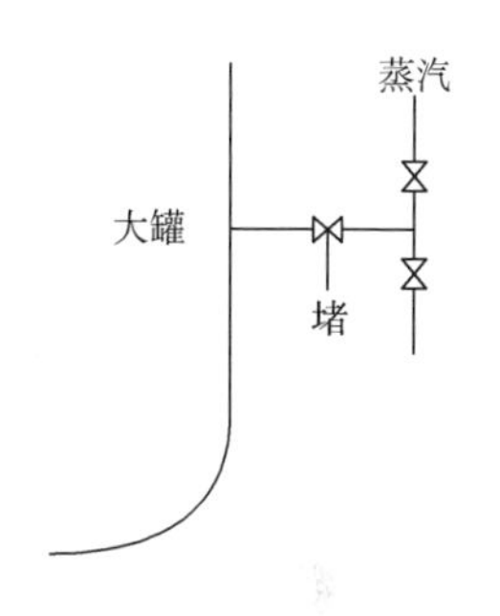

图 4-15　取样阀门堵塞示意图

罐内的部件如挡板、扶梯、搅拌轴、联轴器、冷却管等及其支撑件、温度计套管焊接处等的周围容易积累污垢，形成“死角”而染菌。采取罐内壁涂刷防腐涂料、加强清洗并定期铲除污垢等是有效消除染菌的措施。

发酵罐的制作不良也可能造成“死角”，有些发酵工厂为防止铁离子对发酵的影响以及生产的柠檬酸对碳钢壁的影响，罐内壁多用不锈钢衬里。由于焊接质量不好，导致不锈钢与碳钢之间不能紧贴而有空气存在，高温灭菌、低温冷却及压力变化等都可能使不锈钢鼓起或破裂，从而造成“死角”染菌，如图 4-16 所示。因此，在发酵罐的设计上，绝不采用衬里的方式制造，而应全部采用不锈钢或复合钢制作发酵罐可有效克服此弊端。

此外，发酵罐底常有培养基中的固形物堆积，形成硬块，这些硬块有一定的绝热性，使藏在里面的脏物、杂菌不能在灭菌时被杀死而染菌。通过加强罐体清洗、适当降低搅拌桨位置都可减少罐底积垢，减少染菌。另外，罐底的加强板长期受压缩空气吹打或焊接不当造成灭菌不彻底，如图 4-17 所示。应煅成与罐底相同弧度，使之吻合紧密，并注意焊接质量。

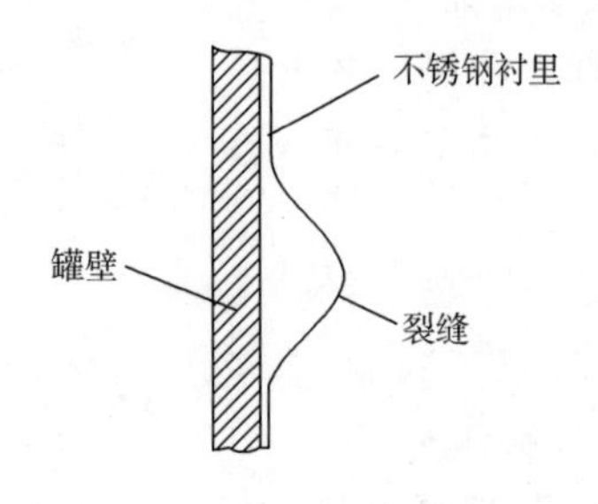

图 4-16　衬里鼓起或破裂造成的“死角”

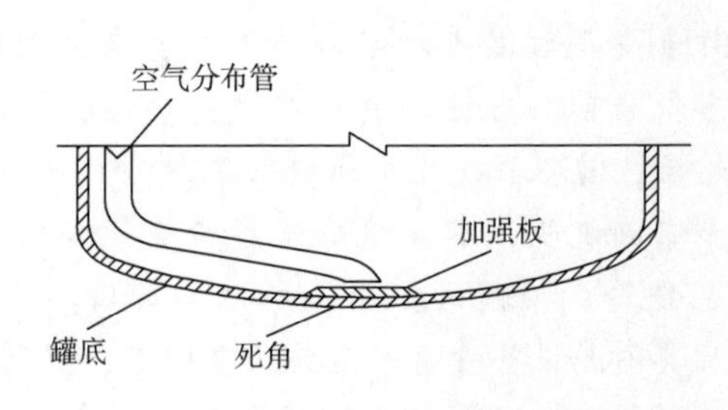

图 4-17　罐底的加强板形成“死角”

（3）法兰及移种管道安装“死角”　发酵设备中管道之间的安装都是以法兰连接，其内部的垫片与法兰如出现偏差（如垫圈大小不配套、法兰不平整、安装未对中等）会造成“死角”如图 4-18 所示。因此，法兰加工、焊接和安装要符合灭菌的要求，务必使各衔接处管道畅通、光滑、密封性好，垫片的内径与法兰内径恰好相等，安装时对准中心，以避免和减少管道出现“死角”而染菌。移种管道安装不当也会造成死角，如图 4-19（1），消除方法如图 4-19（2）所示。

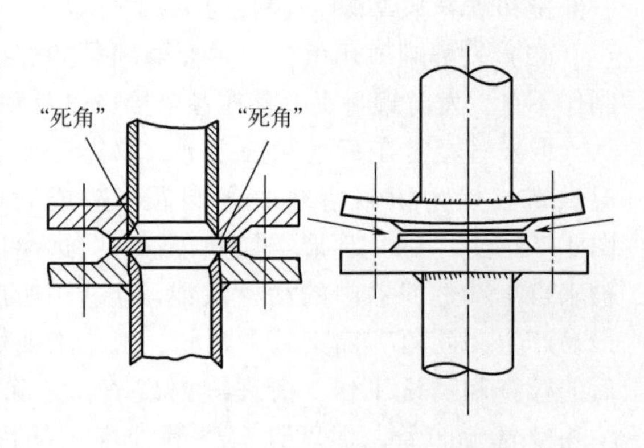

图 4-18　法兰安装不当造成的“死角”

3. 培养基成分

实罐灭菌过程中，最忌讳的是培养基原材料当中的颗粒和杂物，这是造成染菌的主要原因。淀粉质原料，在升温过快或混合不均匀时容易结块，使团块中心部位出现“夹生”，蒸汽不易进入将杂菌杀死。培养基中诸如麸皮、黄豆饼一类的固形物含量较多，在投料时溅到罐壁或罐内的各种支架上，容易形成堆积物，一些杂菌也不易被杀灭。

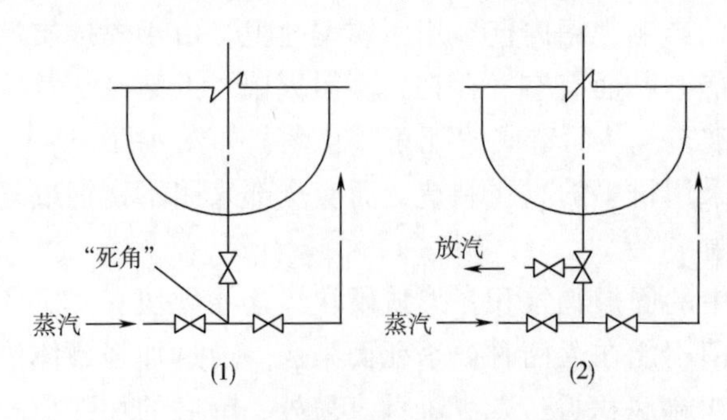

图 4-19　蒸汽不易达到的“死角”及消除方法

通常对于淀粉质培养基的灭菌采用实罐灭菌较好，升温前先通过搅拌混合均匀，并加入一定量的淀粉酶进行液化。有大颗粒存在时应过筛除去，再行灭菌。对于麸皮、黄豆饼一类固形物含量较多的培养基，可采用罐外预先配料，再转至发酵罐内进行灭菌较为有效。对黏稠培养基的连续灭菌，必须降低料液的输送速度，防止冷却时堵塞冷却管。

4. 灭菌操作不当

主要原因：实消时，由于操作不合理，未将罐内的空气完全排除，造成压力表显示“假压”；连续灭菌过程中，培养基灭菌的温度及其停留时间没有符合灭菌的要求，蒸汽压力波动大，培养基未达到灭菌温度。

另外，培养基灭菌过程中产生泡沫也对灭菌很不利。因为泡沫中的空气形成隔热层，使热量难以渗透进去，不易达到微生物的致死温度，导致灭菌不彻底。泡沫的形成主要是由于进汽排汽不均衡，如果在灭菌过程突然减少进汽或加大排汽，则会出现大量泡沫。一旦灭菌操作完毕并进行冷却时，这些泡沫就会破裂，杂菌就会释放到培养基中，造成染菌。

主要措施：操作者应严格按标准操作规程进行灭菌操作，灭菌过程中蒸汽压力不可大幅度地波动，升压过程不可急剧进汽，对易起泡沫的培养基需加消泡剂，以防止或消除泡沫。

项目任务

任务 4-1　发酵罐过滤器（管道）的灭菌及吹干

一、任务目标

（1）理解湿热灭菌的原理。
（2）掌握发酵罐过滤器（管道）的灭菌操作技术。

二、主要仪器设备

蒸汽发生器，空气过滤器。

三、任务实施

1. 灭菌前准备

启动蒸汽发生器，蒸汽压力控制在 0.2～0.3MPa 时可供使用。关闭空气管道上的所有阀门，然后启动空气压缩机，当压力达到 0.25MPa 左右时，待用。

2. 灭菌

蒸汽和空气总管道及其灭菌如图 4-20 和图 4-21 所示。

打开 S1、S2、蒸汽减压阀和 S3，排尽冷凝水后 S3 转为微开。调节蒸汽减压阀

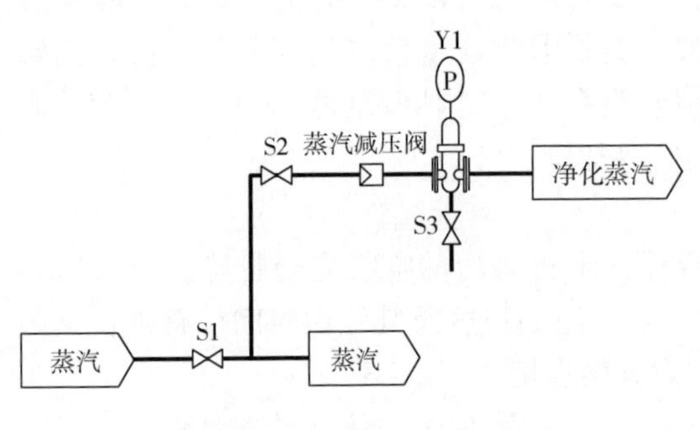

图4-20 蒸汽管道示意图

使蒸汽过滤器上压力表稳定在0.15MPa左右。

关闭阀门A23、A25、S22。慢慢打开阀门S21，打开A23，排尽冷凝水后，微开A23，缓慢打开阀门A24，微开A26，使少量蒸汽流出，让净化蒸汽通过空气过滤器。调节S21使空气过滤器上方压力表Y23压力控制在0.11~0.12MPa之间。消毒时间一般为30~50min，到时间后，依次关闭阀门A26、A23、S21。

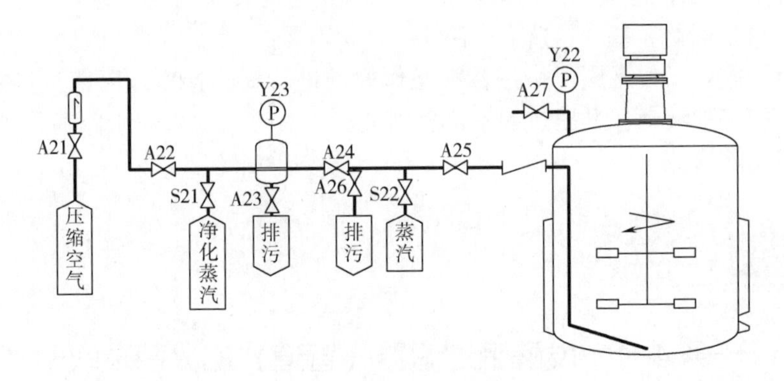

图4-21 空气管道灭菌示意图

3. 吹干

打开A21、A22、A23，待排出凝结水后A23转为微开。缓慢打开阀门A26，控制空气流量计读数在0.3VVM左右，吹干空气过滤器，时间30~40min。结束后依次关闭阀门A26、A24、A23，空气管路内保持正压。

四、 注意事项

（1）一般只对精过滤器进行灭菌。蒸汽要经过过滤器过滤，进蒸汽前一定要排尽所有的水分。

（2）进蒸汽要缓慢，切忌迅速升压。

（3）要注意控制精过滤器的压力，压力过低将造成灭菌不彻底，压力过高则空气过滤器滤芯有可能被损坏而失去过滤能力。灭菌时，流经空气过滤器的蒸汽压力不得超过0.12MPa，要控制好阀门A26的开度，使之有少量的蒸汽流出即可。

（4）吹干空气过滤器时，A26应慢慢打开，使空气流量逐渐上升。防止损坏空气过滤器滤芯。

五、 任务考核

(1) 灭菌前准备到位。(10 分)
(2) 灭菌过程中阀门的打开和关闭的顺序正确。(30 分)
(3) 蒸汽发生器和空气过滤器压力控制正确，未出现较大波动。(20 分)
(4) 整个灭菌操作过程熟练、正确，无差错。(40 分)

任务 4-2 机械搅拌发酵罐灭菌操作

一、 任务目标

(1) 进一步理解湿热灭菌的灭菌原理和技术。
(2) 掌握发酵罐的空罐灭菌和实罐灭菌操作方式。

二、 材料器具

1. 材料

发酵培养基。

2. 主要仪器设备

发酵罐，蒸汽发生器。

三、 操作步骤

灭菌操作设备及其管道和阀门如图 4-22 所示。

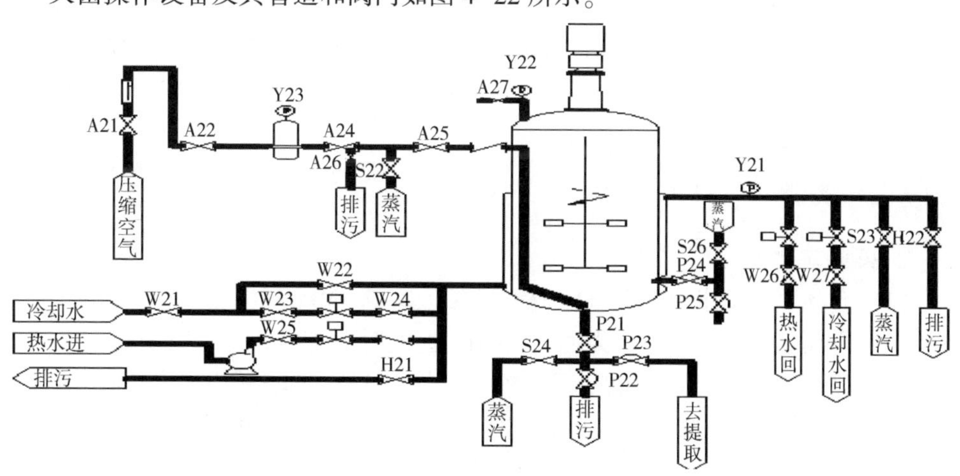

图 4-22 发酵罐及管道和阀门灭菌操作示意图

（一）空消

1. 灭菌前准备

启动蒸汽发生器和空气压缩机，空气管道及过滤器预先灭菌。

固定好发酵罐各开口，打开罐下方排污阀。注意：螺栓和各接口螺母牢靠即可，不要拧得过紧，防止损坏螺栓和橡胶密封圈。

2. 夹套排水

关闭 W22、W23、W25、W26、W27、H22，然后打开阀门 H21、S23（注意观察压力表 Y21，其指示压力不得超过夹套最高工作压力），夹套内残留冷却水将逐渐排出。排净后关闭阀门 S23。注意：空消前一定要排尽夹套内存水，且空消时应保持 H21 打开状态。

3. 加热空消

（1）打开 A27。

（2）确认关闭 A24，打开阀门 S22，微开 A26，冷凝水排尽后，微开 A25，通过空气管向罐内通蒸汽。

（3）关闭 P23，打开 S24、P22，排出冷凝水后 P22 转为微开，打开 P21，通过出料管道向罐内通蒸汽；观察压力表 Y22，通过调节阀门 S22、S24、A27 的开度，使罐压稳定在 0.11~0.12MPa 之间。空消一般需要 30~50min。

4. 冷却降温

（1）计时结束后，关闭 S23、H21；关闭 P22、S24。

（2）关闭 A25、A26、S22，打开 A24，再微开 A25 向罐内通空气；慢慢打开 P22，排尽罐内热水后关闭 P21、P22。

注意：P22 一定要慢慢打开，防止罐内热水喷出造成烫伤。降温过程中应注意观察罐顶出气口压力表 Y22，要控制 A25 向罐内通空气，使罐压维持在 0.03~0.05MPa 之间。

（二）实消

1. 灭菌前准备

（1）启动蒸汽发生器，蒸汽压力控制在 0.2~0.3MPa。

（2）启动空气压缩机，压力达 0.25MPa 左右时，待用。

（3）关闭空气进罐阀门 A25，开大罐顶放气阀 A27，卸去罐内压力。取出电极安装孔内的孔塞，注意：此时罐内必须没有压力。将标定好的 pH、DO 电极安装到罐体电极插孔内（电极标定参见电极使用说明书），用螺母固定好后与控制系统相连。

2. 加料

按工艺要求配制培养基母液，加入罐内，补入适量的水后盖紧加料口。注意：考虑到灭菌后培养基体积升高以及接种时种子带入的液体体积，故培养基配制时须相应的减少水的加入量。因此母液加入罐内后应补水至所需培养基总量的65%~75%左右，其余25%~35%为蒸汽冷凝水和种子量。初次使用发酵罐应适当减少配料时加入水的量，待明确实消过程增加的冷凝水量后再调整投料体积。

3. 升温

打开阀门S23，H21，将夹套内残水排空，并对发酵液进行预热。此时可低速搅拌发酵液，促进热传递；升温过程中打开A27、P27，排出冷空气；当温度升至80℃以上时向罐内进蒸汽：

（1）关闭A24，打开阀门S22，微开A26，使其有少量蒸汽流出，微开A25向罐内通蒸汽。

（2）打开阀门S24、P22，排出管路冷凝水后P22转为微开。打开P21，从出料管路向罐内通蒸汽。

（3）打开S25、P25，排尽冷凝水后，微开P25，打开P24，从取样口向罐内通蒸汽。

4. 保温

罐温达到接近100℃时收小A27、P27开度；罐温到达灭菌温度后，适当关小S22、S24的开度。控制阀门S22、S24、A27，使罐压保持在0.11~0.12MPa。实消保温过程一般在30~40min。

5. 降温保压

计时结束后，关闭S23、H21。关闭P21、P22、S24，关闭P24、P25、S25；关闭A25、A26、S22，打开A24。关闭P27。降温过程须适时打开A25，向罐内通空气，保证罐压在0.05~0.1MPa之间。向夹套通循环水加速冷却，操作如下：关闭H22，打开W21、W23、W24、W27，（注意观察Y21不要超出夹套最高工作压力）。调整控制系统的温度设定值，将控制仪设置为“运行”状态，并设置“加热”、“冷却”为自动，进入自动控制降温状态。同时可打开搅拌，加快冷却速度。注意：在降温过程中必须注意罐顶压力表Y21的示数，适时启闭空气进罐阀门A25，使罐压保持在0.05~0.1MPa，不得过低，否则极易吸入外界空气造成发酵染菌。

项目拓展（四）

项目思考

1. 培养基灭菌的方法有哪些？
2. 简述高压蒸汽灭菌的原理。
3. 干热灭菌为何需要较高的温度？
4. 发酵培养基灭菌为何多采用高温短时灭菌工艺？
5. 灭菌死亡速率常数 k 值的影响因素有哪些？
6. 简述实罐灭菌的操作要点。
7. 简述连续灭菌塔加热灭菌操作过程。
8. 简述影响培养基灭菌的因素。

项目五

无菌空气的制备

项目导读

空气中分布着大量的颗粒物和微生物，其含量与环境有密切关系，地区、季节和气候的不同，空气洁净度差异很大。正如人生存需要空气，微生物好气性发酵也需要持续的空气供应。其中常见的液态深层纯种发酵，要求空气是无菌的，并具有一定的压力，以克服设备阻力和液层静压力。近年来，国内一些发酵产品，如抗生素原料药、氨基酸、有机酸等生产规模越来越大，无菌空气需求量非常庞大。因此，无菌空气的制备过程是发酵工艺中的重要环节。

本项目主要学习无菌空气的标准、无菌空气的制备方法、工业发酵生产用无菌空气的深层介质过滤除菌机理、工艺流程及相关设备等。通过本项目的学习，初步了解无菌空气制备的常见方法，深入理解深层介质过滤除菌的机理，重点掌握一般过滤除菌的流程及相关设备。

项目知识

一、 无菌空气

空气中常见的微生物种类有芽孢杆菌、变形杆菌、产气杆菌、酵母菌和病毒等。空气中微生物数量与环境有关，地区、季节、气候等都会影响，一般设计时

以含量为 $10^3 \sim 10^4$个/m^3进行计算。

在发酵工业中，空气中的氧是好氧微生物生长和代谢必不可少的条件。但空气中含有的各种各样微生物随空气进入培养液后，在适宜的条件下，会迅速繁殖，消耗大量营养物质并产生各种代谢产物，干扰甚至破坏预定发酵的正常进行，使发酵产率下降，甚至发酵失败。以一个通气量为 40m^3/min 的发酵罐为例，一天所需要的空气量高达 $5.76\times10^4 m^3$，假如所用的空气中含菌量为 10^4个/m^3。那么一天将有 5.76×10^8个微生物细胞进入发酵系统，这么多杂菌的带入，完全可导致发酵失败。因此，无菌空气的制备就成为好氧发酵生产中的一个重要环节。

所谓无菌空气是指自然界中的空气通过除菌处理后其含菌量降低到一个极限百分数的净化空气。无菌空气的制备是指通过物理或者化学的方法除去或杀死空气中的微生物，使其达到发酵时无菌要求的过程。

（一）发酵对空气无菌程度的要求

不同的发酵过程中，由于培养基的性质、微生物的生长繁殖能力、发酵周期及 pH 等的差异，对无菌空气的要求也各不相同，所以对空气除菌的要求应根据具体情况而定。一般来说，发酵周期短、pH 较低的发酵工艺对空气的无菌要求低，发酵周期长，微生物的生长繁殖速度慢，对空气的无菌要求高一些。

厚层固体制曲需要的空气量大，要求的压力不高，无菌程度不严格，一般选用离心式通风机并经适当的空调处理（调温、调湿）就能满足要求。酵母培养过程中耗氧量大，其培养基以糖源为主，能利用无机氮，要求的 pH 较低，一般细菌较难繁殖，而酵母的繁殖速度又较快，能抵抗少量的杂菌影响，因此对无菌空气的要求不如氨基酸、抗生素发酵那样严格。酵母培养过程可以采用高压离心式鼓风机通风即可。抗生素等多数产品的发酵耗氧量大，无菌要求高，所以空气必须先经过严格的无菌处理后才可以通入发酵罐，以确保发酵的正常进行。

（二）发酵工厂使用的无菌空气质量标准

工业生产中，发酵用的无菌空气是将自然界的空气经过压缩、冷却、减湿、过滤等处理，达到一定的质量标准。

1. 洁净度

发酵工业中所指的“无菌空气”是指通过除菌处理后压缩空气中含菌量降低到零或达到洁净度 100 级的洁净空气，它已能满足发酵工业的要求。

除菌后的空气含菌量低至零或极低，从而使污染的可能性降至极小。要准确测定空气中的含菌量或经过滤后空气的含菌量是很困难的，一般按照染菌概率 0.001 计算，即 1000 次发酵周期所用无菌空气只允许一次染菌。

空气中除含有大量微生物外，还含有粉尘等其他杂质，经过压缩的空气中还含有油、水等，这些杂质在发酵过程中都应严格控制。一般要求：颗粒粒径小于

0.01μm，杂质含量小于0.1mg/m^3，油相对含量小于0.003mL/m^3。

想一想 你了解洁净度级别吗?

空气洁净度分级国家标准具体如表5-1所示。

表5-1　空气洁净度分级标准（GB/T 16292—1996）

洁净度级别	尘粒最大允许数，≤/（个/m^3）		微生物最大允许数，≤	
	≥0.5μm	≥5μm	浮游菌/（个/m^3）	沉降菌/（个/皿）
100级	3500	0	5	1
10000级	350000	2000	100	3
100000级	3500000	20000	500	10
300000级	10500000	60000	—	15

通常把100级称为无菌洁净区，10000级称为洁净区，100000级、300000级称为控制区，并把洁净区置于控制区包围之中。生物发酵工厂对空气洁净程度有一定的要求，如，生产无菌原料药需要100级洁净空气，产品为非无菌原料药，则需要300000级洁净空气，空气洁净度100级、10000级、100000级的空气净化处理，应采用初效、中效、高效过滤器三级过滤。对于300000级空气净化处理，可采用亚高效过滤器代替高效过滤器。同时，不同的洁净室（区）还需要一定的温度和湿度，具体要求应根据工艺要求确定。100级、10000级的洁净室（区）温度为20~24℃，相对湿度为45%~60%；100000级、300000级的洁净室（区）温度为18~26℃，相对湿度为45%~65%。

2. 空气流量

生产中要求连续提供一定流量的压缩空气。发酵用无菌空气的设计和操作中空气用量用通气比（VVM，指每1min通气量与罐体实际料液体积的比值，是发酵罐中通气量的表示方法，其中的气体体积以标准状态计）来计算，一般要求VVM为0.1~2.0m^3/(m^3·min)。

3. 空气压强

一般要求空气压缩机出口的空气压强控制在0.2~0.35MPa（表压），不必强求压缩机出口的空气压强过高。

4. 温度

无菌空气温度的要求对不同发酵工艺是不同的，应根据具体情况确定。一般来说温度过低不利于发酵的进行，而温度过高会杀死培养液中的发酵菌，使发酵无法进行。一般控制进发酵罐压缩空气的温度比发酵温度高出10℃左右。

5. 相对湿度

气体的相对湿度对发酵的过程也有影响，相对湿度大，容易导致杂菌繁殖，由于目前发酵工厂的空气总过滤器的过滤介质采用的是纤维素纸、PP 毡或者棉花等，这些过滤介质受潮后过滤效果会大大下降，相对湿度过低需要增加空气处理的成本。进入空气主过滤器之前，压缩空气的相对湿度≤70%，一般控制在50%~60%。为了降低空气的相对湿度，往往采用适当加热压缩空气的方法。

概念解析　空气的湿度

湿空气中所含的水蒸气质量与所含的干空气质量之比，称空气的湿度。当空气中所含水蒸气的量达到最大时就称这种空气为“饱和湿空气”，与饱和湿空气对应的压力称为“饱和水蒸气压力”。

（1）空气的绝对湿度：$1m^3$湿空气中含有的水蒸气绝对量（kg）。

（2）空气的相对湿度（φ）：空气中水蒸气分压与同温度时饱和水蒸气压的比值，称为空气的相对湿度，即：

$$\varphi = \frac{P_W}{P_S} \times 100\%$$

式中　P_w——空气中水蒸气分压，Pa；

P_s——同温度下水的饱和蒸气压，Pa，可由各类手册中查到。

与饱和水蒸气压力 P_s 对应着的相对湿度为 100%。

二、空气除菌方法

无菌空气制备的方法很多，但各种方法的除菌效果、设备条件和经济指标各不相同。实际生产中所需的除菌程度要根据具体发酵工艺的要求而定，既要避免染菌，又要尽量简化除菌流程，以减少设备投资和正常运转的动力消耗。

（一）辐射灭菌

α 射线、X 射线、β 射线、γ 射线、紫外线、超声波等从理论上讲都能破坏蛋白质，破坏生物活性物质，从而起到杀菌作用。应用比较广泛是紫外线，不过紫外线杀菌效率较低，杀菌时间较长，一般要结合甲醛蒸汽等来保证无菌室的无菌程度。辐射灭菌通常用于无菌室和医院手术室的灭菌，无法用于发酵工业中无菌空气的制备。

（二）加热灭菌

虽然空气中的细菌芽孢是耐热的，但温度足够高也能将它破坏。例如，悬浮在空气中的细菌芽孢在 218℃下 24s 就被杀死，不同温度杀死空气中微生物所需时间如表 5-2 所示。但是如果采用蒸汽或电力来加热大量的空气，达到灭菌目的，这样太不经济。空气在进入培养系统之前，一般需通过空气压缩机来提高压力，因此，空气热灭菌时所需温度的提高，可直接利用空气压缩时的温度升高来实现。利用空气压缩时产生的热进行灭菌对于无菌要求不高的发酵来说则是一个经济合理的方法。

表 5-2　　不同温度杀死空气中微生物所需时间

温度/℃	所需时间/s	温度/℃	所需时间/s
200	15.1	300	2.1
250	5.1	350	1.05

利用压缩热进行空气灭菌的流程如图 5-1（1）所示。空气进口温度为 21℃，出口温度可达 187~198℃，压力为 0.7MPa。压缩后的空气用管道或贮气罐保温一定时间以增加空气的受热时间，促使有机体死亡。为防止空气在贮罐中走短路，最好在罐内加装导筒。这种灭菌方法已成功运用于 α-淀粉酶的发酵生产上。如图 5-1（2）所示是一个用于石油发酵的无菌空气制备系统，采用涡轮式空压机，空气进机前利用压缩后的空气进行预热，以提高进气温度并相应提高排气温度，压缩后的空气用保温罐维持一定时间。

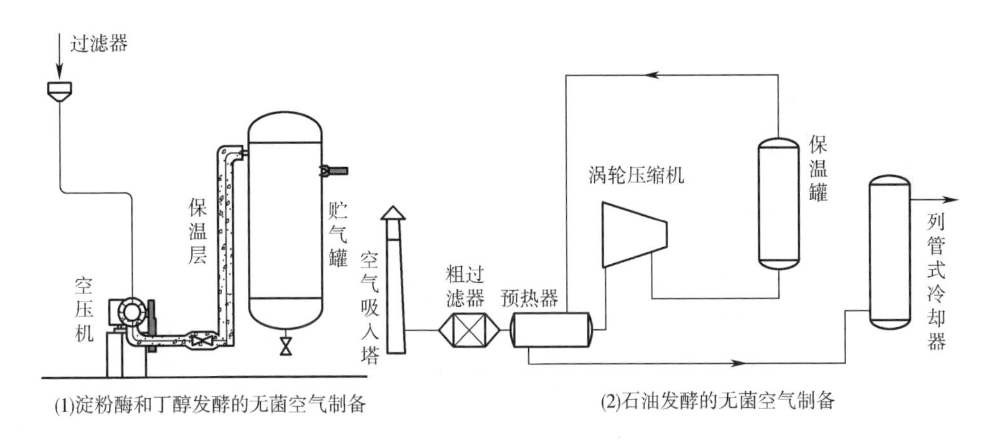

图 5-1　利用空压机所产生的热来进行灭菌

采用加热灭菌法时，要根据具体情况适当增加一些辅助措施以确保安全。因为空气的导热系数低，受热不均匀，同时在压缩机与发酵罐间的管道难免有泄漏，这些因素很难排除，因此通常在进发酵罐前装一台空气分过滤器。

（三）静电除菌

静电除菌是利用静电引力来吸附带电粒子而达到除尘、除菌的目的。原理：

悬浮于空气中的微生物，其孢子大多带有不同的电荷，未带电荷的微粒进入高压静电场（>1000V/cm^2）时会被电离成带电微粒，受静电场作用，向极板移动并吸附在极板上，得到净化的气体排出除尘器外。但对于一些直径很小的微粒，它所带的电荷很小，当产生的引力等于或小于气流对微粒的拖带力或微粒布朗扩散运动的动量时，则微粒就不能被吸附而沉降，所以静电除尘对很小的微粒效率较低。

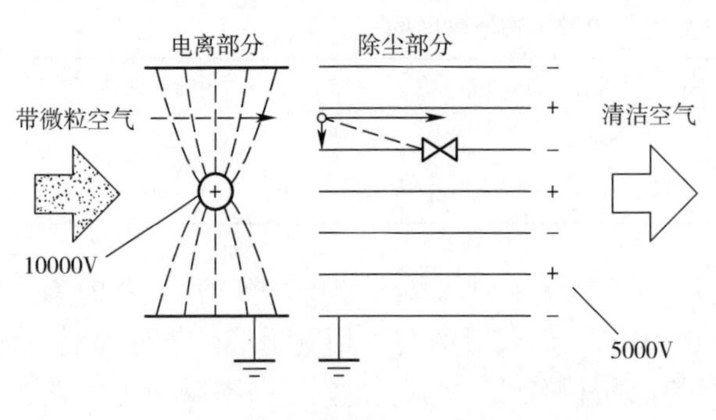

图 5-2　静电除菌工作原理示意图

静电除菌装置按其对菌体微粒的作用可分成电离区和捕集区，工作原理如图 5-2所示，管式静电除尘灭菌器结构如图 5-3 和图 5-4 所示。由于钢管（沉淀电极）为正极，表面积大，可捕集大部分的灰尘和微生物，而钢丝（电晕电极）为负极，吸附的微粒较少。电极上吸附的颗粒要定期清除，以保证除尘效率和除尘器的绝缘性能。

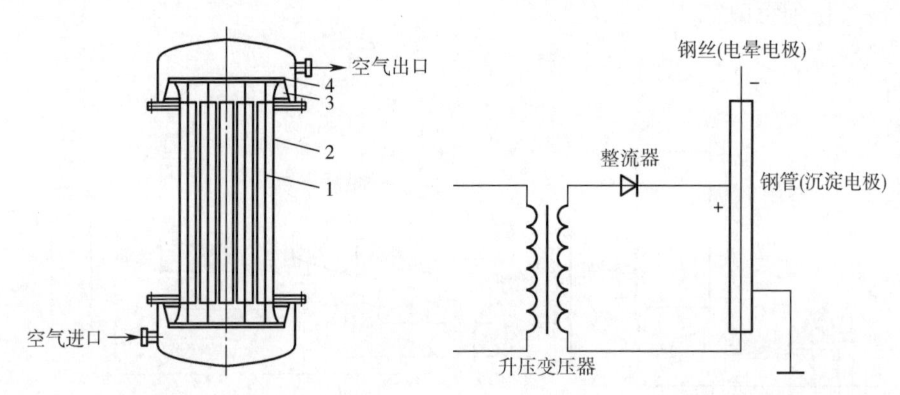

图 5-3　静电除尘灭菌器结构图

1—钢丝　2—钢管

3—高压绝缘瓷瓶　4—钢板

图 5-4　静电除尘灭菌器示意图

近年来，静电除菌在化工、冶金、发酵等工业生产中被广泛用于除去空气中的水雾、油雾、尘埃和微生物，对 1μm 大小的微粒去除率达 99%。在发酵工业上，静电除菌主要应用于超净工作台和无菌室等所需无菌空气的第一次除尘，然后配合高效过滤器使用。用静电除菌装置净化空气具有阻力小，染菌率低，除水、除油的效果好，耗电少等优点。缺点是设备庞大，需要采用高压电技术，且一次性投资较大；对发酵工业来说，其捕集率尚嫌不够，需要采取其他措施。

（四）过滤除菌

过滤除菌是使气体通过经高温灭菌的介质过滤层，将气体中的微生物及颗粒物阻截在介质层中，而获得无菌空气的方法。通过过滤除菌处理的空气可达到无菌要求，并有足够的压力和适宜的温度以供好氧培养之用。按除菌机制不同，可分为绝对过滤和深层介质过滤。

1. 绝对过滤

利用微孔滤膜（空隙小于 0.5μm）作为过滤介质，当空气流过介质后，由于介质之间的空隙小于细菌的直径，可以将空气中的细菌全部滤除。绝对过滤具有易于控制过滤后空气质量，节约时间和能耗，操作简便等优点。由于绝对过滤介质的拦截负荷大，所以滤膜的使用寿命短、处理量小，对预处理的要求高。在空气过滤之前应设预过滤器将空气中的油、水除去，以提高微孔滤膜的过滤效率和使用寿命。

2. 深层介质过滤

深层介质过滤除菌是指介质间空隙大于微生物直径，依靠空气气流与过滤层介质的多种相互作用而截流分离微生物等微粒获得无菌空气的除菌方法。因此，介质滤层必须有一定厚度，才能达到过滤除菌的目的。当空气流过介质过滤层时，借助于惯性碰撞、拦截、静电吸附、布朗扩散等作用，可以将空气中的杂质阻截，从而制备得到无菌空气。深层介质过滤除菌是目前发酵工业大量制备无菌空气经常采用的方法。

三、深层介质过滤除菌机理

（一）空气过滤介质

过滤介质是过滤除菌的关键，空气过滤介质不仅要求除菌效率高，还要求能耐高温、不易受油水沾污、阻力小、成本低、来源充足、经久耐用及便于更换操作。常用的过滤介质有棉花、活性炭、石棉滤板、有机和无机烧结材料（烧结金属、烧结陶瓷、烧结塑料）等。早期用棉花或玻璃纤维结合活性炭作为过滤介质，存在介质耗量大，阻力大等缺点。近年来，研究者又开发了很多新的过滤介质，如超细玻璃纤维纸、微孔烧结材料和微孔薄膜等。

1. 棉花

棉花因品种和种植条件的不同有很大的差异，最好选用纤维细长且疏松的新鲜产品。棉花纤维直径一般为 16~21μm，装填时要分层均匀，最后压紧，以填充密度达到 150~200kg/m^3、填充系数为 8.5%~10% 为好。如果压不紧或装填不均匀，会造成空气短路，甚至介质翻动而丧失过滤效果。

2. 玻璃纤维

玻璃纤维是以玻璃球或废旧玻璃为原料经高温熔制、拉丝、络纱、织布等工艺制成的，主要成分是二氧化硅、氧化铝和氧化硼等。通常使用的玻璃纤维直径一般为5~19μm，纤维直径越小越好，但纤维直径越小其强度越低，很容易断裂而造成堵塞，增大阻力。因此，填充系数不宜太大，一般采用6%~10%，填充密度为130~280kg/m^3。玻璃纤维具有直径小，不易折断，阻力损失一般比棉花小，过滤效果好等优点；主要缺点是更换介质时造成碎末飞扬，容易使皮肤过敏。

3. 活性炭

活性炭比表面积大，吸附力较强，主要是通过表面吸附作用截留微生物。对油雾的吸附效果较好，可以作为总过滤器除去油雾、灰尘和铁锈等。用于空气过滤的活性炭一般为颗粒状。直径为3mm、长5~10mm的圆柱状活性炭，粒子间隙很大，对空气的阻力小，仅为棉花的1/12，但过滤效率比棉花要低很多。活性炭常与纤维状过滤介质联合使用，目前，一般将活性炭夹装在两层棉花中使用。

4. 超细玻璃纤维纸

超细玻璃纤维纸是利用质量较好的无碱玻璃，采用喷吹法制成的直径很小的纤维（直径1~1.5μm）。将该纤维制成0.25~1mm厚的纤维纸，它所形成的网格的孔隙为0.5~5μm，比棉花小10~15倍，故有较高的过滤效率。玻璃纤维纸的过滤效能如表5-3所示。

表5-3　　玻璃纤维纸的过滤效能

纤维直径/μm	填充密度/（kg/m^3）	填充厚度/cm	过滤效率/%
20	72	5.08	22
18.5	224	5.08	97
18.5	224	10.16	99.3
18.5	224	15.24	99.7

5. 石棉滤板

采用20%蓝石棉和80%纸浆纤维混合打浆压制成。其优点是耐湿，受潮时不易穿孔或折断，能耐受蒸汽反复杀菌，使用时间较长。但由于纤维直径比较粗，纤维间隙比较大，虽然滤板较厚（3~5mm），但过滤效率还是比较低，只适用于分过滤器。

6. 烧结材料

烧结材料种类很多，有烧结金属（蒙乃尔合金、青铜等）、烧结陶瓷、烧结塑料等。一般孔隙都在10~30μm，过滤效率较高。目前，烧结金属管作为分过滤器和总过滤器的过滤介质已取得初步效果，具有使用寿命长、可反复蒸汽灭菌、耐高热、气体阻力小、安装维修方便等优点。金属烧结管过滤器如图5-5所示。

7. 微孔膜

随着科学技术的发展，膜过滤器在发酵工业上应用越来越多。微孔膜类过滤介质的空隙小于 0.5μm，有的甚至小于 0.1μm，均为绝对过滤。常用的有纤维素酯微孔滤膜（孔径小于 0.5μm）、硅酸硼纤维孔滤膜（孔径 0.1μm）、聚四氟乙烯微孔滤膜（孔径 0.2μm 或 0.5μm）等。这类膜材料的滤芯，具有耐高温灭菌、耐气流冲击及过滤面积大等特点。滤芯过滤精度为 0.01μm，效率为 99.9999%。传统的棉花、活性炭、超细玻璃纤维、维尼纶、金属烧结过滤器由于无法保证绝对除菌，且系统阻力大，装拆不便，已逐渐被新一代的微孔滤膜介质所取代。

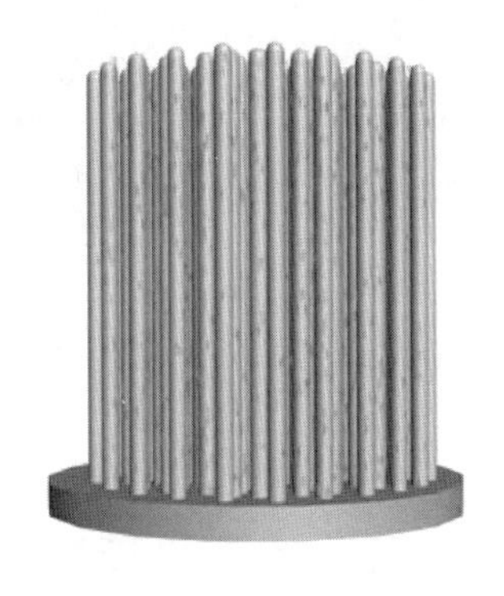

图 5-5 金属烧结管过滤器

（二）深层介质过滤除菌机理

空气中微生物粒子直径一般为 0.5～2μm，而过滤介质纤维之间的空隙一般为 20～50μm。显然，以大空隙的介质过滤小颗粒微生物不是通常的绝对过滤，而是一种滞留作用。

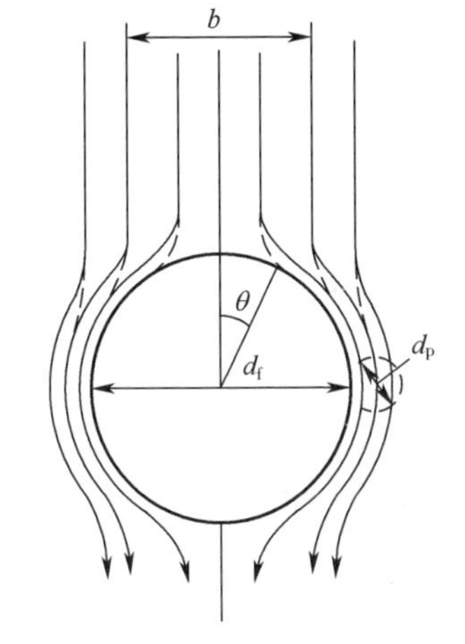

—— 空气流线；--- 颗粒流线；
d_f—纤维直径 d_p—颗粒直径 b—气流宽度

图 5-6 带微粒空气围绕圆柱形纤维流动模型

过滤器中的滤层交错着无数纤维，好像层层网格。以棉花纤维为例，当带有微生物的空气通过滤层时，无论顺纤维方向还是垂直于纤维方向流动，仅能从纤维的间隙通过。当气流为层流时，气体中的微粒随空气做平行运动，接近纤维表面的微粒（指在空气流宽度内的微粒）被纤维捕获，而大于气流宽度的气流中的微粒绕过纤维继续前进，带微粒空气围绕圆柱形纤维流动如图 5-6 所示。当过滤介质层中无数纤维交错形成的网格阻碍气流前进时，气流就会不断改变运动速度和方向，这些改变引起空气中微粒的惯性冲击、拦截、扩散、重力沉降和静电吸附等作用，大大增加了微粒被纤维捕获的概率，工作原理如图 5-7 所示，具体除菌机理如图 5-8 所示。

1. 惯性冲击作用

微粒随气流以一定速度垂直向纤维方向运动时，因纤维的阻挡，空气流突然改变方向，而微粒由于惯性作用仍然沿直线向前运动，与纤维碰撞而被吸附于纤维的表面上，称为惯性冲击作用。当微粒质量较大或速度较大时，由于惯性冲击在纤维表面而沉积下来。

惯性冲击作用是空气过滤器除菌的重要作用，其大小取决于颗粒的动能和纤维的阻力，即取决于空气的流速。惯性力与空气流速成正比，当流速过低时，惯性捕集作用很小，甚至接近于零。空气流速降低到惯性捕集作用接近于零时，此

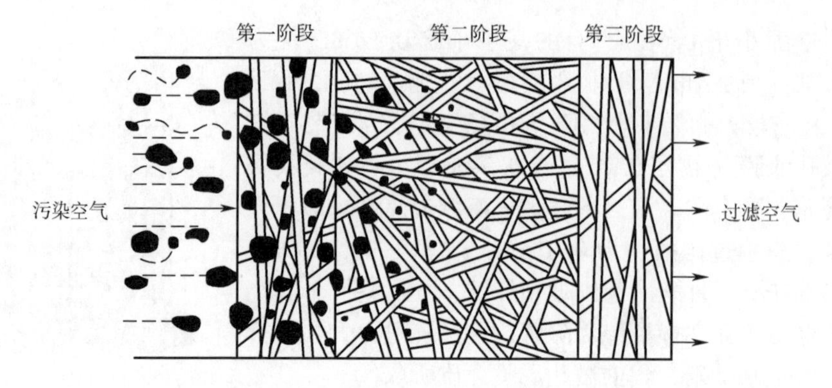

图 5-7　利用惯性、拦截和扩散作用除去颗粒或液滴的纤维工作原理

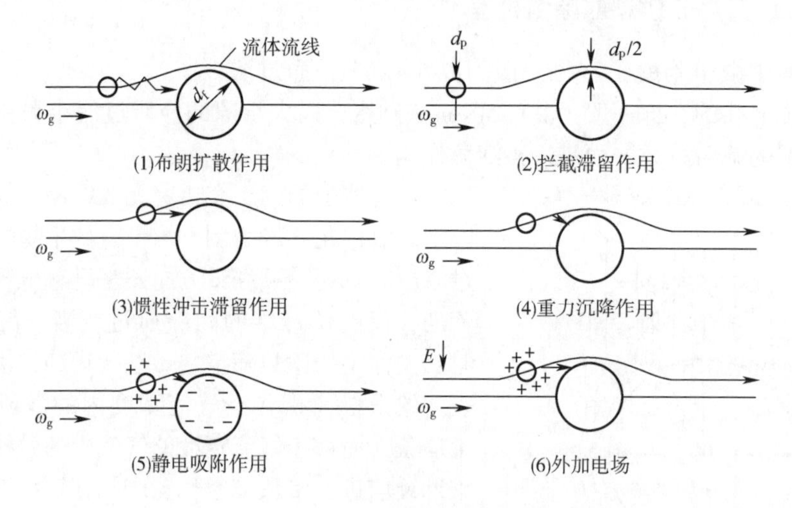

图 5-8　单纤维介质过滤除菌时各种除菌机理示意图

ω_g—气流速度　d_p—微粒直径　d_f—纤维直径

时的气流速度称为临界气流速度。当空气流速增至足够大时，惯性捕集则起主导作用。

2. 拦截滞留作用

气流速度在临界速度以下时，微粒不能因惯性冲击作用滞留于纤维上，捕集效率显著下降。随着气流速度的继续下降，纤维对微粒的捕集效率又回升，说明有另一种机理在起作用，这就是滞留拦截作用。

微生物微粒直径很小，质量很轻，它随低速气流流动慢慢靠近纤维时，微粒所在的主导气流流线受纤维所阻，从而改变流动方向，绕过纤维前进，而在纤维的周边形成一层边界滞流区。滞流区的气流速度更慢，进到滞流区的微粒慢慢靠近并接触纤维而被黏附滞留，称为拦截滞留作用。

3. 布朗扩散作用

直径很小的微粒在很慢的气流中能产生一种不规则的运动，称为布朗扩散。

布朗扩散运动的距离很短。其除菌作用在较快的气流速度和较大的纤维间隙中是不起作用的，但在很慢的气流速度和较小的纤维间隙中，扩散作用大大增加了微粒与纤维的接触机会，从而被捕集。布朗扩散作用与微粒大小和纤维直径有关，并与空气流速成反比。在气流速度很小的情况下，它能起到介质过滤除菌的重要作用。

4. 重力沉降作用

微粒虽小，但仍具有重力。当微粒重力超过其在空气中的浮力，并大于气流对它的拖带力时，微粒就发生沉降现象。就单一重力沉降而言，大颗粒比小颗粒作用显著，一般 50μm 以上的颗粒沉降作用才显著；对于小颗粒只有气流速度很慢时才起作用。重力沉降作用在纤维的边界滞留区内与拦截滞留作用相配合而显示出来，从而提高了拦截滞留的效率。

5. 静电吸附作用

悬浮在空气中的微生物大多带有不同电荷或由于摩擦作用使非导体介质具有一定电荷。当微生物和其他微粒与介质电荷相反时，这些微粒就会通过静电吸附作用被介质截流捕获。此外，表面吸附也属这个范畴，当微粒通过一些比表面积大的活性介质时，由于范德华力的作用而被表面介质吸附，如活性炭的大部分过滤效能是表面吸附作用。

上述机理中，有时很难分辨是哪一种单独起作用。一般认为上述五种过滤除菌机理共同起作用，惯性冲击、拦截滞留和布朗扩散的作用较大，而重力沉降和静电吸附作用较小。当空气流速发生变化时，各种除菌机理所起的作用有很大的不同。过滤除菌效率与气流速度的关系如图 5-9 所示。当气流速度较小时，除菌效率随气流速度的增加而降低，布朗扩散起主要作用；当气流速度中等时，可能拦截滞留作用占优势；当气流速度较大（约大于 0.1m/s）时，除菌效率随空气流速的增加而增加，惯性冲击起主要作用；如果气速过大，除菌效率又下降，可能是已被捕集的微粒又被湍动的气流夹带返回到空气中的原因。

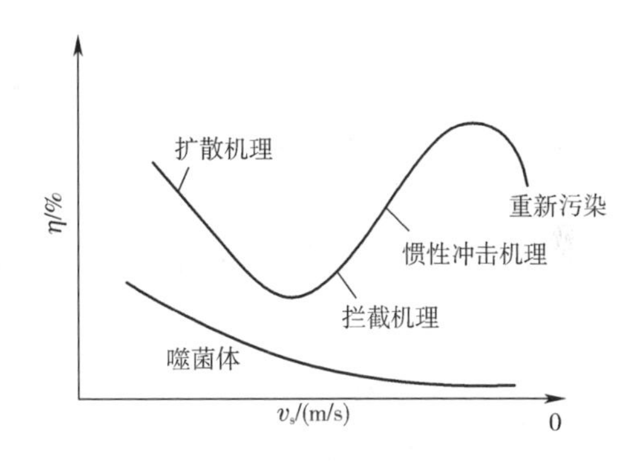

图 5-9　过滤除菌效率（η）与气流速度（v_s）的关系

四、无菌空气制备的一般工艺流程

无菌空气制备是一个复杂的空气处理过程，除必须经过除菌措施外，由于空气中含有水分和油雾杂质，还必须经过冷却、脱水、脱油等步骤。

（一）空气净化的工艺要求

对于一般要求的低压无菌空气，可直接采用一般鼓风机增压后进入过滤器，经一、二次过滤除菌即可，如无菌室、超净工作台的无菌空气就是采用这种简单流程。自吸式发酵罐是由转子的抽吸作用使空气通过过滤器而除菌的；而一般深层通风发酵，空气除要求必要的无菌程度外，还要具有一定的压力来克服设备和管道的阻力并维持一定的罐压，这就需要采用空气压缩机。

（二）无菌空气制备的典型工艺流程

一般空气除菌采取如图 5-10 所示的两级冷却、分离、加热除菌工艺流程。

这是比较完善的空气除菌流程，可适应各种气候条件，尤其适用潮湿地区，能充分分离油和水，使空气达到低的相对湿度后进入过滤器，以提高过滤效率。该工艺流程的特点：两次冷却、两次分离、适当加热。其优点：能提高传热系数，节约冷却用水，油水分离完全。

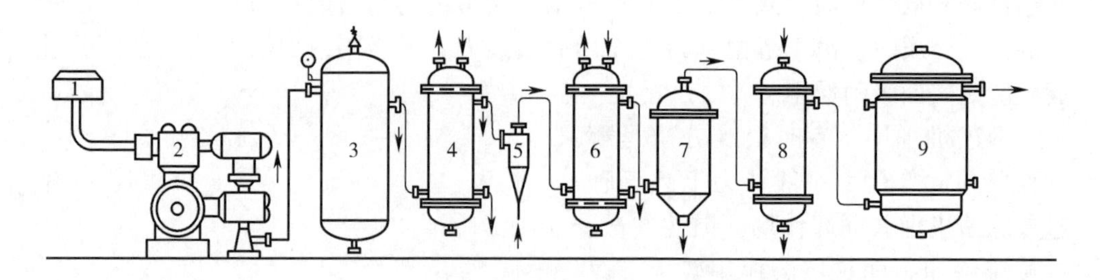

图 5-10　两级冷却、分离、加热除菌流程

1—粗过滤器　2—压缩机　3—贮罐　4，6—冷却器　5—旋风分离器　7—丝网分离器　8—加热器　9—过滤器

该工艺流程一般是把吸气口吸入的空气先进行压缩前过滤，然后进入空气压缩机。从空气压缩机出来的空气（一般压力在 0. 2MPa 以上，温度 120～160℃），经冷却至适当温度（20～25℃）除去油和水后，再加热至 30～35℃，最后通过总空气过滤器和分过滤器（有的不用分过滤器）除菌，从而获得洁净度、压力、温度和流量都符合工艺要求的无菌空气。

无菌空气的制备包括空气预处理和空气过滤两部分。空气预处理的主要目的有两个：一是提高压缩空气质量（洁净度）；二是去除压缩空气中所带的油和水。

1. 空气预处理

（1）空气采集和压缩　提高压缩前空气的质量主要措施是提高空气吸气口的高度和加强吸入空气的预过滤。

提高空气吸气口的高度可以减少吸入空气的微生物含量。空气中的微生物数量因地区、气候而不同，因此，吸气口的高度也必须因地制宜，一般以离地面 5～

10m 为好。采风的主要设备为吸风塔，吸风塔应建在工厂的上风口，远离烟囱。

吸入的空气在进入压缩机前先通过粗过滤器过滤，可以减少进入空气压缩机的灰尘和微生物，减少往复式空气压缩机活塞和气缸的磨损，减轻介质过滤除菌的负荷。

主要采用的设备是粗过滤器，又称前置过滤器。常用的粗过滤器有布袋过滤、油浴洗涤和水雾除尘等。具体如图 5-11、图 5-12 及图 5-13 所示。

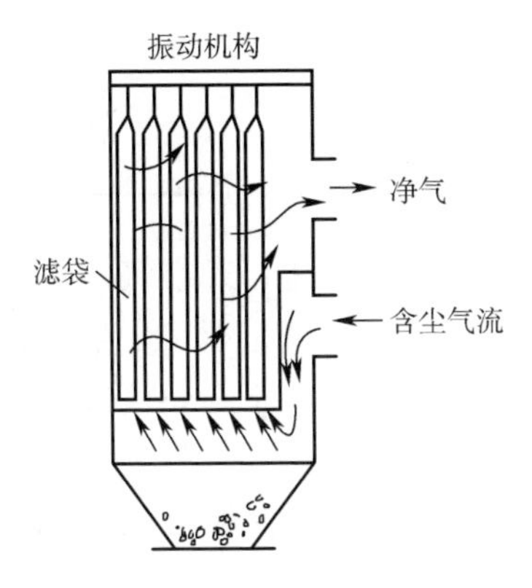

图 5-11　机械振动袋式除尘器

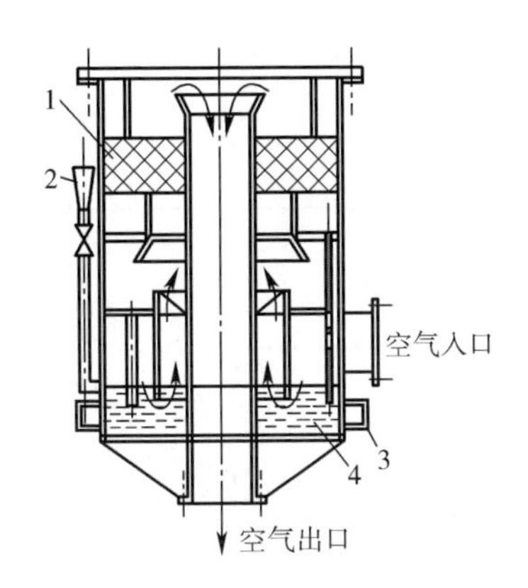

图 5-12　油浴洗涤装置
1—滤网　2—加油斗　3—油镜　4—油层

空气压缩机的作用是提供动力，以克服后续各设备的阻力。目前，国内常用的空气压缩机有往复式、离心式和螺杆式空气压缩机。目前往复式和离心式空气压缩机的使用较为广泛，其相关性能对比见表 5-4 所示。

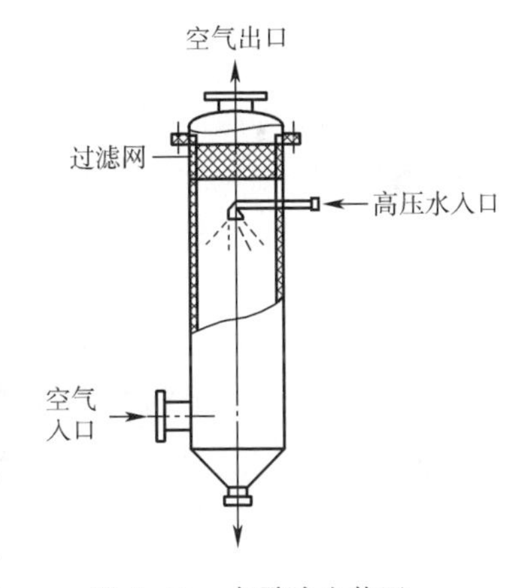

图 5-13　水雾除尘装置

往复式空气压缩机是靠活塞在气缸内的往复运动而实现空气的吸入和压缩。活塞运动使气缸内的容积发生周期性变化。活塞往复一次，密闭容器内的气体经过膨胀（A→B）、吸气（B→C）、压缩（C→D）、排气（D→A）这四个过程，完成一个工作循环（图 5-14）。因而，压缩后的气体不是连续的，而是脉冲式的，使出口空气压力不够稳定，会产生空气的脉动。往复式压缩机气缸内要加入润滑活塞的润滑油，易使空气带有油雾。其优点是结构简单，使用寿命长，并且容易实现大容量和高压输出；缺点是振动大，噪音大，且因气流有脉冲，需设置贮气罐以作缓冲。目前国内中小型发酵工厂采用往复式空气压缩机较多。

表 5-4　各种型式发酵用空气压缩机相关性能对比

	往复式	离心式	螺杆式
排气压力范围（表压）/MPa	≤0.25 （单级压缩）	≤0.25 （单级压缩）	≥0.25
常用流量范围/（m^3/min）	10~400	130~830	<70
对空气做功部件	活塞	涡轮	螺杆
排出空气质量	有油	无油	无油
机械结构	复杂	简单	简单
设备成本	低	高	中

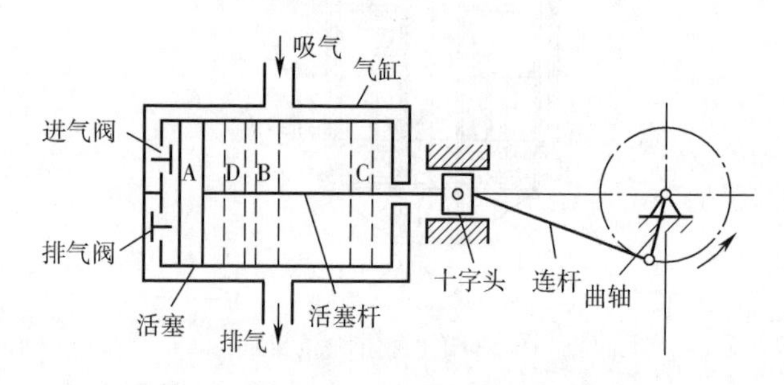

图 5-14　往复式压缩机工作示意图

离心式空气压缩机又叫涡轮式离心机，一般由电机带动涡轮，靠涡轮高速旋转产生的空穴吸入空气并获得较高的离心力，再通过固定的导轮和涡轮形成机壳，使部分动能转变为静压后输出。离心式空气压缩机排气量大，供气均匀，寿命长，排气不受润滑油污染，适合大中型发酵企业采用。

螺杆式空气压缩机是利用高速旋转的螺杆在气缸里瞬时组成空腔并因螺杆的运动把腔内空气压缩后输出。此类压缩机是整机安装，占地面积小，压缩空气中不含油雾且排气平稳。近年来，在一些新建发酵工厂采用较多。

空气贮罐不但可以消除空气压缩机的脉动，还可以通过保温提高灭菌效率、沉淀油滴和水滴，这对于往复式空气压缩机特别重要。如果选用螺杆式或涡轮式空气压缩机，空气贮罐可省去。其结构如图 5-15 所示。

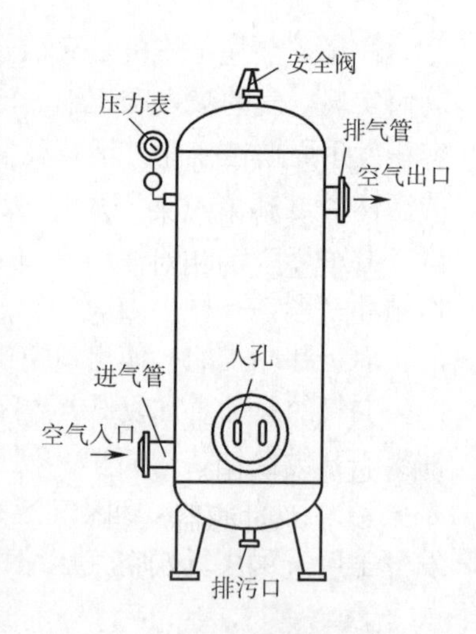

图 5-15　空气贮罐示意图

（2）冷却去除油和水　压缩空气夹带的油滴、水滴会引起过滤介质结团变形，使空气过滤器的阻力增加而降低过滤除菌的效率。因此，压缩空气在进入空气总过滤器之前一定还要经过冷却、除水、除油，然后再加热的预处理过程。

一般中小型工厂采用两级空气冷却器，第一级冷却到 30~35℃左右，第二级冷却到 20~25℃。冷却后的空气，其相对湿度提高到 100%，由于温度处于露点以下，其中的油、水即凝结为油滴和水滴。

空气冷却器后面安装有汽-液分离设备。一级空气冷却器冷却后，大部分的水、油都已结成较大的颗粒，且雾粒浓度很大，故适宜用旋风分离器分离；第二冷却器使空气进一步冷却并析出一部分较小的雾粒，宜采用丝网分离器分离。旋风分离器和丝网除沫（分离）器如图 5-16 和图 5-17 所示。

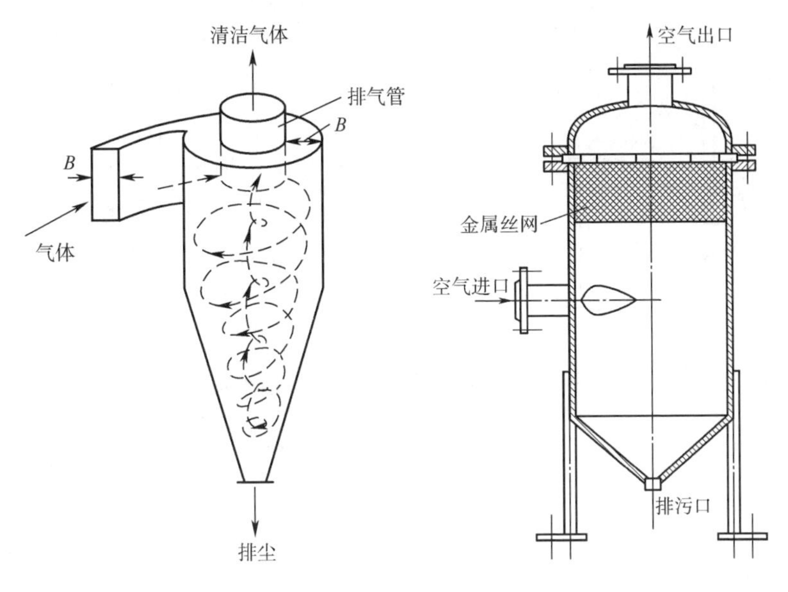

图 5-16　旋风分离器　　图 5-17　丝网除沫器

旋风分离器是利用离心力的作用实现气体与液滴、颗粒物之间分离的设备，主要除去空气中较大的（20μm 以上）的液滴（油、水）；丝网除沫（分离）器是利用惯性拦截作用分离空气中的水雾和油雾的设备，主要分离空气中较小的雾滴（1μm 以上），去除率约为 98%。丝网有金属丝网、塑料丝网等，可以卷成丝网圈或丝网垫。

（3）空气再加热　分离油、水以后的空气相对湿度仍然为 100%，当温度稍微下降时就会析出水来，使过滤介质受潮。因此，还必须使用加热器来提高空气温度，降低空气的相对湿度（要求在 60%以下），以保证过滤器的正常运行。加热器一般采用蒸汽加热，空气走管内，蒸汽走管间。

2. 空气过滤

目前发酵工业一般采用二级空气除菌：总过滤器粗过滤除尘除菌；进罐前采用分过滤器除菌。

（1）总过滤器　纤维过滤器是用棉花或玻璃纤维结合活性炭作为过滤介质的过滤器。如图 5-18 所示。过滤器为立式圆筒形，通常总高度中，上下棉花层厚度为总过滤层的 1/4~1/3，中间活性炭层为 1/2~1/3，在铺棉花层之前先在下孔板铺

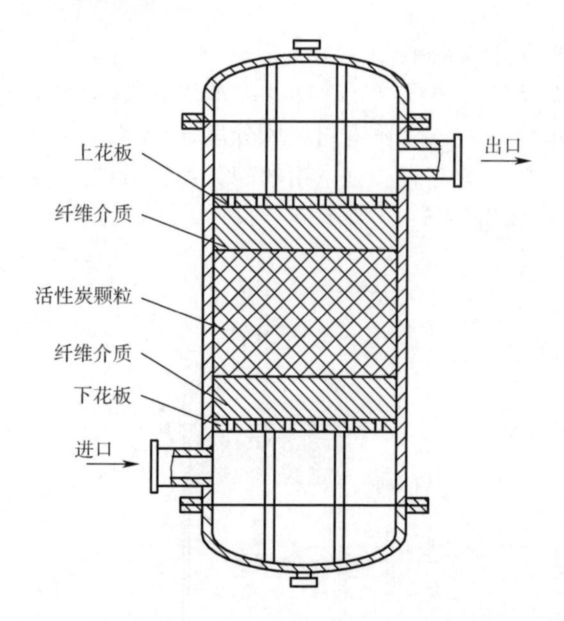

图 5-18　棉花（玻璃棉）-活性炭过滤器

上一层 30~40 目的金属丝网和织物（如麻布）等。填充物的装填顺序如下：

孔板→铁丝网→麻布→棉花→麻布→活性炭→麻布→棉花→麻布→铁丝网→孔板。

装填介质时要求紧密均匀，压紧一致。空气一般从下部圆筒切线方向通入，从上部圆筒切线方向排出，以减少阻力损失。过滤器上方应装有安全阀、压力表，罐底装有排污孔，以便经常检查空气冷却是否完全，过滤介质是否潮湿等。

随着材料工业的发展，这种过滤器的填料出现了玻璃纤维、聚丙烯纤维甚至不锈钢玻璃纤维，主要功能是除去较大的微粒。目前，还有用超细玻璃纤维纸制成滤纸类过滤器。滤纸类过滤器有旋风式和套管式两种，具体如图 5-19 所示。

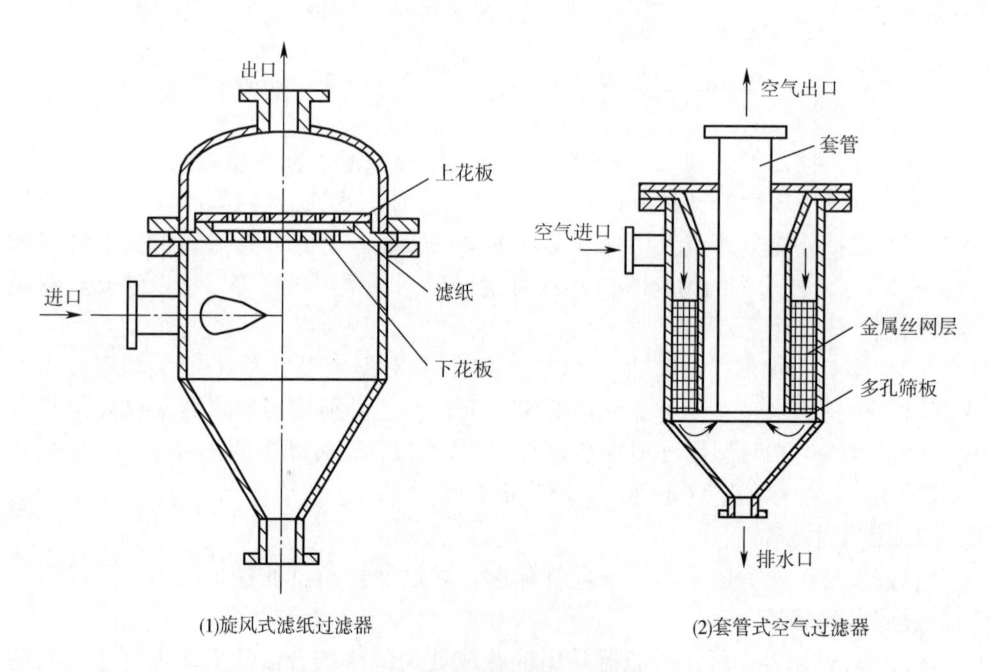

图 5-19　滤纸类过滤器

(2) 分过滤器　目前国内的发酵罐日趋大型化，如果染菌造成发酵罐倒罐，经济损失巨大，因此空气分过滤器大都采用微孔膜过滤器。常用的膜过滤器如图 5-20所示，它是将各种材质的滤膜制成不同形式的滤芯，将滤芯装在不锈钢套筒内，折叠式滤芯。膜过滤器可以使用较长时间，滤膜堵塞，阻力达到 0.13MPa 时，就应该更换新的滤芯。

(3) 分过滤系统　空气经总过滤器过滤后，由总管进入分管，经过分过滤器流向各发酵罐，空气过滤系统流程如图 5-21 所示。

分过滤系统一般由预过滤器和精过滤器两部分组成。预过滤器一般选择适当精度的微孔膜过滤材料，滤除细小的微粒杂质，从而保护好精过滤器；精过滤器采用膜过滤器，其作用是完全滤除空气中可能含有的微生物体，确保进罐空气达到工艺无菌要求。

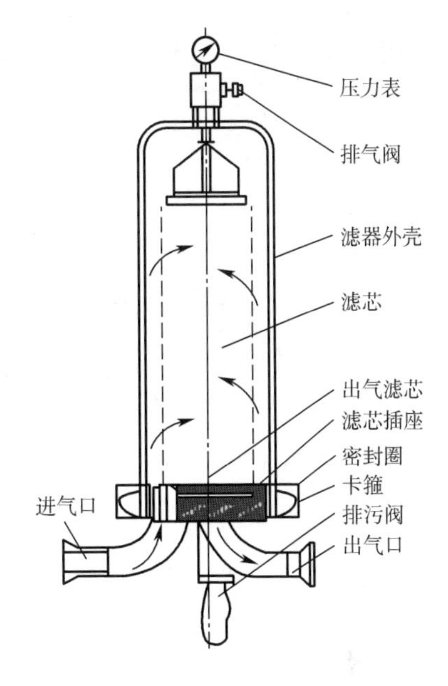

图 5-20　膜过滤器工作结构示意图

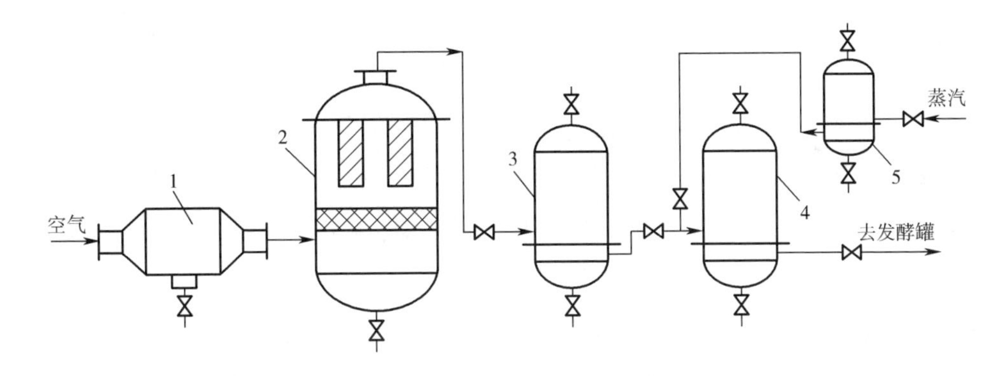

图 5-21　微孔膜折叠式过滤芯的空气过滤系统示意图

1—涡旋管除锈器　2—总过滤器　3—预过滤器　4—微孔膜过滤器　5—蒸汽过滤器

(三) 其他工艺流程

1. 冷热空气直接混合式空气除菌流程

如图 5-22 所示，压缩空气从贮罐出来后分成两部分，一部分进入冷却器，冷却到较低温度，经分离器分离水、油雾后与另一部分未处理过的高温压缩空气混合。该流程的特点是省去第二冷却后的分离设备和空气再加热设备，流程比较简单，利用压缩空气来加热析水后的空气，冷却水用量少。适用于中等湿含量地区，但不适合于空气含湿量高的地区。

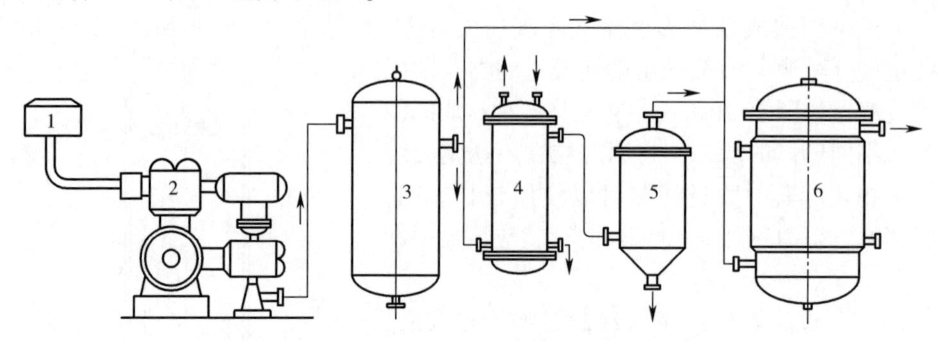

图 5-22 高效冷热空气直接混合式空气除菌流程

1—粗过滤器 2—压缩机 3—贮罐 4—冷却器 5—丝网分离器 6—过滤器

2. 高效前置过滤空气除菌流程

如图 5-23 所示，利用压缩机的抽吸作用，使空气先经中、高效过滤后，再进入空气压缩机，这样就降低了主过滤器的负荷。该流程的特点是采用了高效率的前置过滤设备，使空气经多次过滤，因而所得的空气无菌程度很高。

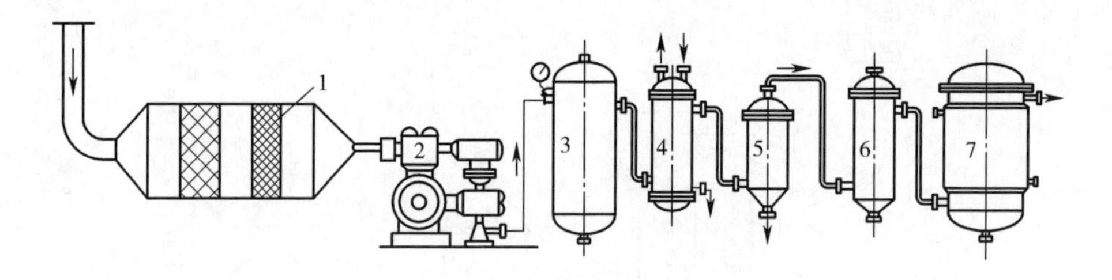

图 5-23 高效前置过滤空气除菌流程

1—高效前置过滤器 2—压缩机 3—贮罐 4—冷却器 5—丝网分离器 6—加热器 7—过滤器

3. 利用热空气加热冷空气的流程

如图 5-24 所示，利用压缩后热空气和冷却后的冷空气进行交换，使冷空气的温度升高，降低相对湿度。该流程的特点对热能的利用比较合理。

4. 新型空气过滤除菌工艺流程

由于粉末烧结金属过滤器、膜过滤器等的出现，空气净化工艺流程发生一些改变。如图 5-25 所示，采用 2 个过滤器（AⅠ和 AⅡ）对大气中大量尘埃、细菌进行初级过滤，以提高空压机进气口的空气质量。BⅠ是以折叠式面积滤芯作为过滤介质的总过滤器，过滤面积大，压力损耗小，在过滤效率的可靠性和安全使用寿命等方面优于棉花活性炭总过滤器。经 BⅡ处理后的净化空气基本达到无菌指标。C 端为高精度终端过滤器，使压缩空气进一步净化，过滤效率（0.01μm）为 99.9999%。

以上几个除菌流程都是根据目前使用的过滤介质的过滤性能，结合环境条件，

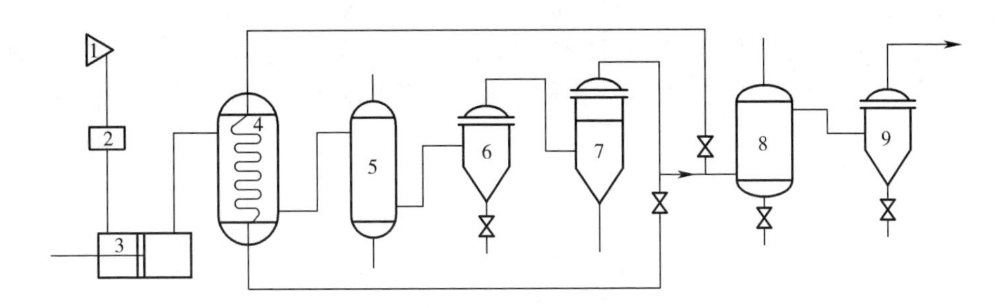

图 5-24　利用热空气加热冷空气的流程

1—高空采风　2—粗过滤器　3—压缩机　4—热交换器　5—冷却器　6，7—析水器
8—空气总过滤器　9—空气分过滤器

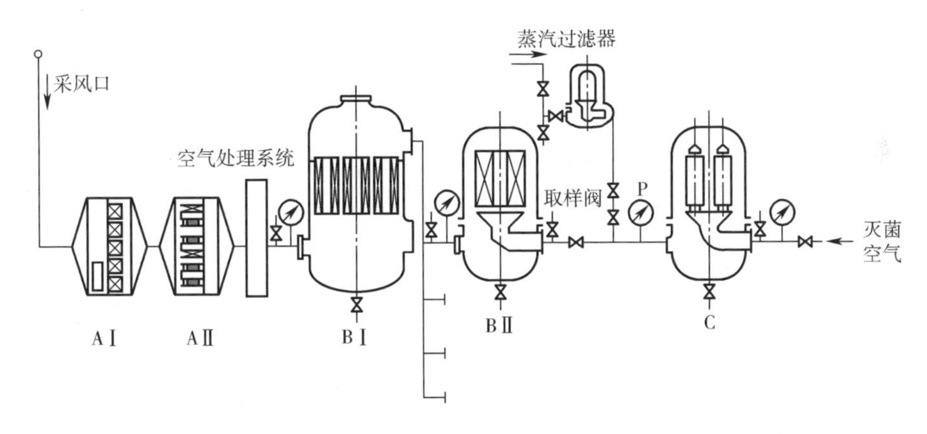

图 5-25　新型空气过滤除菌工艺流程

AⅠ—袋式过滤器　AⅡ—折叠式过滤器　BⅠ—总过滤器　BⅡ—预过滤器　C—终端过滤器

从提高过滤效率和使用寿命的角度来设计的。

（四）提高过滤除菌效率的措施

1. 过滤除菌效率

过滤效率就是滤层所滤去的微粒数与原来微粒数的比值，它是衡量过滤器过滤能力的指标。实践证明，空气过滤器的过滤效率主要与微粒的大小、过滤介质种类和纤维直径、介质的填充密度和厚度及所通过的空气流速等因素有关。

介质纤维直径越小，过滤效率越高。介质填充厚度越高，填充密度越大，过滤效率越高。纤维介质铺设不均匀，空气会从铺设松动部分通过，形成短路而带菌。

2. 提高过滤除菌效率的主要措施

（1）保证进口空气清洁度，减少进口空气的含菌数。因此，要加强生产场地的卫生管理，减少生产环境空气中的含菌数；正确选择进风口，压缩空气站应设上风向；提高进口空气的采气位置，减少菌数和尘埃数；加强空气压缩前的预处理。

（2）设计安装合理的空气过滤器，选用除菌效率高的过滤介质。无菌空气制备流程线路长，易出现二次污染，因此，在每个发酵罐前应单独配备分过滤器。

介质过滤不能长期获得100%的过滤效率，因此，介质过滤器要定期拆洗、杀菌，灭菌后的过滤介质一定要用空气吹干后再投入使用。

据测定，超细玻璃纤维纸的除菌效率最好，但易为油、水所沾污。在空气预处理较好的情况下，采用超细玻璃纤维纸作为总过滤器及分过滤器的过滤介质，染菌率很低，但在空气预处理较差的情况下，其除菌效率往往受影响。棉花和活性炭过滤器，因介质层厚、体积大、吸油水的容量大，受油、水影响要比超细玻璃纤维纸好一些，但是这种过滤器调换过滤介质时劳动条件差。

（3）针对不同地区，设计合理的空气预处理工艺流程，以达到除油、除水和除杂质的目的。

（4）降低进入空气过滤器的空气相对湿度，保证过滤介质在干燥状态下工作。主要方法：使用无油润滑的空气压缩机；加强空气冷却和除油、除水；提高进入过滤器的空气温度，降低其相对湿度。

（5）稳定压缩空气的压力。采用合适容量的贮气罐，使压缩机出来的脉冲压缩空气流态转为稳态。

3. 常见问题及处理

（1）一直以来都有无菌空气带菌，可能是系统问题，应该重新论证、修改制备流程。

（2）介质过滤器出来的空气带菌，可能的原因：①过滤介质没有装填好；②过滤介质湿润；③过滤介质灭菌后使用时间过长而被微生物穿透。应及时清理或更换过滤介质。

（3）总过滤器排出的空气未染菌，进入发酵罐发现染菌。可能是分过滤器问题，应检查分过滤器，更换滤芯或其他介质；也可能是管道或死角发生污染，应对管道、死角进行清理、杀菌。

（4）过滤器前后两个压力表的压力差增大、气速小。这种情况说明过滤介质浸湿或已损坏，应拆开过滤器检查，吹干或更换。

项目任务

任务5-1　小型发酵罐无菌空气的制备

一、任务目标

掌握无菌空气制备的基本知识、操作流程和注意事项。

二、 材料器具

空气过滤系统，包括空气压缩机，100L 发酵系统（包括发酵罐、空气和蒸汽管路），蒸汽发生器等。

三、 任务实施

1. 过滤器灭菌

先检查并确保各个阀门处于关闭状态，再打开蒸汽总阀及与其相通的排空阀，待排出蒸汽管路冷凝水后，将排空阀调节至微开状态。调节蒸汽总阀使蒸汽过滤器上方压力表指示在 0.13~0.14MPa。缓慢打开与空气过滤器相连的蒸汽阀，同时微开排空管路，使其有少量蒸汽通过即可。调节与空气过滤器相连的蒸汽阀，使其过滤器上方压力在 0.11~0.12MPa。空气过滤器灭菌时间为 30~50min，灭菌结束后关闭排空阀及与空气过滤器相连的蒸汽阀。

2. 过滤器吹干

关闭排气阀，打开空气压缩机待空压机上压力表指示为 0.5MPa 时，满开阀门使发酵设备慢慢升压，调节设备阀门使其压力表指示为 0.25MPa，打开粗过滤器的排空阀门，待吹出冷凝水后调节至微开状态。打开发酵罐空气管路，控制空气流量计读数在 0.3VVM 左右吹干过滤器，时间约为 15~20min。结束后关闭阀门使空气管道内保持正压。

3. 供气

培养基灭菌及发酵过程中所需的无菌空气，可以通过已灭菌的空气过滤器制备得到，进气量可以通过阀门开度控制，并可以通过空气流量计测得。

四、 注意事项

（1）在进行空气过滤器灭菌时，首先要进行蒸汽过滤。
（2）灭菌时，控制好蒸汽压力，防止滤芯损坏。

五、 任务考核

（1）熟悉空气过滤除菌的原理及操作流程。（30 分）
（2）空气过滤系统的操作与控制。（50 分）
（3）空气过滤除菌设备的维护。（20 分）

任务 5-2 无菌空气的检查

一、 任务目标

掌握肉汤培养基检查法检查无菌空气的具体操作。

二、 材料器具

1. 材料

肉汤培养基：0.5%牛肉膏，1.0%蛋白胨和0.5%氯化钠，pH 7.0~7.4。

2. 主要仪器设备

无菌空气检查装置如图5-26所示。

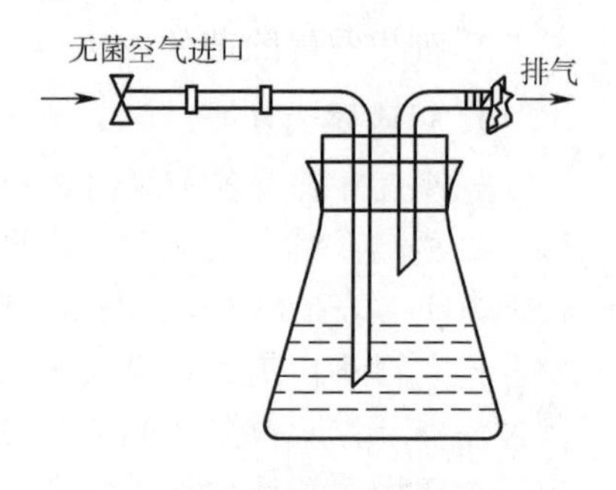

图5-26 无菌空气检查装置示意图

三、 任务实施

1. 肉汤培养基的制备及灭菌

称取一定量的牛肉膏、蛋白胨等成分，加水溶解，配制成25mL，pH为7.0~7.4的溶液，倒入上述500mL三角瓶中，连同橡皮管经121℃灭菌30min，冷却后使用。

2. 检查无菌空气的装置制备

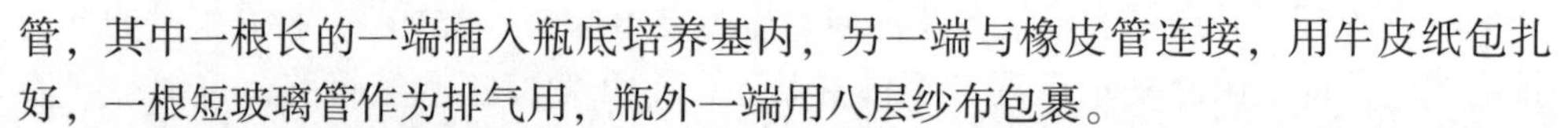

取500mL三角瓶用带有2根90℃弯曲的玻璃管，其中一根长的一端插入瓶底培养基内，另一端与橡皮管连接，用牛皮纸包扎好，一根短玻璃管作为排气用，瓶外一端用八层纱布包裹。

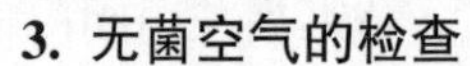

3. 无菌空气的检查

在分过滤器空气出口端的管道支管取无菌空气，连续取气数小时或十几小时，小心卸下橡皮管，用无菌纸包扎好管的末端，置于37℃培养箱培养16h，若出现浑浊，表明空气中有杂菌。

四、 任务考核

（1）肉汤培养基的制备及灭菌操作。（30分）

（2）无菌空气装置制备。（20分）

（3）无菌空气的检查。（50分）

项目拓展（五）

项目思考

1. 发酵用的无菌空气质量标准是什么？
2. 列出空气除菌的方法，比较其优缺点。
3. 简述深层介质过滤除菌机理。
4. 压缩空气预处理的目的？
5. 简述无菌空气制备工艺流程的类型。
6. 简述两级冷却、分离、加热的空气除菌流程及其特点。
7. 空气除菌流程中，空气为什么先要降温然后又升温？
8. 常用的过滤介质有哪些？有何特点？
9. 试分析影响介质过滤除菌的因素有哪些？
10. 简述提高过滤除菌效率的措施。

项目六

发酵生产种子制备

项目导读

现代发酵工业生产规模越来越大，发酵罐的容积从几十立方米发展到几百立方米。如果要使小小微生物在短时间内完成如此巨大的发酵任务，就必须先进行种子制备，种子制备是指孢子悬液或摇瓶种子接入种子罐后，在罐中繁殖成为大量菌（丝）体的过程，从而为发酵生产提供符合数量和质量的种子（微生物细胞）。种子制备实际上是菌种通过一系列工艺进行扩大培养的过程。例如，近年来，啤酒发酵设备向大型、室外、联合的方向发展，使用的大型发酵罐容量已达 $320m^3$，通常需要接种的酵母体积要达到1%~10%，少数情况更高。如此大量的种子需要对保藏在试管中的酵母菌种进行扩大培养。

种子质量的优劣直接关系到发酵产品的产量和质量，因此，种子制备是发酵生产过程中的关键环节。本项目在学习了种子培养基制备、菌种的选育和保藏等知识的基础上学习实验室和工厂两个阶段的种子制备工艺过程，熟悉种子罐接种、种子质量的影响因素、种子培养的异常现象及防治等知识。在此基础上，掌握摇瓶种子制备、种子罐移种等岗位操作技能。

项目知识

一、 种子生产工艺

（一）种子扩大培养流程

种子扩大培养是指将保存在砂土管、冷冻干燥管中处于休眠状态的生产菌种接入试管斜面活化后，再经过摇瓶或扁瓶及种子罐逐级放大培养而获得一定数量和质量的纯种过程。这些纯种培养物称为种子。种子扩大培养的目的：①接种量的需要；②菌种的驯化；③缩短发酵时间，减少杂菌污染，保证生产水平。

种子质量的优劣对发酵生产起着关键性的作用。发酵工业生产过程中的种子必须满足的条件：①菌体总量及浓度能满足大容量发酵罐的要求；②菌种细胞的生命力旺盛，移种至发酵罐后能迅速生长，延滞期短；③菌种能保持稳定的生产性能，生理性状稳定；④无杂菌和噬菌体的污染；⑤保持稳定的生产能力。因此，菌种扩大培养的任务，不但要获得纯而壮的菌体，还要获得活力旺盛的、接种数量足够的培养物。

在发酵生产过程中，种子制备过程大致可分为两个阶段，即实验室种子制备阶段、生产车间种子制备阶段。实验室种子制备包括孢子制备和摇瓶种子制备，即琼脂斜面、固体培养基扩大培养或摇瓶液体培养；生产车间种子制备是通过种子罐逐级扩大培养，具体流程如图 6-1 所示。

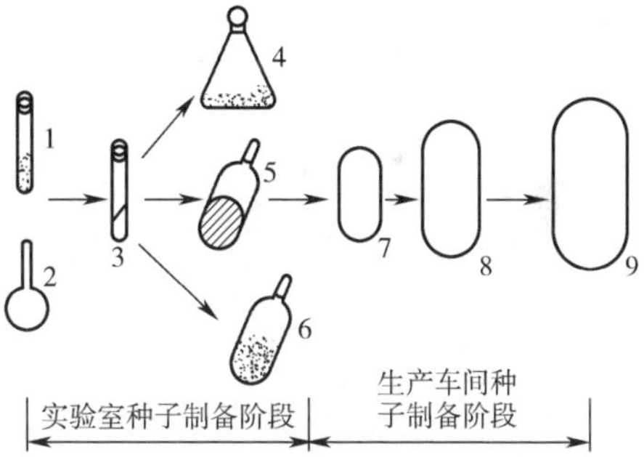

细菌、酵母菌的种子制备就是一个细胞数量增加的过程。霉菌、放线菌的种子制备一般包括两个过程，即在固体培养基上生产大量孢子的孢子制备和在液体培养基中生产大量菌丝的种子制备过程。

1 2 3 4 5 6 7 8 9
实验室种子制备阶段
生产车间种子制备阶段

图 6-1　菌种扩大培养流程示意图
1—砂土管　2—冷冻干燥管　3—斜面种子
4—摇瓶液体种子　5—茄子瓶斜面种子
6—固体培养基　7，8—种子罐　9—发酵罐

（二）实验室种子制备

实验室种子制备阶段不用种子罐，所用的设备为培养箱、摇床等实验室常见设备，在工厂这些培养过程一般都在菌种室完成，故称为实验室阶段的种子培养。

实验室种子制备包括孢子制备和摇瓶种子制备，即斜面活化培养、扁瓶固体培养基扩大培养或摇瓶液体培养。实验室种子培养规模一般比较小，因此为了保证培养基的质量，培养基的原料一般都比较精细。

1. 种子类型

实验室培养阶段得到的种子可以是通过固体培养得到孢子（霉菌和放线菌孢子），也可以是通过液体培养获得的营养细胞（细菌、酵母细胞以及霉菌菌丝体等）。

（1）对于一般不产生孢子的细菌和酵母细胞通过固体试管斜面活化和液体扩大培养得到含有一定数量和质量的菌悬液作为生产阶段种子罐培养的接种物，如谷氨酸的种子培养。

（2）对于产孢子微生物菌种，实验室种子制备一般采用孢子进罐法和摇瓶菌丝进罐法两种方式。

①对于产孢子能力强及孢子发芽、生长繁殖快的菌种可以采用扁瓶固体培养基培养孢子，孢子可直接作为种子罐的种子，这种方法称孢子进罐法。采用孢子或孢子悬浮液接种的优点在于：孢子通常是单细胞繁殖体，易纯化分离；操作简便，不易污染杂菌；工艺简单，一次可以制备大量孢子，便于控制孢子质量；分生孢子处于半休眠状态，较营养细胞对环境抗性强，易于保存；孢子进种子罐后，每个个体都能从同一水平起步生长繁殖，实现同步生长或接近同步生长，后代菌丝繁殖比较一致，因而可减少批与批之间的差异，稳定生产。

②对于产孢子能力不强或孢子发芽慢的菌种，则需要把孢子接入摇瓶中使孢子发芽，制备的菌丝体作为种子罐的种子，这种方法称摇瓶菌丝进罐法。其优点：对于生长发芽缓慢的菌种，可以缩短种子在种子罐内的培养时间。缺点：现制现用，菌丝不易保存；批与批之间差异，易造成生产波动。

2. 孢子制备

孢子制备是种子制备的开始，是发酵生产的一个重要环节。孢子的质量、数量对以后菌丝的生长、繁殖和发酵产量都有明显的影响。不同菌种的孢子制备工艺有其不同的特点。

（1）霉菌孢子的制备　霉菌孢子的培养一般以大米、小米、玉米、麸皮等天然农产品为培养基。营养成分适合霉菌孢子繁殖，这些物质表面积大，易于获得大量孢子。培养温度一般为25~28℃，培养时间一般为4~14d。

米孢子是将霉菌或放线菌接种到灭菌后的大米或小米粒上，恒温培养一段时间后产生分生孢子。以一定量的斜面制备的孢子悬液接入大（小）米或其他固体培养基上，培养成熟后称为“亲米”，由“亲米”再转至大（小）米培养基上进一步放大，培养成熟后称为“生产米”，用“生产米”接入种子罐。米孢子制备工艺流程如图6-2所示。

大米孢子的制备是将大米用水浸泡4h左右，大米∶水=1∶（0.5~0.6），水中加入一定量的玉米浆，晾至半干（能散开，表面无水即可），装入垫有纱布的搪瓷盘内，并在上面用4层牛皮纸盖好，放入蒸锅内在100℃下蒸20min左右蒸熟。降温至温热时摇散，晾至半干，分装于罗氏瓶中（厚度1~2cm），在121℃下灭菌

20min，降温至温热时摇散，放置不超过1d。将保藏菌种接种于罗氏瓶中，摇匀，放置于培养装置内培养，定期进行摇动，培养后，加玻璃珠打碎，洗下孢子，用火焰接种至种子罐。小米孢子制备与大米孢子制备相近。

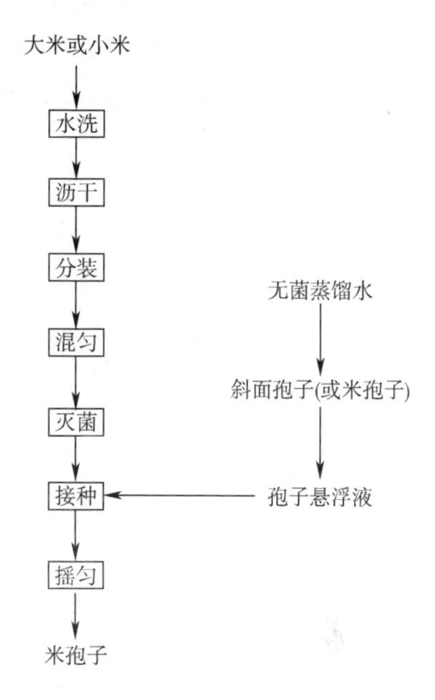

图6-2　米孢子的制备流程

（2）放线菌孢子的制备　放线菌的孢子培养一般采用琼脂斜面培养基，培养基中含有一些适合产孢子的营养成分，如麸皮、豌豆浸汁、蛋白胨和一些无机盐等。其中的碳源和氮源不要太丰富，因为碳源丰富易造成生长环境呈生理酸性，不利于孢子形成；而氮源丰富则有利于菌丝繁殖，不利于孢子形成。一般情况下，干燥和限制营养可直接或间接诱导孢子形成。放线菌种子培养工艺如图6-3所示。

母瓶培养用于活化、纯化，使保藏菌种发芽生长，并去除变异株，所以接种时要稀一点，便于纯化生长到单菌落。而子瓶主要用于大量繁殖，得到大量孢子。从母斜面上接种，要选取生长好的单菌落，接种时密一点，可得到大量的孢子。

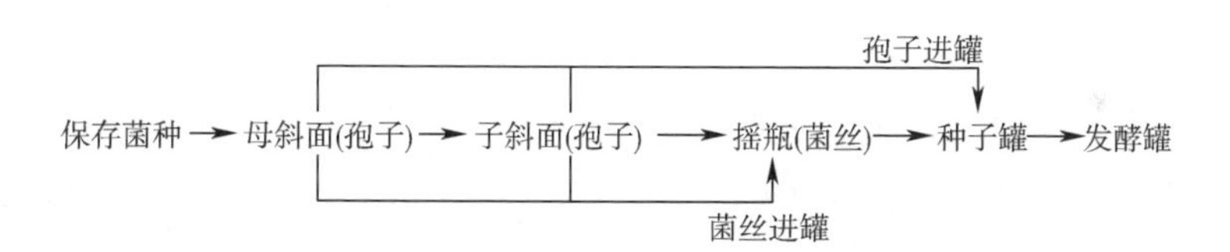

图6-3　放线菌种子培养工艺

放线菌斜面的培养温度大多数为28℃，少数为37℃或30℃，培养时间一般4~7d，也有长至14d的。孢子成熟后，可放在2~4℃保存备用，一般存放时间7d，少数可以存放1~3个月。或真空抽干至水分含量在10%以下保存备用，一般可连续使用达半年，对稳定生产很有帮助。生产中采取哪一级斜面孢子要根据菌种特性而定。采用母斜面（一级斜面）孢子入罐有利于防止菌种变异和染菌，采用子斜面（二级斜面）孢子接入液体培养基可节约菌种用量。

3. 摇瓶培养及摇瓶液体种子制备

摇瓶培养即振荡培养，是一种能保证好氧菌获得充足溶氧的液体培养方法。摇瓶培养技术问世于20世纪30年代，由于其简便、实用，很快便被发展成为微生物培养中极为重要的技术，并广泛用于工业微生物菌种筛选、实验室大规模发酵试验（生产工艺的改良和工艺参数的优化）及种子培养等。

摇瓶培养设备主要有旋转式摇床和往复式摇床两种类型，其中以旋转式最为常用。用旋转式摇床进行微生物振荡培养时，固定在摇床上的摇瓶随摇床以一定的转速运动，由此带动培养物围绕着三角烧瓶的内壁平稳运动。振荡培养中所使用的发酵容器通常为三角瓶，也有使用特殊类型的烧瓶或试管。振荡培养中，三角烧瓶用6~8层医用纱布或硅胶塞封口，试管塞一般用普通棉塞或胶塞。

（1）摇瓶培养方法　摇瓶振荡培养的目的在于改善活细胞的氧气和营养物的供给。摇瓶供氧实际上就是将摇瓶或试管置于摇床中，通过摇床的振荡来使氧气通过纱布层或硅胶层扩散至瓶内，进而扩散并溶解在液体中供菌体生长和产物形成的需要。摇床转速越快，偏心距越大，通气越好。

摇瓶供氧主要是两种类型：一是供氧相对较大，以产生大量的细胞，常见于丝状微生物（如食用菌、放线菌）中；二是需供氧但所需供氧量较小，常见于细菌。要获得高氧供应，可在较大的烧瓶（250~500mL三角瓶）中盛装相对较小容积的培养基，由此可获得更高的氧传递速率，便于细胞的迅速生长；要获得较低的氧供给，则采用较慢的振荡速率和相对大的培养体积。

就一特定微生物而言，振荡培养时存在一最佳培养基配方和最佳培养基容量。一般来说，振荡培养丝状微生物时培养基最佳容量为一般为50~100mL/500mL三角瓶，或25~50mL/250mL三角瓶，即为所使用的发酵容器容积的10%~20%。在这一范围内，所使用培养基量越小，所得试验结果越好。

在培养过程中应特别注意两个问题：一是温度。通常摇床的工作温度为25~37℃。一般台式摇床都有一通过空气循环或水浴来保持恒温的装置，可使所有的摇瓶内培养基温度处于同一水平。由于电机和机械传动部分的产热、振荡产热和微生物生长代谢释放的热能，使摇瓶中培养基的实际温度要比实际室温高2℃左右，且在强烈振荡时，此温差更为明显。因此，在实验过程中设计高温点时必须注意到这一问题。此外，还要注意摇床中心与边缘、上层与下层的温差，如表6-1所示，列出的实测数据表明，一般摇床上层的温度高于下层，中间的温度高于边缘。如图6-4所示为酿酒酵母摇瓶在摇床上的不同位置示意图。为避免不同位置上摇瓶种子质量的波动，培养时，最好在具有相同温度带的摇床固定位置上进行。

表6-1　　酿酒酵母摇瓶在摇床中不同位置上的温度偏差

培养时间/h	偏离摇床室平均室温（28℃）的温度/℃					
摇瓶号	1	2	3	4	5	6
7	+0.53	+0.87	+0.40	+0.66	+1.36	+0.75
11	+0.95	+1.60	+0.92	+0.99	+2.02	+1.33
15	+1.72	+2.75	+1.51	+1.66	+3.25	+1.99
19	+0.34	+0.56	+0.20	+0.54	+1.05	+0.58
平均温度偏差	+0.89	+1.44	+0.76	+0.96	+1.94	+1.11

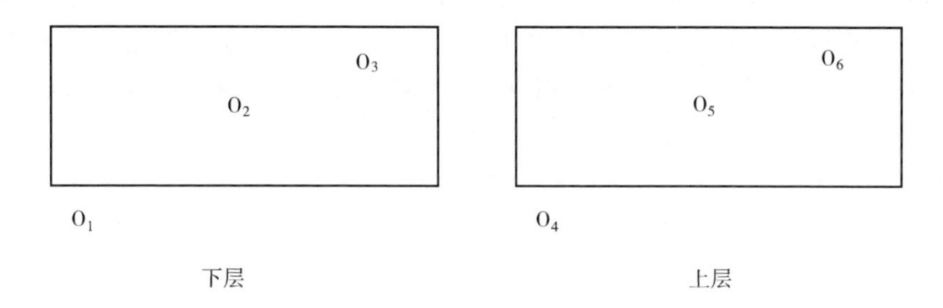

图 6-4 酿酒酵母摇瓶在摇床上的不同位置示意图

注：①O_1~O_6为摇瓶号位置，上下层各有 72 瓶；②摇床参数：转速 250r/min，偏心距 50mm。

另一个十分重要的问题就是维持连续振荡。好氧菌的培养是个需氧过程，因此要不停的振荡，特别是灭菌培养基内几乎没有溶氧，接种之后应充分振荡。振荡不连续进行，哪怕只是数分钟的停顿，对结果的影响都是极显著的，而且由于数分钟的停顿对微生物细胞生长的影响不明显，使影响从表面上不易被发现。有报道，在用黑曲霉生产柠檬酸的发酵试验中，中断通气时柠檬酸的产量直线下降，甚至不可逆转。在繁殖期中断通气 20min 不会使菌株的活力下降，但菌株积累柠檬酸的能力受到不可逆的破坏或减慢。

（2）摇瓶种子制备　将斜面种子或米孢子接入含液体培养基的锥形摇瓶中，于摇床上恒温振荡培养，获得液体种子，叫摇瓶种子。摇瓶培养为一级种子培养。摇瓶种子可在摇瓶中传代，第一代为母瓶，第二代称为子瓶。摇瓶种子培养工艺过程如图 6-5 所示。

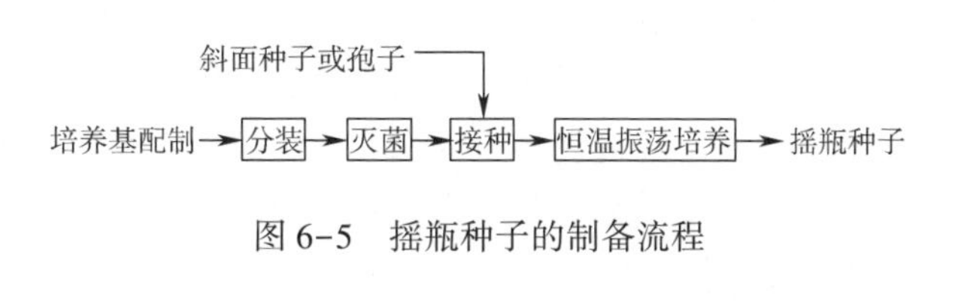

图 6-5 摇瓶种子的制备流程

有些发酵产品（如谷氨酸），一级种子培养不用摇瓶，而是用大型斜面（茄瓶），优点是可一次制备一批大型斜面，置于冰箱中，比液体培养物易于保存，不必每天制备液体一级种子。

①培养基配制：摇瓶培养的目的是获得具有较强生命力的营养菌体，因而摇瓶培养基应全面、均衡和丰富，以便充分满足菌体的生长和对各种营养物质的要求。摇瓶种子在培养过程中一般不便于调节 pH，配制时要考虑营养成分中生理酸、碱性物质的平衡搭配或加入磷酸盐、碳酸钙等缓冲剂来控制培养过程中的 pH 变化。

②分装和灭菌：分装培养基的三角摇瓶用棉塞或胶塞，置高压灭菌器中灭菌。灭菌时要注意不要让蒸汽冷凝水打湿或粘污棉塞或纱布上。

③接种：一般采用斜面种子挖块法或米孢子计数法。这种方法难于掌握接种量，从而影响摇瓶种子的质量。为此可以采用用无菌蒸馏水将斜面种子或孢子制成细胞或孢子悬液，然后按一定体积或一定细胞（孢子）数接种至摇瓶培养基中。

接种时，菌体浓度不能太高，否则影响摇瓶中的菌体对营养成分的竞争及气体交换，降低菌体生长质量。

④恒温振荡培养：将摇瓶种子放置于摇床上一定位置，设置一定的温度和摇床转速，开启摇床进行恒温培养。为了尽可能减少摇瓶在培养过程中水分蒸发量，应将摇床置于一定湿度的环境下。摇瓶一定要固定好，以免培养时出现晃动，或造成摇瓶倾斜及瓶塞脱落。还要注意摇瓶之间不要过紧，否则易造成摇瓶间的碰撞。在培养过程中要定期观察摇瓶种子的培养情况，注意防止由于人为或机械故障导致的摇床不能正常工作或温度过高等情况的发生。

培养时间一般应将摇瓶种子的生长阶段控制在对数生长的后期，可通过观察外观黏稠度、静置沉降量或测定离心湿菌体体积以及镜检进行判断。

⑤保存：经恒温振荡培养获得的摇瓶种子应立即使用，如果暂时不用，可置4℃冰箱中保存，保存期最好不要超过3d。经过保存的摇瓶种子一般不用于生产种子，可用于摇瓶发酵实验或小型发酵罐实验。

（三）生产车间种子的制备

种子培养在种子罐里进行，工厂一般归为发酵车间管理，故称这些培养过程为生产车间阶段。实验室制备的孢子或液体种子还需要移种至小型发酵罐中继续扩大培养，由于其目的是培养种子，为有别于生产产物为目的的大发酵罐，一般把用来培养种子的小型发酵罐称为种子罐。

1. 种子罐的作用

种子罐的作用主要是使实验室培养阶段获得的有限数量的孢子（菌体）发芽、生长并繁殖成大量菌丝体（菌体），满足发酵罐的需要（菌体生长和产物形成）。接入发酵罐后能迅速生长，达到一定的菌体量。比如谷氨酸产生菌种子罐培养的二级种子接入发酵罐经过12h的适应期后，菌体生长停止，谷氨酸开始合成。对于产孢子能力强及孢子发芽、生长繁殖快的菌种，在生产车间阶段，培养物最终一般都是获得一定数量的菌丝体。相比于孢子，菌丝体进入发酵罐的优点在于：缩短了生产罐的发酵时间，提高了设备利用率；减少了杂菌污染的机会；总能耗低。国内大多数柠檬酸工厂均采用使黑曲霉孢子发芽，并发育成酸型菌丝球作为接种物，一般可以缩短发酵时间30h左右。

2. 种子罐大小和级数确定

种子制备过程中，因菌种不同，可采用不同种子罐级数。种子罐级数是指制备种子需要在种子罐中逐级扩大培养的次数。一般根据种子罐从小到大的顺序，将最小的称为一级种子罐，次小的称为二级种子罐，依次类推，种子制备过程如

图 6-6 所示。

种子罐级数主要取决于两方面：①菌种生长特性、孢子发芽及菌体繁殖速度；②所采用发酵罐的容积。

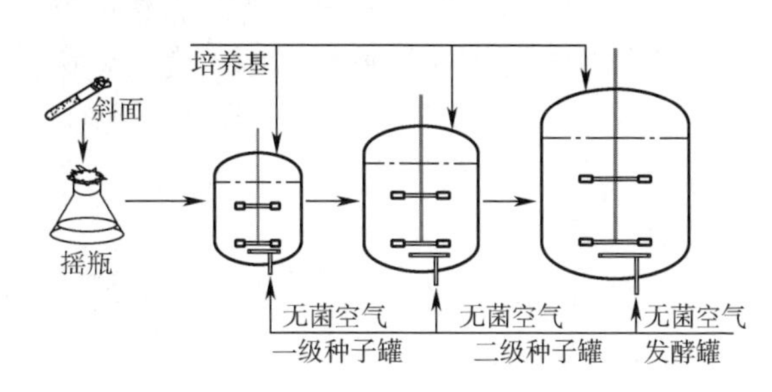

图 6-6　种子制备过程

通常谷氨酸发酵的接种量为1%，因采用的菌种为细菌，其生长繁殖速度快，工业生产上一般采用两级扩大培养，即：茄子瓶→1000mL 摇瓶→种子罐→发酵罐。对于生长较慢的青霉菌，其丝状菌二级种子罐培养，即：大米孢子→一级种子罐（27℃，40h 孢子发芽，产生菌丝）→二级种子罐（27℃，10~24h，菌体迅速繁殖，获得粗壮菌丝体）→发酵罐。

确定种子罐级数需要注意的问题：①种子级数越少越好，可简化工艺和控制，减少染菌机会；②种子级数太少，则接种量小，发酵时间延长，降低发酵罐的生产率，增加染菌机会。

酒母车间扩大培养所用的培养基，主要以大生产的原料为主，适当添加一些营养物质。其流程：卡氏罐→小酒母罐→大酒母罐→成熟酒母送发酵车间。

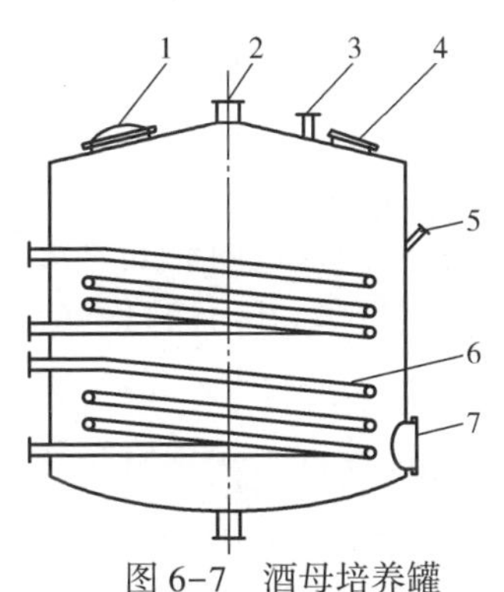

图 6-7　酒母培养罐

1—人孔　2—CO_2 排出管　3—进醪管　4—视镜　5—温度计　6—冷却水管　7—排醪管

酒母罐的结构，如图 6-7 所示，均为铁制圆筒形，其直径与高度之比近 1∶1，底部为锥形或碟形，底部中央有排出管，罐体密封。罐上装有搅拌器，也有用无菌空气代替机械搅拌，不仅简化设备，还可消除车间噪音。酒母罐内设有兼作冷却或加热用的蛇管。大酒母罐体积是小酒母罐体积的 10 倍，酒母罐的数目，可根据发酵产量来计算。

二、种子罐接种

发酵生产中的接种包括两个方面：从实验室摇瓶或孢子悬浮液容器中接种至种子罐；种子罐之间的移种及从种子罐移入生产发酵罐中。

摇瓶菌丝体可在火焰保护下接入种子罐或采用压差法接入。种子罐之间或发酵罐间的移种方式，主要采用压差法，由接种管道进行移种，移种过程中要防止接入罐的表压降到零，否则会染菌。

（一）火焰封口接种

主要采用酒精火焰在接种口形成火圈保护而进行接种。

接种前应事先准备好酒精棉、钳子、镊子、接种环、石棉网手套、Z 字扳手等用具。菌种装入三角烧瓶内，接种量根据工艺要求确定。

将酒精棉花围在接种环周围点燃，将菌种瓶口在火焰上烧一下，用 Z 字扳手拧开接种口，迅速将菌种倒入罐内，此时应向罐内通气，使接种口有空气排出(压力接近于零，但不能为零)。将接种口螺母在火焰上灭菌后拧紧，并用酒精棉将接种口擦洗干净。

接种后，调节进气阀，达到工艺要求的通风量及罐压。

(二) 压差移种

接种瓶上装有橡皮管，在火封下与罐的接种口相连接，要求瓶与橡皮管的连接不漏，橡皮管与接种口大小一致。接种时，开大种子罐排气阀门，降低罐压同时拿掉接种叉，开大接种阀门，利用两者的压力差使种子进入种子罐内，完成接种。

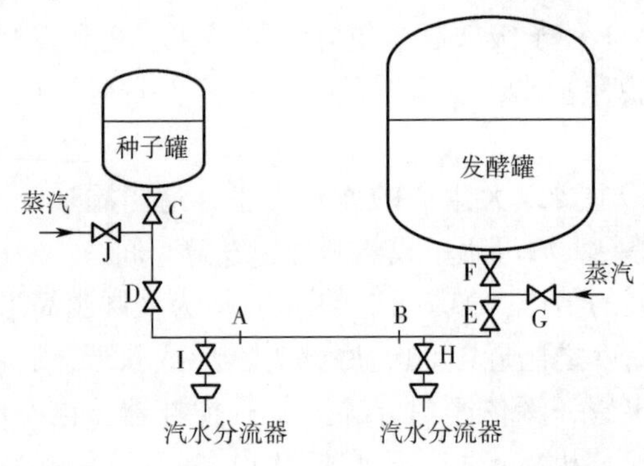

图 6-8　从生产种子罐移种至发酵罐示意图

生产上种子罐培养的种子液通常采用压差法通过专门的移种管道移入发酵罐，如图 6-8 所示。基本方法：分批发酵的发酵器分别用 J 和 G 进入蒸汽灭菌，同时打开 D、I、A、B、H、E 和 F 阀，使冷凝水能通过汽水分离器排出。经过 20min 后关闭 J、G 阀，停止供应蒸汽，并关闭 I、H 阀，而 F、E、D 阀仍开着，使连接管道内充满已灭菌的培养基。在发酵器内通过空气分布管通入无菌空气，当冷却至适当温度时，升高种子罐内的压力到 0.08MPa，而发酵器的压力降至 0.03MPa。打开 C 阀，培养物即被压入发酵器内，接种后将连接管道灭菌即可。

三、 种子质量的控制

(一) 影响孢子质量的因素及控制

生产过程中影响种子质量的因素通常有培养基、培养条件、培养时间和冷藏时间等。

1. 培养基

生产过程中经常出现种子质量不稳定的现象，其主要原因是培养基中的原材料质量波动。例如，由于生产蛋白胨所用的原材料及生产工艺的不同，蛋白胨中的微量元素含量、磷含量、氨基酸组成均有所不同，而这些营养成分对于菌体生长和孢子形成有重要作用。如微量元素 Mg^{2+}、Cu^{2+}、Ba^{2+}能刺激孢子的形成，磷含量太多或太少也会影响孢子的质量。不同厂家的琼脂可能会因含有不同的无机离子，对孢子的形成产生影响。另外，水质的影响也不能忽视，地区不同、季节变化和水源污染，均可造成水质波动，影响种子质量。

主要控制措施：①为了保证孢子培养基的质量，斜面培养基所有的主要原材料，糖、氮、磷含量需经过化学分析和摇瓶发酵试验合格后才能使用；②制备培养基时，要严格控制灭菌后的培养基质量；③斜面培养基使用前，需在适当温度下放置一段时间，使斜面无冷凝水出现，固体培养基水分适中有利于孢子生长；④供生产用的孢子培养基要用比较单一的氮源，以抑制某些不正常菌落的出现，作为选种或分离用的培养基则采用较复杂的有机氮源，便于选择特殊代谢的菌落；⑤为了避免水质波动对孢子质量的影响，可在蒸馏水或无盐水中加入适量的无机盐，供配制培养基使用。

2. 培养条件

（1）温度　温度对大多数菌种斜面孢子的质量有显著的影响。如土霉素生产菌种在高于37℃培养时，孢子接入发酵罐后出现糖代谢变慢，氨基氮回升提前，菌丝过早自溶，效价降低等现象。

（2）湿度　斜面孢子培养基的湿度对孢子的数量和质量有较大的影响。例如土霉素生产菌种龟裂链霉菌，在北方气候干燥地区，斜面上孢子长得较快，在含有少量水分的斜面试管培养基下部孢子长得较好，而斜面上部由于水分迅速蒸发呈干疤状，孢子稀少。在气温高、湿度大的地区，斜面上孢子长得慢，主要由于试管下部冷凝水多而不利于孢子的形成。从表6-2中可以看出，相对湿度在40%~45%时孢子数量最多，且孢子颜色均匀，质量较好。

表6-2　不同相对湿度对龟裂链霉菌斜面生长的影响

相对湿度/%	斜面外观	活孢子计数/（亿/支）
16.5~19	上部稀薄，下部稠略黄	1.2
25~36	上部薄，中部均匀发白	2.3
40~45	一片白，孢子丰富，稍皱	5.7

3. 培养时间

固体孢子的生长繁殖可划分为三个生理阶段：营养菌丝繁殖、气生菌丝繁殖、分生孢子繁殖。营养菌丝和气生菌丝属于繁殖体，而孢子本身是一个独立的遗传体，属于相对独立的生理阶段，内含完整的遗传物质，孢子用于传代和保存均能保持原始菌种的基本特征。因此，一般以分生孢子进行传代和保存。但是孢子本身亦有年轻和衰老的区别，一般来说，衰老的孢子不如年轻的孢子。

过于年轻的孢子经不起冷藏，如土霉素菌种斜面培养4.5d，孢子尚未完全成熟，冷藏7~8d即开始自溶；如培养5d，孢子可完全成熟，冷藏20d也不自溶。过于衰老的老龄孢子导致生产能力下降，因为衰老的孢子核物质趋于分化状态，逐步进入发芽阶段，继续培养会产生二代菌丝。因此，在固体孢子制备过程中，应该严格控制在最佳阶段，一般是单一世代分生孢子生长繁殖的对数生长期，即孢子量多、孢子成熟、发酵产量正常的阶段终止培养。例如，四环素产生菌（金色链霉素）固体孢子工艺：

老工艺：沙土孢子→母斜面单菌落（37℃，168h）→子斜面（37℃，168h）→种子罐。

新工艺：沙土孢子→斜面孢子（35℃，100h）→种子罐。

老工艺培养168h的斜面孢子，经显微镜观察，多数孢子为空孢子不着染颜色。实际观察发现，斜面培养3d就已长出分生孢子，着色力强，4d呈游离孢子，7d呈空孢子。新工艺降低了培养温度至35℃，培养100h为分生孢子旺盛期，为种子质量的最佳阶段。可免去单菌落移种，保证了种子质量，又简化了种子制备工艺。

4. 冷藏时间

冷藏时间对孢子的生产能力也有影响，总的原则是宜短不宜长。例如在链霉素生产中，斜面孢子在6℃冷藏2个月后的发酵单位比冷藏1个月降低18%，冷藏3个月后降低35%。

斜面冷藏对孢子质量的影响与孢子成熟程度有关。如土霉素生产菌种孢子斜面培养4d左右放于4℃冰箱保存，发现冷藏7~8d菌体细胞开始自溶。而培养5d以后冷藏，20d未发现自溶。

5. 接种量

孢子接种量大小影响种子罐液体培养基中孢子的数量，进而影响菌体的生理状况。青霉素产生菌之一的球状菌孢子数量过少，进罐后长出的球状过大，影响通气效果；若孢子数量过多，则进罐后不能很好维持球状菌体。黑曲霉发酵生产时，采用孢子或麸曲制成孢子悬液接入种子罐，接种量以10^5个孢子/mL种子液为宜，于35℃左右静止培养（浸泡）5~6h，再接到种子罐中。一般来说，采用孢子进罐法时，若能将进罐前的固体孢子在水中浸泡数小时，进罐后有利于孢子发芽，更能取得同步生长的效果。

（二）影响种子质量的因素及控制

种子质量是发酵能否正常进行的重要因素之一，生产过程中影响种子质量的因素通常有培养基、培养条件、种龄、接种量等。

1. 培养基

种子培养基要满足的要求：①营养成分适合种子培养的需要；②选择有利于孢子发芽和菌体生长的培养基；③营养上要易于被菌体直接吸收和利用；④营养

成分要适当丰富和完全，氮源和维生素含量要高；⑤营养成分要尽可能与发酵培养基相近。

2. 培养条件

（1）温度　微生物的生长温度和最适生长温度是不同的。微生物的生长温度范围比较宽，一般在24~37℃多数微生物都能生长。最适生长温度是指某菌分裂代时最短或生长速率最高时的培养温度。种子培养阶段应控制在最适温度范围内。在最适温度范围内，组成菌体的蛋白质很少变性，所以在最适温度范围内可适当提高对数生长期的培养温度，既有利于菌体生长，又能避免热作用的破坏。为使种子罐培养温度控制在一定范围，生产上常在种子罐上安装有热交换设备，如夹套、蛇管或排管等进行温度调节。

（2）通气量　培养过程中通气搅拌很重要，各级种子罐或者同级种子罐的不同时期的需氧量是不同的。一般前期需氧量较少，后期需氧量较多，应适当增大通气量。在青霉素生产的种子制备过程中，充足的通气量可以提高种子质量，例如，将通气充足和通气不足两种情况下得到的种子接入发酵罐内，他们的发酵单位可相差一倍。但是，在土霉素发酵过程中，一级种子罐的通气量小一些却对发酵有利。通气搅拌不足可引起菌丝结团、菌丝粘壁等异常现象。

3. 种龄

种子的培养时间称为种龄，即种子罐中培养的菌（丝）体开始移入下一级种子罐或发酵罐时的培养时间。由于菌体在不同生长阶段其生理活性差别很大，种龄的控制就显得非常重要。表6-3列举了常见菌种种龄和培养温度。

表6-3　常见菌种种龄和培养温度

菌种	培养温度/℃	种龄/h
细菌	37	7~24
霉菌	28	16~50
放线菌	23~37	21~64
酵母菌	25~30	2~20

（1）种龄的确定　通常种龄是以处于生命力极旺盛的对数生长期的中后期，菌体量还未达到最大值时的培养时间较为合适。因为处于对数生长期的菌体接种有利于缩短发酵周期，对数生长期末菌体浓度相对较高，更有利于保持高的接种量。种龄太长，菌种趋于老化，生产能力下降，菌体自溶；种龄太短，造成发酵前期生长缓慢。例如，嗜碱性芽孢杆菌生产碱性蛋白酶，12h最好，如图6-9所示。

在土霉素生产中，一级种子的种龄相差2~3h，转入发酵罐后，菌体的代谢就会有明显的差异。同一菌种的不同罐批培养相同的时间，得到的种子质量也不完

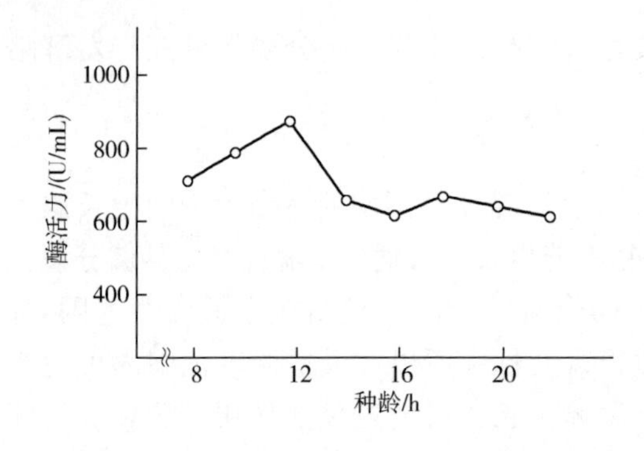

图 6-9　种龄与碱性蛋白酶活力之间的关系

全一致，因此最适的种龄通过多次试验，特别要根据本批种子的质量来确定。

（2）菌体生产曲线　菌体细胞生长曲线就是把一定量的菌体细胞接种到一恒定容积的新鲜液体培养基中，细菌在新的适宜环境中生长繁殖直至衰老死亡全过程的动态有规律的变化，它能反映出菌体群体生长的规律。生长曲线大致分为延迟期、对数期、稳定期和衰亡期四个阶段，如图 6-10 所示。

在发酵工程领域，通过研究生产曲线，可以了解发酵菌株在各个时期的特点和状态，尤其是对数期状态，这对于确定最佳的种子培养时间尤为重要。同时，测定了生产曲线，为研究如何缩短种子培养周期，确定最佳的接种时间和接种量，为提高发酵产量提供了依据。

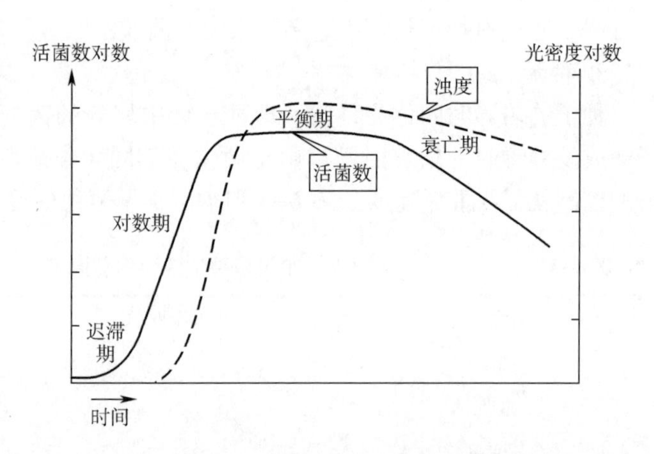

图 6-10　单细胞微生物分批培养时的理想生长曲线

测定微生物生长曲线的方法有以下几种：一是浊度法，澄清的培养液检查浊度，能及时反映低浓度单细胞（非丝状真菌，而指细菌、酵母细胞）的生长状况，可测定培养液的光密度（optical density，OD）；二是菌落计数法，通过稀释涂布的方法测定不同时期活菌浓度，单位为 CFU/mL（CFU 指 Colony Forming Units，即菌落形成单位）；三是重量法，测定菌体的鲜重或干重。浊度法测定 OD 值在工业生产、教学和科研工作中经常采用。

微生物 OD 值是反映菌体生产状态的一个指标，在一定范围内菌液浓度与 OD 值成正比，因此，可利用分光光度计测定菌悬液的光密度来推知菌液的浓度，并将所测的 OD 值与其对应的培养时间作图，即可绘出该菌在一定条件下的生长曲线，如图 6-11 所示。一般用 505nm 波长测菌丝体，560nm 波长测酵母菌，600nm 波长测细菌。

对某一培养物内的菌体生长作定时跟踪时，可采用一种特制的有侧臂的三角烧瓶。将侧臂插入光电比色计的比色座孔中，即可随时测定其生长情况，而不必取菌液。该法主要用于发酵工业菌体生长监测。

4. 接种量

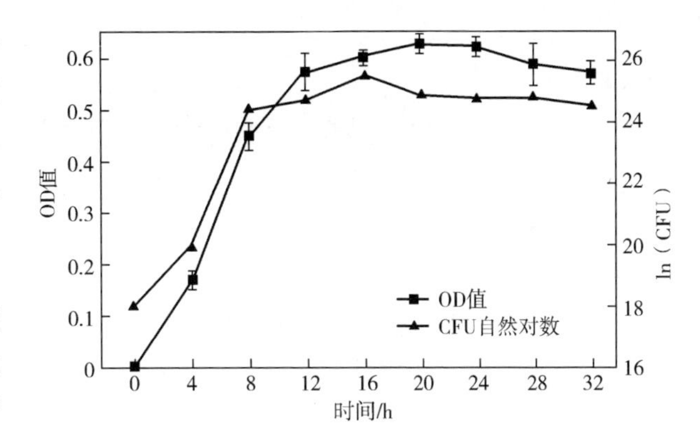

图 6-11　某菌株 Z15 生长曲线图

接种量是指移入的种子液体积和接种后培养液体积的比例。接种量的大小决定于生产菌种在发酵罐中生长繁殖的速度，采用较大的接种量可以缩短发酵罐中菌丝繁殖达到高峰的时间，使产物的形成提前到来，并可减少杂菌的生长机会。但接种量过大或者过小，均会影响发酵。过大，会移入过多代谢废物，同时引起溶氧不足，影响产物合成；过小，会延长培养时间，降低发酵罐的生产率，具体如表 6-4 所示。

表 6-4　　青霉素发酵罐生产种子罐种子液的接种量试验结果

接种量（体积分数）/%	到达 40%菌浓度的发酵周期/h	发酵指数
10	42	100
15	36	102. 1
20	32	102. 1
25	30	102. 5
30	28	101. 4

注：发酵指数以接种量 10%为对照。

在生产中，接种量通常：细菌 1%～5%，酵母菌 5%～10%，霉菌 7%～15%。大多数抗生素发酵的最适接种量为 7%～15%，有时可增加到 20%～25%，而由棒状杆菌生产谷氨酸接种量只需 1%。为了缩短生产阶段的发酵初始生长期，提高设备利用率，规模生产常采用大的接种量 10%～20%。

走进企业　生产上获得高产的措施和接种方法

近年来，生产企业通过加大接种量和丰富培养基作为获得高产的措施，如谷氨酸生产中，采用高生物素、大接种量、添加青霉素的工艺。为了加大接种量，有些品种的生产采用“双种法”；有时因为种子罐染菌或种子质量不理想而采用“倒种法”；有时两个种子罐中只有一个染菌可采用“混种法”。几种接种方法如图

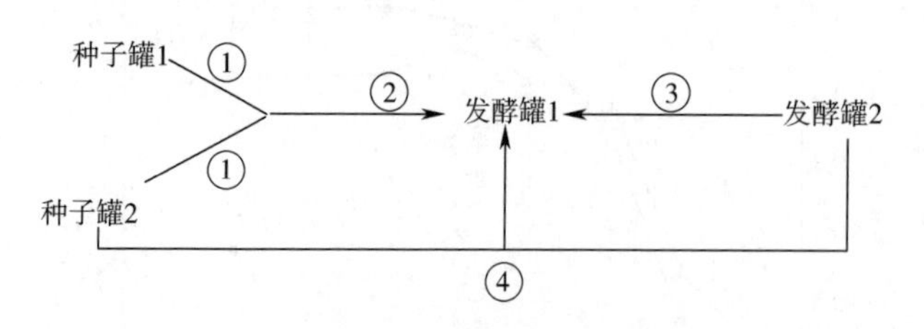

图 6-12　几种接种方法

①—单种　②—双种　③—倒种　④—混种

6-12 所示。

“双种法”就是 2 个种子罐的种子接入 1 个发酵罐的接种方法；“倒种法”就是以适宜的发酵液倒出部分对另一个发酵罐作为种子的接种方法；“混种法”就是以种子液和发酵液混合作为发酵罐种子的接种方法。三种方法运用得当，有可能提高发酵产量，但会增加染菌和变异的机会。

（三）种子质量的控制措施

1. 种子质量标准

不同菌种以及不同工艺的种子质量有所不同，况且，判断种子质量的优劣尚需要有丰富的实践经验。发酵工业生产上常用的种子质量标准，大致有如下几个方面。

（1）细胞或菌体　种子培养的目的是获得健壮和足够数量的菌体，因此，菌体形态和菌体浓度是种子质量的重要指标。单细胞菌体要求菌体健壮、形态一致、均匀整齐，有的还要求有一定的排列或形态；霉菌、放线菌要求菌丝粗壮、对某些染料着色力强、生长旺盛、菌丝分枝情况和内含物情况好。此外，种子液外观如颜色、黏度等也可作为种子质量的粗略指标。

（2）生化指标　通过测定种子液中糖、氮、磷的含量，以及 pH 变化来确定种子的质量。

（3）产物生成量　在抗生素发酵中，产物生成量是考察种子质量的重要指标，因为种子液中产物生成量的多少间接反映种子的生产能力和成熟程度。

（4）酶活力　种子液中，某种酶的活力与目的产物的产量密切相关，因此，可以间接反映种子的质量。测定种子液中某种酶的活力，作为种子质量标准，是一种较新的方法。如土霉素生产所用种子液中的淀粉酶活力与土霉素发酵单位有一定关系，因此，种子液淀粉酶活力可作为判断该种子质量的依据。

2. 种子质量的控制措施

（1）无（杂）菌检查　在种子制备过程中每次移种一次均需对种子液进行无（杂）菌检查，目前常用方法主要有镜检、划线或肉汤培养的无菌检验及生化分析等。

镜检是以视野中不出现异常形态菌体为依据。生产菌与杂菌的形态特征一般是不同的，如发现有与生产菌形态特征不一样的其他微生物存在，就可判断为发生了染菌。镜检的方法具有快速及时的特点，是生产上对种子质量进行跟踪的常用方法。操作人员首先要对生产菌的形态特征比较熟悉，然后才能够对种子液是否染菌做出准确判断。

划线或肉汤培养是将种子液样品涂在平板培养基上划线培养或接入到酚红肉汤培养基培养而进行的无菌检验。肉眼观察平板上是否出现异常菌落，酚红肉汤是否由红变黄。如果肉汤连续三次发生变色反应（红色→黄色）或产生浑浊，或平板培养连续三次发现有异常菌落的出现，即可判断为染菌。

种子液生化分析项目主要是取样测定其营养消耗的速率、pH 变化、溶解氧变化以及色泽气味是否异常等。

（2）菌种稳定性检查　菌种质量控制的重要措施是定期进行菌种的分离筛选。通常情况下随着菌种的传代使用，菌种出现一定衰退，比较稳定的菌种 2 个月应进行一次分离纯化，不稳定的菌种应每月进行一次分离纯化。

（3）控制每批生产斜面的使用时间　一般情况下细菌斜面保存时间不宜超过 30d，有的菌种不宜超过 10d，否则菌种生产能力会有所下降。

3. 种子异常现象及分析

在种子制备过程中，经常会出现菌种生长发育缓慢或过快、菌丝结团、菌丝粘壁及代谢不正常等异常现象，表示种子质量差，需重新制种。

（1）菌种生长发育缓慢或过快　这种现象是指在各项工艺参数正常的情况下，出现代谢过慢或过快，代谢过慢的原因一般是孢子质量差、空气温度较低或培养基消毒质量较差。

（2）菌丝结团　在深层培养条件下，繁殖的菌丝不分散舒展而聚集成团状称为菌丝团。菌丝结团影响菌的呼吸和对营养的吸收。菌丝结团可能与接入的孢子量、通气搅拌的效果有关。

（3）菌丝粘壁　所谓菌丝粘壁是指在种子培养过程中，菌丝正常生长发育，但培养到一定时间时，菌丝会粘附在瓶壁或罐壁上。以霉菌为产生菌的种子培养过程易出现菌丝粘壁现象。菌丝粘壁的原因可能与搅拌效果不好，泡沫过多以及种子罐的装料系数过小等有关。

（4）种子代谢异常　种子异常还表现在代谢情况上，如糖、氮代谢过快或过慢，pH 过高或过低，种子效价过低等。因此，检定种子的质量时，不仅以表观参数为指标，更主要的要从代谢上来分析其内在的变化规律。根据生产实践，无论一级、二级（甚至三级）种子罐都有一定的代谢规律，如果发现上述糖、氮代谢，pH 和种子效价等异常情况，均为异常种子。异常种子不能接入发酵罐，否则在发酵过程中必将出现代谢不正常或目标产物生物合成能力下降的现象。

4. 种子染菌及其处理

杂菌的污染称为染菌，种子染菌将直接影响发酵。种子培养时，微生物菌体浓度低，培养基的营养十分丰富，易染菌。若将污染的种子带入发酵罐，则危害极大，因此，应严格控制种子染菌，对已染菌的种子液及时加以处理。

（1）种子染菌的危害　种子染菌的危害表现：①微生物之间的营养竞争；②一些杂菌的代谢产物改变种子液的pH或代谢物的毒性抑制生产菌的生长；③某些杂菌产生的酶，如青霉素酶会破坏抗生素的化学结构；④某些杂菌的代谢物会改变发酵液的物理性质，使发酵液黏度增加，影响菌丝过滤。

（2）种子染菌的原因　种子染菌的原因主要包括：①斜面菌种不纯；②培养基和设备管道灭菌不彻底（如假压）；③无菌操作不严致使移种污染；④空气净化系统不良；⑤设备、管道和阀门漏损等。

（3）控制措施　严格控制接种室的污染，交替使用各种灭菌手段对接种室进行消毒处理。对沙土管、斜面及摇瓶均应严格管理，防止杂菌进入。接种过程要严格按照规范的无菌操作要求进行。各级种子培养基或设备管道灭菌时要有足够的灭菌时间和温度，杜绝“假压力”，避免“死角”，确保灭菌彻底。定期检查空气过滤器是否失效或减效并及时更换。如果新菌种不纯，需反复分离，直至完全纯粹为止。平时应经常分离试管菌种，以防止菌种衰退、变异和污染杂菌。

（4）种子培养期染菌的处理　一旦发现种子染菌，该种子不能再接入发酵罐进行发酵，应灭菌后弃之，并对种子罐和管道等仔细检查和彻底灭菌。如有备用种子，选择生长无染菌的种子接入发酵罐，继续发酵生产；如无备用种子，则可选择一个适当菌龄的发酵罐内的发酵液作为种子，进行“倒种”处理，接入新鲜的培养基中进行发酵，从而保证发酵生产正常进行。

四、种子扩大培养举例

以谷氨酸发酵的菌种扩大培养为例，其工艺流程如下：

斜面菌种 → 一级种子培养 → 二级种子培养 → 发酵罐

（一）斜面菌种的培养

谷氨酸生产菌适用于糖质原料，需氧，以生物素为生长因子。菌种的斜面培养必须有利于菌种生长而不产酸，并要求斜面菌种绝对纯，不得混有任何杂菌和噬菌体。

1. 斜面培养基组成

斜面培养基组成：葡萄糖0.1%，蛋白胨1.0%，牛肉膏1.0%，氯化钠0.5%，琼脂2.0%~2.5%，pH 7.0~7.2（传代和保藏斜面不加葡萄糖）。

2. 培养条件

斜面培养条件：33~34℃，培养18~24h。

（二）一级种子培养

一级种子培养的目的在于大量繁殖活力强的菌体，培养基组成应以少含糖分，多含有机氮为主，培养条件从有利于长菌考虑。

1. 种子培养基组成

一级种子培养基组成：葡萄糖 2.5%，尿素 0.5%，硫酸镁 0.04%，磷酸氢二钾 0.1%，玉米浆 2.5% ~ 3.5%（按质增减），硫酸亚铁 0.02%，硫酸锰 0.02%，pH7.0。

2. 种子培养条件

一级种子培养条件：用 1000mL 三角瓶装入培养基 200mL，灭菌后置于冲程 7.6cm、频率 96 次/min 的往复式摇床上振荡培养 12h，培养温度 33~34℃。

3. 一级种子质量要求

一级种子质量要求：种龄 12h，pH 6.4±0.1；光密度：净增 OD 值 0.5 以上，残糖 0.5%以下。无菌检查（-）；噬菌体检查（-）。镜检：菌体生长均匀、粗壮，排列整齐。革兰染色阳性。

（三）二级种子培养

为了获得发酵所需要的足够数量的菌体，在一级种子培养的基础上进而扩大到种子罐的二级种子培养。

1. 种子培养基组成

二级种子培养培养基组成：几种常用谷氨酸菌株的二级种子培养基配比如表 6-5所示，种子培养基成分接近发酵培养基，但在含量上，特别是水解糖和玉米浆的含量有很大差异，具体如表 6-6 所示。

表 6-5　　不同谷氨酸发酵菌株的二级种子培养基配比

培养基成分/%	T6-13	B9	T738	AS1.299
水解糖	2.5	2.5	2.5	2.5
玉米浆	2.5~3.5	2.5~3.5	2.5~3.5	2.5
磷酸氢二钾	0.15	0.15	0.2	0.1
硫酸镁	0.04	0.04	0.05	0.04
尿素	0.4	0.4	0.5	0.5
Fe^{2+}/（μg/mL）	2	2	2	2
Mn^{2+}/（μg/mL）	2	2	2	2
pH	6.8~7.0	6.8~7.0	7.0	6.5~6.8

表 6-6　　种子培养基和发酵培养基的差异

培养基成分/%	种子培养基	发酵培养基
水解糖	2.5	12.5
玉米浆	2.5~3.5	0.5~0.8
磷酸氢二钾	0.15	0.15

续表

培养基成分/%	种子培养基	发酵培养基
硫酸镁	0.04	0.06
尿素	0.4	3
Fe^{2+}	2mg/L	2mg/L
Mn^{2+}	2mg/L	2mg/L

2. 种子培养条件

二级种子培养条件：接种量0.8%~1.0%；培养温度32~34℃；培养时间7~9h。通风比（1/min）：50L种子罐1∶0.5，搅拌转速340r/min；250L种子罐1∶0.3，搅拌转速300r/min；500L种子罐1∶0.25，搅拌转速230r/min。

3. 种子质量要求

二级种子质量要求：种龄7~8h；pH 7.2左右。光密度：OD值净增0.5左右。残糖10~15g/L。无菌检查（-）；噬菌体检查（-）。镜检：菌体生长均匀、粗壮，排列整齐。革兰氏染色阳性。

二级种子培养过程中，pH变化有一定规律，pH从6.8上升到8.0左右，然后逐步下降。二级种子培养结束时，无杂菌或噬菌体污染，菌体大小均一，呈单个或八字排列，活菌数为10^8~10^9个/mL，活力旺盛处于对数生长期。

项目任务

任务6-1 摇瓶液体种子制备

一、 任务目标

（1）把麸曲产生的孢子接入摇瓶中，通过摇瓶培养得到液体种子，满足种子罐或实验室小规模发酵的需要。

（2）通过摇瓶种子的制备，熟悉和掌握淀粉液化及摇瓶种子制备方法，进一步巩固淀粉液化的概念和原理，明确了液体种子的质量要求。

二、 材料器具

1. 材料

药品和试剂：$(NH_4)_2SO_4$，氢氧化钠，高温α-淀粉酶，0.1%的酚酞指示剂，0.1429mol/L氢氧化钠溶液。

菌种：黑曲霉麸曲孢子。

原料：山芋干粉。

2. 主要仪器设备

100目筛，精密pH试纸，量筒，烧杯，三角瓶，高压灭菌器，超净工作台，恒温摇床，无菌吸管，显微镜等。

三、任务实施

1. 种子培养基配制

称取山芋干粉（过100目筛）或淀粉100g、氢氧化钠5g、高温α-淀粉酶0.2g，加水至1000mL，混匀，pH自然。将培养基分装至三角瓶中，装液量为三角瓶体积的20%，6~8层纱布封口，121℃灭菌30min。

2. 接种培养

取成熟的黑曲霉麸曲孢子，无菌操作，挖去一块孢子培养基（约0.5cm^2）接入已灭菌的种子培养基中，或接入1mL孢子悬液（浓度1×10^5个孢子/mL），于35℃、200r/min条件下培养24~36h。

3. 质量检测

（1）质量要求：取一瓶镜检，镜检菌丝生长健壮，结成菊花形小球，球直径不超过100μm。无异味、无杂菌、无异常菌丝。pH 2.0~2.5，酸度1.5%~2.0%，柠檬酸含量0.5g/100mL左右。

（2）黑曲霉镜检。

（3）柠檬酸含量（总酸）的测定。

四、结果处理

项目	镜检菌丝形态	pH	总酸/%
结果			

五、注意事项

（1）摇瓶培养基不能过多，否则培养过程中黑曲霉需要的氧气供应不足，摇瓶培养过程中注意观察黑曲霉生长情况。

（2）用显微镜检测菌球的生长情况，若菌丝细长则说明黑曲霉已经提前进入柠檬酸发酵期，从而导致后期柠檬酸产量不足。

六、任务考核

（1）培养基配制、分装及灭菌操作无差错。（20分）

（2）接种操作正确，摇瓶放置的位置合理。（20分）

（3）镜检菌丝形态正常，无杂菌、无异常菌丝。（30分）

（4）测量相关数据（pH、总酸）完整、准确。（30分）

任务 6-2　种子罐火焰保护接种

一、 任务目标

（1）正确掌握火焰保护接种方法。

（2）通过接种，进一步加深对无菌操作重要性的认识和理解。

二、 材料器具

1. 材料

95%酒精，摇瓶种子，75%酒精棉，打火机，棉花，棉手套。

2. 主要仪器设备

种子罐，钳子，接种口扳手等。

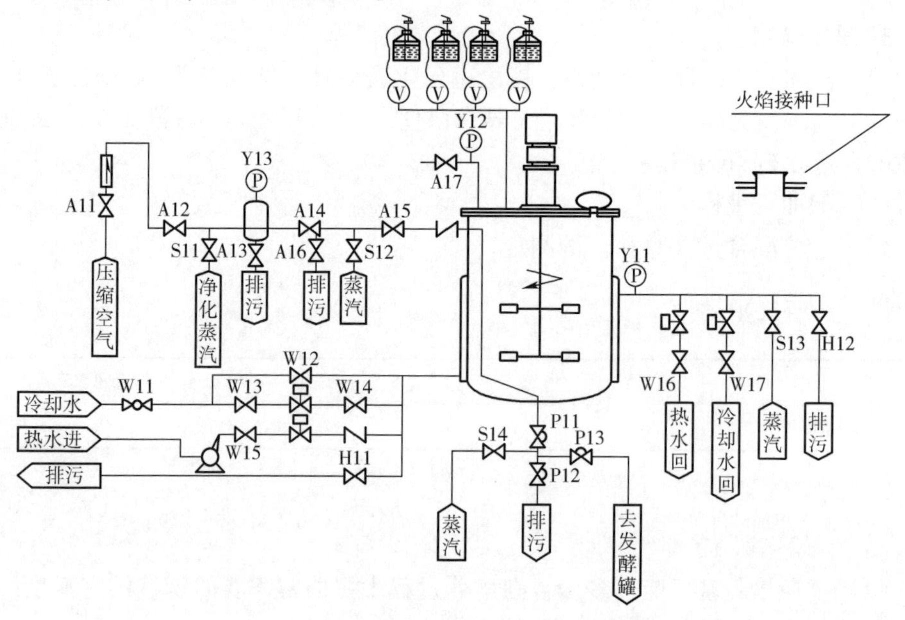

图 6-13　种子罐火焰保护接种工艺示意图

三、 任务实施

种子罐火焰保护接种工艺如图 6-13 所示。

1. 接种前准备

将无污染的摇瓶种子在超净工作台上合并后备用。准备好打火机、75%酒精棉、95%酒精、棉花、钳子及接种口扳手等。用酒精棉擦洗罐顶接种口，并在接种口酒精环内放上棉花，倒上适量 95%酒精。接种者双手需用酒精棉擦洗消毒。

2. 罐压调节

调节进气阀 A15 的开度为微开，减少进气量，保证接种口有微量气体排出。检查罐内压力在 0.01MPa 以下，点燃接种口四周的酒精棉。如果罐压不在 0.01MPa 以下，应开大排气阀或调小进气阀。

3. 接种

用专用扳手拧下接种口螺母，并将其放入预先准备的盛有 75%酒精的培养皿中。在火焰上拔下种子瓶瓶塞，在火焰上灼烧瓶口，迅速将菌种倒入罐内。盖上接种口螺母，拧紧，熄灭火焰，并用 75%酒精棉将接种口四周清理干净。

4. 罐压调节

调节种子罐进气阀、排气阀，维持种子罐培养所需的正常压力。

四、 注意事项

（1）棉花和 95%酒精不宜过多，否则点燃后火焰高不易操作，容易造成烫伤。整个操作过程，接种工最好能戴完全浸湿的棉手套。

（2）进气阀 A15 不能完全关闭，保证罐压接近于“0”，但又不能为“0”，否则有可能使外界空气进入罐内引起污染；罐压也不能过高，如果罐压过高，接种口排气量过大，接种时，罐内空气从接种口喷出，有可能会将酒精棉吹灭，造成染菌。

（3）接种完毕，螺母不能拧得太紧，防止损坏密封圈。

五、 任务考核

（1）接种操作前准备工作到位。（30 分）
（2）罐压调节正确，未出现罐压掉“0”现象。（20 分）
（3）接种操作熟练，正确、无差错。（50 分）

任务 6-3 种子罐压差接种

一、 任务目标

（1）正确掌握压差接种方法。
（2）通过种子罐压差接种，进一步加深对无菌操作重要性的认识和理解。

二、 材料器具

1. 材料

摇瓶种子，95%酒精，75%酒精棉，打火机，棉花，棉手套。

2. 主要仪器设备

种子罐，钳子，接种口扳手等。

三、 任务实施

种子罐压差接种工艺如图 6-14 所示。

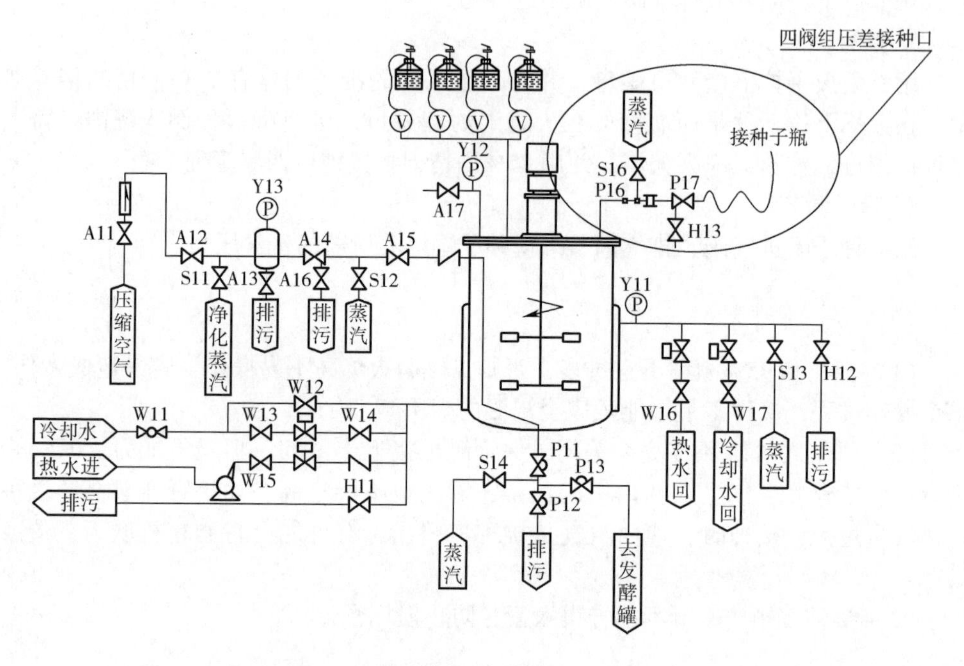

图 6-14 种子罐压差接种工艺示意图

1. 接种前准备

将无污染的摇瓶种子在超净工作台上按无菌操作要求并入接种瓶，并与已灭菌的接种管（含阀门及卡盘）连接好。将接种瓶端卡盘与种子罐端卡盘连接好(注意垫片要放好，确保管道密封)。

2. 管道灭菌

打开 S16、H13，排尽管路冷凝水后 H13 转为微开，进行管道灭菌计时，常规下灭菌 30min。灭菌结束，关闭 H13、S16，打开 P16、H13，排尽管道内蒸汽，关闭 H13，打开 P17，无菌空气进入接种瓶。

3. 接种

收小 A15 开度，缓慢打开 A17，罐压逐渐降低至 0. 03MPa，种子液即可进入罐内。如果一次降压未能将种子液全部接入罐内，可打开 A15，重复操作一次。

4. 再灭菌

接种完毕，关闭 P16、P17。打开 S16、H13，将接种管道重新消毒后，拆卸接种卡盘，清洗种子瓶及软管等组件，备用。

四、 注意事项

(1) 控制罐压不要超过0.08MPa。
(2) 整个接种过程不得有人对着接种口说话，防止唾液飞溅。
(3) 接种时，关闭发酵工段门窗，减少空气的流动，防止火焰飘忽不定。

五、 任务考核

(1) 接种操作前准备工作到位。(30分)
(2) 罐压调节正确，未出现罐压掉“0”现象。(20分)
(3) 移种操作熟练，正确、无差错。(50分)

项目拓展（六）

项目思考

1. 摇瓶培养基灭菌结束冷却至无菌接种后，是否还要在棉塞外包上牛皮纸进行摇瓶培养？为什么？
2. 简述摇瓶种子培养的工艺流程。
3. 种子罐级数是如何确定的？
4. 比较谷氨酸产生菌一级、二级种子和发酵培养基成分的异同。
5. 分析摇瓶培养过程中摇瓶种子在摇床上不同位置存在差异性的原因。
6. 简述影响孢子和种子质量的因素。
7. 种子的异常现象表现哪些方面？
8. 简述种子染菌的危害、原因及其控制措施。

项目七

发酵设备操作

项目导读

青霉素的工业化生产最早采用的固体表面培养法，发酵效价只有 40U/mL。后来采用液体深层培养，利用发酵罐设备、新型工艺和提取技术，使青霉素的发酵效价达到 200U/mL。现在工业上使用的发酵罐已达到 500m^3，发酵效价已经达到 60000~90000U/mL，在小型发酵罐上发酵效价已达到 90000~100000U/mL，发酵效价几乎提高近 2500 倍。

发酵罐是工业发酵常用设备中最重要、应用最广泛的设备，是连接原料和产物的桥梁，也是多种学科的交叉点。在发酵罐中，微生物在适当的环境中进行生长、新陈代谢和形成发酵产物。其作用就是按照发酵过程的工艺要求，保证和控制各种生化反应条件，如温度、压力、供氧量、密封防漏防止染菌等，促进微生物的新陈代谢，使之能在低消耗下获得较高的产量。

本项目重点学习常用的通风发酵罐（机械搅拌发酵罐、气升式发酵罐、自吸式发酵罐等）的工作原理及优缺点，厌氧发酵罐（酒精发酵罐和啤酒发酵罐）的结构和使用。学习和掌握这部分知识和技能，为更好、更有效地进行发酵控制提供有力保证。

项目知识

一、发酵罐类型

发酵罐根据不同的分类方式可分成不同种类的发酵罐。

按生物生长代谢对氧气的要求，可分为通风发酵罐和厌氧发酵罐。通风发酵罐需通入空气维持溶氧，因而其设备的结构比厌氧发酵罐复杂。氧气在水及培养基中的溶解度在 9mg/L 左右，溶解度比较低。对于通风发酵罐的好氧微生物来说，微生物生长过程中耗氧量较大，如此低浓度的溶氧，很快即被消耗掉，故培养时要一直通气，使氧气较多地溶解于培养基中，满足微生物好氧需求。通风发酵罐主要应用于氨基酸、有机酸、酶制剂、抗生素和 SCP 等的生产。厌氧发酵罐不需要通入无菌空气，设备结构一般较为简单。一般应用于乙醇、啤酒、丙酮、丁醇的生产。

按发酵罐容积分，可分为小型实验室发酵罐、中试发酵罐、生产发酵罐。其中 1~50L 左右的发酵罐一般习惯称为小型实验室发酵罐，50~5000L 以下习惯称为中试发酵罐，5000L 以上习惯称为生产发酵罐。

按罐体主体材质可分为玻璃发酵罐和不锈钢发酵罐。玻璃发酵罐罐体为耐高温硼硅玻璃，由于整体透明，可从不同角度方便观察发酵液情况，但由于受强度、灭菌安全的限制，玻璃发酵罐一般限制在 10L 以下。超过 10L 发酵罐一般为不锈钢发酵罐，不锈钢发酵罐可以达到从 5L 到上百立方米。

按灭菌方式，分为在位灭菌和离位灭菌发酵罐。在位灭菌是发酵罐直接通蒸汽灭菌，离位灭菌是将发酵罐放入灭菌锅中灭菌，离位灭菌发酵罐一般为玻璃发酵罐。

根据培养基的形态及流动性，分为液体发酵罐、半固体发酵罐及固体发酵罐。液体发酵罐是培养利用流动性好、固含物低的培养基的微生物；半固体发酵罐是培养利用有一定流动性、固含物较高的培养基的微生物；固态发酵罐培养完全不可流动、水分含量低的培养基的微生物。

按搅拌形式分为机械搅拌发酵罐、气升式发酵罐和自吸式发酵罐等。机械搅拌发酵罐是由电机带动搅拌轴上的搅拌桨对发酵液进行搅拌和混合作用。气升式发酵罐主要靠气流的带动作用，使发酵液达到搅拌和混合的作用。自吸式发酵罐主要依靠特设的机械搅拌吸气装置或液体喷射吸气装置形成负压吸入无菌空气并同时实现混合搅拌与溶氧传质。

二、通风发酵设备

通风发酵罐又称好气性发酵罐，常用通风发酵罐包括机械搅拌发酵罐、气升式发酵罐、自吸式发酵罐、伍式发酵罐等类型。

（一）机械搅拌发酵罐

机械搅拌发酵罐是目前运用较多、应用较广的通气发酵设备，是发酵工厂最常用类型。机械搅拌是目前容易达到混合及传质效果的形式。

1. 发酵罐基本要求

发酵罐基本主要要求：①发酵罐应有适宜的高径比。一般高度与直径比为（1.7~4）：1，高径比越大，溶氧效果越好，氧的利用率越高。②发酵罐要有适宜的设计压力。目前大部分发酵罐设计压力为0.3MPa，工作压力为0.15MPa以下。③搅拌器及内部结构有利于氧的溶解。发酵罐搅拌桨一般为多种搅拌桨组合，以达到最好的溶氧效果，发酵罐内部挡板、竖式列管等结构，使培养基在搅拌时形成湍流，增加搅拌效果。④发酵罐要有良好的密封性。发酵罐对密封要求较高，各个接口及机械密封要满足密封要求，尽量减少泄漏，减少培养时染菌的概率。⑤发酵罐内部在设计时，要避免灭菌及搅拌死角。⑥发酵罐要易于操作及清洗。内表面进行镜面抛光，减少培养基等附着，接口采用卡箍快接等方式，方便操作、清洗及检修。⑦发酵罐要有足够的换热面积。发酵罐在设计时，要计算换热面积，有足够的换热面可以保证迅速升温、降温，保证灭菌时尽可能降低培养基营养成分的破坏以及发酵时温度控制的准确性。

2. 工作原理

机械搅拌发酵罐主要利用机械搅拌桨的搅拌破碎作用、空气分布器的分散作用，使通入的无菌空气分散成小气泡，与发酵液混合，促使氧气在发酵液中的溶解，以保证微生物生长及生产产物所需的氧气。衡量发酵罐的优良与否的2个基本指标是溶氧系数的高低和传递1kg氧所耗功率的大小。

发酵罐通过加酸、加碱等使发酵液维持一定的pH；通过夹套、盘管、蛇形列管等通冷却水、热水、蒸汽等使发酵液维持一定的温度；通过罐体灭菌、除菌过滤器过滤、保持密封、罐内保持正压等使微生物发酵时保持严格的无菌条件。

通过控制通气量、溶氧、搅拌转速、罐压、pH、温度、补料、菌体密度、尾气检测等参数确保发酵处于最佳状态。

3. 主要结构

发酵罐的主要结构包括：罐体、搅拌器、挡板、空气分布装置、机械密封、换热装置、传感器接口、附属结构等，如图7-1所示。

（1）罐体　发酵罐由圆柱形直筒体和椭圆形或蝶形上下封头连接而成。公称容积$1m^3$及以下发酵罐上封头与直筒体采用法兰连接，设有手孔进行加料、清洗等，若要对发酵罐内部进行检修，需要将上封头打开；公称容积$1m^3$以上发酵罐上封头与罐体直接焊接，设有人孔，可以进行加料、清洗、进罐检修等。

在罐顶上接口：加料口、补料口、排气口、压力表接口、接种口等。在罐身

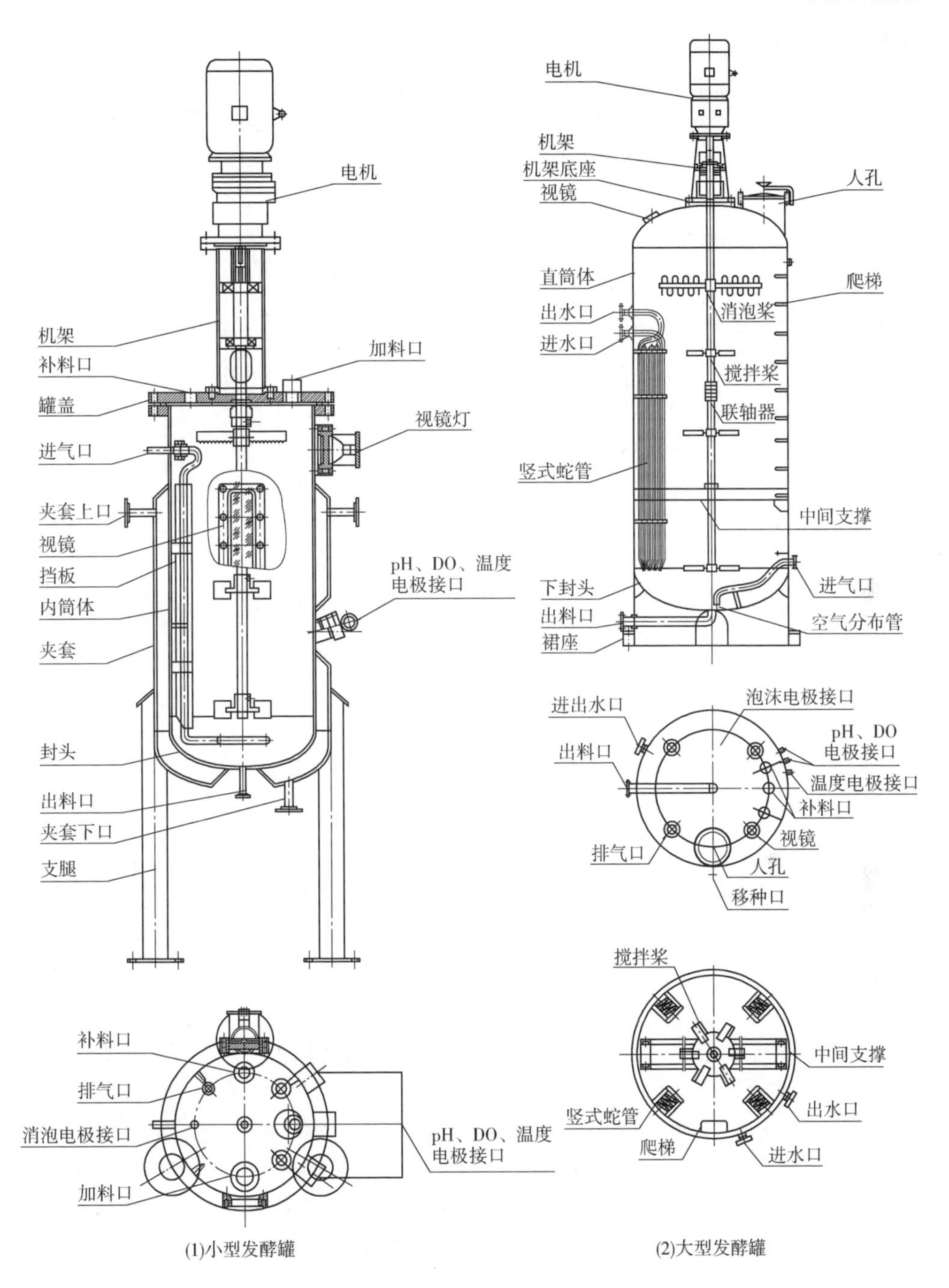

图 7-1　发酵罐主要结构

上接口：进气口、移种口、取样口、出料口、各种传感器接口、循环水进出口等。

常用的机械通气搅拌发酵罐的结构和主要尺寸已经标准化，根据发酵罐大小及用途可以分为多种。实验室规模的有 1，3，5，10，20，30L 发酵罐，中试规模的有 50，100，200，300，500L 和 1，2，3m^3 发酵罐，生产规模的有 5，10，20，50，100，200m^3 发酵罐。可以根据需要进行发酵罐容积选择。机械搅拌通风发酵罐几何尺寸如图 7-2所示。

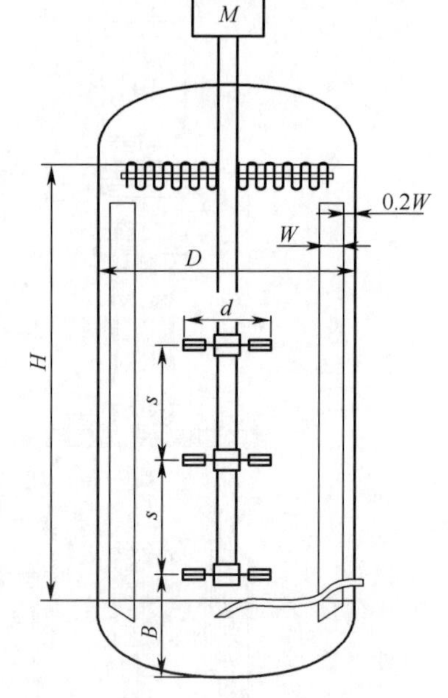

图 7-2 通用型发酵罐的几何尺寸

式中 H——发酵罐直筒体高度，m；

D——发酵罐直径，m；

d——搅拌器直径，m；

W——挡板宽度，m；

B——下搅拌器距罐底距离，m；

s——搅拌器间距，m。

常用的机械搅拌通风发酵罐的几何比例：

$H/D=1.7\sim3.5$；$d/D=1/3\sim1/2$；$W/D=1/2\sim1/8$；

$B/d=0.8\sim1.0$；$\left(\frac{s}{d}\right)_2=1.5\sim2.5$；$\left(\frac{s}{d}\right)_3=1\sim2$（下角 2，3 表示搅拌器的挡板数）

描述发酵罐大小有全容积和公称容积。全容积是发酵罐直筒体体积和上下封头体积之和；公称容积（V_0）是指罐体直筒体体积（V_a）和下封头体积（V_b）之和，发酵罐大小较多的用公称容积来表示。公称容积可以根据封头的形状、直径和壁厚查相关化学容器设计手册求得。

装料系数为发酵罐装液量与全容积的比值，一般发酵罐装料系数为 70%。在发酵罐培养过程中，若有较多泡沫产生，可以适当降低装料系数；对培养过程中泡沫较少、通气量较小的发酵罐，可以适当提高装料系数。

（2）搅拌器　机械搅拌器的主要功能是使物料混合、打碎气泡、强化传热传质。机械搅拌器使发酵液中的固形物料保持悬浮状态，从而维持气-液-固三相的混合传质；使通入的空气分散成小气泡并与发酵液混合均匀，增加气液接触界面，提高气液间的传质速率，强化溶氧；通过搅拌，使发酵罐各个部位温度均匀，强化热量的传递。

搅拌器叶轮搅拌时有轴向流、径向流和切向流。轴向流是流体流动方向平行于搅拌轴，流体由桨叶推动，使流体向下流动，遇到容器底面再翻上，形成上下循环流，液体循环流量大，如图 7-3（1）所示。轴向流使液体在发酵罐内形成的总体流动为轴向的大循环，有利于宏观混合，但湍动程度不高。主要桨叶形式有桨叶式和旋桨式搅拌桨。径向流是流体流动的方向垂直于搅拌轴，沿发酵罐半径方向在搅拌器和内壁间流动，碰到容器壁面分成两股流体分别向上、向下流动，再回到叶端，不穿过叶片，形成上、下两个循环流动，如图 7-3（2）所示。径向流使液体在发酵罐内总体流动较复杂，液体剪切作用大，有利于气泡的破碎，但容易造成微生物细胞的损坏。主要桨叶形式有涡轮式搅拌桨。切向流是指无挡板的容器内，流体绕轴做旋转运动，流体在离心力作用下涌向器壁，中心部分液面下降，形成一个大漩涡，如图 7-4 所示。严重时可使搅拌器不能全部浸没于发酵液中，使搅拌功率显著下降。

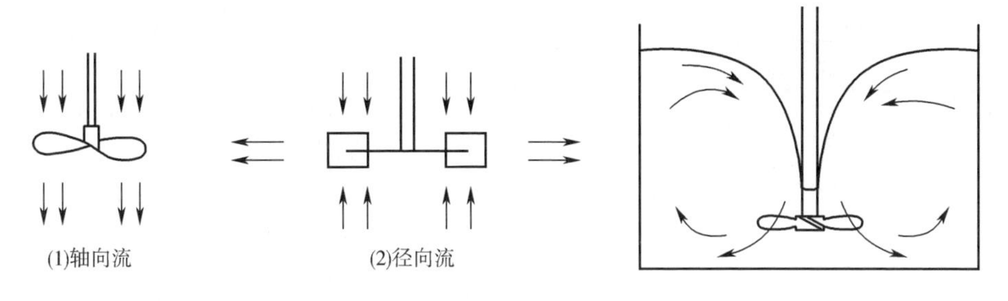

图 7-3　轴向流和径向流示意图

图 7-4　机械搅拌发酵罐内的切向流

目前发酵罐用得最多的是涡轮式搅拌桨，如图 7-5 所示，分为平直叶涡轮搅拌桨、弯叶涡轮搅拌桨、箭叶涡轮搅拌桨等。搅拌桨叶片一般为 6 片。

图 7-5　涡轮式搅拌桨

（3）挡板　挡板的作用是为改变流体的方向，将切向流改为轴向流，使搅拌时产生湍流，防止产生漩涡，增大溶氧量，提高传质、传热效果，提高搅拌效率。挡板的上部要在液面以上，下部伸至罐体底部，与封头平齐。挡板宽度一般为（0.1~0.12）D。装设 4~6 片挡板，可满足全挡板条件，所谓“全挡板条件”指在发酵罐内再增加挡板以及其他可起到挡板作用的附件时，搅拌功率不变，漩涡基本消失。

挡板的安装有几个特点：挡板与罐壁之间有间隙，可有效防止罐壁与挡板之间存在清洗及灭菌死角；挡板可拆卸，方便检修；挡板在最外部加工成与液体流动方向的弯曲，可有效增加挡板强度，且减少液体对挡板外部的摩擦；在 $10m^3$ 及以上的发酵罐，列管可以代替挡板。

（4）机械密封　在机械搅拌发酵罐中，除了磁力搅拌不需将搅拌轴伸出发酵罐，其余均需将搅拌轴伸出发酵罐，然后由电机带动旋转，在搅拌轴伸出罐体部位，就需要有机械密封防止泄漏。

机械密封可分为填料函式机械密封和端面机械密封，端面机械密封根据密封

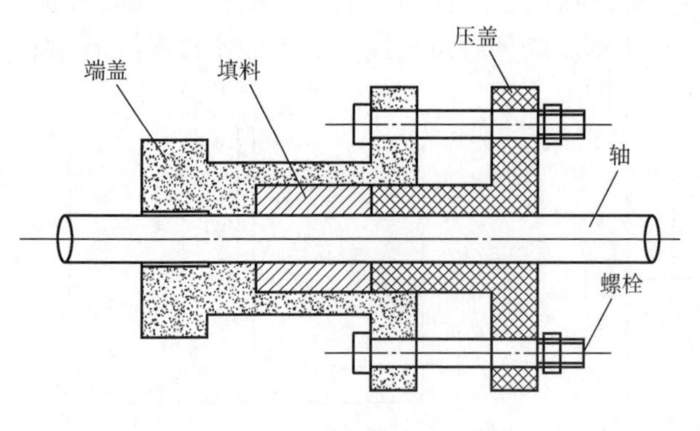

图 7-6 填料函式机械密封

端面的数量可分为单端面机械密封和双端面机械密封。

填料函式机械密封由填料箱体、填料底衬套、填料压盖和压紧螺栓等零件构成，如图 7-6 所示。填料函式是在填料腔内加入填料，通过压盖和压紧螺栓压紧后，使填料与轴之间紧密接触，达到密封的目的。

填料函式机械密封优点是价格便宜，结构简单，检修方便，对轴加工精度要求低，对轴磨损小。缺点是死角多，很难彻底灭菌；使用寿命短、泄漏量大，密封效果差，易染菌，维修频繁，在发酵罐中已经很少使用。

根据发酵罐的使用温度和压力范围，目前用得最多的是单端面机械密封，如图 7-7 所示。单端面式机械密封的端面由软硬不同的两种材质制成，分别为动环和静环。静环是固定在发酵罐上，不旋转的端面，通过密封垫与发酵罐机械密封底座紧密贴合，确保静环与发酵罐接触部位无泄漏。动环套在轴上，内部有密封垫与轴紧密贴合，可防止动环与轴之间有泄漏。动环上部弹簧将动环向静环方向压紧，使动环光滑端面与静环光滑端面紧密接触，达到密封的目的。

单端面机械密封在安装前后均需要好好保护，保证接触面光洁。安装时，尽量避免动环和静环倾斜。小型机械密封一般安装在罐体内，此种类型尽量选用结构简单、死角少的机械密封；稍大型的机械密封均安装在发酵罐外，易于固定和进行调节、维护。

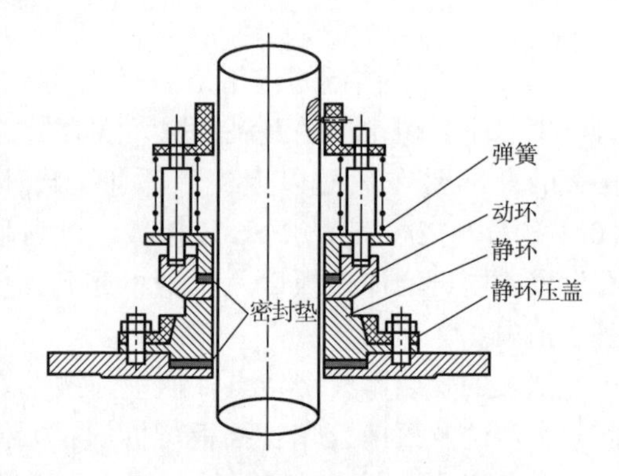

图 7-7 常用的单端面机械密封结构

(5) 空气分布装置　空气分布装置的主要作用是吹入无菌空气，使通入发酵罐中的无菌空气分散成小气泡，以便在发酵液中溶解更充分，有利于菌体生长。空气分布装置常用的形式有单管式和环形管式，如图 7-8 所示。

单管式空气管伸至底部搅拌桨下部，开口向下，可保证管内不积料，无死角，同时空气向下吹，可将罐底物料向上吹起，气泡经过搅拌桨进一步打碎，可起到较好的溶氧效果。出气口底部距罐底距离根据罐体大小略有不同。环形管式是在空气管尾部焊一个环形管，环形管一般为封闭圆形或不封闭圆形，环形管底部和侧面开一些小孔，所有小孔截面积之和约等于进气管截面积。

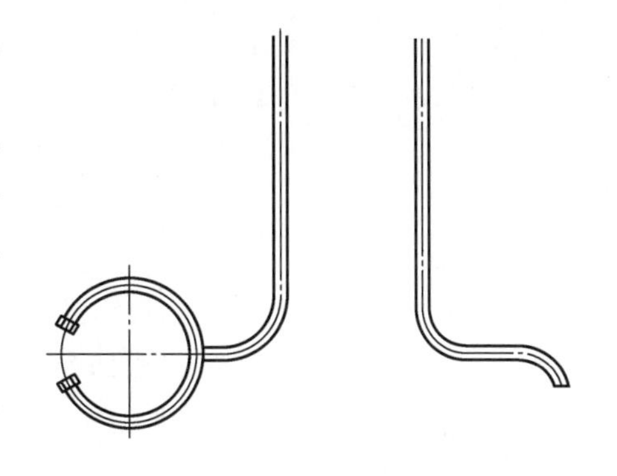

图 7-8　环形管式和单管式空气分布器

环形管式分布器一般用于容积较小的发酵罐。较小容积发酵罐受容积限制，高度较小，空气在发酵液中停留时间较短，故通过空气环形分布器将空气变成较小气泡，有利于提高溶氧。单管式用于较大型发酵罐。

（6）换热装置　发酵罐需要灭菌、控温，就需要换热装置。用于发酵罐的换热装置主要有夹套、盘管、竖式蛇管和竖式列管。体积在 5m³ 及以下的发酵罐一般用夹套，5m³ 以上可用盘管、竖式蛇管或竖式列管等。

夹套上部高度超过发酵液液面即可，无需计算。夹套有进口和出口。控温时冷却水或热水从夹套低位进入，高位排出，如图 7-9 所示；灭菌预热时蒸汽从夹套高位进入，冷凝水从夹套低位排出。夹套优点：结构简单，制作方便；罐内无冷却装置，可有效减少死角，容易进行罐体清洗、灭菌。缺点是冷却水流速低，换热不均匀，发酵时换热效率相对较低。

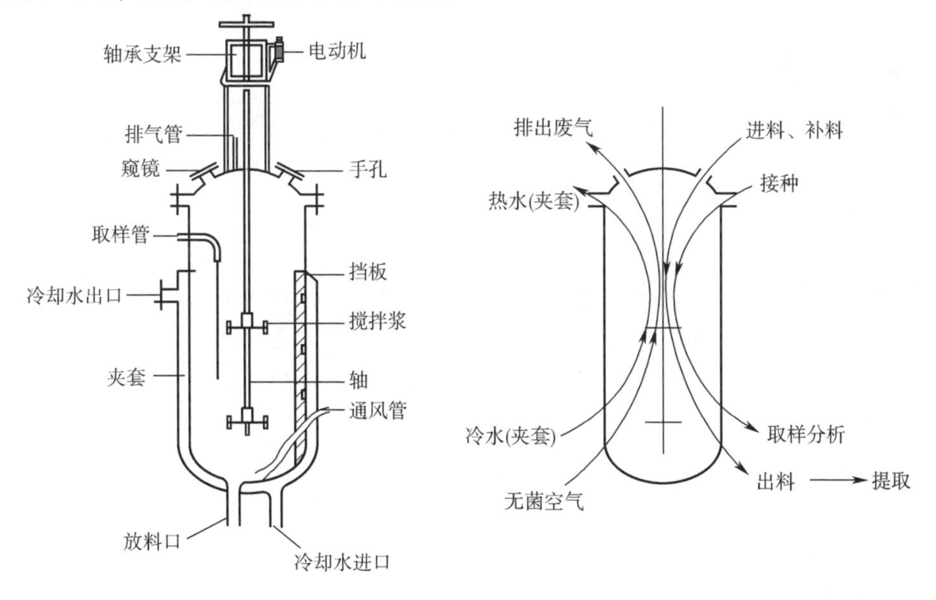

图 7-9　夹套换热装置及热交换示意图

如图7-10（1）所示，盘管是在发酵罐内一种呈螺旋状的不锈钢管道系统，有进口和出口，换热效率较高。

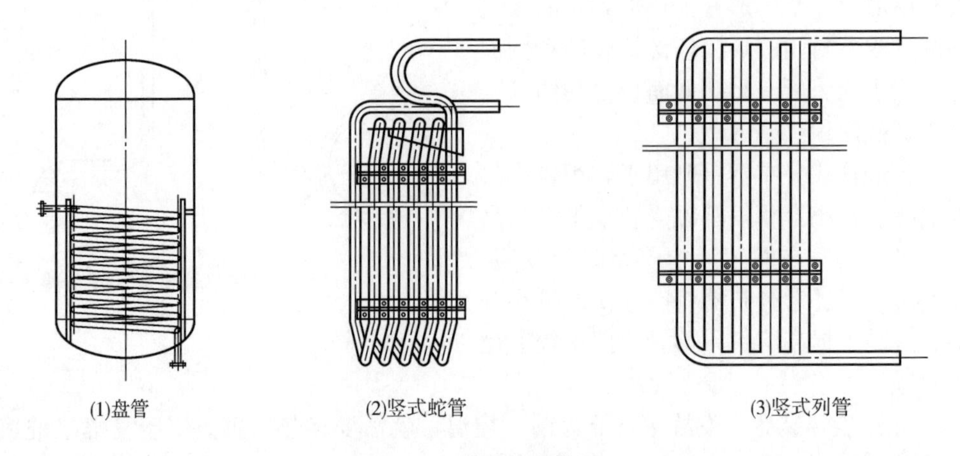

图7-10　管式换热装置

如图7-10（2）所示，发酵罐每组竖式蛇管由许多竖式不锈钢管组成，不锈钢管上下之间通过180°弯头串联焊接，最终变成一进一出的一组竖式蛇管。一般四组、六组或八组，具体数量及管径根据罐体大小及换热要求确定。竖式蛇管较夹套具有换热效率高，换热面积大，换热介质无短路问题。且蛇管耐压大，可以用相对高压的换热介质，提高换热效率。竖式蛇管还可以起到挡板的作用，在发酵罐内无需再装挡板。但蛇管焊接制造相对复杂，焊缝较多，焊缝泄漏概率相对较大，有泄露修补困难。

如图7-10（3）所示，发酵罐每组竖式列管由多根竖式不锈钢管组成，不锈钢管之间通过一根进水管和排水管并联焊接，最终变成一进一出的一组竖式列管。具体数量及管径根据罐体大小及换热要求确定。竖式列管加工简单，换热介质有短路问题，换热效率较竖式蛇管低。竖式蛇管也可以起到挡板的作用，在发酵罐内无需再装挡板。

（7）消泡装置　由于发酵液中有蛋白质等易于发泡的物质，在发酵过程中的通气和搅拌作用下，可产生较多泡沫，泡沫太多会从发酵罐排气口排出，造成跑液，也增大了发酵过程中的染菌概率。发酵罐消泡装置是物理消除发酵过程中产生的泡沫的装置，目前主要用的消泡装置是消泡桨。

消泡桨是用物理方法将气泡打碎，主要有蛇形、锯齿形和耙齿形，如图7-11所示。消泡桨安装在搅拌轴较上部位，随搅拌轴一起旋转，在泡沫达到消泡桨位置时，消泡桨可将泡沫打碎。

4. 发酵罐管道与阀门

发酵罐灭菌、进排气、控温、加酸碱、补料、移种、取样、出料等均离不开管路和阀门。管路根据用途可分为不同管路，这些不同管路配套相应的阀门。某

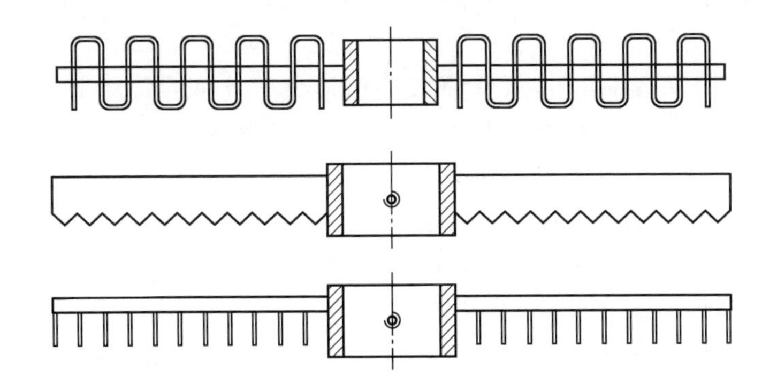

图 7-11　常用的消泡桨种类

10L 发酵罐各部分管道及其阀门如图 7-12 所示。

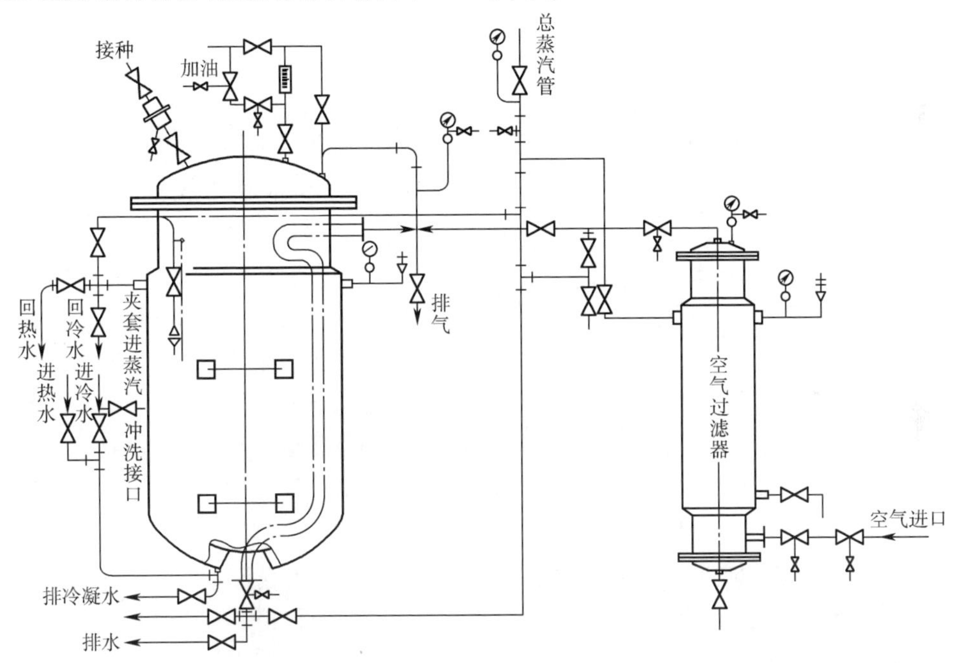

图 7-12　某 10L 发酵罐各部分管道及其阀门示意图

（1）管路　根据用途可分为蒸汽管路、空气管路、控温管路、补料管路、移种管路、出料管路。

蒸汽管路主要用于灭菌和发酵罐加热，分为净化蒸汽和粗蒸汽管路。净化蒸汽是粗蒸汽经过蒸汽过滤器过滤得到的蒸汽，用于空气精过滤器灭菌。粗蒸汽管路主要有罐底蒸汽管路、夹套（列管）预热管路、移种口蒸汽管路、取样口蒸汽管路等。

空气管路主要用于发酵罐通气培养，从空压机出来的经过初步处理的空气，经减压阀减压和总过滤器、预过滤器、精过滤器过滤后，进入发酵罐中，最后通过排气排出。

发酵厂中若干发酵罐的排气管路大多汇集在一条总的管路上，以节约管材，下水管亦然。但在使用中有相互串通，相互干扰的弊病，一只罐染菌往往会影响其他罐。排气管路的串通连接尤其不利于污染的防止。故对于排气和下水管路要考虑发酵的特点进行配置，对于容易染菌的场合还是以每台发酵罐具有独立的排气、下水管路为宜。倘若使用一根总的排气管时，必须选择较大直径的管子，保证排气、下水通畅不致倒回到发酵罐内。

控温管路是用于发酵罐控温，分为冷却水管路和热水循环管路。在介质用热水时，需配套相应热水箱、水泵。

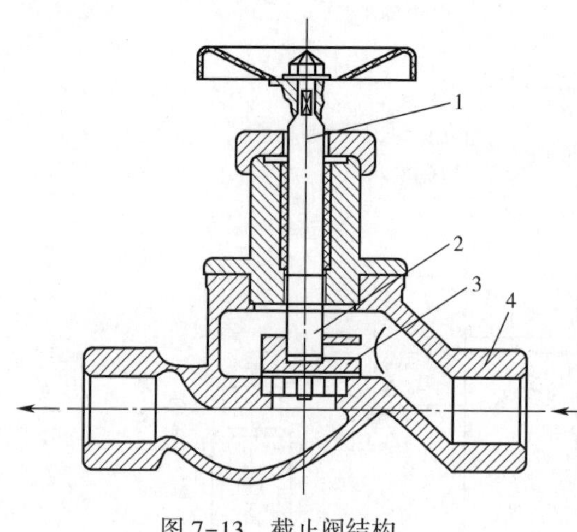

图 7-13　截止阀结构

1—阀杆　2—阀芯　3—阀座　4—阀体

（2）阀门　不同管路由于所通介质、功用、控制方式不同，所用相应的阀门也有所区别。

蒸汽管路和空气管路由于需要对蒸汽和空气切断和节流，一般采用截止阀，如图 7-13 所示。截止阀作为一种极其重要的截断类阀门，其密封是通过对阀杆施加扭矩，阀杆在轴向方向上向阀瓣施加压力，使阀瓣密封面与阀座密封面紧密贴合，阻止介质沿密封面之间的缝隙泄漏。由于截止阀能很方便地调节流量，小型发酵罐上大多采用这种阀门。平面形紧密面的垫料采用橡胶或聚四氟乙烯，关闭后垫料与阀座紧紧地吻合，达到不漏的目的。阀芯垫料需定期检查，损坏后立即调换。

物料管路为了防止在阀门内有死角，一般采用手动隔膜阀和气动隔膜阀。隔膜阀是一种新型的阀门，是一种特殊形式的截断阀。隔膜阀的结构如图 7-14 所示。阀体内装有橡皮隔膜，用螺钉与阀芯连接，当阀杆做上下运动时就带动隔膜上升或下降，如图 7-15 所示。隔膜阀优点：①严密不漏；②无填料；③阀结构为流线型，流量大，阻力小，无死角，无堆积物，在关闭时不会使紧密面轧坏；④检修方便，但需定期

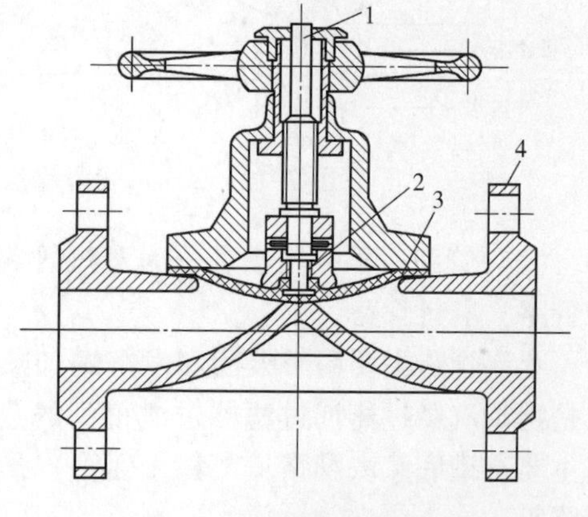

图 7-14　隔膜阀的结构

1—阀杆　2—阀芯　3—隔膜　4—阀体

检查隔膜是否老化及脱落。

控温管路主要是冷却水和热水，手动阀门可以采用球阀，球阀是启闭件（球体）由阀杆带动，并绕球阀轴线作旋转运动的阀门。需要自动控制的管路所用阀门，在管径较小时采用电磁阀，管径较大时采用气动角座阀。

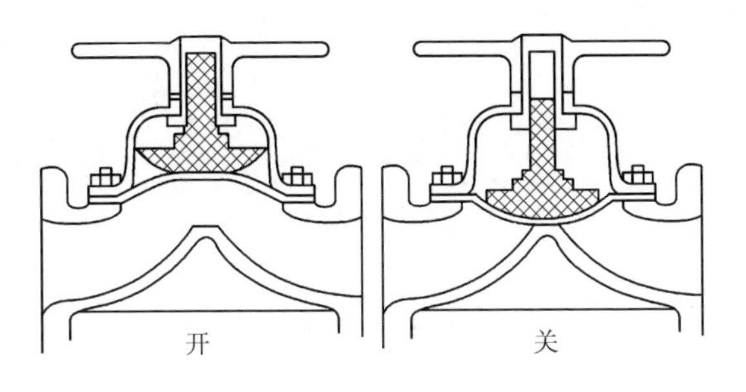

图 7-15　隔膜阀的开与关

此外，管路中还有止回阀、减压阀、浮球阀等阀门。管路在制作时，为了方便将各种阀门连接起来，且达到操作简单的目的，还有单头外丝、内丝直通、弯头、三通、四通、卡箍组件等管件。

（二）气升式发酵罐

气升式发酵罐没有机械搅拌系统，不需搅拌轴、搅拌桨、机架、电机等部件，是靠气体的带动完成搅拌和传质作用。相较于机械搅拌发酵罐，气升式发酵罐特点：①高径比大；②剪切力小，利于真菌等对机械搅拌敏感的微生物的培养；③无搅拌电机，能耗低；④结构简单，无搅拌、机械密封、挡板等，易于加工；⑤封闭性较好，可有效减少染菌概率；⑥装料系数大，泡沫少；⑦不适合进行培养基黏度较大的微生物的培养；⑧不适合溶氧较低的微生物培养。

气升式发酵罐有多种类型，生物工业大量应用的有气升内环流发酵罐、气液双喷射气升环流发酵罐、塔式气升外环流发酵罐和气升外环流发酵罐等，下面重点介绍气升环流发酵罐。

1. 气升式环流发酵罐的结构及原理

气升式环流发酵罐分为内循环和外循环两种，其主要结构包括：罐体、上升管、空气喷嘴。其结构如图 7-16 所示。

罐内或罐外装设上升管，两端与罐底部和罐上部相连通，构成循环系统。上升管的下部装有空气喷嘴，空气以 250~300m/s 高速喷入上升管，借喷嘴的作用将空气泡分割成细泡，与上升管内发酵液密切接触。由于上升管内发酵液含气多、相对密度小，加上压缩空气的喷流动能，因此使上升管的液体上升，罐内液体下降而进入上升管，形成反复的循环，使氧气溶解于发酵液中。

罐内也可以安装有导流筒，如图 7-17 所示，无菌空气从 5 处进入，通过气液混合物的湍流作用而使空气泡分割细碎，同时由于形成的气液混合物密度降低而在导流筒内向上运动，导流筒外壁与发酵罐外壁之间的环流间隙中的发酵液由于气含量少而下沉。为了使罐内液体保持恒温，通过泵 6 使发酵液循环（从 7 到 9），在热交换器 8 处加热或冷却。

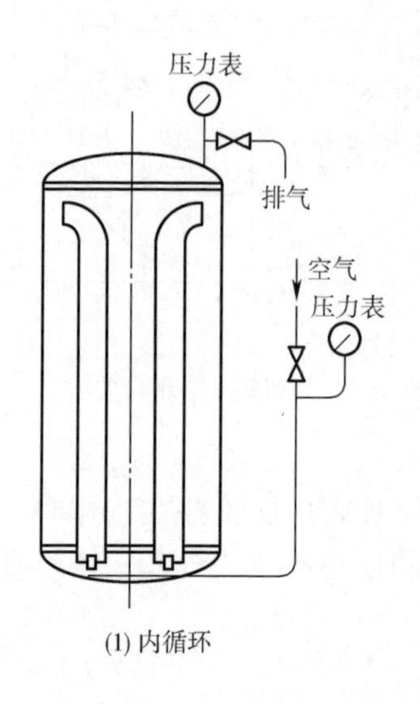

(1) 内循环

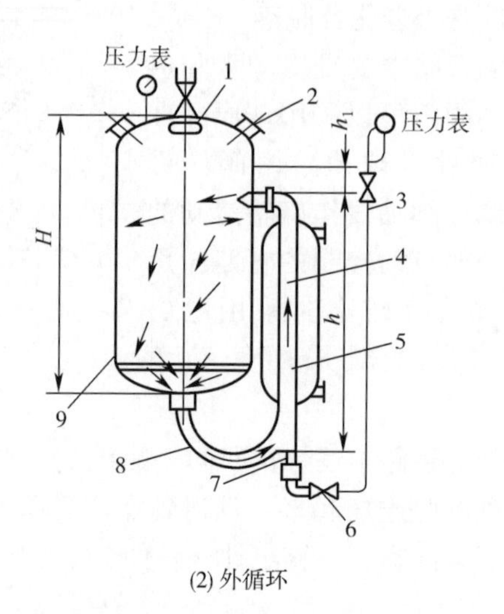

(2) 外循环

图 7-16 气升式环流发酵罐的结构示意图

1—人孔 2—视镜 3—空气管 4—上升管 5—冷却夹套

6—单向阀门 7—空气喷嘴 8—带升管 9—罐体

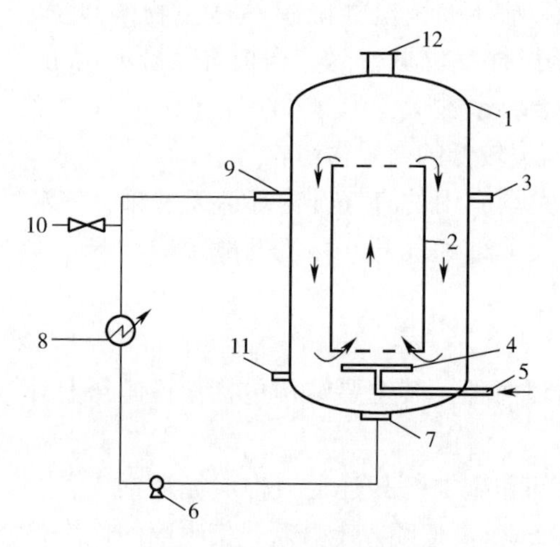

图 7-17 内置导流筒的气升式环流发酵罐结构

1—发酵罐 2—导流筒 3—发酵液入口

4—气体分布器 5—空气入口 6—离心泵

7—发酵液出口 8—热交换器 9—喷嘴

10—导管（连续发酵时用）

11—喷嘴（可引出部分发酵液） 12—气体出口

2. 主要结构参数

（1）发酵罐的高径比 根据实验结果表明发酵罐高度 H 和直径 D 的比值以 5~9 为好，有利于混合溶氧。

（2）导流筒直径和罐体直径 确定发酵罐的 H 和 D 后，导流筒的直径（d）和罐体直径（D）对发酵液的循环和溶氧也有较大影响，d/D 在 0.6~0.8 比较合适。具体数值的确定根据发酵液的物化特性和细胞的生物学特性而定。

此外，空气喷嘴直径和导流筒的上下端面到罐顶和罐底的距离对发酵液的混合、溶氧等都有重要影响。

3. 主要性能指标

气升式发酵罐是否符合工艺要求及经济指标，应从下面几方面进行考虑。

（1）循环周期 发酵液的溶氧必须维持一定的水平才能保证微生物的正常生长代谢，因此要求发酵液保持一定的环流速度补充溶氧。发酵液在环流筒内循环一次所需要的时间称为循环周期，循环周期时间必须符合菌种发酵的需要。不同的微生物发酵，其菌体的好氧速度不同，所需要的循环周期不同，如果供氧速率跟不上，会使菌体的活力下降，造成代谢速率降低。据报道，采用黑曲霉生产糖化酶时，当前体浓度达到7%时，循环周期要求在2.5~3.5min，不能大于4min，否则会造成缺氧而使糖化酶活力急剧下降。

（2）液气比　液气比指发酵液循环流量和通风量之比。一般导流管中的环流速度可取1.2~1.8m/s，有利于混合和气液传质，又避免环流阻力损失太多能量。通风量对气升式发酵罐的混合和溶氧起决定性作用。

（3）气液传质速率　主要取决于发酵液的湍动和气泡的剪切破碎状态。选用适当直径的喷嘴能保证气泡分割细碎，与发酵液均匀接触，增加溶氧系数。

气升环流发酵罐结构简单，溶氧速率高，能耗低，便于放大和加工制造，因此自20世纪70年代以来广泛应用于单细胞蛋白生产、废水处理等领域，占有绝对优势。

（三）自吸式发酵罐

自吸式发酵罐是不需要空气压缩机提供压缩空气，而是利用特设的机械搅拌装置或液体喷射吸气装置吸入无菌空气，并同时实现混合、传热和传质的发酵罐。自吸式发酵罐的结构包括罐体、自吸搅拌器及导轮、机械密封、换热装置、消泡器等。

常见的自吸式发酵罐有机械搅拌自吸式发酵罐、文氏管自吸式发酵罐等。机械搅拌自吸式发酵罐结构简单，制作容易，广泛采用。其传动装置有装在罐底及罐顶两种。如装在罐底，则端面装置的加工及安装就要特别精密，否则容易漏液染菌。文氏管自吸式发酵罐耗电量低，但泵和罐体构造复杂。

1. 机械搅拌自吸发酵罐

机械搅拌自吸发酵罐的主要的构件是自吸搅拌器及导轮，简称转子和定子，如图7-18所示。它的转子是一个空心叶轮，浸没于发酵液中，由罐底伸入的轴带动旋转，叶轮快速旋转时，发酵液和空气在离心力的作用下，被甩向叶轮外沿，叶轮中心形成负压，从而将罐外的无菌空气吸到罐内，并与流动的液体密切接触形成细小的泡沫分散在液体中。

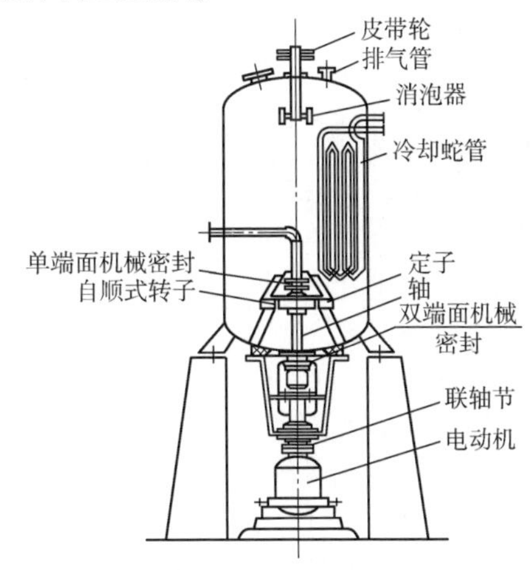

图7-18　机械搅拌式自吸发酵罐

一般转子速度越快，负压越大，通入的空气量越大。转子的搅拌又使气液在叶轮周围形成强烈的混合，空气被打成细小的气泡，气液混合充分，溶氧较好。转子的形式有九叶轮、六叶轮、三叶轮和十字形叶轮，如图 7-19 所示，叶轮均为空心。

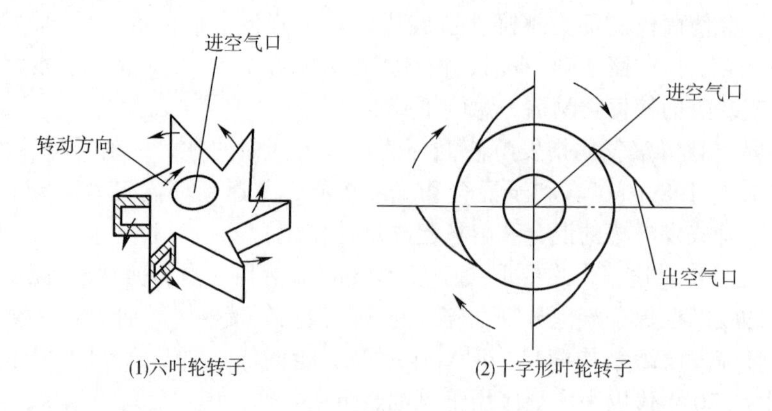

图 7-19　自吸式发酵罐转子

2. 文氏管自吸式发酵罐

应用文氏管喷射吸气装置进行混合通气，如图 7-20 所示。吸气原理是用泵将发酵液压入文氏管中，由于文氏管的收缩段中液体的流速增加，形成真空将空气吸入，并使气泡分散与液体混合，增加发酵液中的溶解氧，实现溶氧传质。文氏管发酵罐的优点：吸氧的效率高，气液固三相均匀混合，设备简单，无须空气压缩机及搅拌器，动力消耗少。这种设备的缺点是气体吸入量与液体混合量之比较低，对于耗氧量较大的微生物发酵不适宜。

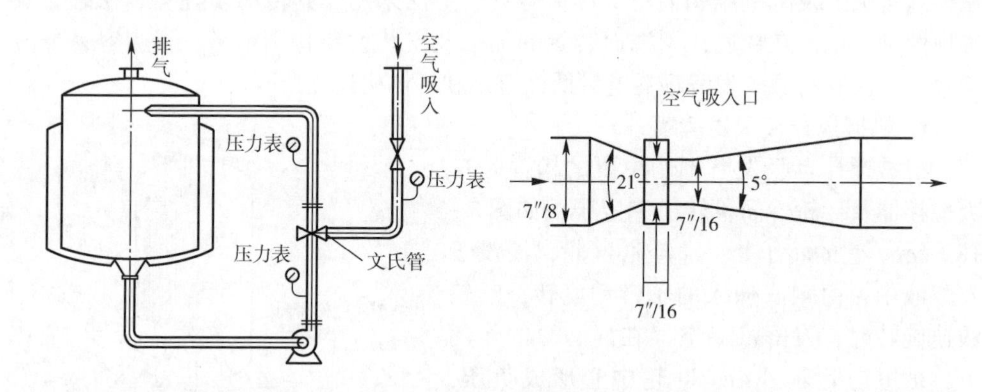

图 7-20　文氏管自吸式发酵罐及文氏管结构

自吸式发酵罐的优点：①无须空气压缩机及其附属设备，但仍需要空气除菌过滤器、进气口等；②有一个特殊的搅拌器，由定子和转子组成，溶氧效率高；③能耗较低，这种设备耗电量较小，能保证发酵所需要的空气，并可使气液混合均匀。

自吸式发酵罐的缺点：①发酵罐一直处于负压状态，外界杂菌容易进入，增加染菌概率；②搅拌转速较高，不太适合对剪切力敏感的微生物生长，如真菌、放线菌等；③由于是底搅拌，底部结构复杂，机械密封要求高，搅拌系统制造和维护难度相对较大。

（四）伍式发酵罐

伍式发酵罐的主要部件是套筒、搅拌器，如图 7-21 所示。

搅拌时液体沿着套筒外向上升至液面，然后由套筒内返回罐底，搅拌器是用六根弯曲的空气管子焊于圆盘上，兼作空气分配器。空气由空心轴导入经过搅拌器的空心管吹出，与被搅拌器甩出的液体相混合，发酵液在套筒外侧上升，由套筒内部下降，形成循环。设备的缺点是结构复杂，清洗套筒较困难，消耗功率较高。

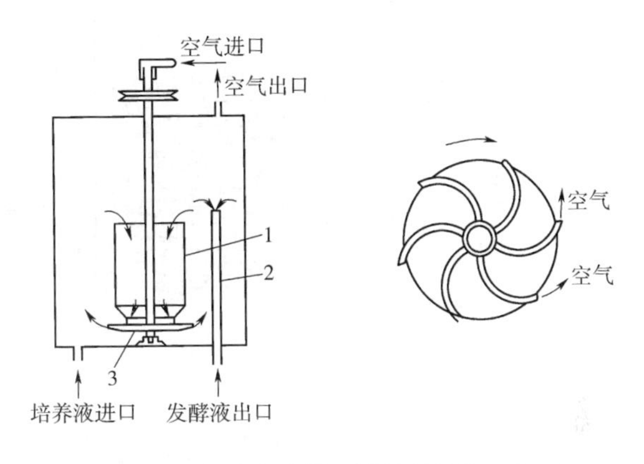

图 7-21　伍式发酵罐及搅拌器结构示意图
1—套筒　2—溢流管　3—搅拌器

三、 嫌气发酵设备

嫌气发酵设备无需供氧，因而可以封闭，能承受一定压力，有冷却降温装置，罐内尽量减少装置，消除死角，便于清洗和灭菌。嫌气发酵设备有时需要进行传质混合，故有的嫌气发酵设备安装有搅拌装置。由于厌氧发酵，不需要一直通入无菌空气，一般也不需要严格灭菌，故设备制造、操作都较好氧发酵设备简单，并可实现自动清洗。

（一）酒精发酵设备

1. 传统酒精发酵罐

传统酒精发酵罐采用圆柱形筒体，蝶形或锥形封头。

（1）酒精发酵罐的结构　酒精发酵罐需要满足酒精酵母生长和代谢的必要工艺条件，并且在培养的过程中，可以将发酵产生的热量及时移走。同时，罐体的设计要有利于发酵液的顺利排出，设备的清洗、维修以及设备制造和安装方便。

酒精发酵罐可分为封闭式和开放式。较常用的为封闭式，封闭式可以有效防止污染，保证产品品质，并可以收集发酵所产生的二氧化碳。筒体为圆柱形，上封头和下封头均采用碟形或锥形，如图 7-22 所示。

罐顶有人孔、视镜、排气口、进料管、接种管、压力表和测量仪表接口等，罐底装了出料口和排污口，在罐身上、下装有取样口和温度探头接口。对于大型发酵罐，为了方便维修和清洗，往往在接近罐底的地方也有人孔。

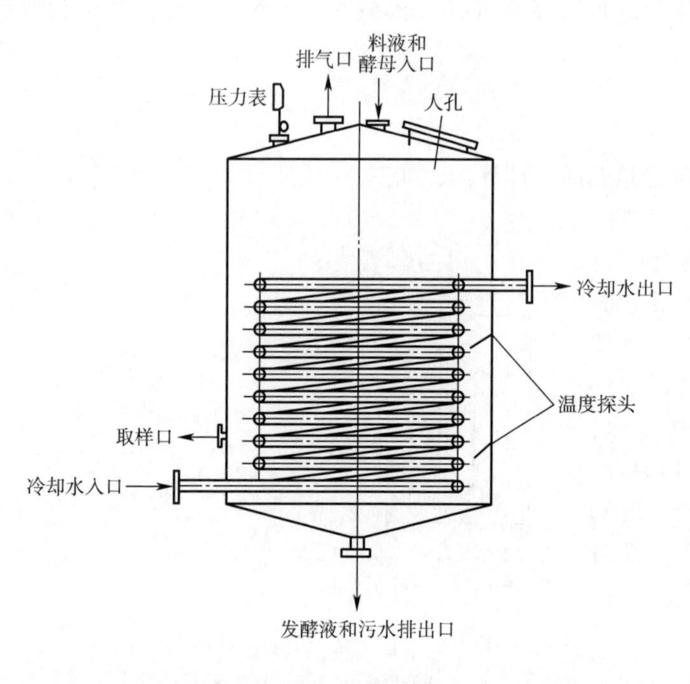

图 7-22　酒精发酵罐

（2）酒精发酵罐的冷却装置　对于中小型发酵罐，多采用罐顶喷水淋于罐外表面，进行膜状冷却；对于大型发酵罐，采用罐内蛇管和罐外壁喷洒联合冷却装置，为避免发酵车间的潮湿和积水，要求在罐体底部沿罐体四周装有集水池或收集槽，酒精发酵罐的冷却装置如图 7-23 所示；也有采用罐外列管式喷淋冷却的方法，具有冷却发酵液均匀，冷却效率高等特点。

（3）酒精发酵罐的洗涤过去均由人工操作，不仅劳动强度大，而且二氧化碳气体一旦未彻底排除，工人通过人孔进入罐体清洗时，有可能发生中毒事件。近年来，酒精罐已逐步采用水力喷射洗涤装置，从而改善了工人的劳动强度和提高了操作效率。大型发酵罐采用这种水力洗涤装置尤为重要，水力洗涤装置如图 7-24 所示。

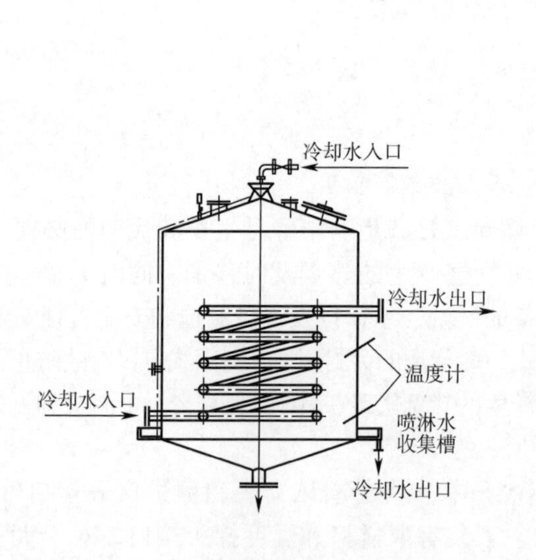

图 7-23　酒精发酵罐冷却装置

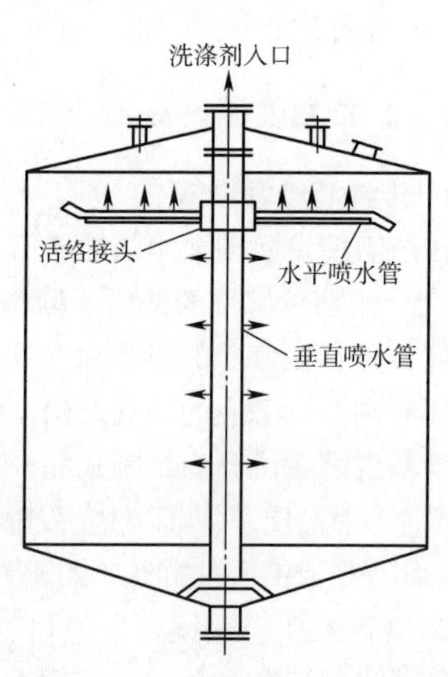

图 7-24　发酵罐水力洗涤装置

高压强水力喷射洗涤装置是一根直立的喷水管，沿轴向安装于罐中央，在垂直喷水管上按一定的间距均匀的钻有4~6mm的小孔，孔与水平成20°角，水平喷水管接活络接头，上端和供水总管相连，下端与垂直分配管相连，洗涤水压为0.6~0.8MPa。水流在较高压力下，由水平喷水管出口处喷出，使其自动旋转，并以极大的速度喷射到罐壁各处，而垂直的喷水管也以同样的水流速度喷射到罐体四壁和罐底，约5min时间即可完成洗涤作业。洗涤水若用废热水，还可提高洗涤效果。

2. 现代大型酒精发酵罐

近年来，大型酒精发酵罐逐渐发展到500m^3以上，最大容积已突破4200m^3。生产酒精的设备材料也采用不锈钢材料。与传统酒精发酵罐相比，发酵罐的直径与罐高之比逐渐趋向于1∶1。

大型斜底发酵罐基本构件包括罐体、人孔、视镜、原位清洗系统、换热器、二氧化碳气体排出口、搅拌装置、降温水层以及管路等，大型斜底发酵罐结构如图7-25所示。

由于大型斜底发酵罐体积较大，采用高压蒸汽灭菌几乎不可能，因而，通常采用灭菌成本低且灭菌时间短的化学灭菌法，通过罐内上方的CIP系统高压喷头完成。CIP（Cleaning In Place）是原位清洗的意思，又称在位清洗或自动清洗。其灭菌工艺流程：首先通入清水冲洗酒精发酵罐内壁，然后改用NaOH或$NaHCO_3$等低浓度碱性水进行第二次洗涤，接着改用低浓度的HCl溶液或柠檬酸溶液等酸性溶液进行第三次洗涤，最后再换用清水将设备冲洗干净。

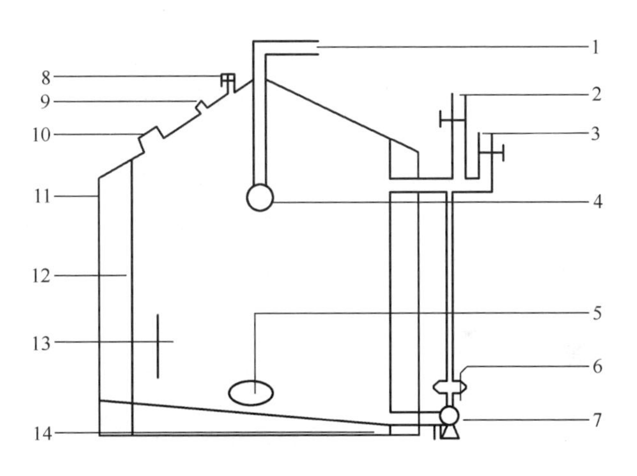

图7-25 大型斜底发酵罐结构示意图

1—CIP系统入口 2—酵母入口 3—糖化醪入口 4—CIP系统高压喷头 5—罐底人孔 6—换热器 7—泵 8—CO_2气体排出口 9—视镜 10—罐顶人孔 11—保温层 12—降温水层 13—侧搅拌 14—罐底斜角

发酵罐的搅拌装置安装在罐体侧面，将发酵液和菌体混合均匀，同时也可以防止局部过热影响酵母菌生长以及代谢生理作用，在发酵罐外配备有薄板换热器，除了使发酵罐迅速降温外，还可以起到混匀发酵液的作用。

（二）啤酒发酵设备

传统啤酒发酵容器为发酵槽，进行小规模生产。目前使用的大型发酵罐主要是立式圆筒体锥底发酵罐。近年来，啤酒发酵设备已向大容量、露天、联合的方向发展。大型化的目的：使啤酒质量均一化；减少啤酒生产的罐数，使生产合理化，降低了主要设备的投资。

1. 传统发酵设备

现在许多小型啤酒厂仍采用传统工艺，即采用前发酵槽和后发酵罐。

前发酵槽是发酵车间的主要设备，主发酵过程在前发酵槽中进行。前发酵槽大部分是开口式，均置于发酵室内，前发酵槽如图 7-26 所示。室内应装有排出二氧化碳的装置，防止二氧化碳中毒。前发酵室供排风系统如图 7-27 所示。

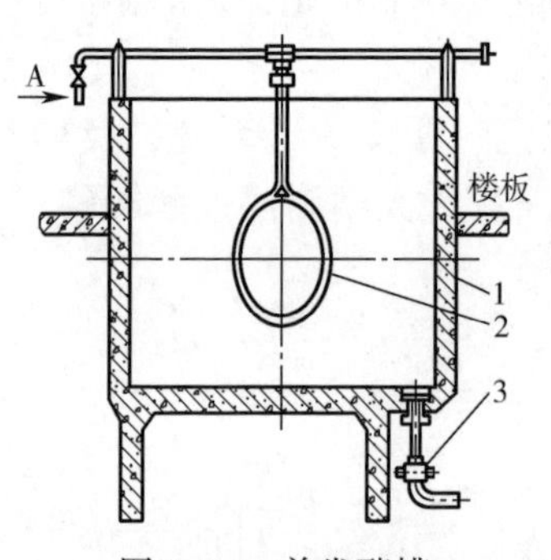

图 7-26　前发酵槽
1—槽体　2—冷却水管　3—出酒阀

后发酵在后酵罐中进行，后酵罐又称贮酒罐，其作用是将发酵池转送来的嫩啤酒继续发酵，并饱和二氧化碳，促进啤酒的稳定、澄清和成熟。后酵罐以前使用木制桶，后来采用金属后酵罐进行啤酒后酵工艺。金属后酵罐包括卧式和立式两种，具体如图 7-28。

后酵罐属于压力容器，表压约 0.1~0.2MPa，罐身装有人孔、取样阀、温度计、压力表、安全阀和二氧化碳排出口以及啤酒进（出）口等。嫩啤酒一般从后酵罐底部进入。这样既可以避免二氧化碳损失，又可以防止啤酒吸氧。由于后发酵比较剧烈，因此装液不能太满。

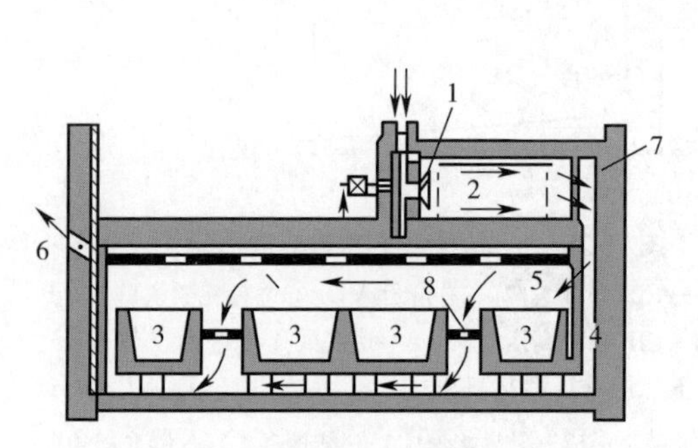

图 7-27　前发酵室（置有开口式发酵槽）的供排风系统
1—风机　2—空气调节室　3—开口发酵槽
4—冷空气风道　5—控制气流方向的阀门
6—排风门　7—保温墙　8—操作台通道

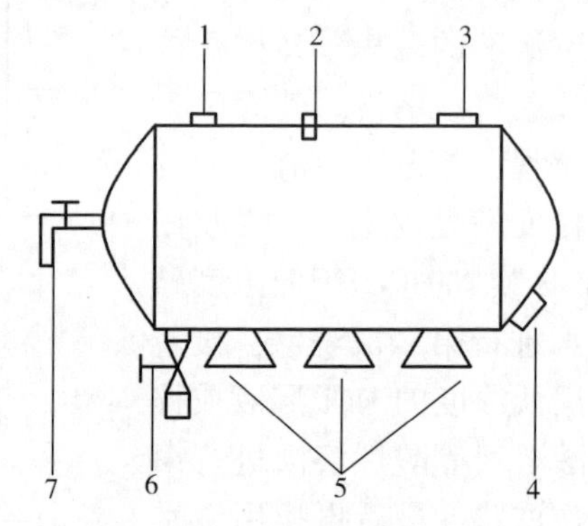

图 7-28　卧式后酵罐示意图
1—CO_2排出口　2—温度计
3—压力表和安全阀　4—人孔　5—支架
6—啤酒进（出）口　7—取样阀

2. 新型发酵设备

目前常用的大型啤酒发酵罐有锥形罐、通用罐、朝日罐等。其中，锥形罐在露天大罐工艺中使用最为普遍，锥形罐结构如图 7-29 所示。已广泛应用于上面或下面发酵啤酒后生产。锥形罐可单独用于前发酵或后发酵，还可以将前、后发酵合并在该罐进行。这种设备的优点在于能缩短发酵时间，能耗低，采用的管径小，生产费用可以降低，而且具有生产上的灵活性，所以能适合于生产各种类型啤酒的要求。

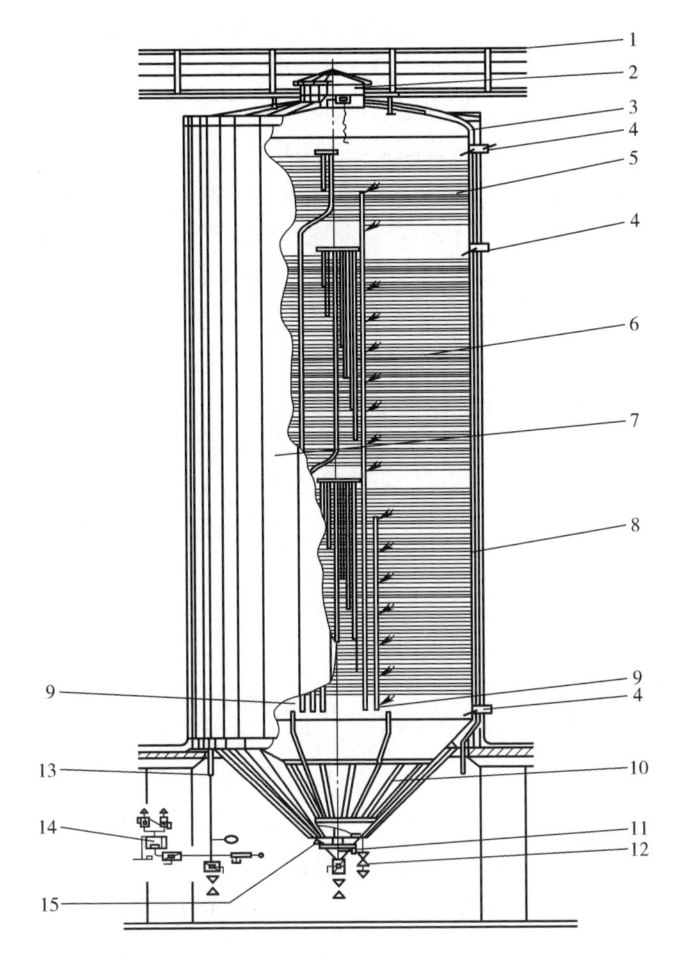

图 7-29　锥形罐结构示意图

1—操作平台　2—罐顶装置　3—电缆管和排水管　4—感温探头
5，6，8—冷却夹套　7—保温层　9—液氨流入口（左）和流出口（右）
10—锥底冷却夹套　11—锥底人孔　12—取样阀　13—清洗管或排气管
14—保压装置　15—内容物容积测量装置、空罐探头

锥形发酵罐罐顶为一圆拱形结构，中央开孔用于放置可拆卸的大直径法兰，以安装二氧化碳和 CIP 管道及其连接件，罐顶还安装防真空阀、过压阀和压力传感器等，罐内侧装有洗涤装置，也安装有供罐顶操作的平台和通道。

罐体为圆柱体，是罐的主体部分。发酵罐的高度取决于圆柱体的直径与高度。由于罐直径大耐压低，一般锥形罐罐的直径与高度比通常为1：（2~4），直径不超过6m，总高度最好不要超过16m，以免引起强烈对流，影响酵母和凝固物沉降。

罐体材料可用不锈钢或碳钢，若使用碳钢，罐内壁必须涂对啤酒口味没有影响且无毒的涂料。发酵罐工作压力可根据罐的工作性质确定，一般发酵罐的工作压力控制在0.2~0.3MPa。罐内壁必须光滑平整，不锈钢罐内壁要进行抛光处理，碳钢罐内壁涂料要均匀，无凹凸面，无颗粒状凸起。罐体外部用于安装冷却装置和保温层，并留一定的位置安装测温、测压元件。

锥形罐本身设置冷却夹套，其圆筒部分的冷却夹套一般分为2~4段，视罐体高度而定，锥底部分根据需要设或不设冷却夹套。冷却夹套的形式多种多样，有扣槽钢、扣角钢、扣半圆管、冷却层内带导向板、管外加液氨管、长行薄夹层螺旋环形冷却管等，较理想的是最后一种形式。冷却夹套总传热面积与罐内发酵液体积之比，可视冷溶剂种类及冷却夹套的形式取0.2~0.5m^2/m^3。冷溶剂多采用30%乙二醇或20%~30%的酒精溶液，也可使用氨作冷溶剂，优点是能耗低，采用的管径小，生产费用可以降低。

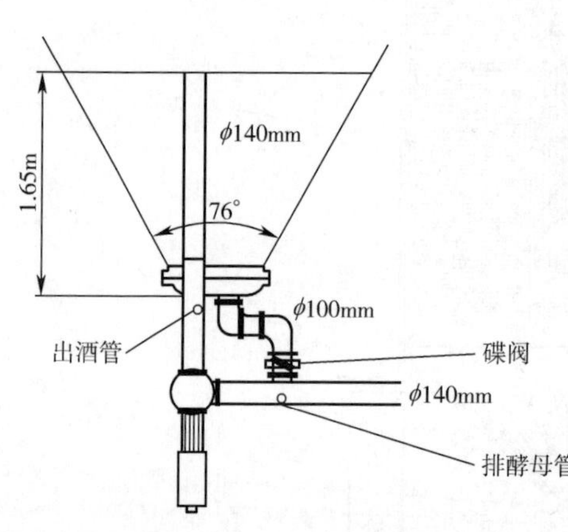

图7-30　锥形罐底部结构

圆锥底的夹角一般为60°~80°，也有90°~110°，但这多用于大容量的发酵罐。发酵罐的圆锥底高度与夹角有关，夹角越小锥底部分越高。一般罐的锥底高度占总高度的1/4左右，不要超过1/3。圆锥底的外壁应设冷却层，以冷却锥底沉淀的酵母。锥底还应安装进出管道、阀门、视镜、测温、测压的传感元件等。如做单酿罐应具有深入锥底800~1200mm的出酒管和排酵母底阀等，锥形罐底部结构如图7-30所示。

锥形罐发酵法发酵周期短、发酵速度快。已灭菌的新鲜麦汁与酵母由底部进入罐内，由于酵母的凝聚作用，最终沉积在罐底的酵母，可打开锥底阀门，把酵母排出罐外，部分酵母留作下次待用。

二氧化碳气体由罐顶排出。大型发酵罐的二氧化碳产生量很大，所以必须考虑二氧化碳的回收。为了回收发酵过程中产生的二氧化碳，锥形罐应设计为密闭耐压罐，并设安全阀。由于发酵罐在密闭条件下转罐或进行内部清洗，以及工作完毕后放料的速度很快，有可能造成一定的负压。所以大型发酵罐应设防止真空的安全阀。锥形罐采用CIP系统进行自动清洗。

3. 朝日罐

朝日罐是前发酵和后发酵合一的室外大直径圆柱型微倾斜的发酵罐，由4~6mm的不锈钢板制成，其高度与直径比为1：（1~2）。罐身外部设有冷却夹套，以乙二醇或液氨为冷溶剂。外面用泡沫塑料保温，内部设有可转动的不锈钢出酒管，斜置于罐中心，用来排出酒液，并有保持酒液中二氧化碳含量均一的作用。朝日罐结构与生产系统如图7-31所示。

朝日罐与锥形罐具有相同的功能，但生产工艺不同：①利用离心机回收酵母；②利用薄板换热器控制发酵温度；③利用循环泵把发酵液抽出又送回去。

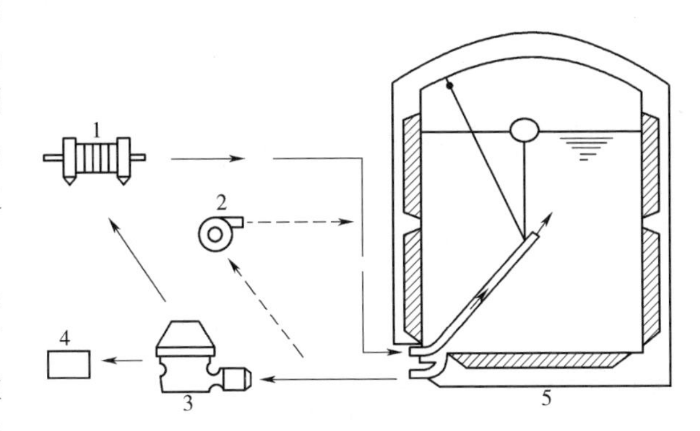

图7-31　朝日罐结构与生产系统示意图

1—薄板换热器　2—循环泵　3—酵母离心机　4—酵母　5—朝日罐

朝日罐生产啤酒的优点：三种设备互相组合，解决了前后发酵温度控制和酵母浓度的控制问题，加速了酵母的成熟。使用酵母离心机分离发酵液的酵母，可以解决酵母沉淀慢的缺点。利用凝聚性弱的酵母进行发酵，增加酵母与发酵液接触时间，促进发酵液中乙醛和双乙酰的还原，减少其含量。

（三）连续发酵设备

1. 酒精连续发酵设备

酒精间歇式发酵的各个阶段都在一个发酵罐内进行，发酵周期长，管理分散，不便于自动化管理。酒精连续化发酵的新技术能很好地解决这个问题，它既可缩短发酵周期，又提高了发酵设备的利用效率。

糖蜜原料制酒精的连续发酵生产是采用多罐串联发酵，如图7-32所示，整个流程由9个发酵罐组成，其容量视其生产能力大小而定。酵母和糖蜜同时连续流加入第1罐内，并依次流经各罐，最后从9号罐排出。除了在酒母槽通入空气外，在1号罐内也同样通入适量空气，或增大酵母接种管，维持1号罐内工艺所要求的酵母数。二氧化碳则由各罐罐顶排入总汇集罐，再送往二氧化碳车间，进行综合利用。按目前的流程装置和工艺条件，连续发酵周期可达20d左右，甚至更长。发酵过程中，如发酵液中酵母数维持在0.6~1.0亿个/mL，发酵只需要32h，发酵液中酒精含量可达9%~10%，发酵度约为85%。

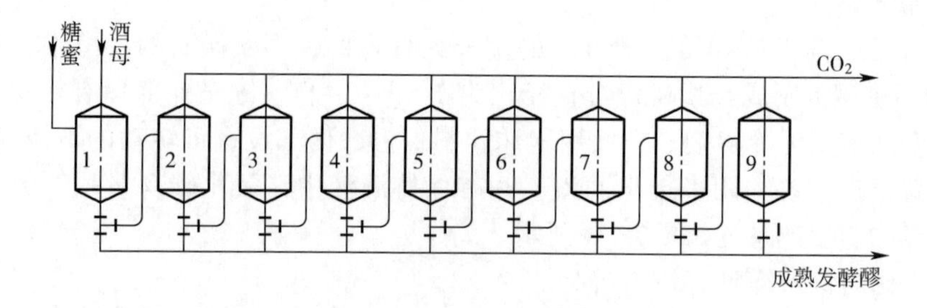

图 7-32 糖蜜制酒精连续发酵流程

2. 啤酒连续发酵设备

（1）塔式发酵罐 塔式发酵罐是由英国APV公司20世纪60年代设计的，由数个高度为6~9m的塔式发酵罐串联起来，附加一些酵母分离和啤酒贮藏设备。塔式发酵罐如图7-33所示。

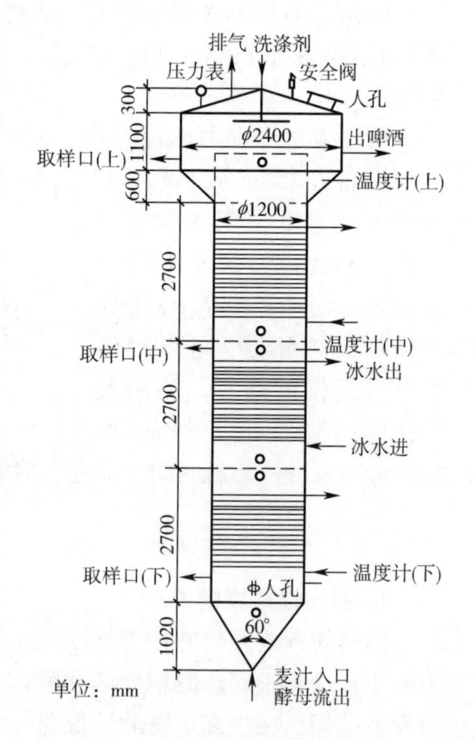

图 7-33 啤酒塔式发酵罐结构

国内塔式连续发酵生产啤酒的流程如图7-34所示。澄清麦芽汁冷却至0℃，送往贮槽，0℃保持2d后析出和除去冷凝固物，经63℃、8min灭菌，冷却至发酵温度12~14℃，入塔式发酵罐进行前发酵，周期为2d；进罐前麦芽汁经U形充气柱间歇充气，充气量为麦芽汁：空气=（12~15）：1。由塔顶溢出的嫩啤酒升温至14~18℃，使连二酮还原，嫩啤酒冷却至0℃进入锥形罐进行后发酵，3d满罐。满罐后采用来自塔式发酵罐并经处理的二氧化碳洗涤1d，并保持0.15MPa的二氧化碳背压1.5d，即可过滤装罐。

（2）多罐式连续发酵 搅拌式多罐型啤酒连续发酵采用两个搅拌发酵罐和一个酵母分离罐串联起来，加入酒花的麦芽汁经搅拌罐发酵后，成熟啤酒从分离罐中流出，具体流程如图7-35所示。麦芽汁冷却后，进入0℃贮存罐贮存，使用前再经薄板换热器灭菌、冷却，使20~21℃冷麦汁进入倒U形管充氧；然后，进入一级发酵罐，加入酵母发酵，发酵度达到50%左右；接着进入二级发酵罐，待发酵度达到要求后，进入酵母分离器冷却，使酵母沉淀，酵母泥从罐底排出，啤酒从侧管溢流出，送入贮酒罐贮存，成熟后过滤灌装。

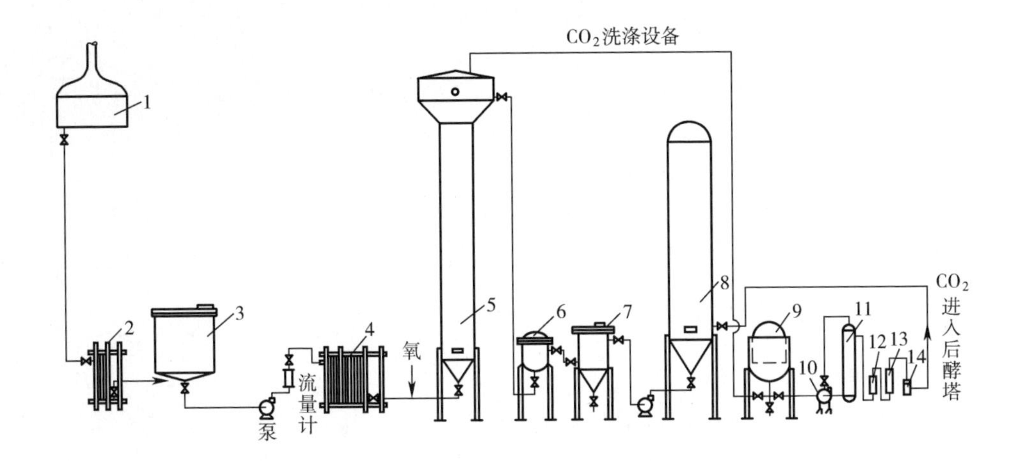

图 7-34　通用塔式啤酒连续发酵流程

1—麦芽汁澄清罐　2—冷却器　3—麦芽汁贮槽　4—热交换器　5—塔式发酵罐　6—处理槽　7—酵母分离器　8—锥形后发酵罐　9—CO_2贮槽　10—CO_2压缩机　11—洗涤器　12—气液分离器　13—活性炭过滤器　14—无菌过滤器

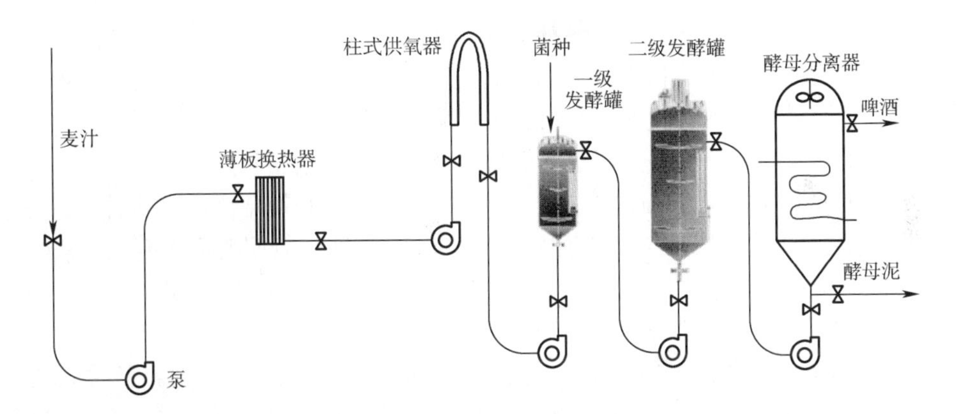

图 7-35　搅拌式多罐型连续发酵流程

项目任务

任务 7-1　实验室发酵罐的结构和操作

一、任务目标

（1）熟悉实验室发酵罐的结构，掌握发酵罐的操作。

（2）通过操作发酵罐，增加对发酵罐各个部件功能的认识和理解。

二、 材料器具

1. 材料

培养基，pH 标准缓冲液，消泡剂等。

2. 主要仪器设备

发酵罐，空压机，蒸汽发生器等。

三、 任务实施

1. 使用前准备

（1）设备使用之前，应先检查电源是否正常，空压机、蒸汽发生器、循环水系统是否能正常工作。

（2）检查系统上的阀门、接头及紧固螺钉是否拧紧。

（3）开动空压机，用 0.15MPa 压力，检查发酵罐、过滤器、管路、阀门的密封性能是否良好，有无泄漏。

2. 空消

（1）空气管路空消

①空气管路上有除水减压阀、转子流量计和除菌过滤器。除水减压阀、转子流量计不能用蒸汽灭菌，因此在空气管路通蒸汽前，必须将通向除水减压阀的阀门关死，使蒸汽通过蒸汽过滤器然后进入除菌过滤器。

②空消过程中，除菌过滤器下端的排气阀应微微开启，排除冷凝水。

③空消时间应持续 30min 左右，当设备初次使用或长期不用后启动时，最好采用间歇空消，即第一次空消后，暂停 3~5h 再空消一次，以便消除芽孢。

④经空消后的过滤器，通气吹干，约 20~30min，将气路阀门关闭。

（2）发酵罐空消　将蒸汽直接通入罐内进行空消。

①空消时，将罐上的接种口、排气阀及料路阀门微微打开，使蒸汽通过这些阀门排出，同时保持罐压为 0.11~0.13MPa，温度 121℃。

②空消时间为 30~40min，特殊情况下，可采用间歇空消。

③空消结束后，将罐内冷凝水排掉。

3. 实消灭菌

（1）空消结束后，首先需将 pH 电极校正好后装入罐体的接口中，然后将配好的培养基从加料口加入罐内，此时夹套内应无冷却水。

（2）培养基在进罐之前，应先糊化，一般培养基的配方量以罐体全容积的 70%左右计算（泡沫多的培养基为 65%左右，泡沫少的培养基可达 75%~80%），考虑到冷凝水和接种量因素，加水量约为罐体全容积的 50%~60%左右，加水量的多少与培养基温度和蒸汽压力等因素有关，需在实践中摸索。

（3）为了减少蒸汽冷凝水，实消灭菌先利用夹套通蒸汽对培养基进行预热，保持夹套压力≤0.1MPa，待培养基温度到达90℃后，关闭夹套蒸汽，改为直接向罐内通入蒸汽。

（4）当罐压升至0.11MPa，温度升到121~123℃时，控制蒸汽阀门开度，保持罐压不变，30min后停止供汽。

（5）打开冷却水的进排阀门，在夹套内通水冷却。

（6）当罐压下降到0.05MPa时，打开进气阀门，通入无菌空气，维持罐压0.05MPa。

（7）当温度下降到90℃时，打开搅拌，加速冷却。

（8）待温度降到比发酵温度高10℃时，发酵罐开始自动控温。

4. 接种、培养、取样

（1）采用火焰保护接种，接种后罐压保持在0.05MPa，空气流量调好后，进行溶氧电极一点校正，默认此时溶氧为100%，然后进行培养。

（2）发酵温度根据工艺要求而定，通过调节循环水的温度来控制发酵温度；溶氧量的大小主要通过调节进气量、转速来实现；pH调节是由控制系统通过执行机构（蠕动泵）自动加酸碱来实现。

（3）在发酵中途要取样检查时，可通过取样口取样。取样前，取样管路阀门需用蒸汽灭菌，取样结束后蒸汽灭菌取样管道阀门。

5. 出料、清洗

利用罐压将发酵液从出料管道排出，根据发酵液的浓度，罐压可控制在0.05~0.1MPa。出料后取出溶氧、pH电极，进行清洗保养。出料结束后，立即放水清洗发酵罐及料路管道阀门，并开动空压机，向发酵罐供气搅拌，将管路中的发酵液冲洗干净。

四、注意事项

（1）发酵罐空消时，应将夹套内的水放掉，空消时将夹套排污阀打开，以防夹套水排不净。

（2）空消时，溶氧、pH电极应取出，可以延长其使用寿命。

（3）在夹套通水冷却时，罐压会急剧下降，当罐内压力降至0.05MPa时，微微开启进气阀，并保持罐压为0.05MPa（一定不能使罐压降至0），直到罐温降至接种温度。

五、结果处理

序号	项目	温度	开始时间	结束时间
1	准备	—		

续表

序号	项目	温度	开始时间	结束时间
2	管路空消			
3	罐体空消			
4	实消灭菌			
5	培养			
6	取样	—		
7	出料	—		
8	清洗	—		

六、 任务考核

（1）灭菌操作前准备工作到位。（30 分）

（2）灭菌操作熟练，正确、无差错。（50 分）

（3）培养、取样、清洗操作是否正确。（20 分）

任务 7-2　小型机械搅拌发酵罐的查漏

一、 任务目标

（1）正确掌握发酵罐的查漏。

（2）通过查漏加深对发酵罐结构及原理的认识和理解。

二、 材料器具

1. 材料

肥皂水等。

2. 主要仪器设备

发酵罐，空压机，扳手等。

三、 任务实施

1. 查漏前准备

（1）将空压机接通电源，空气压力升至 0.4~0.7MPa，减压至 0.3MPa。

（2）将发酵罐各个接口、阀门、接头用扳手拧紧。

（3）将所有阀门关闭。

2. 罐体通气、保压

（1）将阀门依次从空压机开至过滤器、然后通入发酵罐。

（2）将发酵罐罐压升至 0.15MPa。

（3）保持 15min，观察罐压下降速度。

3. 检漏

（1）若 15min 后，发酵罐压力下降≤0.01MPa，发酵罐可以投入使用。

（2）若 15min 后，发酵罐压力下降>0.01MPa，将肥皂水喷到发酵罐各个接口、机械密封、管路焊缝、阀门、各个管件连接位置，看是否有鼓泡，判断是否泄漏。

4. 泄漏处理

如发现泄漏，通过拧紧螺丝、更换垫片及更换配件等方式处理，直至无明显泄漏。

四、注意事项

（1）进气压力通过发酵罐减压阀，应将空气压力降至 0.3MPa。

（2）确定有泄漏时，要将所有接口都要试到。

五、结果处理

项目	减压后的压力/MPa	通气压力/MPa	15min 后压力/MPa	泄露处
结果				

六、任务考核

（1）试漏操作前准备工作到位。（30 分）

（2）通气保压。（30 分）

（3）用肥皂水试漏，对泄漏处进行处理。（40 分）

项目拓展（七）

项目思考

1. 机械搅拌发酵罐主要结构有哪些？
2. 简述机械搅拌发酵罐搅拌桨、挡板、轴封的作用。
3. 机械搅拌发酵罐的换热装置有哪些？
4. 简述气升式外循环流发酵罐的结构及工作原理。
5. 简述机械搅拌自吸式发酵罐的工作原理。
6. 酒精发酵罐的冷却方式有哪些？

7. 简述大型斜底酒精发酵罐基本构件。
8. 简述锥形啤酒发酵罐的结构特点。
9. 简述通用塔式啤酒连续发酵工艺流程。
10. 常用的固态发酵设备有哪些?

项目八 发酵过程控制

项目导读

发酵工程的基本任务就是最大限度地利用微生物的潜在能力，以较低的能耗和物耗换取最大限量的生物产品。微生物发酵要达到这样的效果，就必须对发酵过程进行严格的控制。其主要秘诀可归纳为三点：①高产菌株；②先进的设备；③科学管理（包括补料：营养和前体等）。其中科学管理就是要给生产菌株提供最适生长繁殖和最佳代谢的条件，对发酵过程中微生物反映出的各种参数进行检测与调控，使发酵过程更加科学。

本项目就是研究微生物群体在反应过程中的基本规律和控制方法。要了解发酵过程的变化规律和异常情况，就必须熟悉相关参数及测定方法，重点掌握发酵过程中温度、pH、溶氧、基质和菌体浓度等因素对发酵的影响以及控制。发酵过程伴随着泡沫的产生，也可能在某个阶段出现染菌现象，因此，在发酵工艺中，还要采取掌握相应控制措施，消除泡沫，减少染菌的机会。

项目知识

一、 微生物发酵方式

将工业微生物发酵进行分类可以有不同的分类方法。依据投料方式的不同或按进行过程可以分为分批发酵、补料分批发酵和连续发酵三种发酵方式。

（一）分批发酵

分批发酵又称分批培养、间歇发酵、批式发酵。是指在一封闭系统内含有初始限量基质的发酵方式，即是以微生物的一个生长周期为一个生产周期，包括设备的灭菌、种子培养、发酵操作。分批发酵是目前微生物培养的最基本的方式。

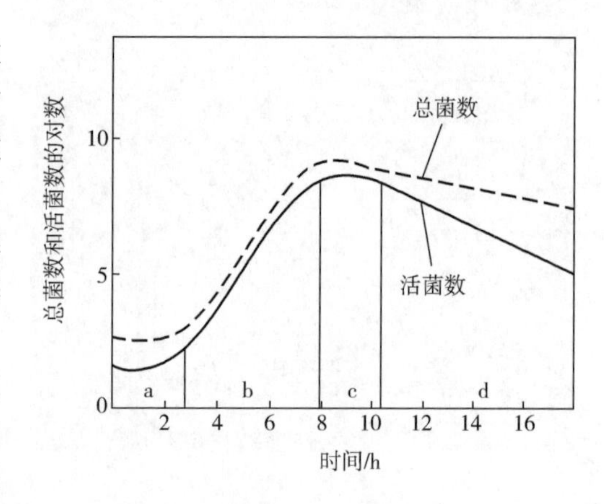

图 8-1　分批培养过程典型的细菌生长曲线

在分批发酵过程中，随着微生物生长和繁殖，细胞量、底物、代谢产物的浓度等均不断发生变化。微生物的生长可分为 4 个阶段：停滞期（a）、对数生长期（b）、稳定期（c）和衰亡期（d），如图 8-1 所示。分批培养过程中各个生长阶段的细菌细胞特征如表 8-1 所示。

表 8-1　　分批培养过程中各阶段的细胞特征

生长阶段	细 胞 特 征
停滞期	适应新环境的过程，细胞个体增大，合成新酶和细胞物质，细胞数量增加很少，微生物对不良环境的抵抗力较弱
对数生长期	细胞活力很强，生长速率达到最大值且保持稳定，生长速率大小取决于培养基的营养和外部环境
稳定期	随着营养物质的消耗和产物的积累，微生物的生长速率下降，并等于死亡速率，系统中活菌的数量基本稳定
衰亡期	由于自溶酶的作用或有害物质的影响，使细胞破裂死亡

发酵工业中常见的分批发酵方法是采用单罐深层分批发酵法，具体操作：首先种子培养系统开始工作，进行摇瓶种子制备，在种子罐开始培养的同时，以同样的程序进行主发酵罐的准备工作，对大型发酵罐进行实罐灭菌或连续灭菌。种子培养结束，转移至发酵罐开始发酵，启动搅拌和通气，控制好温度、pH、溶氧等工艺参数，及时补料，发酵终点，放罐，将发酵液送至提取、精制工段进行后处理。对发酵罐进行清洗，然后转入下一批次生产。分批培养的具体操作如图 8-2 所示。

根据不同的发酵类型，每批发酵要经历十几个小时到几周不等。分批式发酵的操作时间由两部分组成，一部分是进行发酵所需的时间，即从接种后开始发酵

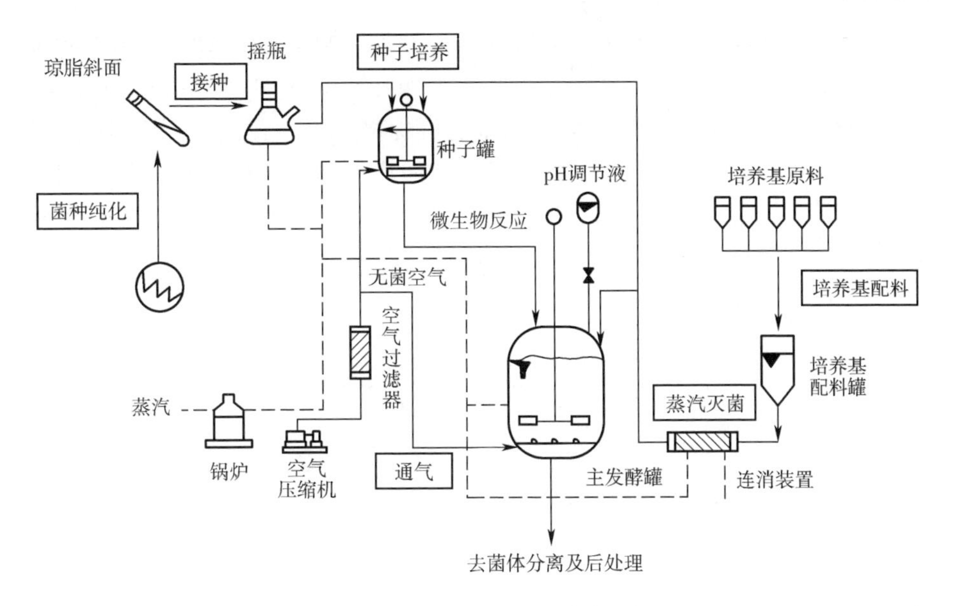

图 8-2　典型分批发酵工艺流程图

到发酵结束为止所需的时间，另一部分为辅助操作时间，包括投料、灭菌、冷却、清洗所需的时间，这些时间总和为一个发酵周期，即从第一罐接种经发酵结束至第二罐接种为止的这段时间。在发酵过程中，微生物所处的环境不断变化，相关物理、化学和生物参数也随时间而变化，整个发酵是一个不稳定的过程。

分批发酵的优点：发酵过程中，除了氧气、消泡剂及控制 pH 的酸或碱外，不再加入任何其他物质，操作简单；微生物培养可靠、安全，操作引起染菌的概率低，不会产生菌种老化和变异等问题；微生物的各个阶段的生理、代谢特征不同，易于控制。分批发酵缺点：非生产时间较长、设备利用率低；每次发酵重复进行，造成时间、原材料和能量等的浪费；底物利用率低，分批发酵都存在一个微生物自身的增殖过程，会消耗一定量的底物；分批发酵培养基中的底物浓度较高，增加了培养基的渗透压，不利于微生物的生长。

分批发酵过程中，各种微生物经历了一系列变化阶段，各个变化进程既受到菌体本身特性的制约，也受周围环境的影响。只有正确认识和掌握这一系列变化过程，才有利于控制发酵生产。

（二）补料分批发酵

补料分批发酵，又称流加式发酵，指在分批式操作的基础上，开始时投入一定量的基础培养基，到发酵过程一定时期，再间歇或连续补加碳源或（和）氮源或（和）其他必需物质，但不取出培养液，直到发酵终点，产率达最大化，停止补料，最后将发酵液一次全部放出。补料是由于随着菌体的生长，营养物质会不断消耗，通过加入新培养基，满足了菌体合成代谢产物的营养要求。补料分批发酵广泛应用于抗生素、氨基酸、酶制剂、核苷酸、有机酸及高聚物等的生产。

补料发酵需相应的补料罐，容积大小视流加物料的量而定，除少数流加氨水等以外，流加的物料和管道也要进行灭菌，以防止由于物料流加而造成发酵染菌。

与传统分批发酵和连续发酵相比，补料分批发酵有很多优点，如表 8-2 所示。其缺点是存在一定的非生产时间。和分批发酵比，中途要流加新鲜培养基，增加了染菌的危险。

表 8-2　补料分批培养的一些优点

与分批培养方式比较	与连续培养方式比较
可解除培养过程底物抑制、产物反馈抑制和葡萄糖分解阻遏	不需要严格的无菌条件
可以避免在分批培养过程中因一次性投糖过多造成的细胞大量生长、耗氧过多以至通风搅拌设备不能匹配的状况	不会产生微生物菌种的老化和变异
某种程度上可减少微生物细胞生成量、提高目的产物的转化率	最终产物浓度较高，有利于产物的分离
微生物细胞可以被控制在一系列连续的过渡态阶段，可用来控制细胞的质量，并可重复某个时期细胞培养的过渡态	使用范围广

（三）连续发酵

连续发酵又称连续培养，培养基料液连续输入发酵罐，并同时放出含有产品的相同体积发酵液，使发酵罐内料液量维持恒定，微生物在近似恒定状态（恒定的基质浓度、产物浓度、pH、菌体浓度、比生长速率）下生长的发酵方式。因此，连续发酵能维持低基质浓度，可以提高设备利用率和单位时间的产量，便于自动控制。

连续发酵的优点是可以长期连续进行，生产能力可以达到间歇发酵的数倍。但目前，采用连续发酵进行大规模生产还是比较困难的，其主要原因在于连续发酵中两个比较难以解决的问题是长期连续操作时杂菌污染的控制和微生物菌种的变异，而且工艺中的变量较分批发酵复杂，较难控制和扩大。因此，连续发酵主要用于实验室进行发酵动力学研究，在工业发酵中的应用并不多见。工业上为了防止出现菌种衰退和杂菌污染等实际问题，大都采用分批发酵或补料分批发酵这两种方式。

连续发酵使用的反应器可以是搅拌罐式反应器，也可以是管式反应器。搅拌罐式反应器，一般可采用原有发酵罐改装，可以采用单罐连续发酵和多罐串联连续发酵，如图 8-3 所示。

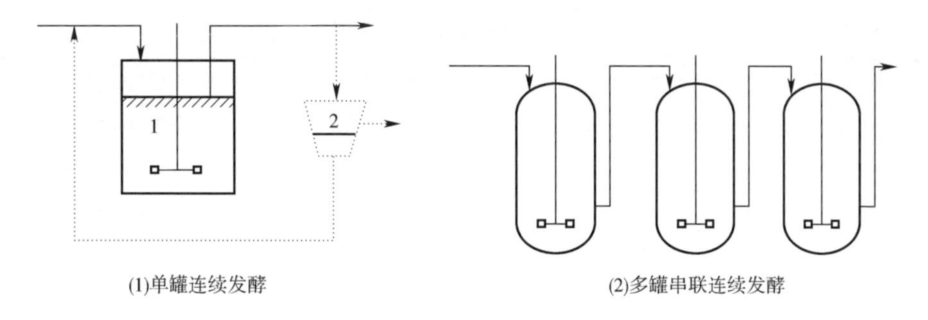

图 8-3　罐式连续发酵系统

图（1）中虚线部分表示带循环系统的连续发酵：1—发酵罐　2—细胞分离器

二、 发酵过程中的工艺参数及测定方法

发酵控制的先决条件是了解发酵进行的情况，进而根据这些情况作出调整，使发酵过程有利于目的产物的积累和产品质量的提高。通过取样分析获得有关发酵进行情况的大量信息，在此基础上，人们更好地控制发酵过程。

（一）发酵过程中的工艺参数

通过取样分析获得有关发酵的信息也称为参数，与微生物发酵有关的参数，可分为物理参数、化学参数和生物参数三类。

1. 物理参数

发酵生产中常常检测的物理参数：

（1）温度　指发酵整个过程或不同阶段所维持的温度。温度直接影响微生物的生长繁殖、生物合成、代谢产量和溶解氧浓度等。不同的菌种具有不同的生长温度范围和最适生长温度，因此，温度是发酵过程中的一个重要检测参数。

（2）压力　指发酵过程中发酵罐维持的压力。在发酵生产过程中，发酵罐内要维持一定的正压，是防止杂菌污染的重要措施。同时罐压对料液中的氧和二氧化碳的溶解度有很大影响，间接影响菌体的代谢。发酵过程中，若通过罐压的变化来控制发酵液的溶氧水平，从而达到工艺控制，稳定或提高产量的目的，这时罐压就成为一个重要参数。

罐压一般维持在表压 0.02~0.05MPa，罐压可直接通过安装在罐上的压力表读出。

（3）搅拌转速　是指搅拌器在发酵罐中转动速度，通常以每 1min 的转数来表示。搅拌转速大小与发酵液的均匀性和氧在发酵液中的传递速度有关。

不同罐的大小（表 8-3）、不同的菌体以及在不同的发酵阶段都需要相应的搅拌转速。因此生产上用变速电机或机械变速装置来满足发酵的需要。

表 8-3　　不同大小的通用型发酵罐搅拌器转速范围

发酵罐的容积/L	搅拌转速范围/（r/min）	发酵罐的容积/L	搅拌转速范围/（r/min）
3	200~2000	200	50~400
10	200~1200	500	50~300
30	150~1000	1000	25~200
50	100~800	50000	25~160

（4）搅拌功率　指搅拌器搅拌时所消耗的功率，常指每 $1m^3$ 发酵液所消耗的功率（kW/m^3）。通用式发酵罐的搅拌功率不仅是选择电动机的依据，也是确定罐内溶氧等重要参数的主要指标。一般情况下，搅拌功率与发酵液氧的传递系数（K_La）有正比关系。

轴搅拌功率是主要的测量参数，在设备和操作条件不变的情况下，搅拌功率随料液的菌丝浓度、黏度和泡沫等情况不同而发生变化。

（5）空气流量　是指单位体积发酵液每分钟内通入空气的体积，也叫通风比。在好氧微生物的深层培养中需要不断通入无菌、适温、较干燥的空气，以起到供氧，提高 K_La 及排出废气的重要作用。通气量的大小直接关系到发酵液中氧的传递，是需氧发酵中重要的控制参数之一，通风比一般控制在 0.5~1.0vvm 范围内。

（6）黏度　黏度代表流体流动时内摩擦阻力的大小，通常用表观黏度表示。料液的黏度与培养基的成分、菌体浓度、细胞形态和产物浓度等因素相关。如含有多糖类物质时，发酵液非常黏稠；霉菌和放线菌培养时，由于大量的菌丝体，培养液也会十分稠厚。

发酵醪的黏度直接影响氧传递的阻力，黏度越大，氧的传递阻力也相应大。黏度大小可作为细胞生长或细胞形态的一项标志，也能反映相对菌体浓度。因此掌握发酵醪液的基本性质，对发酵的管理操作、设备的设计放大都具有重要意义。

（7）料液体积　一般深层发酵其培养料体积占整个发酵液体积的 7/10，可根据菌种的特性，产气的多少作适当调整。在深层培养过程中，通常还要用补料来达到控制发酵的目的，流加量和发酵罐中料液量的精确计量，在发酵过程和动力学研究上有着重要意义。

目前要实现自动控制则需要对料液的进入、储存应有精确的计量。其计量法有压差法、重量测量法、体积计量法、流量计量法和液位探针法。

2. 化学参数

发酵过程中检测的化学参数主要包括：

（1）pH　发酵液的 pH 是发酵过程中各种产酸和产碱的生化反应的综合结果。它是发酵工艺控制的重要参数之一。它的高低与菌体生长和产物合成有着重要的关系。

（2）基质浓度　指发酵液中糖、氮、磷等重要营养物质的浓度。它们的变化对产生菌的生长和产物的合成有着重要的影响，也是提高代谢产物产量的重要控制手段。因此，在发酵过程中，必须定时测定糖（还原糖和总糖）、氮（氨基氮）等基质的浓度。

（3）溶氧浓度　氧是微生物体内一系列细胞色素氧化酶催化产能反应的最终电子受体，也是合成某些产物的基质。利用溶氧（DO）浓度的变化，可以了解微生物对氧利用的规律，反映发酵的异常情况，是一个重要的控制参数。

（4）产物的浓度　这是发酵产物产量高低或生物合成代谢正常与否的重要参数，也是决定发酵周期长短的根据。

（5）废气中氧含量　废气中氧的含量与产生菌的摄氧率和 K_La 有关。从废气中氧和二氧化碳的含量可以算出产生菌的摄氧率、呼吸商和发酵罐的供氧能力。摄氧率又称耗氧速率，是指单位体积培养液在单位时间内的吸氧量，以 r 表示，单位为 mmol O_2/（L·h）。

（6）废气中二氧化碳含量　废气中的二氧化碳是由产生菌在呼吸过程中放出的，测定它可以算出产生菌的呼吸商，从而了解产生菌的呼吸代谢规律。

3. 生物参数

为了解发酵过程中微生物菌体的代谢状况，还需要测定一些与发酵相关的生物学参数。

（1）菌丝形态　在放线菌和真菌这样的丝状菌发酵过程中，菌丝形态的改变是生化代谢变化的反映。一般都以菌丝形态作为衡量种子质量、区分发酵阶段、控制发酵过程的代谢变化和决定发酵周期的依据之一。

（2）菌体浓度　菌体浓度是控制微生物发酵过程的重要参数之一，特别是对抗生素等次级代谢产物的发酵控制。菌体量的大小和变化速度对菌体合成产物的生化反应都有重要的影响，因此测定菌体浓度具有重要意义。

（3）菌体比生长速率　每 1h 单位质量的菌体所增加的菌体量称为菌体比生长速率。菌体比生长速率与代谢有关，是发酵动力学中的一个重要参数。如抗生素合成阶段，比生长速率菌体量增加过多，会使代谢向菌体合成方向发展，不利于抗生素的合成。

（4）氧比消耗速率　又称呼吸强度，是单位质量的干菌体在单位时间（每 1h）内所消耗的氧量，以 Qo_2表示，单位为 mmol O_2/（g·h）。

（5）糖比消耗速率　每 1h 单位质量的干菌体所消耗的糖量，其单位为 g 或 mmol（己糖）/（g·h）。

（二）发酵过程参数监测方法

获取发酵过程中正确可靠的各种数据是研究发酵动力学的前提。首先要尽可能寻找能反映过程变化的各种理化参数。其次，将各种参数变化和现象与发酵代谢规律联系起来，找出它们之间的相互关系和变化规律。第三，建立各种数学模型以描述各参数之间随时间变化的关系。第四，通过计算机的在线控制反复验证各种模型的可行性与适用范围。

目前较常测定的参数有温度、罐压、空气流量、搅拌转速、pH、溶氧、效价、糖含量、基质浓度，前体（如苯乙酸）浓度、菌体浓度等。不常测定的参数有氧化还原电位、黏度、排气中的氧气和二氧化碳含量等。一些参数的测定如表 8-4、表 8-5 和表 8-6 所示。

参数测定方法：在线测定和取样测定（离线测定）。

在线检测是通过专门的传感器（也叫电极或探头）放入发酵系统，将发酵的一些信息传递出来，为发酵控制提供依据。

表 8-4　发酵过程一些物理参数的测定

参数名称	单位	测定方法	测定意义
温度	℃，K	温度传感器	维持生长、合成
罐压	Pa	压力表	维持正压、增加溶氧
空气流量	m^3/h	空气流量计	供氧、排泄废气、提高 K_La
搅拌转速	r/min	传感器	物料混合、提高 K_La
搅拌功率	kW	传感器	反映搅拌情况、K_La
黏度	Pa · s	黏度计	反映菌的生长、K_La
装液量	m^3，L	传感器	反映发酵液体积
浊度	透光度/%	传感器	反映菌的生长情况
泡沫		传感器	反映发酵代谢情况
传质系数 K_La	h^{-1}	间接计算；在线检测	反映供氧效率
加糖速率	kg/h	流量计	反映耗氧情况
加消泡剂速率	kg/h	流量计	反映泡沫情况

表 8-5　发酵过程的一些化学参数的测定

参数名称	单位	测试方法	测定意义
酸碱度（pH）		pH 传感器	反映菌体的代谢情况
溶氧	mg/L	溶氧传感器	了解氧的消耗情况
氧化还原电位	mV	电位传感器	反映菌体的代谢情况
总糖和还原糖	g/L	取样测定	了解糖的变化和消耗情况
氨基酸浓度	mg/mL	取样测定	了解氨基酸的变化情况
尾气氧浓度	%	氧传感器	了解耗氧情况
尾气二氧化碳浓度	%	红外吸收	了解菌体的呼吸情况

表 8-6 发酵过程一些生物参数的测定

参数名称	单位	测试方法	测定意义
菌体浓度	g（DCW*）/L	取样	了解菌的生长情况
菌体中 RNA、DNA 含量	mg/g（DCW）	取样	了解菌的生长情况
菌体中 ATP、ADP、AMP 量	mg/g（DCW）	取样	了解菌的能量代谢活力
菌体中 NADH 量	mg/g（DCW）	在线荧光法	了解生长和产物情况
摄氧率	gO_2/（L·h）	间接计算	了解耗氧速率
呼吸强度	gO_2/（g 菌·h）	间接计算	了解比耗氧速率
比生长速率	1/h	间接计算	了解菌的生长情况
细胞形态		取样，离线	了解菌的生长情况

注：*DCW（Dry Cell Weight）表示细胞干重。

三、 发酵过程中温度的影响及控制

（一）温度对发酵的影响

1. 对发酵过程的影响

微生物的发酵过程实质上是一个酶促反应的过程，因此，温度越高，酶促反应速度越快，菌体增殖、产物合成时间均可提前。但是温度越高，酶越易失活，表现在外观上，则是菌体易衰老，整个发酵周期缩短，影响发酵的最终产量，对发酵是不利的。因此，在发酵过程中，要严格控制温度的变化。

2. 对发酵液性质的影响

温度会影响发酵液的许多性质，包括营养物质的电离状态、发酵液的黏度等。发酵液黏度的改变，影响发酵过程中各种物质的传递，特别是氧和热量的传递，进而影响微生物发酵。研究表明，以蔗糖为底物的黄源胶发酵过程中，当黄源胶的浓度达到 24g/L 后，由于黄源胶的高黏度性质，发酵液的温差可以达到 15℃以上，严重影响了黄源胶产生菌的代谢和生理活动。

3. 对菌体代谢调节机制的影响

温度对菌体代谢调节机制的影响，表现在影响生物合成的方向、速率和产物质量。例如，四环素发酵中金色链霉菌同时能产生金霉素，在低于 30℃下，该菌合成金霉素能力较强；当温度提高，合成四环素的比例也提高，在温度达 35℃则只产生四环素而金霉素合成几乎停止。青霉菌生产青霉素时，青霉菌生长活化能小于合成的活化能，青霉素合成速率对温度较敏感，温度控制相当重要。

有时温度对产物质量会产生一定的影响。例如，凝结芽孢杆菌合成 α-淀粉酶时，发酵温度控制在 55℃时，合成的 α-淀粉酶较耐高温，在 90℃、60min 条件下，其活性丧失仅 10%左右；而发酵温度控制在 35℃时，合成的 α-淀粉酶活性在相同条件下丧失 90%。

（二）发酵热

影响发酵温度的因素有产热因素（生物热和搅拌热）和散热因素（蒸发热和辐射热）。发酵热就是发酵过程中释放出来的净热量，用公式表示：

$$Q_{发酵热}=Q_{生物热}+Q_{搅拌热}-Q_{蒸发热}-Q_{辐射热}$$

生物热是生产菌在生长繁殖时产生的大量热量。培养基中碳水化合物、脂肪等物质分解时释放出大量热量，这些热量一部分用于合成高能化合物（ATP 或 GTP）等，供微生物代谢活动之用；剩余的另一部分则以热的形式释放出来，从而使培养基的温度升高，这一部分热量称之为生物热。

生物热随菌株、培养基及发酵时期的不同而不同。一般菌株对营养物质利用的速率越大，培养基成分越丰富，生物热也就越大。发酵旺盛期的生物热大于其他时间的生物热。生物热的大小还与菌体的呼吸强度有对应关系，研究发现抗生素高产量菌株的生物热高于低产量菌株的生物热，说明抗生素合成时微生物的新陈代谢十分旺盛。

搅拌热是搅拌时的机械运动造成液体与液体之间，液体与设备之间的摩擦而产生的热。

通风发酵时，空气进入发酵罐与发酵液进行长时间的气液接触，除部分氧被利用以外，大部分气体（尾气）排出反应器，同时还带走一些水分，这个过程伴随着热量的传递，这一部分热量，称之为蒸发热。

辐射热是指反应器内部的温度与反应器的环境温度的差别造成的热量传递。

（三）发酵过程温度的选择与确定

微生物的生长和发酵过程，对温度都有一定要求，因此，在生产上为获得较高生产率，针对所用菌种的特性，在发酵周期的各阶段需要进行温度控制，提供该阶段微生物活动的最适温度。

在发酵过程中，最适温度是一种相对概念，是指最适于菌的生长或发酵产物生成的温度。最适发酵温度与菌种、培养基成分、培养条件和菌体生长阶段有关，温度的选择要参考这些因素。

1. 根据菌种及不同培养阶段

微生物种类不同，所具有的酶系及其性质不同，所要求的温度范围也不同。

同一种微生物最适生长温度与最适发酵温度往往也是有差异的，例如，谷氨酸发酵，谷氨酸产生菌的最适合生长温度为 30℃，而产物合成温度为 32～34℃。因此，生产上为了提高产量，不同的阶段采取不同的温度。一般说来，前期菌体量少，需稍高的温度，使菌生长迅速；中期菌体量已达到合成产物的最适量，温度要稍低一些，可以延迟衰老，提高产量。后期产物合成能力降低，可以提高温度，刺激产物合成，直至放罐。例如，四环素生长阶段控制在 28℃，合成期再降至 26℃，后期再升温。黑曲霉生长期控制在 37℃，产糖化酶时降至 32~34℃。但也有的菌种产物形成比生长温度要高，如，谷氨酸产生菌生长期温度为 30~32℃，产酸时温度为 34~37℃。

最适温度的选择要根据菌种与发酵阶段进行实验得出。例如，林可霉素发酵时，通过正交设计及实验得出结论：接种后 10h 左右进入对数生长期，在 50h 左右转入生产期。因此，前 60h 按 31℃控制，缩短适应期，使发酵提前转入生产阶段，同时菌丝体已有相当量的积累，为大量分泌抗生素提供了物质基础；60h 后将罐温降至 30℃，使与抗生素合成有关酶的活性增强，抗生素分泌量有所增加，同时因分泌期的延长有利于进一步积累抗生素；发酵进入后期，罐温再回升至 31℃，使生产菌在生命的最后阶段最大限度合成和分泌次级代谢产物。

2. 根据培养条件

温度选择还要根据培养条件综合考虑，灵活选择。通气条件差时可适当降低温度，使菌呼吸速率降低些，溶氧浓度也可高些。培养基稀薄时，温度要低些。因为温度高营养利用快，会使菌过早自溶。

3. 根据菌生长情况

菌生长快，维持在较高温度时间要短些；菌生长慢，维持较高温度时间可长些。培养条件适宜，如营养丰富，通气能满足，那么前期温度可高些，以利于菌的生长。

总的来说，温度的选择要根据菌种生长阶段及培养条件综合考虑，要通过反复实践来确定最适温度。

（四）发酵温度的监测及控制

发酵温度可通过温度计或自动记录仪表进行监测，然后通过向发酵罐的夹套或蛇形管中通入冷水、热水或蒸汽进行调节。

在发酵过程中，通过显示器显示的温度变化，可及时通过手动调整阀门。一般由于发酵热的产生会导致发酵液温度升高，需要及时降温，这时可以通过打开夹套进水阀门，通入冷水及时降温；若需加热，可预先通入冷水，然后通入蒸汽加热夹套内的水至所需温度即可。

发酵过程的自动控制是借助于自动化仪表和计算机组成的控制器，控制一些发酵的关键变量，达到控制发酵过程的目的。发酵过程的自动控制如图 8-4 所示。目前，发酵罐普遍采用具有直流输出信号的温度传感器（热电偶、热敏电阻或金属电阻）进行温度测定，并通过与其偶联的执行机构（如电磁阀）对发酵温度进行自动控制。热敏电阻结构如图 8-5所示。

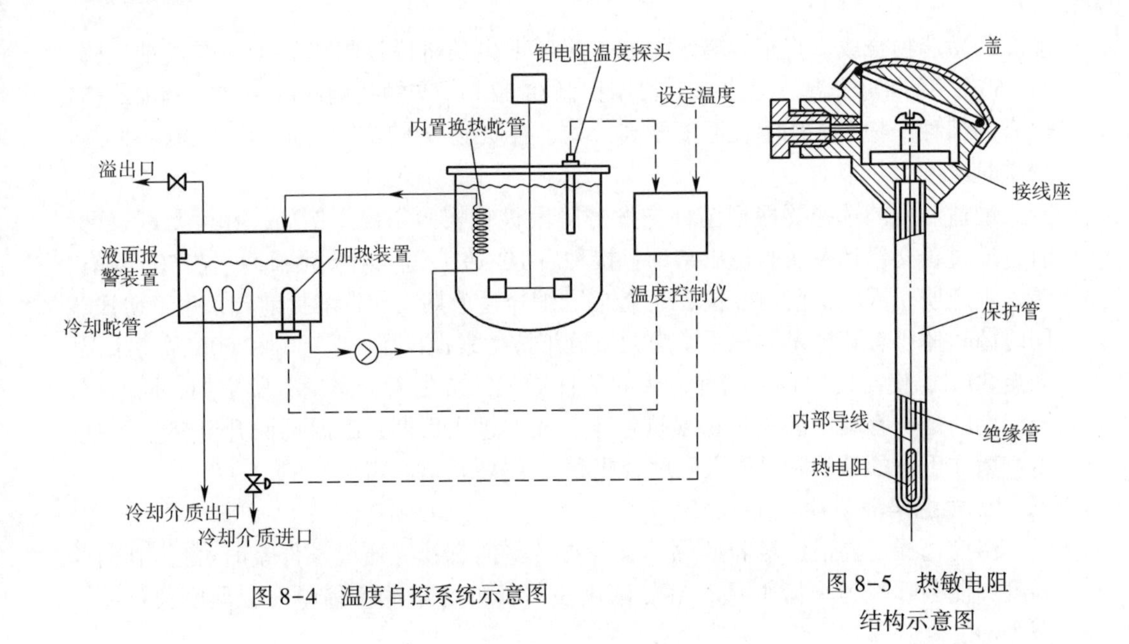

图 8-4 温度自控系统示意图

图 8-5 热敏电阻结构示意图

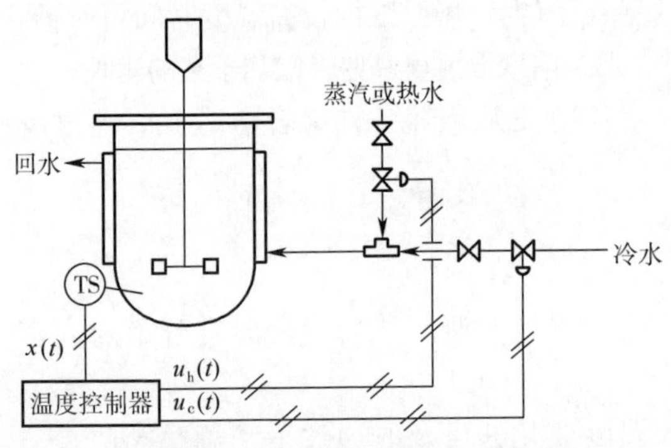

图 8-6 发酵温度的开关控制系统

TS—温度传感器 $x(t)$—检测量 $u_h(t)$—加热控制输出量 $u_c(t)$—冷却控制输出量

发酵温度的开关控制系统就是通过温度传感器检测发酵罐内温度，如温度低于设定点，冷水阀关闭，蒸汽或热水阀打开；如温度高于设定点，蒸汽或热水阀关闭，冷水阀打开。控制阀的动作是全开或全关，所以称为开关控制，如图 8-6 所示。

由于温度传到传感器有个延迟时间，检测到的总是加热器滞后的温度，所以温度总是上下波动，需及时监控和调整。

案例解析 发酵罐温度突然升高的原因及解决办法

(1) 冷却水供应设备出现故障，造成冷却水供应不足。解决办法是检查冷却水供应设备，排除故障。

(2) 阀门漏蒸汽。取样后，补料后或其他操作后未关闭阀门，造成蒸汽进入罐内。解决办法是要认真按规程操作。

(3) 发酵罐染菌。染菌后大量杂菌繁殖生长，代谢旺盛，造成罐温升高。解决方法是找到染菌的原因。

四、发酵过程中 pH 的影响及控制

发酵过程中 pH 的变化，是菌体在一定环境条件下代谢活动的综合性指标，它集中反映了菌体的生长代谢和产物合成的情况。不同菌体在不同发酵过程中的 pH 变化既取决于菌体的生理代谢，又与环境条件的控制有关。因此，pH 能准确反映出环境条件的变化。

（一）pH 对菌体生长和产物合成的影响

1. 影响菌体内酶的活性

不同的酶有其最适 pH，当菌体中的酶系处于不适合的 pH 环境时，必然影响到其代谢活动。一般来说，霉菌和酵母菌的最适 pH 为 3~6，大多数细菌和放线菌适于中性或微碱性 pH 6.3~7.6。

2. 影响菌体细胞形态及细胞膜的通透性

pH 影响菌体细胞形态实际上是 pH 对细胞生长和代谢途径影响的外部（宏观）表现。例如，在谷氨酸发酵过程中，pH 不同，代谢途径不同，菌体形态不同。在青霉素发酵过程中，pH 大于6.0 时，菌丝体缩短，而 pH 大于7.0 时，膨胀的菌丝体明显的增加。

pH 的变化会影响菌体细胞膜的带电状态，从而影响细胞膜的渗透性，必然会影响到营养物质的吸收与代谢产物的分泌。

3. 影响菌体对营养物质的利用

pH 影响培养基中的营养成分和中间代谢产物的电离状态，从而影响了微生物对这些物质的正常利用。

4. 影响菌体代谢的方向或产物的质量

pH 不同，其菌体代谢途径可能会发生变化，代谢产物也就不同。在谷氨酸发酵过程中，当 pH 5.0~5.8 时，谷氨酰胺的合成加强，产物主要是谷氨酰胺，pH 7.0~8.0，生成谷氨酸为主；在黑曲霉的柠檬酸发酵过程中，pH 2~3 时，菌体合成并分泌柠檬酸，而当 pH 中性（6~7）时，则合成积累草酸。

青霉素发酵时，在不同 pH 范围内加糖，青霉素产量和糖耗不一样。具体如表 8-7 所示。

表 8-7　不同 pH 下加糖对糖耗和青霉素产量的影响

pH 范围	糖耗/%	残糖/%	青霉素相对单位
pH 6.0~6.3 加糖	10	0.5	较高
pH 6.6~6.9 加糖	7	0.2	高
pH 7.3~7.6 加糖	7	>0.5	低
pH 6.8 控制加糖	<7	<0.2	最高
速率恒定/（0.055%/h）			

(二) 影响发酵液 pH 变化的因素

发酵过程中 pH 变化的一般规律：在生长阶段，pH 相对于起始 pH 有上升或下降的趋势；合成阶段，pH 趋于稳定，维持在最适于产物合成的范围；自溶阶段，pH 又上升。pH 变化是微生物在发酵过程中代谢活动的综合反映，其变化的根源取决于培养基的成分和微生物的代谢特性，导致其变化的因素基本相同。

1. 酸性或碱性代谢产物的释放

酸性代谢产物的积累，会导致 pH 下降。常见的酸性产物有柠檬酸、乳酸、某些酸性氨基酸、二氧化碳（溶解在发酵液中）等。例如，降糖速度过快，供氧不足，有氧氧化途径受阻，会导致乳酸等酸性产物积累。

2. 培养基中生理酸性或碱性物质的利用

常见的生理酸性物质有 $(NH_4)_2SO_4$、$(NH_4)_2HPO_4$、$NH_4H_2PO_4$、KH_2PO_4、K_2HPO_4等。当 NH_4^+或 PO_4^{3-}被利用后，可引起发酵液的 pH 下降。有机氮源和某些无机氮源的代谢起到提高 pH 的作用，例如，氨基酸的氧化和硝酸钠的还原，玉米浆中的乳酸被氧化等，这类物质被微生物利用后，可使 pH 上升，这些物质被称为生理碱性物质，如有机氮源、硝酸盐、有机酸等。

3. 碳氮比（C/N）不当

C/N 过高，或中间补糖过多，溶氧不足，致使有机酸积累，pH 下降；C/N 过低（N 源过多），氨基氮（NH_4^+）释放；中间补料中氨水或尿素等碱性物质加入过多。

4. 杂菌污染

污染杂菌，引起 pH 下降或上升。污染的杂菌有醋酸杆菌、乳酸杆菌、野生酵母等。

5. 菌体自溶

大量的研究表明，发酵液 pH 的上升，特别是发酵后期，大部分的原因是由于菌体死亡并伴随着菌体自溶造成的。例如，通过研究苏云金芽孢杆菌（Bt）发酵过程中 pH、NH_4^+、氨基酸浓度三者之间的关系时发现，发酵中期，pH 上升是由于菌体从以碳素代谢为主的生长期转为以氮素代谢为主产物合成期（伴胞晶体的合成），这个时期，NH_4^+的浓度变化非常活跃；后期随着代谢的减慢或者停止，NH_4^+浓度变化仍然很活跃，而且发酵液的 pH 仍会继续上升。通过镜检发现，发酵后期，发酵液的菌体浓度明显下降，且有大量的菌体碎片存在。

总之，发酵过程中 pH 变化是由基质代谢、产物形成、杂菌污染和菌体自溶等多方面的原因造成。

(三) pH 的监测与控制

对由于菌体代谢所引起的 pH 变化，需要及时进行监测和控制。

1. pH 测量

(1) 罐外取样测量　有试纸法（精密级）、酸度计法。罐外取样测量不利于实现自动化管理。

(2) 在线监测　目前，现代化的生产企业大部分是采用 pH 在线 (on line) 检测和控制方式，其核心部件是 pH 检测电极（探头)，外加不锈钢护套后安装于罐内，另外有 pH 显示仪表。工业上在线检测大都使用复合 pH 电极，如图 8-7所示。它结构紧凑，便于安装。这种电极不同于普通的 pH 检测电极，其基本要求：耐高温，能经受 120℃以上、60min 的高温处理，需要有压力、温度补偿系统。

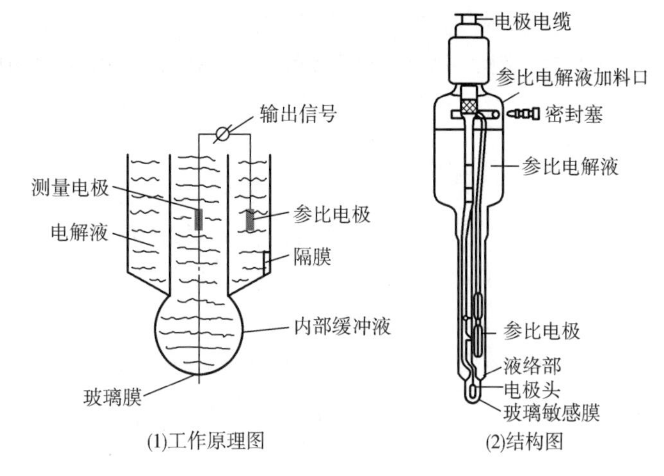

图 8-7　复合 pH 电极

把 pH 指示电极（测量电极)、参比电极（参比电极的液络部是外参比溶液和被测溶液的连接部件，要求渗透量稳定，通常用砂芯的）和被测溶液组合在一起就是复合 pH 电极。参比电极与指示电极组成一个自发电池，该电池的参比电极的输出电位恒定，指示电极的输出电位随被测体系中氢离子活度而变化。因此整个自发电池的电动势就是被测体系中氢离子活度的函数。

2. pH 自动控制系统

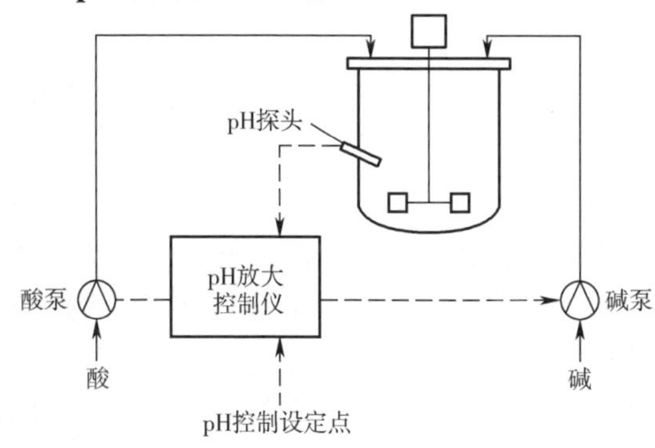

图 8-8　pH 自动控制系统

pH 检测和自动控制系统中，将 pH 电极发送器与发酵罐的控制仪表连接，通过回路系统控制阀门或泵进行 pH 调节。pH 的直接调节是通过加酸或碱完成，使发酵液的 pH 控制在设定的数值，具体如图 8-8 所示。

当 pH 探头测得反应器内的 pH 高于设定值时，pH 放大控制仪向酸泵发出信号滴加酸溶液，否则，向碱泵发出信号滴加碱溶液。pH 控制仪通过调节酸碱加入的频度、滴入持续时间来进行控制。实际发酵生产中，一般通过补料控制 pH，pH 下降时可补加氮源（常用氨水)，pH 上升可补加糖。

实际操作时，在移种前要通过取样测定发酵培养基的实际 pH 与记录的在线

pH 相比较，重新设定 pH，其步骤：①取样测定 pH，取样试管或烧杯要用发酵液洗涤 4 次；②根据实际测定的 pH 与记录的在线 pH 相比较，重新设定 pH；③调节 pH 到工艺要求，如果有碱罐的，可以将碱管道的进碱阀门打开，然后将 PLC 控制系统打开到自控；④自接种起，按规定时间取样，根据取样情况，及时调整 pH。

（四）pH 控制方法

在确定了发酵各个阶段所需要的最适 pH 之后，为使发酵过程在预定的 pH 范围内进行，可通过以下方式来控制 pH。

1. 配制合适的培养基

配制发酵培养基中常使用一定量的缓冲性物质，以减缓发酵液在发酵过程 pH 的变化，常用的缓冲性物质有磷酸盐、柠檬酸盐等。磷酸盐、柠檬酸盐均能构成一个缓冲性体系，如，地衣芽孢杆菌的耐高温 α-淀粉酶发酵生产中，培养基使用这些成分（柠檬酸盐 0.2%、$NaH_2PO_4$1.4%、$Na_2HPO_4$0.6%）则可以有效的控制和调节发酵过程中 pH 的变化。

需要指出的是，磷酸盐等缓冲性物质在灭菌的过程中易与金属离子、大分子物质形成沉淀，在这种情况下，可以单独对这类物质进行灭菌，灭菌完成后，可以无菌操作加到发酵罐中。

2. 直接补加非营养基质的酸碱调节剂

在发酵过程中直接补加酸、碱或部分难溶性中性盐类，如，NaOH、HCl、$CaCO_3$等，其中 $CaCO_3$在许多发酵过程中都使用，例如，黄源胶、苏云金芽孢杆菌的发酵等。

3. 加入生理酸性或碱性营养基质

常加入的酸性基质有铵盐、油脂、玉米浆（脱 NH_4^+）；碱性基质有硝酸盐、有机酸盐、有机氮、氨水、尿素等。

通氨一般是使用压缩氨气或工业用氨水（浓度 20%左右）。在发酵过程中根据 pH 的变化用加氨水的方法来调节，同时又可把氨水作为氮源供给。由于氨水作用快，对发酵液的 pH 波动影响大，应采用少量间歇添加或少量自动流加，可避免一次加入过多造成局部偏碱，从而抑制微生物细胞生长。

以尿素作为氮源进行流加调节 pH，是目前国内味精厂普遍采用的方法。尿素流加引起的 pH 变化有一定的规律性，易于控制操作。当流加尿素后，尿素被微生物的脲酶分解放出氨，使 pH 上升，氨被微生物利用和形成代谢产物，使 pH 降低，再次反复进行流加就可维持一定的 pH。

4. 通过补料来调节

采用补料的方法可以同时实现补充营养、延长发酵周期、调节 pH 和改变培养液的性质（如黏度）等几种目的，效果比较明显。最成功的例子就是青霉素发酵的补料工艺，利用控制葡萄糖的补加速率来控制 pH 变化（已实现自动化），其青霉素产量比用恒定的加糖速率或加酸、碱来控制 pH 的产量高 25%。其实验结果如图 8-9 所示。

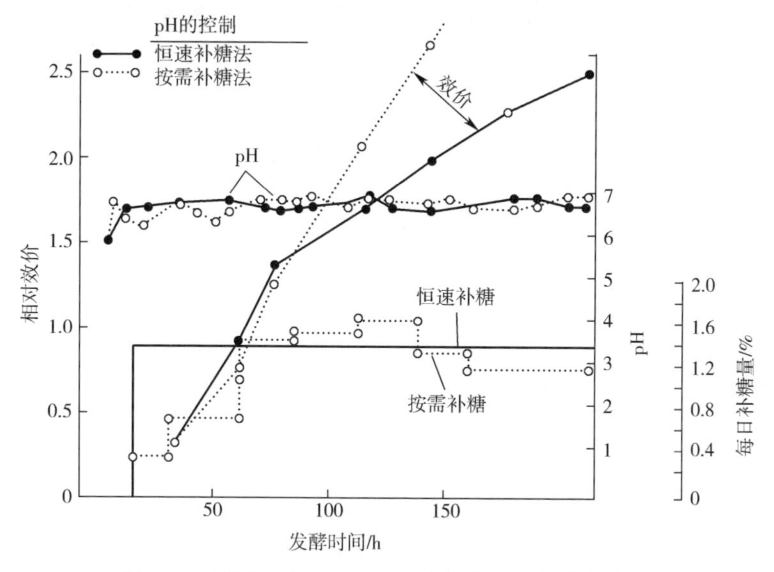

图 8-9　不同调节 pH 的方法对青霉素 G 合成的影响

以 pH 作为补糖的依据，采用控制加糖率来控制 pH，把两者紧密结合起来，实现发酵过程的优化，能很好满足菌体合成代谢的要求，使产量提高。具体的流加方法应根据微生物的特性、发酵过程的菌体生长情况、耗糖情况等来决定，一般控制在 pH7.0~8.0，最好能够采用自动控制连续流加方法。

（五）发酵控制过程中常见问题及处理

1. 加碱出现问题

在发酵过程中，某个阶段需要加碱调节 pH 时，出现加碱加不上，可能的原因如表 8-8 所示。

表 8-8　　pH 加不上的原因分析及解决方案

原因	解决方案
碱罐与发酵罐的压差太小	升碱罐压或降发酵罐压
电磁阀不工作或损坏，如堵塞等	检查、维修电磁阀，使之工作
根本就忘了打开自控	打开自控
电极问题	取样测 pH，并请示汇报
控制器或连接线的原因	取样测 pH，并请示汇报
将自控中的方式选择中选了“加酸”	将自控中的方式选择中改为“加碱”
管路的不通（包括管路上的阀门未开）	使管路保持畅通（将阀门打开）

例如，某公司透明质酸的发酵生产过程中，某一批次的 pH 在第 7h 下降，需要加碱时，却加不上。经检查，工作人员排除了其他各种可能原因，发现当时这个批次使用的 pH 电极为老电极，最后认定是 pH 电极出现问题。解决方法是按时取样测试 pH，并且在下个批次使用新的 pH 电极。

2. pH 一直上升

某产品的一批次发酵控制过程中，工作人员发现 pH 在 12h 处突然开始呈现直线上升，并仍然有上升趋势。工程师及时查找原因，最后发现 PLC 控制终端上的加碱方式是手动加碱，这个直接导致了发酵液的 pH 迅速上升。解决方法是立刻把加碱方式改为自动控制。

在发酵生产过程中出现 pH 直线上升可能还有其他原因造成，如表 8-9 所示。

表 8-9　pH 直线上升原因分析及解决方案

分析原因	解决方案
电磁阀内漏	立即关闭手动阀门，并请示汇报，检查维修
无意打开了手动加碱	立即改为自控
黏度过高可以使 pH 在一段时间内上升，但不会一直有上升趋势	

山东某公司在进行生物肥发酵中，发现接种后 pH 比正常情况偏高，很快又发现这次 pH 变化规律一反常态，该升时降，该降时反而升。通过分析查找原因，发现是由于 KH_2PO_4 原料有问题，及时采取补救措施后发酵正常进行。正常发酵 pH 曲线如图 8-10 所示，异常发酵 pH 曲线如图 8-11 所示。

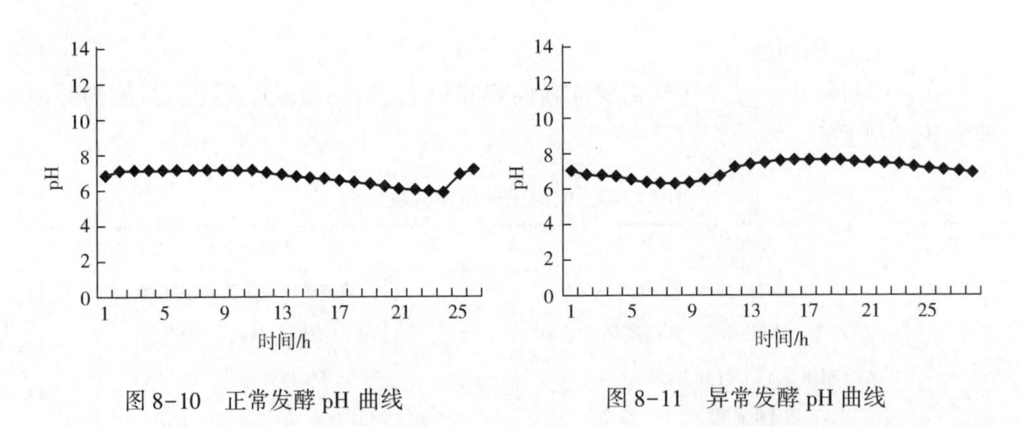

图 8-10　正常发酵 pH 曲线　　图 8-11　异常发酵 pH 曲线

五、 溶氧对发酵的影响及控制

在通风发酵中，必须连续通入无菌空气，氧由气相溶解到液相，然后经过液流传给细胞壁进入细胞体内，以维持菌体的生长代谢和产物合成。因此发酵液中溶氧的大小对菌体的代谢特性有直接影响，是发酵过程控制的一个重要参数。在发酵过程中连续测定发酵液中溶氧浓度的变化，可随时掌握发酵过程的供氧、耗氧情况，为准确判断设备的通气效果提供可靠数据，以便有效控制发酵过程，为实现发酵过程的自动化控制创造条件。

（一）溶氧对发酵的影响

大多数发酵过程是好氧的，因此需要供氧。许多发酵的生产能力受到氧利用限制，因此氧成为影响发酵效率的重要因素。

1. 发酵过程中氧的需求

在发酵过程中，微生物只能利用溶解状态下的氧。好气性微生物深层培养时需要适量的溶氧以维持其呼吸代谢和某些代谢产物的合成。不同种类的微生物的需氧量不同，一般为 25~100mmolO_2/（L·h）。同一种微生物的需氧量，随菌龄和培养条件不同而异。

氧是一种难溶气体，在 25℃、0.1MPa 下，空气中的氧在水中的溶解度为 0.25mmol/L，在发酵液中的溶解度只有 0.22mmol/L，而发酵液中的大量微生物耗氧迅速［耗氧速率大于 25~100mmol/（L·h）］。因此，在好氧深层培养中，氧气的供应往往是发酵过程能否成功的重要限制因素之一。如果外界不能及时供给氧，这些溶氧只能维持微生物菌体 15~20s 的正常呼吸，随之就会被耗尽，微生物的呼吸就会受到抑制。呼吸强度与溶氧的关系如图 8-12 所示。在发酵过程中，微生物只能利用溶解状态下的氧，因此，就必须采取强化供氧。在实验室和小规模发酵培养过程中，可以通过摇瓶机的往复运动或偏心旋转运动对摇瓶中的微生物供氧；对大规模生产的发酵罐供氧采用通入无菌空气的方式。

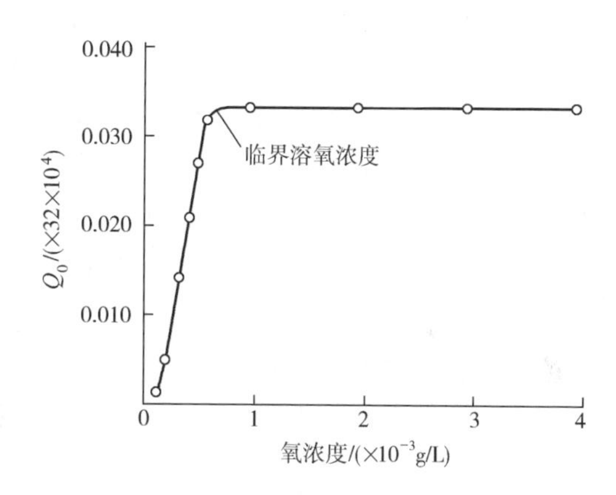

图 8-12　呼吸强度与溶氧的关系

在培养过程中不需要使溶氧浓度达到或接近饱和值，而只要超过某一临界溶氧浓度即可。所谓临界溶氧浓度就是当培养基不存在其他限制性时，能满足微生物呼吸的发酵液中最低溶氧浓度，用 C_{cr}表示。某些微生物的临界氧浓度如表 8-10 所示。在临界溶氧浓度以下，微生物的呼吸速率随溶解氧浓度降低而显著下降，好氧微生物临界氧浓度大约是饱和浓度的 1%~25%。据报道，次级代谢产物青霉素发酵的临界氧浓度为5%~10%，低于此值就会给青霉素合成带来损失，时间越长，损失越大。因此，在发酵过程中，只有使溶氧浓度高于其临界值，才能维持菌体的最大比摄氧率，得到最大的产物合成量，如果溶氧浓度低于临界值，则菌体代谢可能会受到干扰。

表 8-10　　某些微生物的临界氧浓度

微生物	温度/℃	c_{cr}/（mol/L）	微生物	温度/℃	c_{cr}/（mol/L）
固氮菌	30	0.018~0.049	酿酒酵母	20	0.0037
大肠杆菌	37.8	0.0082	产黄青霉	24	0.0022
脱氧假单胞菌	30	0.009	米曲霉	30	0.002

2. 溶氧对发酵的影响

发酵工业的目标主要是得到菌体发酵的产物而不是菌体本身。溶氧的大小对菌体生长、产物的形成及产量都会产生不同的影响。如谷氨酸发酵，供氧不足时，谷氨酸积累就会明显降低，产生大量乳酸和琥珀酸。又如薛氏丙酸菌发酵生产维生素 B_{12}中，维生素 B_{12}的组成部分咕啉醇酰胺（又称 B 因子）的生物合成前期的两种主要酶就受到氧的阻遏，限制氧的供给，才能积累大量的 B 因子，B 因子又在供氧的条件下才转变成维生素 B_{12}，因而采用厌氧和供氧相结合的方法，有利于维生素 B_{12}的合成。对抗生素发酵来说，氧的供给就更为重要。如金霉素发酵，在生长期短时间停止通风，就可能影响菌体在生产期的糖代谢途径，由 HMP 途径转向 EMP 途径，使金霉素产量减少。金霉素 C_6上的氧还直接来源于溶氧，所以溶氧对菌体代谢和产物合成都有影响。

初级代谢的氨基酸发酵，需氧量的大小与氨基酸的合成途径密切相关。根据发酵需氧要求不同可分为三类：第一类有谷氨酸、谷氨酰胺、精氨酸和脯氨酸等谷氨酸系氨基酸，它们在菌体呼吸充足的条件下，产量才最大，如果供氧不足，氨基酸合成就会受到强烈的抑制，大量积累乳酸和琥珀酸；第二类，包括异亮氨酸、赖氨酸、苏氨酸和天冬氨酸，即天冬氨酸系氨基酸，供氧充足可得最高产量，但供氧受限，产量受影响并不明显；第三类，有亮氨酸、缬氨酸和苯丙氨酸，仅在供氧受限、细胞呼吸受抑制时，才能获得最大量的氨基酸，如果供氧充足，产物的形成反而受到抑制。

氨基酸合成的需氧程度产生这些差别的原因，是由它们的生物合成途径不同所引起的，不同的代谢途径产生不同数量的 NAD（P）H，当然再氧化所需要的溶氧量也不同。由此可知，供氧大小是与产物的生物合成途径有关。

综上所述，好氧发酵并不是溶氧愈大愈好，溶氧太大有时反而抑制产物的形成。为此，就需要由实验来确定每一种发酵产物的临界氧浓度和最适溶氧浓度，并使发酵过程保持在最适溶氧浓度。

（二）发酵过程中溶氧的变化及异常现象

1. 发酵过程中溶氧变化规律

在确定的设备和发酵条件下，每种微生物发酵的溶氧浓度变化都有一定的规律。一般说来，在分批发酵过程中，溶氧变化的规律：在无溶氧控制情况下，溶氧浓度的变化呈现“波谷现象”。如图 8-13 和图 8-14 所示。

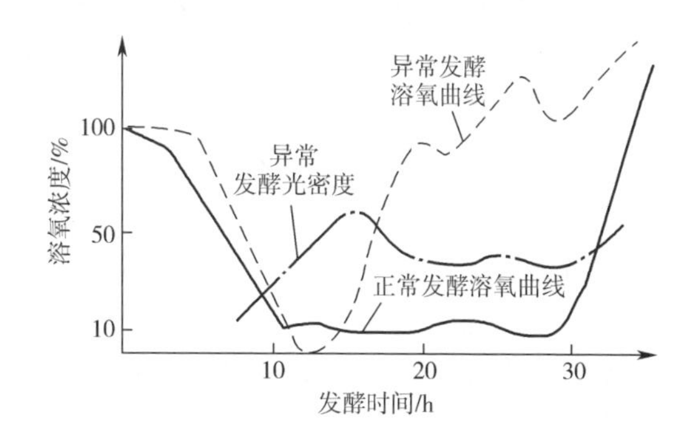

图 8-13 谷氨酸发酵时正常和异常溶氧曲线

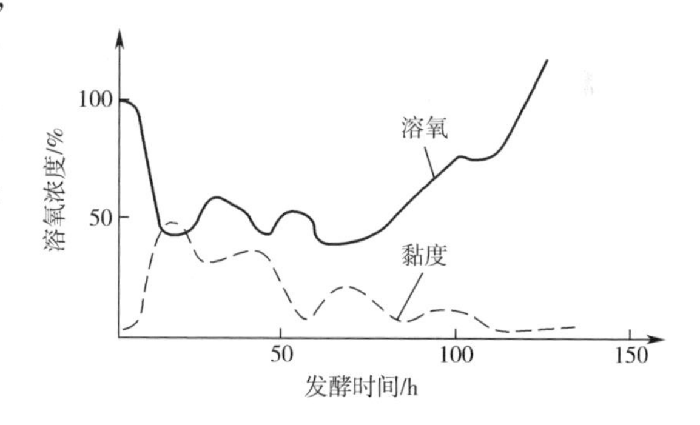

图 8-14 红霉素发酵时溶氧和黏度的变化曲线

发酵初期，即停滞期和对数生长期，菌体大量繁殖，氧气消耗大，此时需氧超过供氧，溶氧明显下降，出现一个低谷（如谷氨酸发酵的溶氧低谷在发酵后 10~20h，抗生素在发酵后 10~70h），对应地，菌体的摄氧率同时出现一个高峰，随着发酵液中菌体浓度的不断上升，黏度一般在这个时期也会出现一高峰阶段，说明生产菌此时正处在对数生长期。溶氧曲线中低谷出现的时间和低谷的溶氧浓度随菌种、工艺条件和设备供氧能力不同而异。

过了生长阶段，进入产物合成期，需氧量有所减少，这个阶段的溶氧水平相对比较稳定，但受补料、加油等工艺控制手段的影响较大。如补糖，则摄氧率增加，溶氧浓度下降，经过一段时间后又逐步回升，若继续补糖，溶氧浓度甚至会降到临界氧浓度以下，而成为生产的限制因素。

发酵后期由于菌体衰老和大量死亡，呼吸强度减弱，溶氧浓度也会逐步上升，一旦菌体自溶，溶氧浓度就会明显地上升。

2. 溶氧的异常现象

在发酵过程中，有时出现溶氧明显降低或明显升高的异常变化，常见的是溶氧下降。引起溶氧异常下降原因可能有：①污染好气性杂菌，大量的溶氧被消耗掉，可能使溶氧在较短时间内下降到零附近，跌零后长时间不回升；②菌体代谢发生异常现象，需氧增加，溶氧下降；③某些设备或工艺控制发生故障或变化，搅拌功率变小或搅拌速度变慢，影响供氧能力，使溶氧降低；④消泡剂因自动加油器失灵或人为加量太多，也会引起溶氧迅速下降。

引起溶氧异常升高的原因：在供氧条件没有发生变化的情况下，主要是耗氧出现改变，如菌体代谢出现异常，耗氧能力下降，使溶氧上升；特别是污染烈性噬菌体，影响最为明显，生产菌尚未裂解前，呼吸已受到抑制，溶氧有可能上升，直到菌体破裂后，完全失去呼吸能力，溶氧就直线上升。

另外，培养菌的正常生长过程也可能会引起溶氧的迅速下降或上升，而且有的产品在培养过程中要人为控制溶氧，比如搅拌转速、空气压力、通气量等都会直接影响溶氧的变化。因此，不能简单地把溶氧变化作为发酵异常的指示。

当然，在其他工艺条件不变的情况下，通过发酵液中溶氧的异常变化曲线与正常溶氧变化曲线的对比，我们能及时了解和分析微生物生长代谢是否正常，工艺控制是否合理，设备供氧能力是否充足等问题，帮助我们查找发酵不正常的原因和控制好发酵生产。

（三）氧的传递

在深层培养中进行通气供氧时，氧气从气泡传递至细胞内，需要克服一系列阻力，首先氧必须从气相溶解于培养基中，然后传递到细胞内的呼吸酶位置上而被利用。氧从气泡到细胞的传递过程如图 8-15 所示。

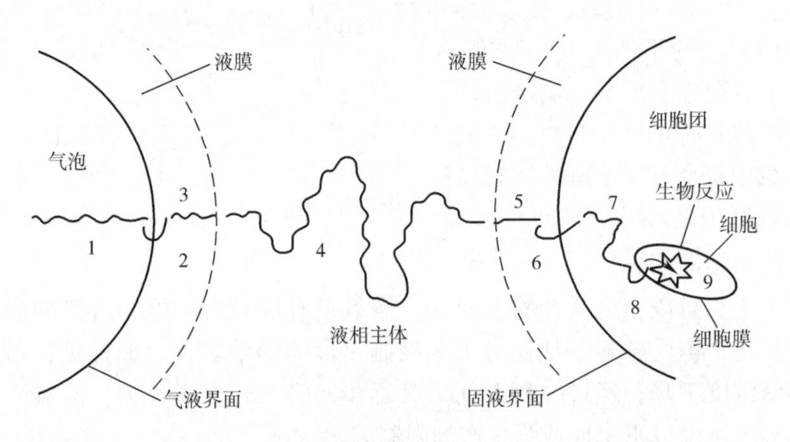

图 8-15　氧从气泡到细胞的传递过程示意图（氧传质双膜理论）
1~4—供氧的传质阻力　5~9—耗氧方面的传质阻力

由于氧是难溶于水的气体，所以在供氧方面液膜阻力是氧溶于水时的限制因素，若使气泡和液体充分混合而产生湍动可以减少这方面的阻力。在耗氧方面，根据实验表明，液体主流和细胞壁上氧的浓度差很小，说明氧通过细胞周围液膜的阻力是很小的，所以主要阻力来自于菌丝丛内与细胞膜阻力，但搅拌可减少这方面的阻力。

1. 气体溶解过程的双膜理论

在气泡与包围着气泡的液体之间存在着界面，在界面的两旁具有两层稳定的薄膜，即气泡一侧为气膜，液体一侧为液膜。氧气分子以扩散方式，借浓度差而透过双膜。

氧从空气主流扩散到气液界面的推动力是空气中氧的分压力与界面处氧分压之差，即$p-p_i$，氧穿过界面溶于液体，继续扩散到液体中的推动力是界面处氧的浓度与液体中氧浓度之差，即c_i-c_L。

在气液界面上，气液两相的浓度总是互相平衡（空气中氧的分压与溶于液体中的氧浓度处于平衡状态）。双膜理论的气液接触界面附近氧分压与浓度的变化如图8-16所示。

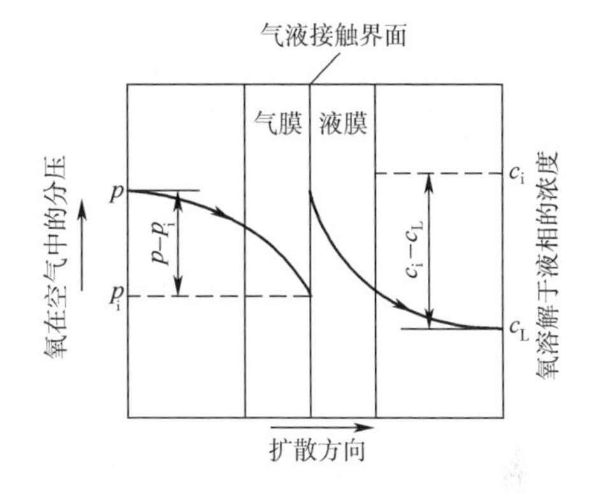

图8-16　双膜理论的双模及气液接触

2. 氧的传递速率方程

在单位体积培养液中，氧的传递速率计算公式为

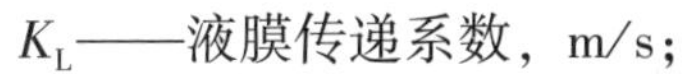

$$OTR=K_La\ (c^*-c_L)$$

式中　OTR——单位体积培养液的溶氧速率，mmol/（m^3·h）；

a——比表面积（单位体积溶液中所含有的气液接触面积），m^2/m^3；

K_L——液膜传递系数，m/s；

K_La——以浓度差为推动力的液相体积溶氧系数，h^{-1}；

c^*——与气相氧分压平衡的液相溶氧饱和浓度，$mmol/m^3$；

c_L——液相主体中的溶氧浓度，$mmol/m^3$。

上述公式是从双膜理论推导出的在通气液体中氧传递速率的公式，在氧传递理论中被广泛采用。K_La是反映发酵设备供氧能力的一个重要参数，可以作为一个整体测定。c_L有一定的工艺要求，所以可以通过K_La和c^*来调节，调节K_La是最常用的方法。

（四）发酵液中溶氧的控制

发酵液的溶氧浓度，是由供氧和需氧两方面所决定的。因此要控制好发酵液中的溶氧，需从供氧和需氧这两方面着手。

在供氧方面，主要是设法提高氧的传递推动力和氧传递速率常数，因此影响供氧效果的主要因素：空气流量（通风量）、搅拌转速、气体组分中的氧分压、罐压、温度、培养基的物理性质等；影响需氧的则是菌体的生理特性、培养基的丰富程度、温度等。

1. 供氧的控制

控制发酵液中溶氧的手段从供氧方面大致有以下几个方面。

（1）调节通风与搅拌氧传递系数 K_La 是随通风量的增加而增大的。当增加通风量时，空气的线速度增大，从而增加了溶氧，K_La 相应增大。在低通风量的情况下，增大通风量对提高溶氧浓度有十分显著的效果。工业生产中，发酵罐及其配套设备经过设计、加工、安装及运行后，许多影响供氧效果的因素基本固定不变，因此，调节通风量成为好氧发酵中控制溶氧的主要手段。工业发酵过程中，通过调节发酵罐的进气阀门和排气阀门的开度以完成调节通风量的操作，从而满足微生物在不同发酵阶段的需氧量，具体如图 8-17 所示。

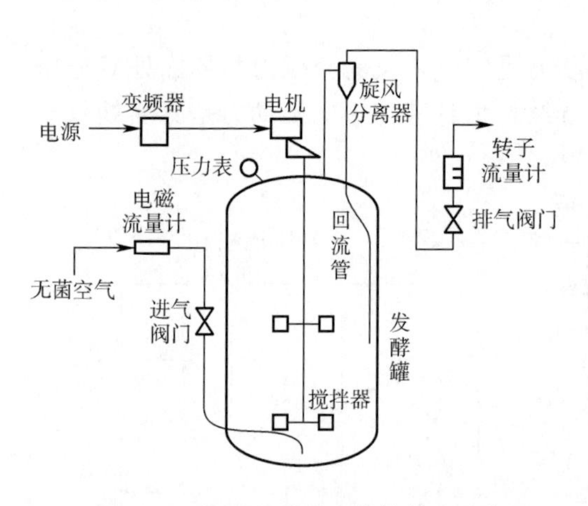

图 8-17　调节通风量和搅拌转速示意图

如图 8-18 所示为国内某企业在 360m³ 发酵罐上一批谷氨酸生产的通风量控制曲线，基本反映谷氨酸发酵过程中通风量控制的一般规律，但即使是同一产品相同的工艺，实际发酵情况仍容易出现波动，其影响因素很多，包括种子质量、接种量、原料来源及发酵过程的各种条件等的差异性，生产中很难采用一个固定的通风量控制模式，需要根据实际耗氧情况进行灵活调节。

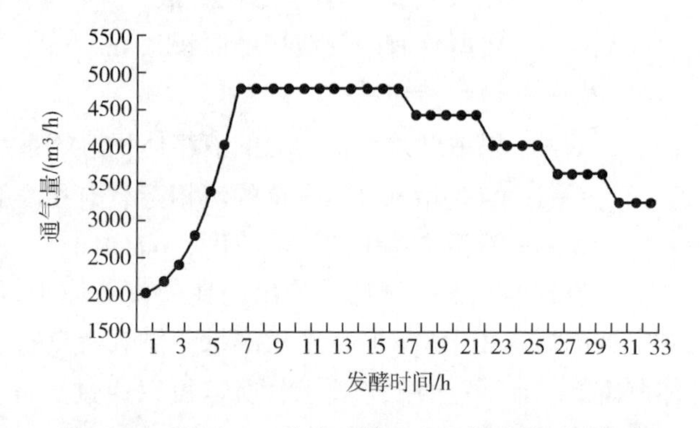

图 8-18　某厂 360m³ 发酵罐生产谷氨酸的通风规律

通入发酵罐中的无菌空气的流量常用转子流量计测定。流量计中浮动转子的位置可以通过电容或电阻原理转换为电信号，经过放大之后启动控制器便可实现气体流量控制自动化。转子流量计及原理如图 8-19 所示。

在通风过程中，当空气流速增大到一定程度，如不改变搅拌转速，则会降低搅拌功率，甚至发生“过载”现象，会使搅拌桨叶不能打散空气，气流形成大气泡在轴的周围逸出，反而使 K_La 降低。

搅拌转速对 K_La 值具有很大的影响，对于带有机械搅拌的通风发酵罐，搅拌能把大的空气泡打成微小气泡，增加了接触面积，而且小气泡的上升的速度要比大气泡慢，因此接触时间也增长。搅拌使液体作涡流运动，使气泡做螺旋运动上升，增加了气液的接触时间。搅拌使发酵液呈湍流运动，从而减少了气泡周围液膜的厚度和液膜阻力，因而增大了 K_La。搅拌使菌体分散，避免结团，有利于固液传递过程中的接触面积增加，使推动力均一。

因此，在发酵过程中，调节搅拌转速与通风量协调完成溶氧的控制。由于发酵罐容积越大，氧利用率越高，因而，大型发酵罐可以在较低的搅拌转速和通风比的条件，使供氧和溶氧量达到工艺要求。谷氨酸发酵时不同容积发酵罐的搅拌转速和通风比如表 8-11 所示。

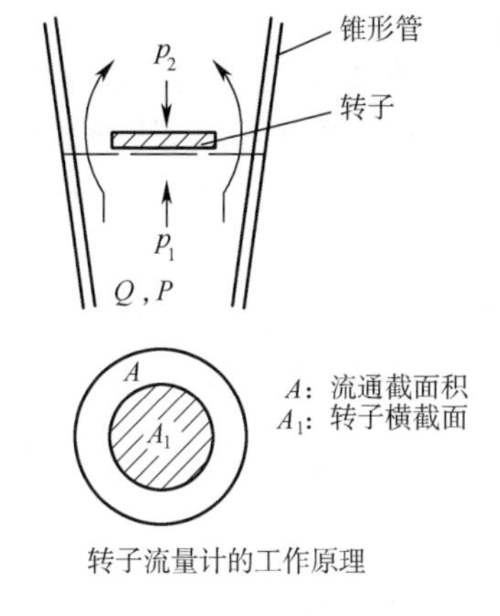

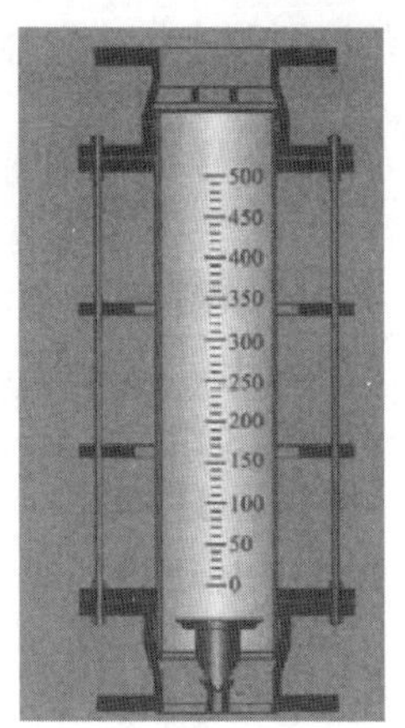

图 8-19　转子流量计及原理示意

表 8-11　谷氨酸发酵时不同容积发酵罐的搅拌转速和通风比

发酵罐容积/m³	0. 05	0. 5	5	10	20	50
搅拌转速 /（r/min）	550	300	185	160	140	110
通风比 /［m³/（m³·min）］	1：(0. 5~0. 6)	1：0. 3	1：(0. 18~0. 2)	1：(0. 16~0. 17)	1：0. 15	1：0. 12

搅拌转速一般应用磁感应式、光感应式传感器或测速发电机来实现检测。磁感应式传感器结构如图 8-20 所示。

在通风发酵中，除了用搅拌将空气分散成小气泡外，还可用空气分布管来分散空气。空气分布管的形式、喷口直径及管口与罐底的相对位置都对氧溶解速率有较大的影响。

了解通气搅拌对发酵的影响，最简便有效的办法便是就地测量发酵液中氧的浓度。从氧浓度变化曲线可以看出氧供需的规律及对生产的影响。

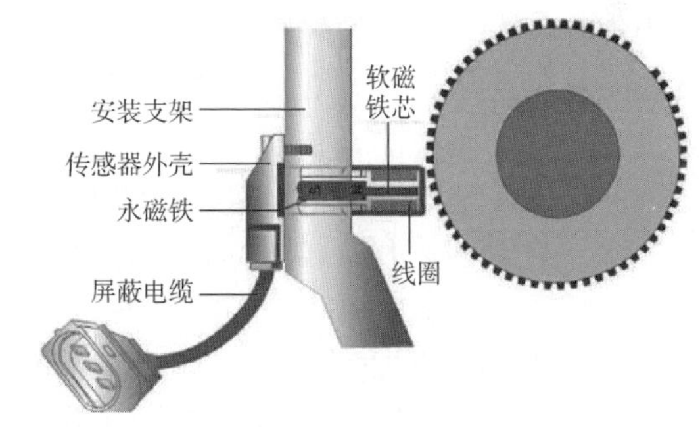

图 8-20　磁感应式传感器结构示意

（2）改变气体组成中的氧分压

用通入纯氧方法来改变空气中氧的含量，提高了 c^* 值，因而提高了供氧能力。纯氧成本较高，但对于某些发酵需要时，加入纯氧是有效而可行的。黄原胶生产属高需氧量发酵，在发酵过程中需要连续供氧，由于发酵液的黏度大，供氧成为黄原胶发酵的限制性因子，实践发现，在发酵过程中通入纯氧，可以提高约 40%

的黄原胶产量。

(3) 改变罐压　提高氧在溶液中的溶解度最简单的方法是增加罐压。增加罐压实际上就是改变氧的分压来提高 c^*，从而提高供氧能力。不过增加罐压是有一定限度的，主要原因：①提高罐压就要相应地增加空压机的出口压力，也就是增加了动力消耗；②整个设备耐压性都要提高；③二氧化碳的分压也相应增加，且由于二氧化碳的溶解度比氧大得多，不利于液相中二氧化碳的排出，还会使培养液的 pH 发生变化，而影响细胞的生长和产物的代谢。

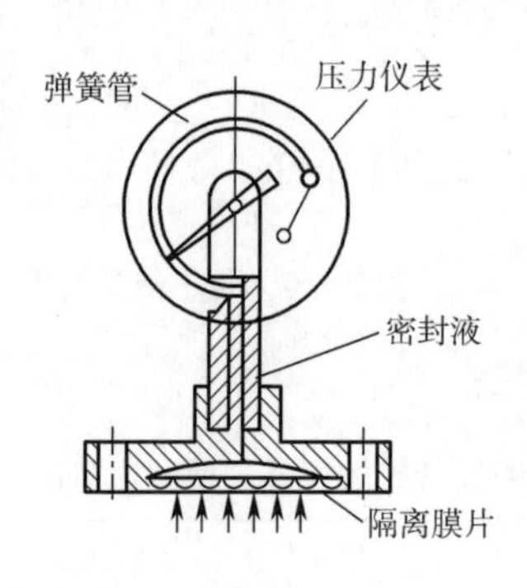

图 8-21　隔膜式压力表

调节罐压可以通过调节总供气压力、发酵罐的进气阀门以及排气阀门的开度来实现。好氧发酵生产中，罐压一般为 0.05~0.1MPa（表压），罐压直接通过安装在罐上的压力表读出。隔膜式压力表及结构如图 8-21 所示。

(4) 改变发酵液的理化性质　在发酵过程中，由于微生物的生命活动，分解并利用培养液中的基质，大量繁殖菌体，积累代谢产物等都引起发酵液的性质的改变，特别是黏度、表面张力、离子浓度、密度、扩散系数等，从而影响到气泡的大小、气泡的稳定性，进而对 K_La 带来很大的影响。

2. 需氧的控制

微生物的耗氧量常用呼吸强度和耗氧速率两种方法来表示。影响微生物耗氧的因素有菌体浓度、菌龄、基质种类和浓度及培养条件，其中以菌体（细胞）浓度影响最明显。菌体（细胞）浓度，简称菌浓，是指单位体积培养液中菌体的含量。

一是依靠调节培养基的浓度来控制菌浓。首先确定基础培养基配方中有适当的配比，避免产生过浓（或过稀）的菌体量。然后通过中间补料来控制，如当菌体生长缓慢、菌浓太稀时，则可补加一部分磷酸盐，促进生长，提高菌浓；但补加过多，则会使菌体过分生长，超过临界浓度，对产物合成产生抑制作用。

二是利用菌体代谢产生的二氧化碳量来控制生产过程的补糖量，或利用溶氧的变化自动控制补糖速率，以控制菌体的生长率和浓度，保证产物的比生长速率维持在最大值，又不会使需氧大于供氧。

(五) 溶氧控制在发酵过程控制中的应用

溶氧控制作为发酵中间控制的手段之一。国内外都有将溶氧、pH 和补糖综合控制用于青霉素发酵的成功例子。控制的原则是补糖速率正好使生产菌处于所谓

“半饥饿状态”，使其仅能维持正常的生长代谢，即把更多的糖用于产物合成，并且其摄氧率不至于超过设备的供氧能力 K_La。

溶氧控制可以采用溶氧和补糖控制系统以及溶氧和 pH 控制系统。溶氧和补糖控制系统中，加糖阀由控制器操纵。当培养液的溶氧高于控制点时，加糖阀开大，糖的利用需要消耗更多的氧，导致溶氧读数下跌；反之，加糖速率便自动减小，摄氧率也会随之降低，引起溶氧读数逐渐上升。

（六）溶氧的测定

目前，发酵过程中溶氧测定大多采用氧传感器来测定，氧传感器又称氧电极，发酵罐中使用的是可蒸汽灭菌的溶氧电极。溶氧电极可分为极谱型和原电池型，如图 8-22 所示。极谱型需极化电压及放大器，耗氧少，受气流影响小；原电池型简单便宜，适于中小罐，耗氧较大，受气流和气泡影响大。

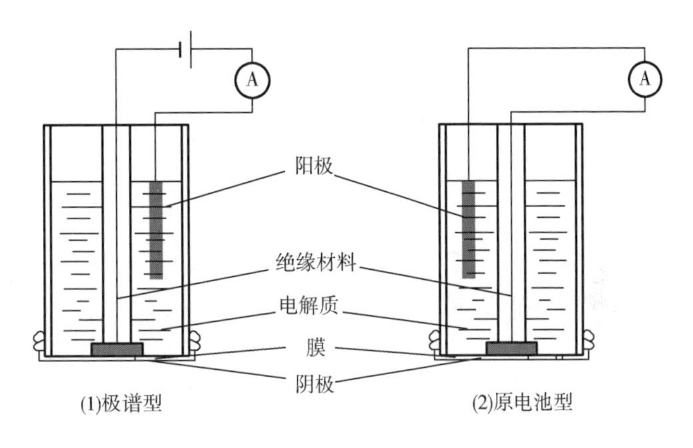

图 8-22　溶氧电极示意图

大多数商品氧电极以 Pt 为阴极（铂电极），以 Ag/AgCl 为阳极（银电极），两极的空间充入电解液（KCl 或 KOH 电解液），探头顶端被聚四氟乙烯薄膜（或硅酮膜）覆盖，这种塑料薄膜只允许溶氧透过而不透过水及离子。典型的极谱型的复膜氧电极的构造如图 8-23 所示。

将探头浸入被测培养液进行溶氧测定时，氧通过膜扩散进入电解液与阴极和阳极构成测量回路。当外加一极化电压（0.6~0.8V）而在两极间产生电位差，在有氧存在的情况下，在电极上将产生选择性的氧化-还原反应，电子转移产生了正比于样品中氧分压的电流，将氧的信号转变成电信号，电极产生的电流强度与被测培养液中的氧分压成正比。被测培养液中溶氧浓度越高，穿过透氧膜和电解液到达阳极的氧分子越多，产生的电流越大，从而建立了传感器产生的电流与培养液中溶氧浓度的关系。测得电流的大小，便可知被测样品中的溶氧浓度。整个反应过程：

阳极：　$4Ag+4Cl^- \rightarrow 4AgCl\downarrow +4e$

阴极：　$O_2+2H_2O+4e \rightarrow 4OH^-$

使用复膜氧电极前，应进行两点标定：

①零点标定将 DO 电极的前端放在无氧水中（一般采用新配的饱和 Na_2SO_3 溶

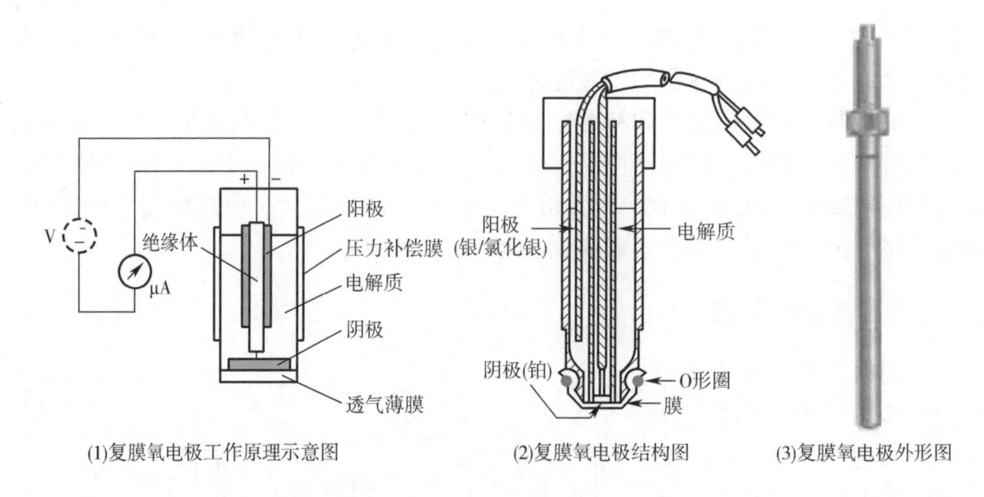

(1)复膜氧电极工作原理示意图　(2)复膜氧电极结构图　(3)复膜氧电极外形图

图 8-23　复膜氧电极

液放置 20min 左右后作无氧状态的溶液），将电极放入该溶液中，显示仪表上可见溶氧浓度下降，待下降稳定后，调节零点旋钮显示零值。

②饱和校正（满刻度）可以采用空气饱和水校准法。用水冲洗电极，插入水中，通气搅拌一段时间，显示仪表上可见溶氧浓度上升，待稳定后，调节满刻度旋钮至 100%，即为饱和值。

发酵罐中 DO 电极的标定方法：在培养基灭菌后，在搅拌、通气和培养温度下将空气饱和度的显示调为 100%，待其稳定后便接种，接种后不能再调，直到发酵结束。因此，发酵过程中 DO 电极显示的读数实际上是标定时溶解氧含量的百分数。使用溶氧电极时，对读数产生影响的有 3 个物理参数：搅拌、温度和压力。因此，当发酵罐温度、压力、通气搅拌以及发酵液的组成一定时，测得的溶氧的相对含量能反映菌的代谢变化和对产物合成的影响。

六、基质对发酵的影响及补料控制

基质即培养微生物的营养物质。采用补料控制工艺，可补加的物料包括：补充菌体需要的碳源和氮源，补充微量元素或无机盐。

（一）碳源对发酵的影响及控制

1. 碳源种类

快速利用的碳源有葡萄糖、蔗糖等，能迅速参与菌体繁殖、释放能量和代谢合成，并产生分解产物，但有的分解代谢产物对产物的合成可能产生阻遏作用。缓慢利用的碳源，多数为聚合物、淀粉等，为菌体缓慢利用，有利于延长代谢产物的合成，特别有利于延长抗生素的分泌期。

青霉素发酵中，在迅速利用的葡萄糖培养基中，菌体生长良好，但青霉素合成量很少；相反，在缓慢利用的乳糖培养基中，青霉素的产量明显增加。缓慢滴加葡萄糖以代替乳糖，仍然可以得到良好的结果。因此，糖的缓慢利用是青霉素合成的关键因素。糖对青霉素生物合成的影响如图 8－24 所示。

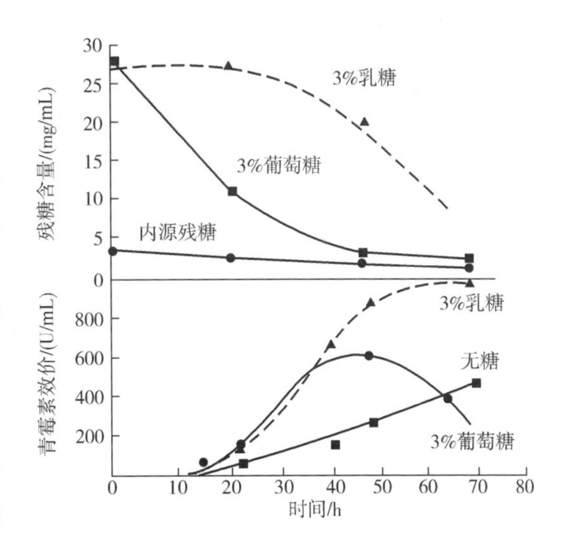

图 8-24　糖对青霉素生物合成的影响曲线

因此，要合理使用迅速利用的碳源，在工业上，发酵培养基中常采用含迅速利用和缓慢利用的混合碳源。

2. 碳源浓度

营养过于丰富对菌体的代谢、产物的合成及氧的传递都会产生不良的影响。若产生阻遏作用的迅速利用的碳源用量过大，则产物的合成会受到明显的抑制；反之，仅仅供给维持量的碳源，菌体生长和产物合成就都停止。例如，黑曲霉柠檬酸发酵，在蔗糖浓度 15%～18%时，蔗糖同化率 97%；蔗糖浓度为 20%时，只同化 92%；蔗糖浓度低于 10%，产柠檬酸少，积累草酸；蔗糖浓度低于 2. 5%，不产柠檬酸。

3. 补糖控制

补糖方式可以采用连续流加，也可以采用少量多次间歇补入或大量少次补入等方式。碳源的浓度优化控制可以采用经验法，根据不同代谢类型来确定补糖时间、补糖量和补糖方式；也可以采用动力学法，根据菌体的比生长速率、糖比消耗速率及产物的比生成速率等动力学参数来控制。

在某一浓度下碳源会阻遏一个或更多的负责产物合成的酶，这称之为碳分解代谢物阻遏。头孢菌素 C 生物合成途径中的关键酶去乙氧头孢菌素 C 合成酶对碳分解代谢阻遏物很敏感，葡萄糖还阻遏头孢菌素 C 生物合成中的另一关键酶 δ-（α-氨基己二酰胺）-半胱氨酰-缬氨酸合成酶。避免分解代谢物阻遏的一种办法是使补入碳源的速率等于其消耗的速率，另一种办法是使用非阻遏性碳源，如除葡萄糖以外的其他单糖、寡糖、多糖或油等。

补糖量要与消耗平衡，维持稳定的糖浓度，补糖时机很重要。谷氨酸追加糖液发酵，当菌体处在生长对数期后进入产酸期，糖浓度在 2%左右时，连续流加糖液，维持 2%左右的糖浓度；发酵中后期为保证产生次级代谢产物，有意使菌体处于半饥饿状态，在营养限制的条件下，维持产生次级代谢产物的速率在较高水平。

补糖时机过早，刺激生长，加速糖利用；过迟，所需能量跟不上。以四环素发酵中补加葡萄糖为例，如图 8-25 所示为 3 个不同时间加糖的效果。第 I 种补料时机适当（在接种45h后加），发酵96h单位在10000μg/mL以上；第Ⅱ种加糖时间过晚（接种后62h开始加）；第Ⅲ种加糖时间过早（接种后20h后加），其发酵96h的单位与不加糖的对照组相近，为6000μg/mL左右，并没有显示补糖的重要性。

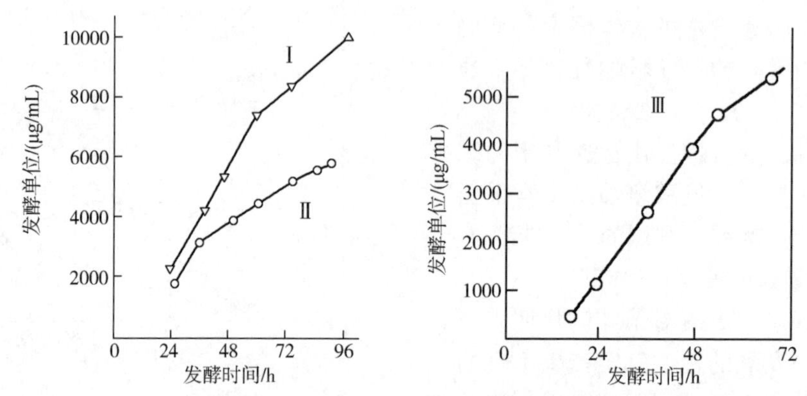

图8-25　加糖时间对四环素发酵单位的影响

Ⅰ. 加糖时间适当；Ⅱ加糖时间过晚；Ⅲ加糖时间过早

判断补糖时机不能单纯以培养时间作为依据，还要根据基础培养基中碳源的种类、用量和消耗速度、前期发酵条件、菌种特性、种子质量等因素判断，因此根据代谢变化，如残糖含量、pH或菌体形态等来考虑，比较切合实际。

（二）氮源对发酵的影响及控制

氮源主要影响产物合成的方向和产量，如谷氨酸发酵，NH_4^+供应不足，促使形成α-酮戊二酸；NH_4^+过量，促使谷氨酸转变成谷氨酰胺。因此，控制适量的NH_4^+浓度，才能使谷氨酸产量达到最大。

快速利用的氮源，如氨基酸、铵盐、氨水及玉米浆等，容易被菌体利用，促进菌体生长，但对某些代谢产物的合成，特别是某些抗生素的合成产生调节作用，影响产量。如链霉菌的竹桃霉素发酵中，采用促进菌体生长的铵盐浓度，能刺激菌丝生长，但抗生素产量下降。铵盐还对柱晶白霉素、螺旋霉素、泰洛星等的合成产生调节作用。

缓慢利用的氮源，如酵母粉（膏）、黄豆饼粉、尿素等，能延长代谢产物的分泌期、提高产物的产量。但一次投入也容易促进菌体生长和养分过早耗尽，以致菌体过早衰老而自溶，缩短产物的分泌期。为此，可通过补料的方式来解决，例如，青霉素发酵，后期出现糖利用缓慢、菌体浓度变稀、菌丝展不开、pH下降的现象，补加尿素溶液可改善这种状况并提高发酵单位。

发酵培养基一般选用含有快速利用和缓慢利用的混合氮源，如，氨基酸发酵用铵盐（硫酸铵或醋酸铵）和麸皮水解液、玉米浆。链霉素发酵采用硫酸铵和黄豆饼粉。除了基础培养基中的氮源外，往往还需要在发酵过程中补加氮源来控制浓度，调节 pH。

（三）磷酸盐对发酵的影响及控制

磷是构成蛋白质、核酸和 ATP 的必要元素，是微生物菌体生长繁殖和合成代谢产物所必需的。在发酵过程中，微生物从培养基中摄取的磷一般以磷酸盐的形式存在。因此，在发酵工业中，磷酸盐的浓度对菌体的生长和产物的合成有一定的影响。

磷酸盐浓度的控制，一般是在基础培养基中采用适当的浓度。发酵所需磷的适当浓度取决于菌种特性、培养条件、培养基组成和来源等因素，还要结合当地的具体条件和使用的原材料进行实验确定。如四环素发酵，菌体生长最适的磷浓度为 65～70μg/mL，而四环素合成最适磷浓度为 25～30μg/mL。青霉素发酵，0.01%的磷酸二氢钾为好。一般来说，微生物生长良好所允许的磷酸盐浓度为 0.32～300mmol/L，次级代谢产物合成良好所允许的最高平均浓度仅为 1.0mmol/L。

除上述主要基质外，还有其他培养基成分（如某些金属离子）影响发酵。例如，在以醋酸为碳源的培养基中，Cu^{2+}能促进谷氨酸产量的提高。Mn^{2+}对芽孢杆菌合成杆菌肽等次级代谢产物具有特殊的作用，必须使用其足够的浓度才能促进杆菌肽的合成等。

总之，发酵过程中，控制基质的种类及其用量是发酵能否成功的关键，必须根据产生菌的特性和各个产物合成的要求，进行深入细致的研究，方能取得良好的结果。

七、菌体对发酵的影响及控制

（一）菌体浓度的影响及控制

菌体浓度的大小，在一定条件下，不仅反映菌体细胞的多少，而且反映菌体细胞生理特性不完全相同的分化阶段。无论在科学研究上，还是工业发酵控制上，它都是一个重要的参数。

1. 菌体浓度的影响

主要体现在影响产物产率和发酵液溶氧两方面。

在适当的比生长速率下，发酵产物的产率与菌体浓度成正比关系，但菌体浓度过高，会对发酵产生多种不利影响，可能改变菌体的代谢途径，特别是对培养液中溶氧的影响较明显。为获得最高的生产率，需要采用摄氧速率与传氧速率相平衡的菌体浓度，最好维持在临界菌体浓度。在抗生素生产中，如何确定并维持临界菌体浓度是提高抗生素生产能力的关键。

发酵过程中随着菌体浓度的增加，培养液的摄氧率按比例增加，但表观黏度也增加，使氧的传质速率减少，当摄氧速率大于供氧速率时，发酵液溶氧浓度就会减少，并成为限制性因素。比如，早期酵母发酵，出现过代谢途径改变、酵母生长停滞、产生乙醇的现象；抗生素发酵中，也受溶氧限制，使产量变低。

2. 菌体浓度的控制

菌体浓度的大小与菌体生长速率有密切关系，而菌体生长速率与环境条件和自身遗传因素有关，在这些影响因素中，通过改变培养基浓度及中间补料来控制菌体浓度是发酵过程中主要的措施。首先确定基础培养基中有适当的配比，避免产生过浓（或过稀）的菌体量。然后通过中间补料来控制，如当菌体生长缓慢、菌浓太稀时，则可补加一部分磷酸盐，促进生长，提高菌浓；但补加过多，则会使菌体过分生长，超过临界浓度，对产物合成产生抑制作用。

3. 菌体浓度的检测

工业发酵过程中菌体浓度的测定方法常用的有浊度法、干重法、湿重法等。

浊度法用于澄清发酵液中非丝状菌的菌体浓度的测定。通常取发酵 420~600nm 波长范围内测定光密度（OD）。吸光度要求控制在 0.3~0.5 范围内，此时吸光值与细胞浓度呈线性关系，故对于较浓发酵液需稀释在此范围内测量。

干重法测定时，取一定体积的发酵液离心或过滤，洗去滤渣上可溶物质后，105℃烘至恒重称量即得干细胞重。对于不含不溶性固形物的发酵液重现性好，对含有不溶性固形物或者油质的培养液则难以得到准确结果。

湿重法主要指称取湿菌体质量。取一定体积发酵液，用自然沉降或离心沉降法测定沉降物的湿体积或湿质量，此法只能作为细胞浓度的粗略估计。

（二）菌丝形态的影响及控制

如青霉素生产，生产菌生长一般分为：Ⅰ. 孢子发芽，Ⅱ. 菌丝增殖，Ⅲ. 菌丝分枝旺盛，出现脂肪颗粒，Ⅳ. 菌丝生长减缓，细胞内出现小气泡，Ⅴ. 气泡增大，颗粒消失，产物形成，Ⅵ. 气泡延伸，菌丝自溶。青霉素培养过程中菌丝形态变化如图 8-26 所示。

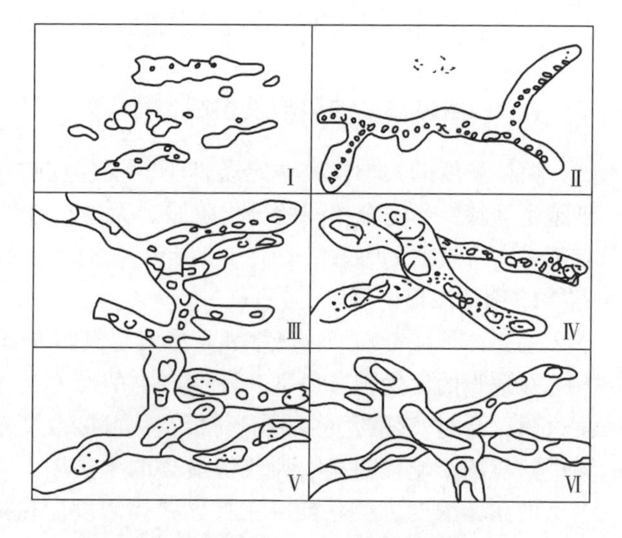

图 8-26 青霉素培养过程中菌丝形态变化

菌丝形态能够影响青霉素的生产。在长期的菌株改良中，青霉素产生菌分化为主要呈丝状生长和结球生长两种形态。前者由于所有菌丝体都能充分和发酵液中的基质及氧接触，故一般比生产速率高；后者则由于发酵液黏度显著降低，使气-液两相间氧的传递速率大大提高，从而促进更多的菌丝生长，发酵罐体积产率甚至高于前者。在丝状菌发酵中，控制菌丝形态使其保持适当的分支和长度，并避免结球，是获得高产的关键要素之一；而在球状菌发酵中，使菌丝球保持适当大小和松紧，并尽量减少游离菌丝的含量，也是充分发挥其生产能力的关键因素之一。

青霉素生产中，可通过观察菌丝形态变化来控制发酵。按规定时间从发酵罐中取样，根据“镜检”中菌丝形态和代谢变化的指标调节发酵温度，通过追加糖或补加前体等各种措施来延长发酵时间，以获得最多青霉素。当菌丝中空泡扩大、增多及延伸，并出现自溶细胞，表明菌丝趋向衰老，青霉素分泌逐渐停止，菌丝形态上将要进入自溶期。因此，在菌体自溶期来临之前，立刻放罐，将发酵液迅速进行提取操作。

八、 泡沫产生的原因及控制

泡沫是气体被分散在少量液体中的胶体体系。发酵过程中所遇到的泡沫，其分散相是无菌空气和代谢气体，连续相是发酵液，泡沫间隔着一层液膜而被彼此分开不相连通。

在深层液体发酵过程中，发酵液中产生一定的泡沫是正常现象。但是，若泡沫过多，会给发酵带来不同程度的影响，主要表现在：①降低了发酵罐的装料系数（发酵罐实际装量与总容量之比）；②氧传递系数减少；③泡沫升至罐顶有可能从轴封处渗出，增加了污染的机会；④泡沫从排气管外逸，导致发酵液和产物的损失；⑤部分菌丝黏附在罐盖上而失去作用；⑥影响通气和搅拌。

（一）泡沫形成的因素

发酵过程一般存在两种类型的泡沫：一类存在于发酵液的液面上，泡沫与液体主流存在于一个明显的界面，易破碎，泡沫体积较大。这种泡沫通常产生于发酵前期的发酵液或种子培养液中，如图 8-27 所示。另一种泡沫是出现在黏稠的菌丝发酵液当中，有人称之为流态泡沫。这种泡沫分散很细，且很均匀，较稳定，很难清除。影响发酵过程中泡沫产生的因素主要有以下几个方面。

图 8-27 发酵过程产生的泡沫

1. 通风量、搅拌转速

通风量越大，泡沫越多；搅拌转速越大，泡沫越多。

2. 培养基性质

基质中的有机氮源是起泡的主要因素，如蛋白胨、玉米浆、黄豆粉、酵母粉等是主要的发泡剂。还有一些对泡沫起稳定作用的物质，如葡萄糖起泡性较差，但它可以增加发酵液的黏度，稳定泡沫的存在。

3. 灭菌操作

灭菌过程中，灭菌的强度越大，其发酵液中的泡沫越多。这可能是由于灭菌的过程中，高温使得培养基中的糖、氨基酸形成了大量的类黑精，或者是形成了5-羟甲基糠醛。

4. 菌体生长代谢

通常在发酵初期，由于培养基中的大量的发泡物质的存在，使得泡沫较多，但这时的泡沫大，易破碎。随着菌体的大量的增殖，以及大量的发泡物质被消耗，发酵过程中有一段时间泡沫很少。当菌体进入对数生长期后，由于菌体呼吸强度的增加，泡沫越来越多。当菌体进入产物合成期后，发酵液的泡沫仍然继续增加，这主要是由于菌体合成的产物增加了发酵液的黏度。发酵后期，由于大量的菌体的死亡以及死亡菌体细胞的菌体自溶，使得发酵液中的大分子蛋白质浓度增加，泡沫更为严重。当发酵感染杂菌和噬菌体时，泡沫异常多。

（二）泡沫的控制

泡沫控制可以通过调整培养基中的成分（如少加或缓加易起泡的原材料）或改变某些物理化学参数（如 pH、温度、通气和搅拌）或者改变发酵工艺（如采用分次投料）来控制，以减少泡沫形成的机会，但这些方法的效果有一定的限度。还可以采用菌种选育的方法，筛选不产生流态泡沫的菌种，来消除起泡的内在因素，如杂交选育不产流态泡沫的土霉素生产菌株。对于已形成的泡沫，工业上可采用化学消泡剂消泡和机械消泡或两者同时使用消泡。

1. 化学消泡

所谓化学消泡，就是指向发酵液中流加一定量的消泡剂，利用其特殊性质消除泡沫的方法。发酵工业常用的消泡剂主要有天然油脂类、聚醚类、高级醇类（或酯类）及硅酮类（聚硅油）等4类，以天然油脂类和聚醚类最为常用。

（1）天然油脂类　早在20世纪50、60年代广泛使用，主要有玉米油、豆油、棉籽油、花生油等。其优点是价格便宜，来源较广泛，在中间加入后可以作为微生物的碳源使用。其缺点是不能够一次性加入过多，否则，各种油脂会被脂肪酶分解成各种脂肪酸，造成发酵液 pH 下降。另外，油脂易氧化，可能会对微生物的生长和代谢带来抑制作用。

（2）聚醚类　生产上应用较多的是聚氧乙烯氧丙烯甘油，又称为泡敌（GPE），其使用量在0.3%~0.35%，消泡能力为天然油脂的10倍以上。尽管消泡剂的种类很多，但是，目前大都是使用泡敌为消泡剂。

（3）高级醇类和酯类　高级醇类中的十八醇是常用的一种，可单独或与其他载体一起使用，它与冷榨猪油一起能有效控制青霉素发酵的泡沫。另外，聚乙二醇具有消泡效果持久的特点，尤其适用于霉菌发酵。苯乙醇油酸酯、苯乙酸月桂醇酯等在青霉素发酵中也具有消泡作用。

（4）硅酮类　主要是聚甲基硅氧烷及其衍生物，为无色液体，不溶于水。最常用的是聚二甲基硅氧烷，也称二甲基硅油。试验表明，硅酮类比较适合微碱性的细菌、放线菌的发酵中的消泡，对于发酵液 pH 为 5 左右的霉菌类发酵，其消泡能力很差。

不同种类的消泡剂对不同菌种的发酵影响是不同的。对于特定的菌种和培养基，应该根据其培养基的性质和菌体代谢特点，研究出一种特定的消泡剂。消泡剂选择是一个比较重要的任务，选择一个良好的消泡剂，既可以有效消除泡沫，又可以降低原材料成本。一般说来，消泡剂在发酵生产中的成本还是要考虑的。

发酵工业生产中，首先在发酵培养基中加入一定量的消泡剂，和培养基一同灭菌，具有一定的抑泡作用。在发酵过程中根据需要定时流加消泡剂，作为中间流加的消泡剂，通常按一定的浓度［消泡剂：水＝1：（2～3）］配制，经灭菌、冷却，贮存于消泡剂罐中，用无菌空气保压待用。消泡时，为避免流加量过大，通常先将消泡剂压到发酵罐顶一个小计量罐内，然后适量流加，具体如图 8-28 所示。在消泡剂罐和发酵罐之间的管道上安装电磁流量计可不用计量罐，如果进一步安装有自控装置，便可实现自动流加。

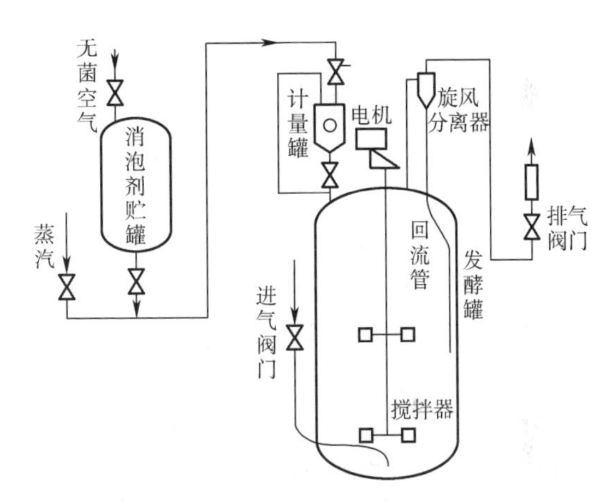

图 8-28　消泡剂流加示意图

2. 机械消泡

机械消泡是靠机械强烈振动和压力的变化，促使气泡破裂，或借助于机械力将排出气体中的液体加以分离回收，从而达到消泡的作用。机械消泡的方法有罐内消泡和罐外消泡两种，即在发酵罐内将泡沫消除或将泡沫引出发酵罐外，消除后再将液体返回发酵罐内等两种。

机械消泡的优点是无需在发酵液中加入其他物质，减少了由于加入消泡剂所引起染菌的机会和对后续分离工艺的影响。但是机械消泡的效果不如化学消泡迅速、可靠，不能从根本上消除引起稳定泡沫的因素，同时它还需要一定的设备和消耗一定的动力。

化学消泡或机械消泡都是一种被动的泡沫消除方式。机械消泡无论是从发酵产品的质量上，还是从其使用方法上，以及对发酵过程中微生物代谢的影响上，都要比化学消泡优越。国外，以机械消泡为主，辅以化学消泡。国内，目前以化学消泡为主，辅以机械消泡。国内也有机械消泡装置安装在发酵罐内，但是由于国内的生物反应器的结构不同于国外，只不过是在搅拌轴上安装有一个消泡桨，其作用是非常有限的。

九、 染菌对发酵的影响及控制

几乎所有的发酵工业，都有可能遭受杂菌的污染。发酵染菌能给生产带来严重危害，轻者影响产量或产品质量，重者可能导致倒罐，甚至停产。防止杂菌污染是任何发酵工厂的一项重要工作内容，尤其是无菌程度要求高的液体深层发酵，污染防止工作的重要性更为突出。

（一）染菌对发酵的影响及危害

1. 不同种类杂菌对发酵的影响

青霉素发酵，污染细短产气杆菌比粗大杆菌的危害大；链霉素发酵，污染细短杆菌、假单胞杆菌和产气杆菌比粗大杆菌的危害大。肌苷、肌苷酸发酵，污染芽孢杆菌的危害最大；高温淀粉酶发酵，污染芽孢杆菌和噬菌体的危害较大。柠檬酸发酵，最怕污染青霉菌；谷氨酸发酵，最怕污染噬菌体。

2. 不同染菌时间对发酵的影响

发酵前期或中期染菌，杂菌与生产菌争夺营养成分，干扰生产菌的繁殖和产物的形成，严重的引起倒罐；发酵后期染菌，虽然没有前期或中期染菌的影响大，一般会使产率下降并影响产物的提取，但某些产品（如核苷酸等）的发酵即使在后期染菌，也会使发酵产物被所染杂菌迅速消耗掉而得不到产品。因此，发酵后期染菌，如杂菌量不大，可继续发酵，如污染严重，可采取措施提前放罐。

3. 不同染菌途径对发酵的影响

种子带菌可使发酵染菌具有延续性，而空气带菌也使发酵染菌具有延续性，导致染菌范围扩大至所有发酵罐。培养基或设备灭菌不彻底，一般为孤立事件，不具有延续性，如果是设备渗漏，这种途径造成染菌的危害性较大。

4. 染菌对产物提取和产品质量的影响

染菌后发酵液的黏度加大，菌体大多自溶，发酵不彻底，基质的残留浓度高，造成过滤时间拉长，降低过滤收率。染菌的发酵液含有较多的蛋白质和其他杂质，对产品的纯度有较大影响。

5. 染菌对三废处理的影响

染菌使发酵液过滤后的废菌体无法利用，发酵染菌的废液生物需氧量（BOD）增高，增加三废治理费用和时间。

（二）发酵染菌的原因及分析

在发酵生产中，各工厂的生产设备、产品种类和管理措施不尽相同，生产环节多，引起染菌的原因比较复杂，因此，对染菌的情况必须作具体分析，找到染菌的真正原因。下面根据发酵工厂的生产经验，从一般染菌的现象来分析引起染菌的可能原因。

1. 染菌的具体原因

从发酵工厂的生产经验来看，发酵染菌原因或途径可概括为种子带菌、空气系统带菌、灭菌不彻底、设备（管道）死角或渗漏以及技术管理不善引起的操作失误等。具体可参考表8-12、表8-13及表8-14。要克服染菌问题，必须从以上几方面入手，层层把关，深入剖析染菌原因，才能严防杂菌进入。

表8-12　国外某发酵研究所对抗生素发酵染菌原因分析

染菌原因	染菌百分率/%	染菌原因	染菌百分率/%
种子带菌或怀疑带菌	9.64	蛇管穿孔	5.89
接种时罐压跌零	0.19	接种管穿孔	0.39
培养基灭菌不透	0.79	阀门泄漏	1.45
空气过滤系统失效	19.96	罐盖漏	1.54
搅拌轴密封泄漏	2.09	其他设备漏	10.13
泡沫冒顶	0.48	操作问题	10.15
夹套穿孔	12.36	原因不明	24.94

表8-13　国内一制药厂链霉素发酵染菌原因分析

染菌原因	染菌百分率/%	染菌原因	染菌百分率/%
外界带入杂菌（取样、补料等）	8.2	蒸汽压力不够或蒸汽量不足	0.6
设备穿孔	7.6	管理问题	7.09
空气系统带菌	26	操作违反规程	1.6
停电罐压跌零	1.6	种子带菌	0.6
接种	11	原因不明	35.71

表8-14　上海第三制药厂染菌原因分析

染菌原因	染菌百分率/%	染菌原因	染菌百分率/%
种子带菌	14.15	管理问题	25.8
盘管穿孔	14.2	其他	7.49
阀门渗漏	23.3	原因不明	5.06
空气系统有菌	10		

2. 染菌原因的实际分析

（1）从染菌类型来分析　一般认为，污染耐热性芽孢杆菌多数是由于设备存在死角或培养液灭菌不彻底所致，污染霉菌大多是灭菌不彻底或无菌操作不严格所致，污染球菌、酵母等可能是从蒸汽的冷凝水或空气中带来的。在检查时，如平板上出现的是浅绿色菌落（革兰氏阴性杆菌），由于这种菌主要生存在水中，所以发酵罐的冷却管或夹套渗漏所引起的可能性较大。

（2）从染菌时间来分析　发酵早期染菌，一般认为除了种子带菌外，还有培养液灭菌或设备灭菌不彻底所致，而中、后期染菌则与这些原因的关系较少，而与中间补料、设备渗漏以及操作不合理等有关。

（3）从染菌规模来分析　整个工厂大批发酵罐出现染菌现象且感染的是同一种菌，一般来说，这种情况是由于使用统一的空气系统中空气过滤器失效或效率下降，使带菌的空气进入发酵罐而造成的。大批发酵罐染菌的现象较少，但危害极大，所以对于空气系统必须定期经常检查。

对于分发酵罐（或罐组）染菌，如果出现在发酵前期，可能是种子带杂菌，如果发生在中后期则可能是中间补料系统或由油管路系统发生问题所造成的。通常，同一产品的几个发酵罐其补料系统往往是共用的，倘若补料灭菌不彻底或管路渗漏，就有可能造成这些罐同时发生染菌现象。

对于个别发酵罐连续染菌，这种情况大多是由设备问题造成的，如阀门的渗漏或罐体腐蚀磨损，特别是冷却管的不易觉察的穿孔等。个别发酵罐的偶然染菌其原因比较复杂，因为各种染菌途径都可能引起。例如，某厂有一台发酵罐投产后经常染菌，开始怀疑是设备死角所致，花费大量的人力进行罐内死角的清查，但仍未能解决染菌问题。最后发现接种分配站处法兰与管道不垂直，连接螺丝拧紧后仍然有微小渗漏，造成接种时带菌，重新更换法兰后，染菌问题得到解决。

综上所述，引起染菌的原因和实际情况很多，也很复杂。我们不能机械地认为某种染菌现象必然是由某一途径引起的，应该把染菌的位置、时间和杂菌的类型等各种现象加以综合分析，才能正确判断，并及时采取相应的对策和措施。

（三）染菌的检查和处理

要减少发酵过程的染菌机会，就要加强上罐前的设备、管道和阀门的各项检查，确保无死角和渗漏，灭菌、接种、空气过滤、补料及取样等操作符合规定操作规程的要求，严格无菌操作，技术管理上要对发酵每个环节严格控制。

1. 杂菌的检查

判断发酵是否染菌要定期取样进行无菌试验，目前生产上常用的检查方法有显微镜检查、平板划线检查及肉汤培养检查。由于生产菌种和产品的不同，检查的时间也不完全一样，但总的原则是一致的，即每个工序或经一定时间都应进行取样检查。检查的一般时间或工序如表 8-15 所示。

表 8-15　　发酵过程的杂菌检查

工序	时间	被检物名称	检查方法
斜面		成熟斜面，抽查	平板划线
一级种子		成熟培养液	平板及镜检
二级种子	0h	灭菌后，接种前	平板
一级种子	0h	接种后发酵液	平板
二级种子	培养中期	发酵液	平板及镜检
二级种子	成熟种子	发酵液	平板及镜检
发酵	0h	接种前发酵液	平板
发酵	0h	接种后发酵液	平板
发酵	8h	发酵液	平板及镜检
发酵	16h	发酵液	平板及镜检
发酵	24h	发酵液	平板及镜检
发酵	放罐前	发酵液	镜检
总过滤器	每月一次	无菌空气	肉汤
分过滤器	每月一次	无菌空气	肉汤

观察菌丝形态是生产中最常用的方法。每隔 8h 镜检，能及时发现异常染菌。

此外，在实际生产中还可以根据 pH、尾气中二氧化碳含量和溶氧等参数的异常变化来判断是否染菌。

2. 染菌后的挽救和处理

发酵过程一旦发生染菌，应根据污染微生物的种类、染菌的时间或杂菌的危害程度等进行挽救或处理，同时对有关设备也进行相应的处理。

（1）种子培养期染菌　该种子不能再接入发酵罐，应经灭菌后弃之，并对种子罐、管道等进行仔细检查和彻底灭菌。同时采用备用种子，选择生长正常无染菌的种子接入发酵罐，继续进行发酵生产。

（2）发酵早期染菌　可以适当添加营养物质，重新灭菌后再接种发酵。也可采取降温培养、调节 pH、调整补料量以及补加培养基等措施进行处理。

（3）发酵中、后期染菌　可以加入适当的杀菌剂或抗生素等，以抑制杂菌的生长速度，也可采取降低培养温度、降低通风量、停止搅拌及少量补糖等措施进行处理。如果代谢产物已达一定水平和含量，只要明确是染菌可提前放罐。对于没有提取价值的发酵液，废弃前应灭菌处理后才能排放。

（4）染菌后对设备的处理　染菌后的发酵罐在重新使用前，必须在放罐后进行彻底清洗，空消后才能使用。也可用甲醛熏蒸或甲醛溶液浸泡 12h 以上等方法进行处理。

3. 噬菌体感染和处理

利用细菌或放线菌进行发酵容易感染噬菌体。噬菌体是病毒的一种，直径约0.1μm，一般空气过滤器不易将其除去。设备的渗漏、空气系统、培养基灭菌不彻底都可能是噬菌体感染的途径。如果车间环境中存在噬菌体就很难防止不被感染，只有不让噬菌体在周围环境中繁殖，才是彻底防止它污染的最好办法。

感染噬菌体的表现：①镜检可发现菌体数量明显减少，菌体不规则，严重时完全看不到菌体，且是在短时间内菌体自溶；②发酵 pH 逐渐上升，4~8h 之内可达 8.0 以上，不再下降；③发酵液残糖高，有刺激臭味，黏度大，泡沫多；④生产量甚少或增长缓慢或停止。

有无染噬菌体，根本的要做噬菌斑检验。在培养皿上倒入培养生产菌的培养基（加琼脂）作下层。同样的培养基中加入 20%~30%培养好的种子液，再加入疑感染噬菌体的发酵液，摇匀后，铺上层。培养过夜观察培养皿上是否出现噬菌斑。也可以在上层培养基中不加疑感染噬菌体的发酵液，而将发酵液直接点种在上层培养基表面，培养过夜，观察有无透明圈出现。

要预防噬菌体感染就必须建立工厂环境清洁卫生制度，定期检查，定期清扫。有严重污染噬菌体的地方，可采用漂白粉、新洁尔灭、甲醛等消毒剂喷洒四周环境。还要把好种子关，实现严格的无菌操作，种子和发酵工段的操作人员要严格执行无菌操作规程。

发现噬菌体后，要尽快采取治理措施。通常的做法：①选育抗性菌株或轮换使用专一性不同的菌株；②加化学药物（如谷氨酸发酵可加 2~4mg/L 氯霉素，0.1%三聚磷酸钠，0.6%柠檬酸钠等）；③将培养液重新灭菌再接种（噬菌体不耐热，70~80℃经 5min 即可杀死）；④其他方法，如谷氨酸发酵初期感染噬菌体，可利用噬菌体只能在生长阶段的细胞（即幼龄细胞）中繁殖的特点，将发酵正常并已培养了 16~18h（此时菌体已长好并确定未染菌）的发酵液加入感染噬菌体的发酵液中，以等体积混合后再分开发酵。实践证明，在谷氨酸发酵中，采用这个方法可获得较好的效果。

十、 发酵终点的判断

放罐时间太早，会残留过多的养分，对提取不利；如放罐时间太晚，影响过滤。确定合适的发酵终点，对提高产物的生产能力和经济效益是很重要的。

（一）确定合理放罐时间需要考虑的因素

1. 经济因素

从经济因素上考虑，确定一个合理的放罐时间，就要最大限度地降低成本和最大限度地取得最大生产能力的发酵时间为最适发酵时间。因此，在考虑放罐时间时，应考虑到体积生产率［每升发酵液，每 1h 形成的产物量（g）］和总生产率（放罐时发酵单位除以总发酵生产时间)。这里总发酵生产时间包括发酵周期和辅助操作时间，因此要提高总生产率，则有必要缩短发酵周期。这就是要在产物合成速率较低时放罐，延长发酵虽然略能提高产物浓度，但生产率下降，且耗电大，成本提高。

2. 质量因素

从产品质量上考虑，确定一个合理的放罐时间，就要考虑发酵时间长短对下一步提取工艺和产品质量的影响。发酵时间太短，残留过多尚未代谢的营养物质，不利于提取。发酵时间太长，菌体自溶，释放出菌体蛋白或胞内酶，改变发酵液性质，增加过滤难度，延长过滤时间。太长或太短均会使产物质量下降。

考虑到残留物对提取有影响，在放罐临近时，加糖、补料或消泡剂都要慎重，补料可根据糖耗速率计算到放罐时允许的残留量来控制。菌体自溶前往往出现氨基氮升高、pH 升高、菌丝碎片增多、黏度增大以及过滤速度降低等异常现象。

3. 特殊因素

在异常情况下，如出现染菌或代谢异常（糖耗缓慢等)，为了避免损失，采取提前放罐的补救措施以减少损失。

总之，合理的放罐时间是由试验来确定的，即根据不同的发酵时间所得的产物产量计算出发酵罐的生产率和产品成本，采用生产率高而成本又低的时间，作为放罐时间。

（二）放罐指标

判断放罐的主要指标有产物浓度、氨基氮、菌体形态、pH、培养液外观、黏度等。

不同抗生素品种的发酵，放罐时间的掌握各不相同，有的掌握在菌丝开始自溶前，有的掌握在菌丝部分自溶后，有的用残留碳/氮作为放罐的标准，以使菌丝体内残留抗生素全部释放出来。柠檬酸发酵周期与接种量、菌种性质及发酵工艺条件控制有关，目前国内的发酵周期一般为50~70h，当柠檬酸产量达100~150g/L以及产量不再上升，而残糖降至2g/L 以下，可结束发酵。镇江某发酵企业发酵生产透明质酸时，是综合 pH 及糖代谢情况决定是否放罐，当 1min 内 pH 下降低于0. 02 以下，糖浓度降低至 3~5g/L（或糖不消耗）时即可放罐。

山东生产生物肥的某企业，其产品为典型的液体好氧分批发酵。早期控制发酵终点一般采用取样分析，镜检来确定是否结束发酵。由于顾及染菌及菌液损失等因素，不可能频繁取样，因而发酵终点的控制比较粗略，一般在 25~30h 之间，并且经常出现生产菌老化的情况。后来，通过分析几批试验记录 pH 的变化曲线，基本摸清了生产菌发酵过程中 pH 变化规律：发酵结束前在 pH 曲线上出现一个由低到高的变化拐点，这意味着生产菌已经进入衰减期，不再消耗底物，pH 开始上升。因此，应该将发酵终点时间控制在 pH 变化拐点之前。通过镜检也证明，在 pH 由低到高变化之前结束发酵，生产菌的数量及生长情况都大大优于在变化拐点之后结束发酵，能够达到最佳效果，从而找到一种控制发酵终点简便有效的方法，如图 8-29 所示。

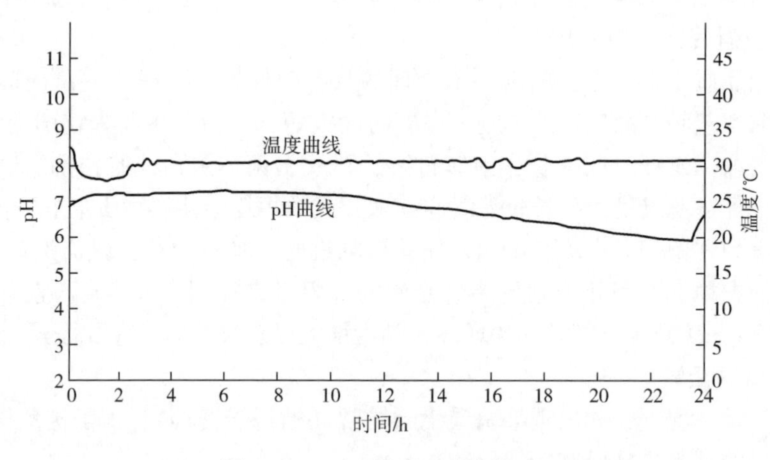

图 8-29　pH、温度变化曲线

项目任务

任务 8-1　黏红酵母补料分批发酵

一、任务目标

(1) 加深对培养方法的认识，了解补料分批培养过程控制方法。

(2) 熟悉和掌握发酵过程相关参数的测定。

二、操作原理

用黏红酵母生产类胡萝卜素具有较大的应用价值和研发前景，且研究提高黏红酵母的产量并获取高的类胡萝卜素收率更具有实际意义。黏红酵母的发酵全过程分为三个阶段：调整期（0~12h）、对数期（12~48h）和平衡期（48~72h），而类胡萝卜素的形成主要集中在黏红酵母生长对数期的后期，类胡萝卜素是次级代谢，它的形成和菌体生长无关，但菌体量的多少又直接影响到类胡萝卜素的总收率。

三、材料器具

1. 材料

(1) 菌种黏红酵母。

(2) 斜面培养基 PDA 培养基。

（3）种子培养基（g/L）：葡萄糖 30.0，酵母浸粉 5.0，KH_2PO_4 2.0，Na_2HPO_4 1.0，$MgSO_4$ 2.0，调 pH5.0。

（4）发酵培养基（g/L）：葡萄糖 50.0，酵母浸粉 5.0，KH_2PO_4 6.0，Na_2HPO_4 1.0，$MgSO_4$ 5.0，调 pH6.0。

（5）流加培养基流加的浓葡萄糖液质量浓度为 250g/L。

2. 主要仪器设备

5L 发酵罐，三角瓶。

四、 任务实施

1. 流加培养前的准备工作

在培养罐中加入去离子水，将温度传感器、空气过滤器安装好，用橡胶管连接好取样口、流加液入口，不需要的接口全部封好。橡胶管用弹簧夹夹住，排气口用一小段棉花塞好。确认所有连接无问题后，打开通风排气系统，检查是否有漏气、阻塞现象（轻轻堵住排气口，看其他地方是否漏气），确认正常。

2. 种子培养

自斜面菌种挑起 2 环黏红酵母菌体，接入装有 50mL 培养基的 250mL 三角瓶中，摇匀后，置于摇床上在 24℃、200r/min 条件下培养 48h。将上述培养好的液体种子接入装有 100mL 液体培养基（灭过菌的）的 1L 的三角瓶中，接种量 10%，在 24℃、200r/min 条件下培养 48h。

3. 灭菌

发酵罐中加入已调配好的培养基后，放在灭菌锅中 121℃下，灭菌 20～30min，流加葡萄糖应同时灭菌。发酵罐取出后，开通冷却水进行冷却，同时开动搅拌器，通入无菌空气以防产生负压，冷却到发酵温度 25℃。

4. 系统安装

利用硅胶管将 250g/L 葡萄糖液贮瓶连接蠕动泵和发酵罐入口，将贮瓶上的排气口塞上棉花用弹簧夹夹住。如果传感器不能用蒸汽灭菌，可以在室温下把传感器在 75%酒精中浸泡 15min 进行灭菌，然后用无菌水洗净，尽快安装在发酵罐上。

5. 流加培养

采用火焰保护接种，接种量 10%，在通风比 0.2/min、搅拌转速 300r/min、22℃下进行培养。流加限制性基质为葡萄糖，采样量为 5～10mL，用葡萄糖分析仪测定葡萄糖浓度。当培养至培养基葡萄糖浓度低于 5g/L（约 60h 时），开动蠕动泵流加 250g/L 的葡萄糖溶液 200mL，使罐内葡萄糖浓度达到 20～30g/L。流加培养 8h 后再次补加 250g/L 的葡萄糖溶液 200mL，每隔 8h 取样（自第一次流加后取样 3 次），测定培养液中葡萄糖含量、菌体生物量和类胡萝卜素含量。流加培养至 24h 结束，将培养液进行蒸汽灭菌后弃去，清洗发酵罐。

五、结果分析

1. 黏红酵母生物量（菌体干重）的测定

先称取空离心管质量，记为 m_1，取 5mL 发酵液置于离心管中，5000r/min 离心 5min，上清液保存于冰箱中，之后进行生物量的测定，菌体和离心管一起于 105℃烘干至恒重后称取离心管和菌体的质量，记为 m_2，根据下式计算不同时间菌体的生物量。

$$\text{生物量（g/L）} = 200\times(m_2-m_1)$$

2. 葡萄糖含量的测定

用蒸馏水将所得样品上清液中的葡萄糖浓度稀释至 2g/L 以下，用 0.45μm 的微孔膜过滤以后用葡萄糖分析仪进行测定。

3. 类胡萝卜素含量的测定

取 5mL 发酵液以 6000r/min 离心 8min，用蒸馏水洗涤、离心 3 次后，弃去上清液，然后在离心管中加入二甲基亚砜（DMSO）3mL，用玻璃棒搅拌至菌体溶解，6000r/min 离心 8min，收集上清液于试管中，离心管中再次加入二甲基亚砜 3mL，用玻璃棒搅拌至菌体溶解，6000r/min 离心 8min，合并提取液，如此多次提取至菌体无色。离心提取液用分光光度计于 480nm 波长下测定吸光度，并计算总的类胡萝卜素含量。类胡萝卜素含量计算公式：

$$\text{类胡萝卜素含量（g/L）} = 1.25\times V_f\times A_{480nm}$$

式中 V_f——提取液体积；

A_{480nm}——类胡萝卜素 480nm 波长处的吸光度。

4. 变化曲线图

画出培养液中葡萄糖含量、菌体生物量和类胡萝卜素含量随发酵及流加培养时间的变化曲线图。

六、任务考核

（1）准备工作充分。(10 分)

（2）种子培养和接种操作熟练、正确。(20 分)

（3）流加培养过程完整，操作熟练。(30 分)

（4）相关参数测量或计算方法可靠，结果准确。(40 分)

任务 8-2 发酵污染的检测

一、任务目标

（1）了解染菌的危害。

（2）学习检测发酵染菌的基本方法。

二、 材料器具

1. 试剂

番红染液，草酸铵结晶紫。

2. 培养基

（1）营养琼脂培养基　直接称量营养琼脂粉 4.5g，溶于 100mL 蒸馏水配制，pH7.2，分装到试管中，灭菌后摆成斜面。

（2）葡萄糖酚红肉汤培养　基牛肉膏 3g/L，蛋白胨 8g/L，葡萄糖 5g/L，氯化钠 5g/L，0.4%的酚红溶液，pH7.2。

3. 主要仪器设备

高压蒸汽灭菌锅、超净工作台、摇床培养箱、显微镜、天平、三角瓶、试管、移液管、培养皿、接种针、平板涂布器、酒精灯、载玻片。

三、 任务实施

1. 显微镜检查

用无菌操作方式取发酵液少许，涂布在载玻片上。自然风干后，用番红或草酸铵结晶紫染色 12min，水洗。干燥后在油镜下观察，如果从视野中发现有与生产菌株不同形态的菌体则认为是污染了杂菌。该法简便、快速，能及时检查出杂菌，其不足之处：①对含杂菌少的样品不易得出正确的结论，故应多检查几个视野；②由于菌体较小，本身又处于非同步状态，应注意不同生理状态下目标菌与杂菌的区别，必要时可用革兰染色、芽孢染色等辅助方法鉴别；③对固形物多的发酵液检查较困难。

2. 平板检查

配制营养琼脂培养基，灭菌，倒平板。取少量待检发酵液经稀释后涂布在营养琼脂平板上，在适宜的条件下培养。观察菌落形态，若出现与目标菌株形态不一的菌落，就表明可能被杂菌污染；若要进一步确证，可配合显微镜形态观察，若个体形态与菌落形态都与目标菌相异，则可确认污染了杂菌。

此法适于固形物较多的发酵液检测，形象直观，肉眼可辨，不需仪器。但需严格执行无菌操作技术，所需时间较长，而且无法区分形态与目标菌相似的杂菌。在污染初期，目标菌占绝大部分，污染菌数量很少，所以要做比较多的平行试验才能检出污染菌。

3. 肉汤培养检查

只需取少量的灭菌处理后的培养基接入葡萄糖酚红肉汤培养基中，培养后，观察肉汤的浑浊情况即可。此法主要用于空气过滤系统的无菌检查，还可用来检测培养基的灭菌是否彻底，不适用于发酵液的检查。

4. 发酵参数判断

（1）根据溶氧的异常变化来判断　当杂菌是好气性微生物时，溶氧的变化在较短时间内下降，直至接近于零，且在长时间内不能回升；当杂菌是非好气性微生物，而生产菌由于受污染而抑制生长，使耗氧量减少，溶氧升高。

（2）根据排气中的二氧化碳异常变化判断　在发酵过程中，以发酵时间为横坐标，以排气中二氧化碳含量为纵坐标作曲线。

对特定的发酵而言，排气的中二氧化碳变化也是有规律的。如杂菌污染时，糖耗加快，二氧化碳含量增加；噬菌体污染后，糖耗减慢，二氧化碳含量减少。因此，可根据二氧化碳含量的异常变化判断染菌。

（3）根据 pH 的变化及菌体酶活力的变化来判断　在发酵过程中，以发酵时间为横坐标，以发酵液的 pH 为纵坐标作 pH 变化曲线；或定时测定酶活力，以酶活力为纵坐标，作酶活力变化曲线。若在工艺不变的情况下，这些特征曲线发生变化，很可能是污染了杂菌。

（4）根据其他异常现象判断　如菌体生长不良、发酵过程中泡沫的异常增多、发酵液的颜色异常变化、代谢产物含量的异常下跌、发酵周期的异常拖长、发酵液的黏度异常增加等判断染菌。

四、注意事项

（1）显微镜检查时注意区分固形物和菌体，一般经单染色后菌体着色均匀，且有一定的形状；固形物无特定形状，着色浅或不着色。

（2）显微镜直接检查法和平板间接检查法较为简便、直观，对于早期染菌，污染菌数量少，必须要做多个平行实验才能检出污染菌。

（3）用发酵参数判断法很难检查出早期的染菌。

五、任务考核

（1）各项检查材料和用具到位。（30 分）

（2）镜检、平板检查和肉汤检查操作熟练。（40 分）

（3）根据发酵参数判断染菌准确。（30 分）

项目拓展（八）

项目思考

1. 简述分批发酵的操作过程。
2. 简述发酵过程中常见的工艺参数及测定方法。
3. 简述温度对发酵的影响及控制措施。
4. pH 对微生物生长的影响主要表现在哪些方面？
5. 发酵过程中溶氧变化呈现什么规律？
6. 影响泡沫产生和稳定的因素有哪些？
7. 化学消泡主要有什么缺点？
8. 简述工业发酵染菌的危害及染菌的途径。
9. 以透明质酸发酵为例，如何判断发酵终点？

项目九

发酵产物的提取与精制

项目导读

微生物在生长过程中将发酵产物分泌到细胞内或者发酵基质中，发酵醪体系复杂，产物浓度低，要想获得纯净的发酵产物，必须利用产物和杂质物理化学性质的不同，采取合适的工艺流程，达到提取与精制的目的。由于发酵产物对纯度要求较高，所以发酵产物的提取与精制所需的费用占成本的很大部分。因此，如何提高产品的纯度、提高回收率，并降低提取与精制的成本是目前生物工作者的研究热点。

本项目主要学习发酵产物提取与精制工艺流程、发酵液的预处理、细胞破碎技术、发酵产物分离、结晶与干燥技术等相关内容，这部分内容属于发酵工程的下游部分。通过本项目的学习，初步了解发酵液的预处理和细胞破碎的方法，进一步掌握过滤和研磨等操作，熟悉和理解发酵产物提取和精制的一些常见技术（离心、沉淀、萃取、离子交换等）。

项目知识

发酵液的提取和精制是指从发酵液或酶反应液中分离、纯化产品的过程，称为下游技术，也称发酵后处理。由于菌种、发酵工艺、发酵醪等的特征不同，导致发酵产物多种多样，其分离的工艺有所不同。

一、一般工艺流程

发酵产物的分离及纯化工艺设计，不仅取决于发酵产物的存在部位、理化特性、产物和杂质浓度等，还与产品的类型、用途、价值大小以及最终质量标准有关。发酵产物的下游技术工艺的基本流程如图 9-1 所示，按照提取分离过程顺序可分为四个阶段：发酵液的预处理、初步提取分离、纯化精制、成品加工。

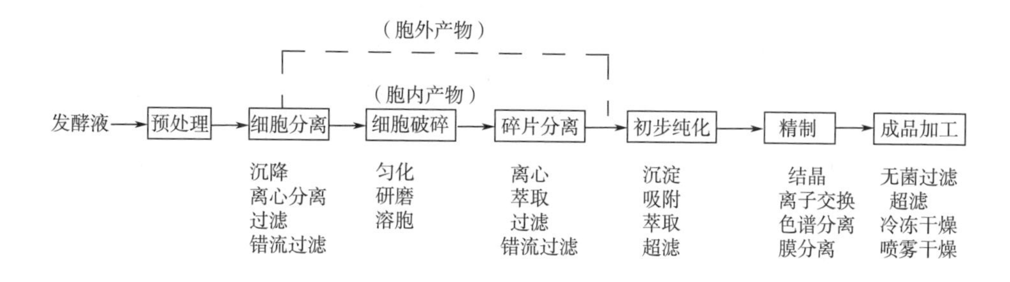

图 9-1 发酵产物提取与精制的一般工艺过程

各阶段的每个步骤都有若干单元操作可以选用，如离心、过滤、萃取、沉淀、浓缩以及各种色谱技术等，在实际生产中有时会涉及多个单元操作的技术集成。所以，提取与精制过程的工艺流程设计应根据具体情况分别确定。

概念解析 提取和精制

提取也称初步分离，是利用目标产物和杂质的特性，将目标产物与发酵液中其他物质进行初步分离的过程。提取可以除去与目标产物性质差异较大的杂质，为后面的纯化操作创造有利条件。提取一般包括液-液和固-液提取两种类型。液-液提取是将目标产物从某一溶剂转入另一溶剂的过程，即萃取；固-液提取是将菌体或细胞、固态培养基等固体悬浮颗粒与可溶性组分进行分离的过程。

精制也称高度纯化，是去除粗提取物中与目标产物的物理化学性质比较接近的杂质的过程。通常采用对产物有高度选择性的技术进行纯化，如色谱分离、结晶、层析等技术。通过精制，常能获得高纯度的目标产物。

二、发酵液预处理及固液分离

（一）发酵液预处理的目的和方法

1. 发酵液预处理的目的

对于胞内产物，预处理的主要目的是尽可能多地收集菌体细胞。对于胞外产物，发酵液预处理应达到三个方面的目的：①去除发酵液中菌体细胞及其他悬浮颗粒，改变发酵液中菌体细胞等固体粒子的性质，如改变其表面电荷的性质、提高颗粒硬度、增大颗粒直径等，促进从悬浮液中分离固形物的速度；②尽可能使发酵产物转移到便于以后处理的相中（大多为液相），以利于提高产品提取收率；③去除部分杂质，减轻后续操作的负荷，如促使某些可溶性胶体变成不溶性粒子、降低发酵液黏度等。

2. 发酵液预处理方法

发酵液成分较为复杂，非牛顿性，黏度大，菌体细胞等固体颗粒小，可压缩性大。因此，发酵液直接过滤的速度很慢，能耗也高，只有采取适当的预处理方法，才能加快过滤速度，实现有效分离。

（1）降低黏度　降低发酵液黏度可以提高其过滤效率，主要有加水稀释法、加热升温法和酶解法。加水稀释能降低发酵液黏度，例如，醋、酱油、黄酒等酿造食品，发酵液经过固液分离、加水稀释后过滤，效果显著。但对于多数以固体为最终产品形态的发酵产品，加水稀释会使发酵液体积增大，发酵产物浓度也被同倍数稀释，还会增加能耗及后续废水处理的压力，应慎用。

对于热稳定性较好的发酵产品，加热发酵液是一种简便、有效的预处理方法。加热不仅能有效降低液体黏度，还能促进部分蛋白质热变性，加速菌体细胞聚集。使用时要严格控制温度和时间，避免产物和发酵液中的残糖等杂质发生化学反应或目的产物变性失活。发酵液中如含有多糖类物质，可用酶将其降解成单糖或寡糖，以提高过滤效率。如万古霉素用淀粉作为培养基，发酵液过滤前加入一定量的淀粉酶处理30min，再加入2.5%硅藻土作为助滤剂，可以显著提高过滤速率。

（2）调整pH　pH能影响发酵液中某些成分的表面电荷性质和电离度，改变这些物质的溶解度等性质。调整pH使其一方面适合提取工艺要求，另一方面保证发酵产物的质量。

（3）凝聚与絮凝　凝聚与絮凝能够改变菌体、细胞等胶体物质的分散状态，使其聚集、增大体积、便于固液分离、提高分离速率和滤液的质量。

凝聚作用是指在某些电解质作用下，使胶体粒子之间的双电层排斥电位降低，破坏胶体系统的分散状态而使胶体粒子聚集的过程。通常发酵液中细胞或菌体带负电荷，由于静电引力的作用使溶液中带相反电性的粒子（即阳离子）吸附在周围，在界面上形成了双电层，双电层使胶粒之间不易聚集而保持分散状态，增加发酵液过滤的难度，如图9-2所示。

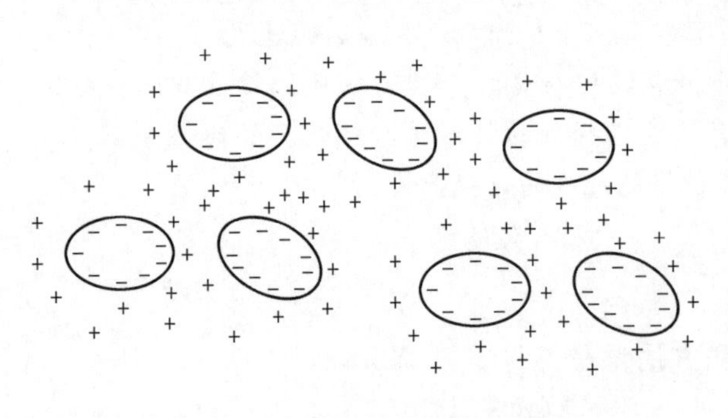

图9-2　胶粒的分散状态示意图

如果在发酵液中加入相反电荷的电解质，就可以中和胶粒的电性，降低胶粒的双电层电位，使胶体体系不稳定，相互碰撞后产生凝聚。反离子化合价越高，凝聚能力越强。阳离子对带负电荷的胶粒凝聚能力的次序：$Al^{3+}>Fe^{3+}>Ca^{2+}>Mg^{2+}>K^{+}>Na^{+}>Li^{+}$。常用的凝聚剂有$KAl_2(SO_4)_2 \cdot 12H_2O$（明矾）、$AlCl_3 \cdot 6H_2O$、$FeCl_3$、$ZnSO_4$、$MgSO_4$等。

絮凝作用是指在某些高分子絮凝剂作用下，在悬浮粒子之间产生架桥作用而使胶粒形成粗大的絮凝团的过程。絮凝剂易溶于水，具有长链线状结构，在长的链节上含有相当多的活性功能团，这些功能团通过静电引力、范德华力或氢键作用，强烈地吸附在胶粒表面上。一个高分子聚合物的许多功能团分别吸附在不同颗粒的表面上，因而产生架桥连接，形成大的絮凝团。高分子絮凝剂的吸附架桥作用如图9-3所示。

絮凝剂包括天然聚合物和人工合成聚合物。天然絮凝剂有多糖、海藻酸钠、明胶和骨胶等，此类絮凝剂是从天然动植物体内提取得到，无毒、使用安全，适用于食品或医药。人工合成聚凝剂有聚丙烯酰胺类、聚苯乙烯类和聚丙烯酸类聚合物等，此类絮凝剂中有一些种类可能具有一定的毒性，在食品和医药工业的使用中应考虑最终能否从产品中除去。絮凝剂的种类及应用如表9-1所示。

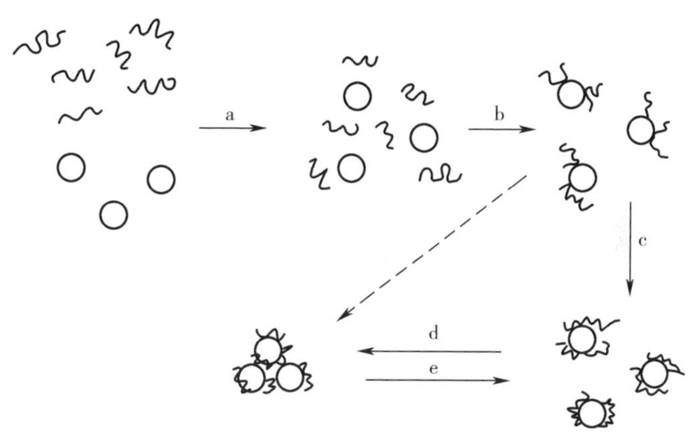

图9-3　高分子絮凝剂的混合、吸附和絮凝作用示意图
a—聚合物分子在液相中分散、均匀分布在粒子之间
b—聚合物分子链在粒子表面的吸附　c—被吸附链的重排，最后达到一种平衡构象　d—脱稳粒子互相碰撞，架桥成絮团　e—絮团的打碎；虚线代表聚合物分子吸附在粒子表面后，直接形成絮团

表9-1　絮凝剂的种类及应用

絮凝剂种类		絮凝剂	絮凝细胞
高聚物	核酸	DNA	细菌
	蛋白质	—	细菌
	纤维素	—	酵母
	聚电解质	聚丙烯酰胺	细菌
		聚乙烯亚胺	细菌
	多糖	葡萄糖	细菌
		壳聚糖	酵母

续表

絮凝剂种类		絮凝剂	絮凝细胞
有机物	溶剂	乙醇	酵母
		丙酮	酵母
	其他有机物	腐植酸	酵母
		鞣酸、单宁	酵母
无机物	金属离子	镁盐	细菌、酵母
		钙盐	细菌、酵母
		铝盐	酵母、藻类
	无机盐	硼酸盐	酵母

走进生活　酵母自絮凝现象和点豆腐

酵母细胞具有分泌微生物絮凝剂并实现自身絮凝的特性。据分析，酵母细胞产生絮凝现象的原因主要有三种：①链形成凝聚，有的酵母菌在繁殖过程中，芽细胞未能从母细胞体脱落，不断进行细胞繁殖之后形成细胞链；②交配凝聚，由不同交配型细胞交换交配信息之后，通过细胞表面特殊的蛋白与蛋白连接引起细胞凝聚；③无性絮凝，由细胞表面蛋白和酵母细胞外壁的甘露聚糖结合所引起的细胞凝聚，即真正的絮凝。

豆腐的原料黄豆富含36%~40%的蛋白质，经水浸、磨浆、除渣、加热，得到蛋白质的胶体。点豆腐就是设法使蛋白质发生凝聚而与水分离。盐卤是结晶氯化镁（$MgCl_2 \cdot 6H_2O$）的水溶液，可以中和胶体微粒表面吸附离子的电荷，使蛋白质分子凝聚而得到豆腐。其他如石膏、酯酸、柠檬酸等都有相同的作用，都可用来点豆腐。在市场上销售一种盒装豆腐，洁白细腻，质量明显高于传统方法制作的豆腐，它的凝固剂采用了一种新的化学物质δ-葡萄糖酸内酯。

(4) 加入助滤剂　助滤剂是一种不可压缩的多孔微粒，在菌悬液中加入适量的助滤剂，菌悬液中的胶体粒子吸附于助滤剂微粒上，助滤剂就作为胶体粒子的载体，均匀地分布于滤饼层中，使滤饼疏松，可压缩性降低，过滤阻力也就减小了。目前生物工业中常用的助滤剂是硅藻土，其次是珍珠岩粉、活性炭、石英砂、石棉粉、纤维素、白土等，其中最常用的是硅藻土。

使用方法有两种：一种是在过滤介质表面预涂助滤剂，另一种是直接加入发酵液，也可两种方法同时兼用。

（二）发酵液预处理

1. 菌体分离

通常发酵液中含有3%～5%的菌体，带菌提取往往会影响提取效率或产品质量，如用离子交换法从发酵液中提取异亮氨酸，发酵液带菌上柱容易引起离子交换柱堵塞。由于下游工艺过程周期较长，菌体自溶使得发酵液变黏稠，发酵液中可溶性杂质含量增多，也会增加后续提取和精制的难度。

从发酵液中去除菌体细胞的常用方法是高速离心和过滤。为了提高分离效率或过滤速率，可采用絮凝或凝聚技术将分散在发酵液中的细胞、细胞碎片以及大分子物质聚集成较大颗粒，加快颗粒沉降速率和过滤速率。

2. 固体悬浮物去除

发酵液中的固体悬浮物主要是从原料中带入的杂质，如纤维、凝固蛋白、多糖等，通过过滤可有效去除。例如发酵液中含有较多不溶性多糖时，黏度增大，增加固液分离难度，可用酶法将多糖水解为单糖提高过滤速率。如在蛋白酶发酵液中加入α-淀粉酶，可以将发酵液中多余的淀粉水解成单糖，从而降低发酵液黏度。

3. 杂蛋白去除

发酵液去除菌体细胞及固体悬浮物后，滤液中依然残留有一些可溶性杂蛋白。可溶性蛋白质在溶剂提取中会促进乳化，在离子交换时蛋白质影响树脂的交换容量，必须设法除去。通常采用过滤和热变性的方法除去杂蛋白。例如，在链霉素生产中，采取pH3.0～3.5情况下，加热到70～75℃，维持30min以凝固蛋白质，过滤速度可提高3倍，黏度降低到原来的1/6。

4. 高价金属离子和色素的去除

高价金属离子不仅影响提取和精制操作，而且直接影响产品质量和提取收率，必须除去，高价金属离子可以通过离子交换法和沉淀法去除。色素会影响产品的外观，可通过离子交换法或吸附法去除。例如，土霉素、四环素的发酵滤液通过122#树脂，可以除去部分Fe^{3+}，同时也吸附了色素，提高滤液质量。在发酵液中加入草酸可以形成沉淀物除去发酵液中的Ca^{2+}和Mg^{2+}。

（三）固液分离方法及设备

固液分离有两个目的：一是收集胞内产物的细胞或菌体，分离除去液相；二是收集含生化物质的液相，除去发酵液中的固体悬浮物。发酵液固液分离的方法较多，根据发酵液的种类以及对固液分离要求的不同，可采用过滤、离心、重力沉降和浮选等分离方法，其中过滤和离心是最常用的方法。

1. 过滤分离

过滤分离的原理是悬浮液通过多孔性过滤介质时，固体颗粒被过滤介质截留从而实现与溶液的分离。

(1) 过滤方式　根据过滤机理的不同，过滤操作可分为滤饼过滤和澄清过滤两种方式。

滤饼过滤是指固形物堆积在滤材上并架桥形成滤饼层的过滤方式。当悬浮液通过过滤介质时，固体颗粒被介质阻拦而形成滤饼，当滤饼积至一定厚度时就起到过滤作用，滤液由过滤开始时的浑浊逐渐变得清澈。滤饼过滤使用织物、多孔材料或膜作为过滤介质，但真正起过滤介质作用的是滤饼本身，因此称为滤饼过滤。过滤开始时，部分小颗粒可以进入甚至穿过介质的小孔，但很快即由颗粒的架桥作用使介质的孔径缩小形成有效的阻挡，因此，滤饼过滤中前期浑浊的滤液需要回流到悬浊液进行二次过滤。发酵液的预处理操作采用的板框过滤（去除菌丝体）就是典型的滤饼过滤。滤饼过滤如图 9-4 所示。

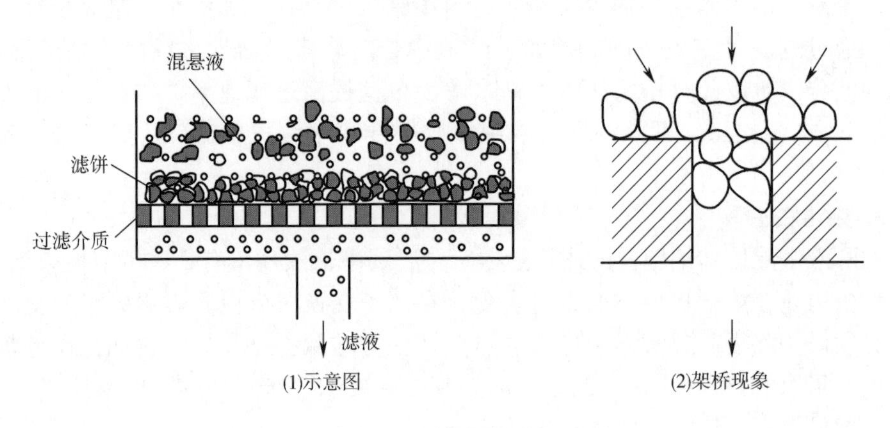

图 9-4　滤饼过滤

滤饼过滤是一种常规过滤，随着过滤的持续进行滤饼厚度不断增加，过滤阻力增大，过滤速率下降，为了维持或提高过滤速率，必须同步提高过滤压力。对于细小菌体及黏度大的发酵液，可以在发酵液中添加硅藻土等助滤剂使滤饼疏松，提高过滤速率。

澄清过滤，也称为深层过滤，指颗粒沉积在床层内部的孔道壁上而并不形成滤饼的过滤方式。澄清过滤如图 9-5 所示，当悬浊液通过过滤层时，固体颗粒被阻拦或在通道壁借静电与表面力吸附在滤层颗粒上，使滤液得以澄清，因此，这种过滤方式称为澄清过滤。澄清过滤使用具有较深通道毛细孔的多空物质，如硅藻土、珍珠岩、砂、活性炭等，填充于过滤器内形成过滤层，过滤介质起着主要的过滤作用，

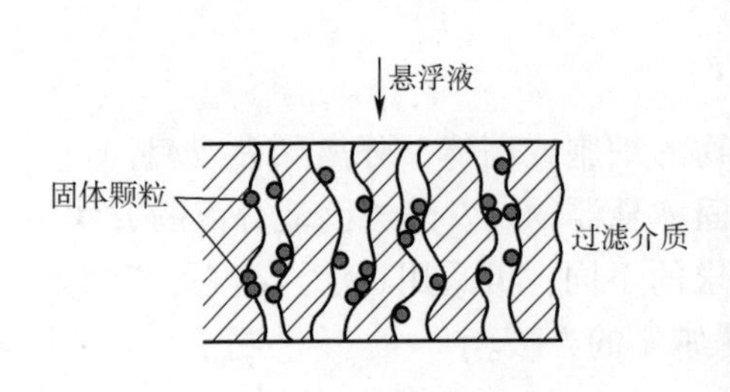

图 9-5　澄清过滤示意图

基本不形成滤饼，从过滤开始就能获得清澈的滤液。澄清过滤常用于净化含固体量少的悬浮液，如颗粒活性炭对水进行的预处理就是利用这种原理。

（2）影响过滤速度的因素　菌种类型对发酵液过滤有很大影响。真菌的菌丝比较粗大，发酵液容易过滤，常不需特殊处理；放线菌发酵液菌丝细而分枝，交织成网络状，还含有多糖类物质，黏性强，过滤较困难，一般需经预处理，以凝固蛋白质等胶体；细菌发酵液的菌体更细小，过滤困难，一般要用絮凝等方法预处理发酵液。

培养基的组成对过滤速度影响也很大。用黄豆粉、花生粉作氮源，淀粉作碳源会使过滤困难。发酵后期加消泡剂或剩余大量未用完的培养基，都会使过滤困难。

发酵终点的确定对过滤影响很大。在菌丝自溶前必须放罐，因为细胞自溶后的分解产物一般很难过滤。延长发酵周期使发酵液中的色素和胶状杂质增多，过滤困难，最终造成成品质量降低。

（3）过滤介质　工业上常用的过滤介质有织物状介质、粒状介质和多孔固体介质等类型。

织物状介质包括天然或合成纤维、金属丝等编织而成的滤布或滤网，是工业生产中最常用的过滤介质，常用于含固体量较大的悬浮液的过滤，可截留的最小颗粒的直径为5~65μm。孔隙率的大小及孔分布是过滤效率的影响因素。

粒状介质有硅藻土、石砾、细砂、锯屑、活性炭、玻璃碴等，常用于过滤固体含量较少的悬浮液。由上述固体颗粒堆积而成的床层，称作滤床，多用于深层过滤。最常用的是硅藻土，可作为深层过滤介质和预涂层，也可以用作助滤剂。

多孔固体介质有多孔陶瓷、多孔玻璃、多孔塑料等。多做成板状或管状，耐腐蚀性好、孔隙小、强度高。常用于过滤含有少量微粒的悬浮液，能截留1~3μm的微小颗粒，例如白酒、糖液的过滤。

近年来，高分子多孔膜（微孔滤膜和超滤膜）应用于更微小颗粒的过滤，以获得高度澄清的液体，广泛应用于医药、食品和生物化学等工业。

（4）过滤设备目前生物工程行业，常用于液-固过滤分离的设备有板框压滤机、叶片过滤机及真空转鼓过滤机等。

板框压滤机如图9-6和图9-7所示，板框压滤机由滤板、滤框和压紧装置及支架等部分组成，许多块滤板和滤框交替排列（图9-8），滤板两侧过滤面上罩有滤布。板框压滤机具有结构简单、过滤面积大、

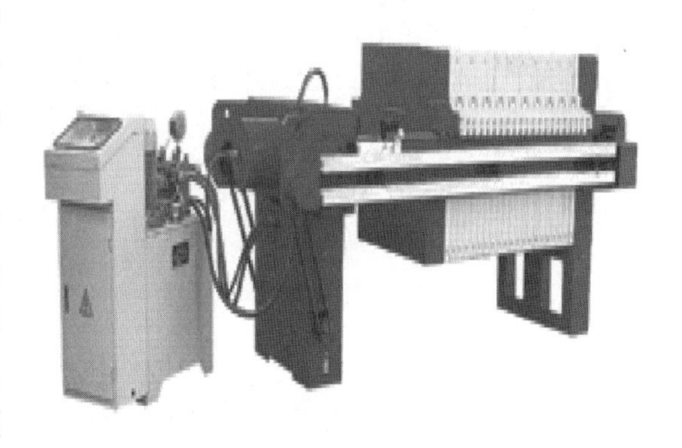

图9-6　板框压滤机

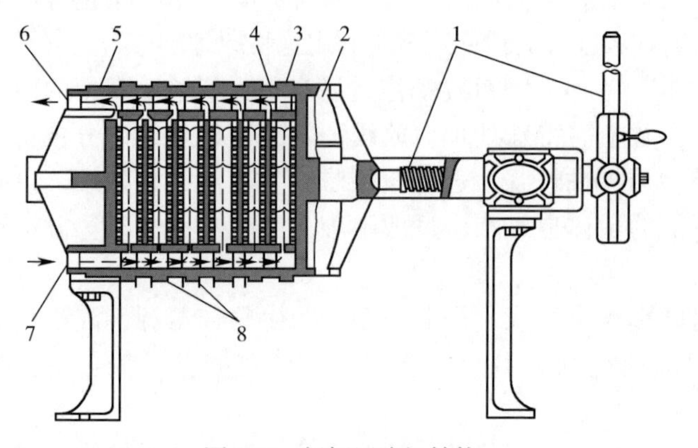

图 9-7　板框压滤机结构

1—压紧装置　2—可动头　3—滤框　4—滤板　5—固定头
6—滤液出口　7—滤液进口　8—滤布

允许采用较大操作压力等优点，故对不同过滤特性的发酵液适应性强，同时还具有造价低、动力消耗少等优点。这是目前较常用的一种过滤设备，在发酵工业中广泛用于培养基制备的过滤以及霉菌、放线菌、酵母菌和细菌等多种发酵液的固液分离。

滤板和滤框形状多为正方形，如图 9-9 所示。板、框的角部开设的小孔构成供滤浆或洗水流通的孔道。滤板的作用是用以支撑滤布并提供滤液流出的通道。滤板两侧板面制成纵横交错的沟槽，形成凹凸不平的表面，凸部起支撑滤布的作用，凹槽形成滤液通道。

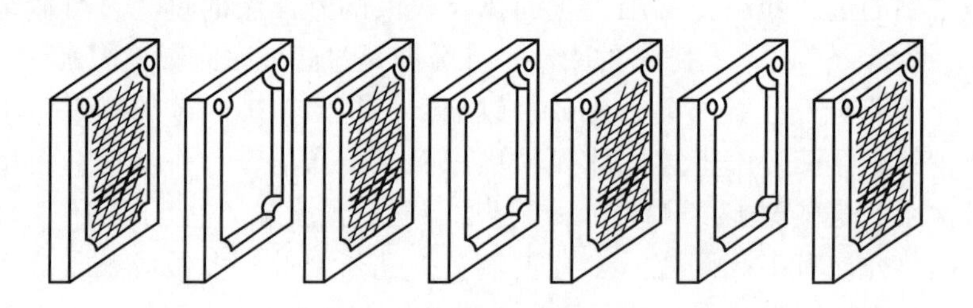
图 9-8　滤板和滤框交替排列示意图

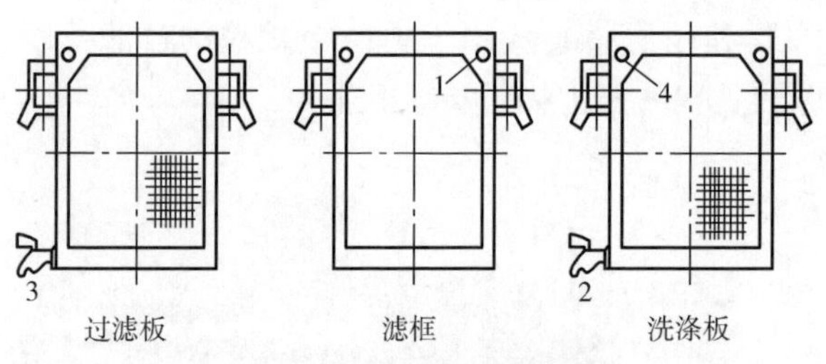

图 9-9　滤板与滤框

1—料浆通道　2—滤液出口　3—滤液或洗液出口
4—洗液通道

在过滤过程中，当用两端顶板将过滤部件压紧时，相邻的两块滤板与位于其中间的滤框构成一个滤室。悬浮液经料浆通道进入框内，滤液透过滤框两侧的滤布，沿着相邻滤板的沟槽流至出口，如图 9-10 所示。固体颗粒则被滤布截留，在框内形成滤饼，待滤饼充满滤框后停止过滤。松开过滤机压紧装置，卸除滤框内滤饼，压紧后可以再次进行过滤操作。通常滤布可以连续使用 3~5 次，多次使用后滤布表面及孔隙会被颗粒堵塞导致过滤困难，此时需要清洗以便恢复过滤能力。

为提高产品收率，通常需要对滤布进行洗涤，因此，板框上设置了洗涤滤板和洗水通道。滤布洗涤时，关闭洗涤滤板下端出液口，洗水经过洗水通道进入洗涤滤板和滤布之间，洗水横穿洗涤滤板两侧的滤布及整个滤框厚度的滤饼，最后由非洗涤滤板下端的出液口排出。

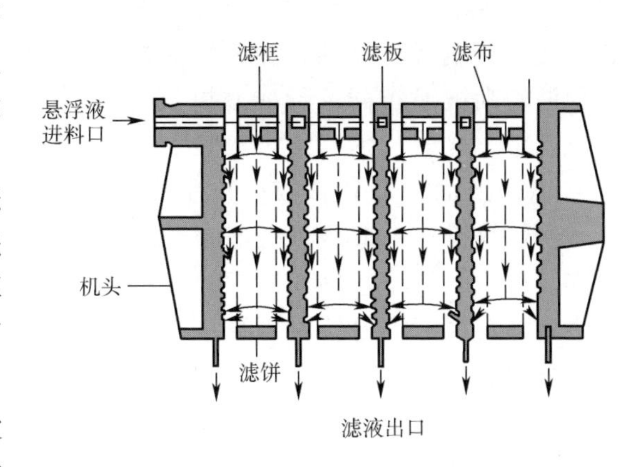

图 9-10　板框过滤机工作原理图

板框压滤机的主要缺点是设备笨重，劳动强度大，不能连续操作。非生产的辅助时间（包括解框、卸饼、洗滤布、重新压紧板框等）长，生产效率低。目前，板框压滤机经过改造已发展为自动板框压滤机，它使板框的拆装、滤渣的去除和滤布的清洗等操作都能自动进行，大大缩短了非生产的辅助时间，并减轻了劳动强度。如图 9-11 所示为 IFP 型自动板框压滤机。

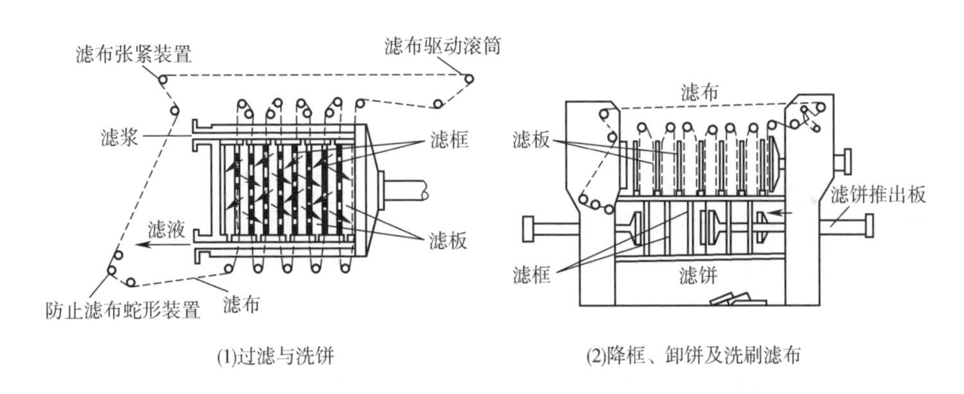

图 9-11　自动板框压滤机

图 9-12 为水平式硅藻土过滤机，在其垂直空心轴上装有许多水平排列的滤叶。滤叶内腔与空心轴内腔相通，滤液从滤叶内腔汇集到空心轴，然后从底部排出。滤叶的上侧是一层细金属丝网，作为硅藻土预涂层的支持介质，中央夹着一层大孔格粗金属丝网，作为细金属丝网的支持物。滤叶下则是金属薄板。

对于大规模发酵工业生产，真空转鼓过滤机是常用的过滤设备之一，如图 9-13 所示。真空转鼓过滤机的主要元件是转鼓，能绕水平轴转动，鼓的外表面有筛板，筛板上铺设有金属丝网和滤布。其基本原理是普通的真空吸滤，鼓外是大气压而鼓内是部分真空。

过滤操作时，转鼓下部的过滤室浸没于悬浮液中，过滤室与真空系统相连。

当转鼓以低速旋转时，滤液就穿过滤布而被吸入转鼓内腔，经导管和分配头排出，而滤渣则被滤布截留形成滤饼。当转鼓从料液槽中转出后，洗涤水喷嘴将洗涤水喷向鼓面的滤饼，依次被洗涤、吸干、卸饼等操作，最后进行滤布的再生操作。

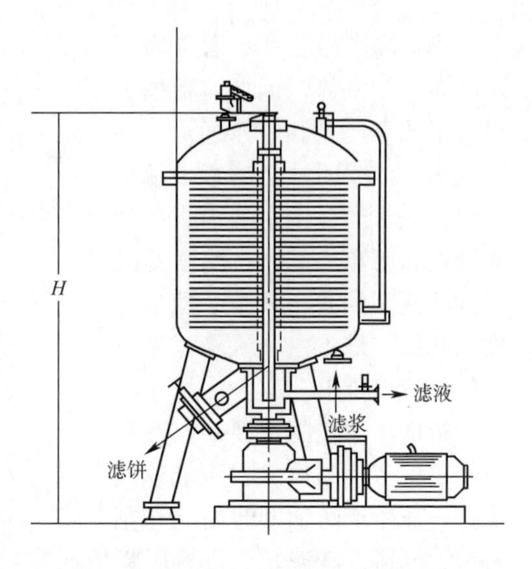

图 9-12 水平叶片式硅液土过滤机

青霉素发酵液的过滤可以直接采用鼓式过滤机，每小时每平方米过滤面积可处理发酵液约 $1m^3$。对菌体较细或黏稠的发酵液，需在转鼓面上预铺一层 50~60mm 厚的助滤剂（硅藻土），在鼓面缓慢移动时，利用过滤机上的一把特殊的刮刀将滤饼连同极薄的一层助滤剂一起刮去，使过滤面积不断更新，以维持正常的过滤速度。滤饼去除装置如图 9-14 所示。

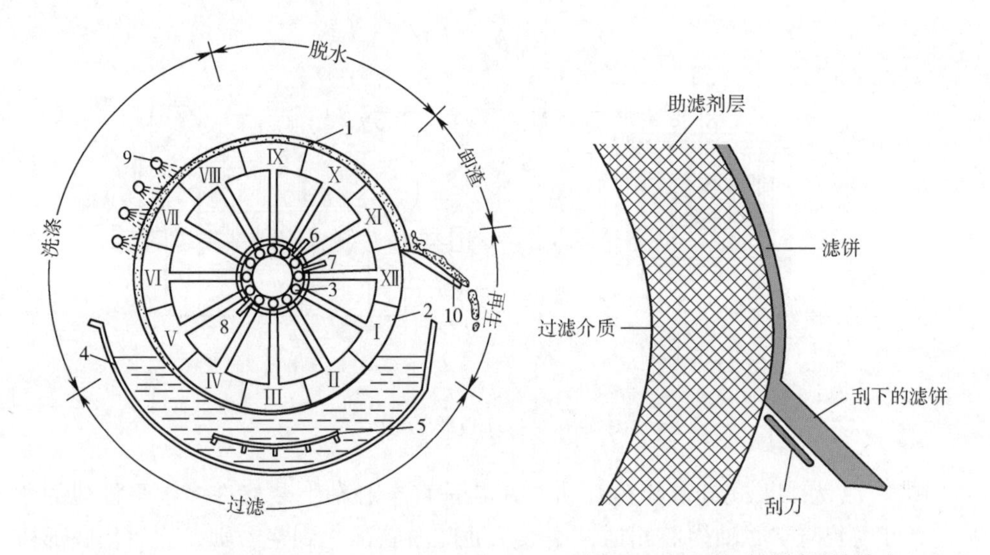

图 9-13 真空转鼓过滤机工作示意图

1—转鼓 2—Ⅰ~Ⅻ过滤室 3—分配头 4—料液槽 5—搅拌器 6，7—洗涤液排出管 8—滤液排出管 9—喷嘴 10—刮刀

图 9-14 预铺助滤剂层的鼓式过滤机的滤饼去除装置

真空转鼓过滤机自动化程度高，能连续操作，处理量大。连续操作流程如图 9-15所示。但是压差小，主要适用于菌丝较粗的真菌发酵液的过滤。

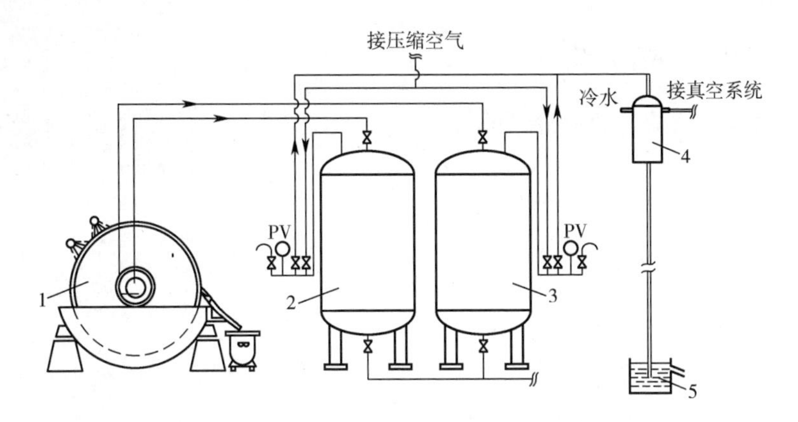

图 9-15　真空转鼓过滤机过滤流程示意图

1—鼓式过滤机　2—洗涤液贮罐　3—滤液贮罐　4—混合冷凝器　5—水池

除了真空转鼓过滤机外，还有转盘真空过滤机、真空翻斗式过滤机、水平带式真空过滤机等真空过滤设备，虽然设备结构不同，但它们的工作原理基本相同。

2. 离心分离

离心分离是借助离心机旋转所产生的离心力作用，促使不同大小、不同密度的粒子分离的技术，离心过滤工作原理如图 9-16 所示。由于离心力场所产生的离心力可以比重力高几千至几十万倍，所以利用离心分离可分离悬浮液中极小的固体微粒和大分子物质。离心分离设备在生物工业中的应用十分广泛，从啤酒和果酒的澄清、酵母发酵液浓缩、谷氨酸结晶的分离、各种发酵液的菌体分离等都大量使用各种类型离心分离设备。

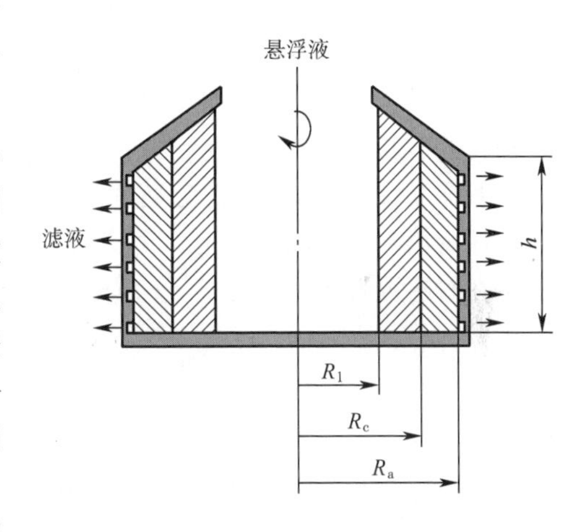

图 9-16　离心过滤工作原理

碟片式离心机是目前工业生产中应用最广泛的离心机。其分离因数为 3000～20000，适应于细菌、酵母菌、放线菌等多种微生物细胞悬浮液及细胞碎片悬浮液的分离。

如图 9-17 所示为碟片式离心机简图，机内装有多层碟片。悬浮料液由轴中心加入，其中的菌体及浓缩液在离心力作用下沿最下层的通道滑移到碟片边缘处，自转鼓壁排泄口引出；清液则沿着碟片向轴心方向移动，自环形清液口排出，从而达到固液分离的目的。

(四) 菌体分离生产实例

1. 从酵母发酵液中离心分离酵母

酵母培养结束后，应及时将发酵液中的酵母分离出来。由于分离的酵母细胞表面以及酵母乳液中残留有色素、营养物质、消泡剂和杂菌，因此要将其进行充分的洗涤。酵母的分离与洗涤通常采用蝶片式离心机，其浓缩倍数一般为 5 ~ 7 倍，浓缩液中的酵母含量一般为 500 ~ 700g/L。分离与洗涤的流程有间歇分离洗涤法和连续分离洗涤法两种。

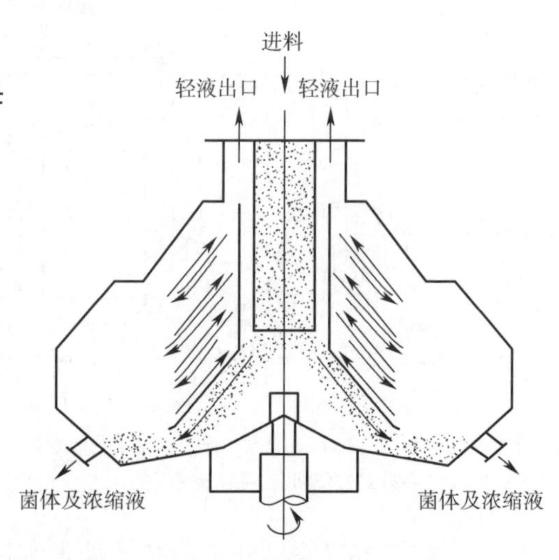

图 9-17　碟片式离心机示意图

间歇分离洗涤法一般分离 3 次，洗涤 2 次。发酵液经第一次分离后，流入洗涤罐，加入酵母乳液 2 倍左右的水，采用通风方式进行搅拌均匀并充分洗涤；随后，进行第二次离心分离，再加入酵母乳液 1 倍左右的水进行充分洗涤，最后进行第三次离心分离。间歇分离洗涤法的时间较长，会影响酵母成品质量，一般适合小规模生产。

如图 9-18 所示，连续分离洗涤法一般采用 3 台离心机串联，第三次离心的废液可作为第二次离心的洗液，可节省洗涤用水。在连续分离洗涤法中，酵母乳与洗液在管道混合器中混合，分离与洗涤同时进行，分离时间较短，有利于酵母成品质量。

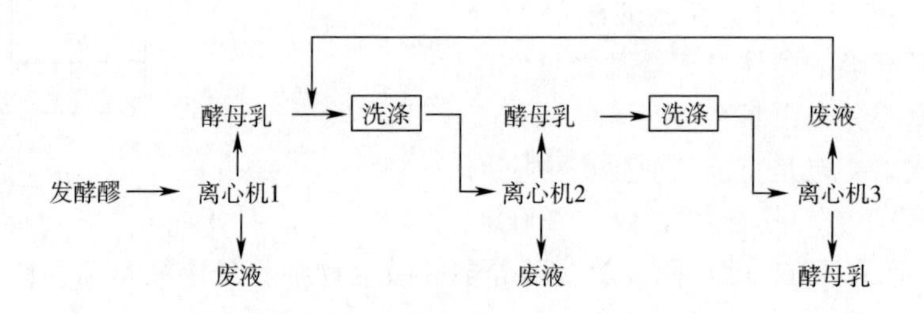

图 9-18　酵母发酵醪连续分离洗涤的流程

2. 谷氨酸发酵液超滤除菌体

从发酵液中提取谷氨酸前进行除菌体的预处理，不仅有利于谷氨酸等电点结晶，而且分离出来的菌体可作为饲料蛋白，同时也可对菌体进一步抽提核苷酸。超滤法是目前分离发酵液中细菌菌体的有效方法，得到的菌体产品质量高。国内采用超滤法分离谷氨酸菌体的流程如图 9-19 所示。

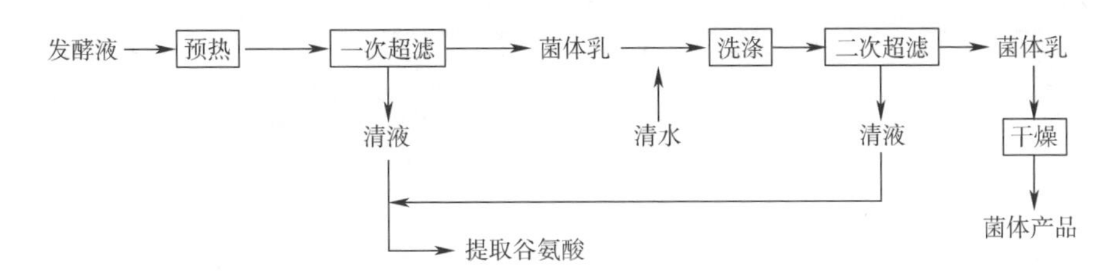

图 9-19 谷氨酸发酵液超滤除菌体的流程

首先通过板式换热器连续预热发酵液至 60℃左右，目的在于促进菌体蛋白的热凝固，有利于提高超滤速度，同时发酵液经过适当灭菌，可减小超滤膜受污染的程度。然后按一定的浓缩比进行第一次超滤，所得菌体浓缩乳液在贮罐中用水稀释 1 倍，机械搅拌均匀，目的使菌体乳得以充分洗涤，然后再进行第二次超滤。最后所得的菌体乳进行干燥制备菌体蛋白饲料，两次超滤所得清液送至等电点提取工序进行谷氨酸提取。

三、 细胞破碎

（一）细胞破碎的目的

微生物代谢产物大多分泌到细胞外，如大多数小分子代谢物、细菌产生的碱性蛋白酶、霉菌产生的糖化酶等，称为胞外产物。但有些目的产物存在于细胞内部，如大多数酶蛋白、类脂和部分抗生素等，称为胞内产物。随着重组 DNA 技术的广泛应用，许多具有重大价值的生物产品应运而生，如胰岛素、干扰素等，为获得这些胞内产物，首先必须将细胞破碎，使产物得以释放，才能进一步提取。

细胞破碎的主要阻力来自于细胞壁，不同类型的微生物其细胞壁的结构特性是不同的。微生物细胞壁的形状和强度取决于细胞壁的组成以及它们之间相互关联的程度。在机械破碎中，细胞的大小和形状以及细胞壁的厚度和聚合物的交联程度是影响破碎难易程度的重要因素。

（二）细胞破碎的方法

细胞破碎方法很多，根据其是否使用外力可分为机械法和非机械法两大类，非机械法包括物理法（超声破碎、渗透压冲击、冻结融化等）、化学法和酶溶法等，如表 9-2 所示。在实际应用中应根据实际情况选择合适的方法。

表 9-2　　细胞破碎方法分类

分类		作用机理	特点
机械法	研磨法	固体剪切作用	可达较高破碎率，可较大规模操作，大分子目的产物易失活，浆液分离困难
	高压匀浆法	液体剪切作用	可达较高破碎率，可较大规模操作，不适合革兰氏阳性菌和丝状菌
	撞击破碎法	固体剪切作用	破碎率高，活性保留率高，对冷冻敏感产物不适应
非机械法	超声破碎法	空穴作用	对酵母菌效果较差，破碎过程升温剧烈，不适合大规模操作
	渗透压法	渗透压剧烈改变	破碎率较低，常与其他方法结合使用
	冻融法	反复冻结-融化	破碎率较低，不适合对冷冻敏感的目的产物
	化学法	改变或破坏细胞壁（或细胞膜）	易引起活性物质的失活
	酶溶法	酶解作用	具有高度的专一性，条件温和，浆液易分离，但释放率较低，通用性差

两类细胞破碎方法的比较如表 9-3 所示。

表 9-3　　机械破碎法和非机械破碎法的比较

比较项目	机械破碎法	非机械破碎法
破碎机理	切碎细胞	溶解局部壁膜
碎片大小	碎片细小	细胞外形完整
内含物释放	全部	部分
黏度	高（核酸多）	低（核酸少）
时间、效率	时间短、效率高	时间长、效率低
设备	需专用设备	不需专用设备
通用性	强	差
经济	成本低	成本高
应用范围	实验室、工业范围	实验室范围

1. 机械法

机械法主要是利用机械运动在细胞壁上产生剪切力达到破碎细胞的目的。机械破碎处理量大，破碎效率高，速度快，是工业规模细胞破碎的主要手段。主要有研磨法、高压匀浆、撞击破碎等方法。

（1）研磨法　研磨是常用的一种方法，它将细胞悬浮液与玻璃小珠、石英砂或氧化铝等研磨剂一起快速搅拌，使细胞获得破碎。在工业规模的破碎中，常采用高速珠磨机（图 9-20），将玻璃小珠与细胞悬浮液一起快速搅拌，由于研磨作用，使细胞获得破碎。

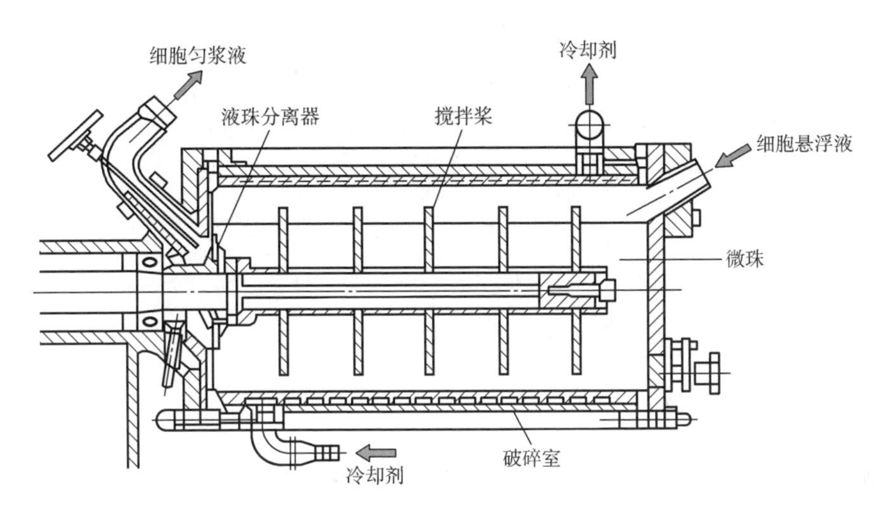

图 9-20　高速珠磨机结构示意图

珠磨机基本构造是一个带夹套的碾磨腔，中心安装有可旋转搅拌桨。其工作原理：进入珠磨机的细胞悬浮液与极细的玻璃小珠、石英砂、氧化铝等研磨剂一起快速搅拌或研磨，研磨剂、珠子与细胞之间的互相剪切、碰撞，使细胞破碎，释放出内含物。在珠液分离器的协助下，珠子被滞留在破碎室内，浆液流出从而实现连续操作。

（2）高压匀浆　高压匀浆又称为高压剪切破碎，是大规模细胞破碎的常用方法，具有破碎速度快、胞内产物损失小和设备放大容易等优点。原理：在高压匀浆器中，细胞悬浮液在高压作用下从阀座与阀之间的环隙高速喷出后撞击到碰撞环上，再急剧释放到低压环境，细胞受撞击和剪切双重力作用下而破碎。高压匀浆器结构如图 9-21 所示。

该法适用于大多数微生物细胞的破碎，如酵母菌、大肠杆菌、巨大芽孢杆菌和黑曲霉等。不宜采用高压匀浆法破碎的微生物细胞有易造成堵塞的团状或丝状真菌、较小的革兰阳性菌及含有包含体的基因工程菌等。在工业规模的细胞破碎中，对于酵母等难破碎的及高浓度的细胞，常采用多次循环的操作方法。

（3）撞击破碎法　利用冷冻使有弹性、难以破碎的细胞转变成刚性、易碎的球体，高速撞击撞击板，从而使冻结的细胞破碎。

2. 物理法

利用超声波、温度、压力等各种物理因素的作用，使细胞破碎的方法称为物理破碎法。

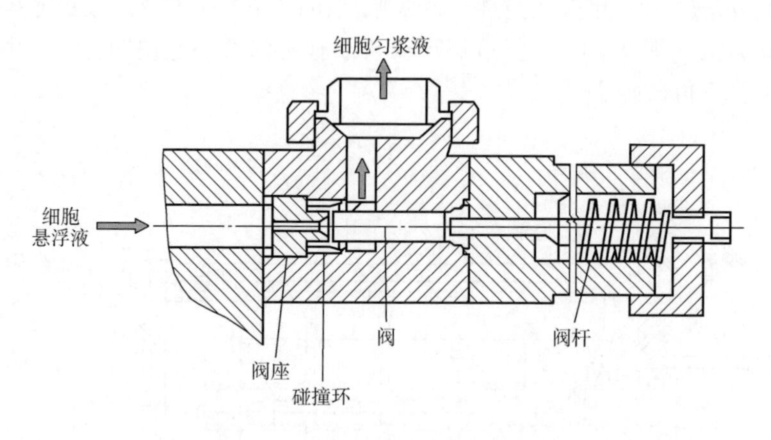

图 9-21 高压匀浆器结构示意图

(1) 超声波破碎法 声频高于 15~20kHz 的超声波可以使细胞膜产生空穴作用而使细胞破碎。

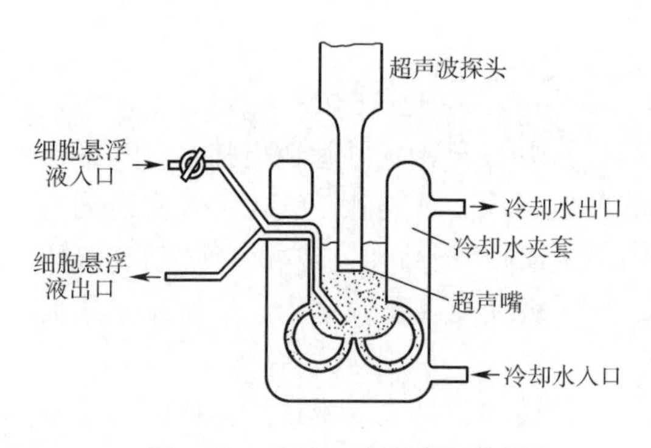

图 9-22 连续破碎池结构示意图

超声波破碎最主要的问题是热量的产生，因此，该法仅适用于实验室规模的微生物细胞破碎，不适于大规模生产。实验室处理样品时，超声破碎器都带有冷却夹套系统，以保证蛋白质不会因过热引起变性。如图 9-22 所示为实验室连续破碎池结构示意图，其核心部分是由一个带夹套的烧杯组成，其内有 4 根内环管，由于超声波振荡能量会泵送细胞悬浮液循环，将细胞悬浮液进出口管插入烧杯内部，就可以实现连续操作。

(2) 渗透压冲击法 渗透压冲击法是较为温和的一种物理法，适用于易破碎的细胞，如动物细胞和革兰阴性菌。将细胞放在高渗透压的溶液中，由于渗透压的作用，细胞内的水分便向外渗出，细胞失水收缩，达到平衡后，离心收集细胞，迅速将介质稀释或将细胞转入低渗的水或缓冲液中，由于渗透压的突然变化，胞外的水分迅速渗入胞内，引起细胞快速膨胀而破裂，使产物释放到溶液中。渗透压冲击法仅适用于较脆弱的细胞壁或者细胞壁预先用酶处理。

(3) 冻融法 将细胞放在低温下（-50~-30℃）冷冻，然后在室温下融化，如此反复多次达到破壁目的。冻融法破壁的机制有两方面：一方面能使细胞膜的疏水键结构破裂；另一方面冷冻时胞内水结晶，形成冰晶粒，引起细胞膨胀而破裂。对于细胞壁较薄的菌体，可采用此法，但通常破碎率较低。此外，还可能引起某些对冷冻敏感的蛋白质发生变性。

3. 化学法

某些化学试剂如有机溶剂、表面活性剂、酸和碱等可以改变细胞壁或细胞膜的渗透性，从而使细胞内的物质有选择地渗透出来。

（1）有机溶剂法　有机溶剂可采用丁醇、丙酮、氯仿等，这些有机溶剂可以破坏细胞壁、细胞膜的磷脂结构，从而改变细胞的渗透性，使细胞内物质释放到细胞外。

（2）表面活性剂法　表面活性剂可以和细胞膜中的磷脂以及脂蛋白相互作用，使细胞膜结构破坏，从而增加细胞膜的渗透性。常用的离子型表面活性剂有十二烷基硫酸钠（SDS）、脱氧胆酸钠等；非离子型表面活性剂有吐温-80、Triton X-100 等。

（3）酸碱法　酸碱处理是基于蛋白质为两性电解质，改变 pH 可改变电荷性质，使蛋白质之间或蛋白质与其他物质之间的相互作用力降低而易于溶解。用酸处理可以使蛋白质水解成游离氨基酸，通常采用 6mol/L HCl 处理；用碱处理细胞，可以溶解除去细胞壁上的脂类物质或使某些组分从细胞内渗漏出来。

化学法容易引起活性物质的失活，因此根据生化物质的稳定性来选择合适的化学试剂和操作条件是非常重要的。另外，化学试剂的加入，常会给产物的纯化带来困难，并影响目的产物的纯度。

4. 酶溶法

通过细胞本身的酶系或外加酶制剂的催化作用，部分或完全破坏细胞壁后，再利用渗透压冲击等方法破坏细胞膜，进一步增大细胞膜对胞内产物的通透性。酶溶法可分为外加酶法和自溶法两种。

（1）外加酶法　常用的溶解酶有溶菌酶、蛋白酶、葡聚糖酶、甘露糖酶、肽内切酶等，而细胞壁溶解酶是几种酶的复合物。其中溶菌酶主要作用于细菌类，其他酶对酵母作用较明显。溶解酶具有高度的专一性，因此在处理细胞时应根据细胞壁的化学组成和结构选择合适的酶。

（2）自溶法　自溶法所需的溶解酶是由微生物自身产生的。在微生物生长代谢过程中，大多数都能产生一定的水解自身细胞壁成分的酶，以便生长繁殖。控制一定的条件，可以诱发微生物产生过剩的溶胞酶或激发自身溶胞酶的活力，达到细胞自溶的目的。温度、pH、时间、激活剂等是影响自溶的主要因素。

四、发酵产物分离

（一）沉淀法

通过加入某种试剂或改变溶液性质，使目的物以固相形式从溶液中沉降析出的分离方法称为沉淀法，其本质是通过改变条件使溶质分子或胶粒在液相中的溶解度降低，分子或胶粒发生聚集形成新的固相，从而达到分离、澄清、浓缩的目的。

沉淀法不仅用于抗生素、有机酸等小分子物质，而更多的用于蛋白质、酶、多肽等大分子物质。该法过程简单、成本低、便于小批量生产，在产物浓度越高的溶液中沉淀越有利，收率越高。缺点是所得沉淀物可能聚集有多种物质，或含有大量盐类，或包裹着溶剂，过滤比较困难，产品纯度较低，需重新精制。

常用的沉淀方法目前主要有盐析法、有机溶剂沉淀法、等电点沉淀法、非离子多聚物沉淀法、选择性变性沉淀、亲和沉淀等。

1. 盐析法

盐析法又称为中性盐沉淀法。一般情况下，低浓度盐离子会增大蛋白质、酶等生物产品与溶剂水的相互作用力，使它们的溶解度增大，这一现象称为“盐溶”。但是，继续增大溶液中盐浓度，它们的溶解度反而降低，最终从溶液里沉淀出来，这一现象称为“盐析”。

（1）盐析原理　蛋白质在水中的溶解度与其表面性质有关。无外界影响时，蛋白质、酶等以亲水胶体形式存在于水溶液中，呈稳定的分散状态。盐类可使蛋白质等大分子物质析出的原因：①高浓度的中性盐溶液中存在大量带电荷的盐离子，它们能中和蛋白质分子的表面电荷，使蛋白质分子间的静电排斥作用减弱甚至消失，从而使蛋白质相互靠拢，聚集起来；②中性盐的亲水性比蛋白质大，它会抢夺本来与蛋白质结合的自由水，使蛋白质表面的水化膜被破坏，导致蛋白质分子之间的相互作用增大而发生凝聚，从而沉淀析出。

（2）常用的盐析剂　可使用的中性盐有硫酸铵、硫酸镁、硫酸钠、氯化钠、醋酸钠、磷酸钠、柠檬酸钠、硫氰化钾等。其中，硫酸铵以溶解度大且受温度影响小、对目的物稳定性好、价廉、沉淀效果好等优点应用最为广泛。

（3）盐析的影响因素　影响盐析的因素很多，主要有①蛋白质种类及浓度；②盐析剂的选择；③温度和 pH；④中性盐加入的方式。

（4）脱盐处理　蛋白质、酶等经盐析沉淀分离后，产品里还有盐分，还需进行脱盐处理。常用脱盐处理的方法有透析法、超滤法及凝胶过滤法。实验室透析装置和透析过程如图 9-23 所示。

2. 有机溶剂沉淀法

有机溶剂沉淀的基本原理是向蛋白质溶液中加入与水互溶的有机溶剂会导致溶液的介电常数下降，蛋白质分子间的静电引力增大，从而聚集和沉淀。对于具有水化膜的生物分子，有机溶剂与水的作用，使得这些分子脱水而相互聚集析出。有机溶剂沉淀作用机理如图 9-24 所示。与盐析法相比，有机溶剂密度较低，易于沉淀分离，并且沉淀不需脱盐处理。但该法容易引起蛋白质变性，必须在低温下进行，溶剂消耗量大，回收率较盐析低。

利用有机溶剂沉淀蛋白质和酶时，必须控制好下列几个条件。

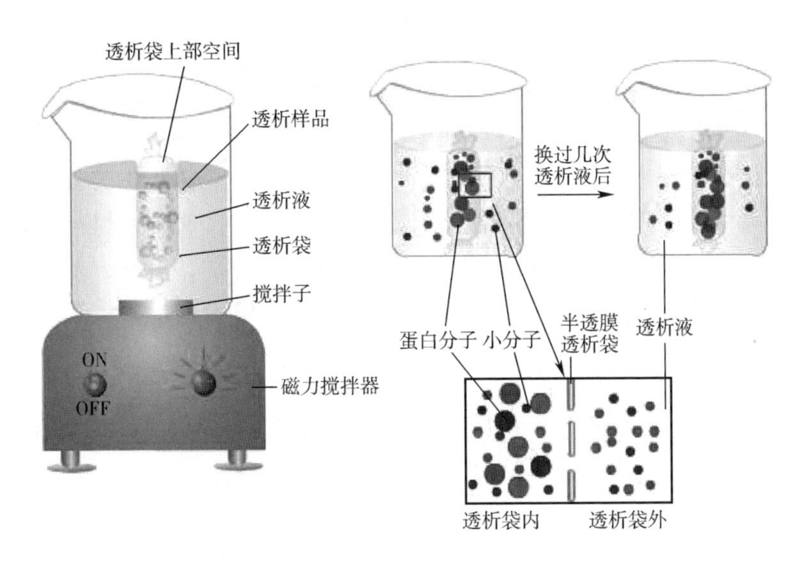

图 9-23　实验室透析装置和透析过程示意图

（1）温度　有机溶剂沉淀蛋白质受温度影响很大。大多数蛋白质的溶解度随温度降低而下降。温度升高，会使一些对温度敏感的蛋白质或酶变性。因此，有机溶剂沉淀操作必须在低温下进行。

（2）pH　蛋白质和酶等两性物质在有机溶剂中的溶解度因 pH 变化而变动，一般在等电点时，溶解度最低，因此可通过调节 pH，选择性地分离蛋白质。

（3）有机溶剂的选择　很多有机溶剂都可以使溶液中的蛋白质发生沉淀，如乙醇、甲醇、丙酮、异丙醇、二甲基亚砜等。选择溶剂时主要应考虑介电常数小，致变性作用小、毒性小，水溶性好的溶剂。

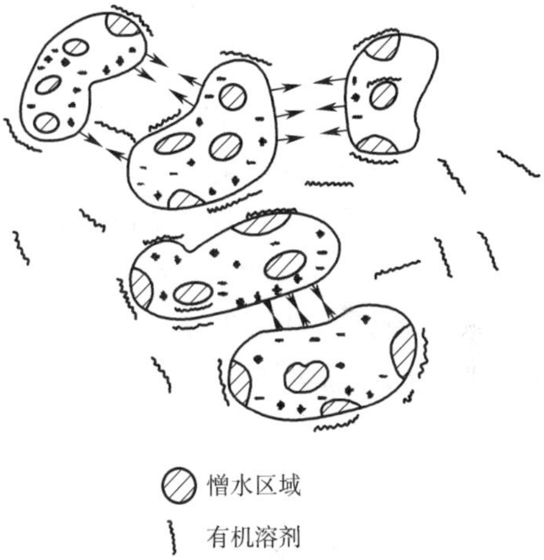

憎水区域
有机溶剂

图 9-24　在有机溶剂-水混合物中的聚沉机理

乙醇和丙酮是常用的有机溶剂。乙醇的沉淀作用强，挥发性适中且无毒，常用于蛋白质、核酸、多糖等生物大分子的沉析。丙酮沉淀作用更强，用量省，但毒性大，应用范围不如乙醇广泛。

案例分析　乙醇沉淀法

用有机溶剂沉淀蛋白质的技术已有悠久的历史，早在 20 世纪 40 年代，Cohn

等首先研究出大规模分级分离人血浆蛋白的方法。利用乙醇的低介电常数性质以及蛋白质在一定温度、pH、离子强度及浓度条件下，在不同浓度乙醇中溶解度不同分离血浆蛋白质，可以生产出多种医用血浆蛋白，成为著名的Cohn乙醇沉淀法。1971年Newman等对此方法进行了改进，将血浆在2~4℃进行沉淀分离，可在同一过程中得到更多产物（如血液Ⅷ因子、血纤维蛋白原等），成为目前广泛使用的冷乙醇沉淀法。冷乙醇沉淀法尽管设备可能较为复杂，但过程相对简单，生产清蛋白产量较高，并且乙醇具有杀菌能力，可得到无热原的产品。更重要的是冷乙醇沉淀法有助于除去或抑制HIV等病毒，因而其改进工艺至今在工业上仍作为主要的生产方法。

3. 等电点沉淀法

利用蛋白质在pH等于其等电点的溶液中溶解度下降的原理进行沉淀分离的方法称为等电点沉淀法。一般来说，不管酸性环境还是碱性环境，只要偏离两性电解质的等电点，它们的分子要么净电荷为正，要么净电荷为负，这种情况下分子自身之间反而有排斥作用，只有当它们所带净电荷为零时，其分子之间的吸引力增加，分子互相吸引聚集，使溶解度降低，容易沉淀下来。不同的两性电解质有不同的等电点，可通过等电点沉淀法将其分离开来。

等电点沉淀法主要应用于一些水化程度不大、在等电点时溶解度很低的两性电解质产物中，如氨基酸、抗生素、核苷酸、疏水性的蛋白质等。

4. 沉淀法的生产实例

（1）枯草杆菌BF-7658α-淀粉酶的盐析法提取　采用枯草杆菌BF-7658液体深层培养的α-淀粉酶已广泛应用于食品制造、制药、纺织等方面。α-淀粉酶是胞外酶，其最适作用温度为65℃左右，在淀粉浆中保温15min后酶活仍保留87%，其提取方法有盐析法、乙醇淀粉吸附法和喷雾干燥法等，其中盐析法的提取工艺流程如图9-25所示。

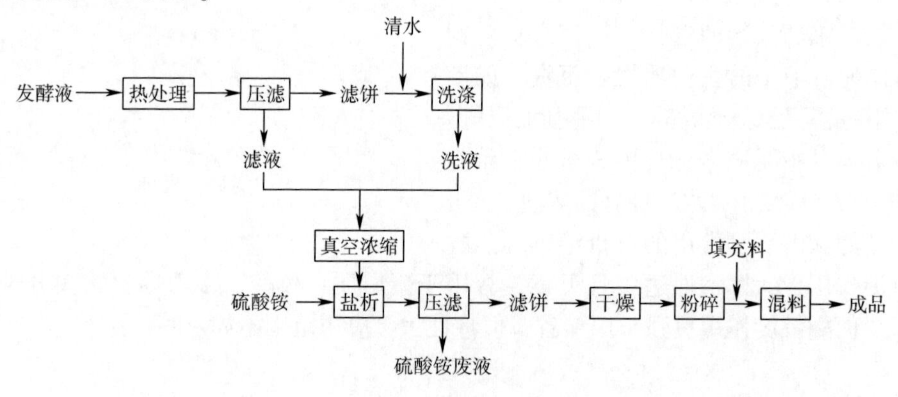

图9-25　枯草杆菌BF-7658α-淀粉酶的盐析法提取工艺流程

（2）谷氨酸的低温等电点法提取　谷氨酸是一种酸性氨基酸，在等电点时，其正负电荷相等，形成偶极离子，在直流电场中不向两极移动。此时，谷氨酸分子之间会通过静电引力作用结合形成较大的聚合体而沉淀析出。谷氨酸发酵液不经除菌或经过除菌、不经浓缩或经过浓缩，均可采用等电点法进行提取谷氨酸。按提取温度划分，有常温等电点提取工艺和低温等电点提取工艺；按操作方式划分，有分批等电点提取工艺和连续等电点提取工艺。如图 9-26 所示为对带菌体发酵液进行低温等电点分批提取谷氨酸的工艺流程。

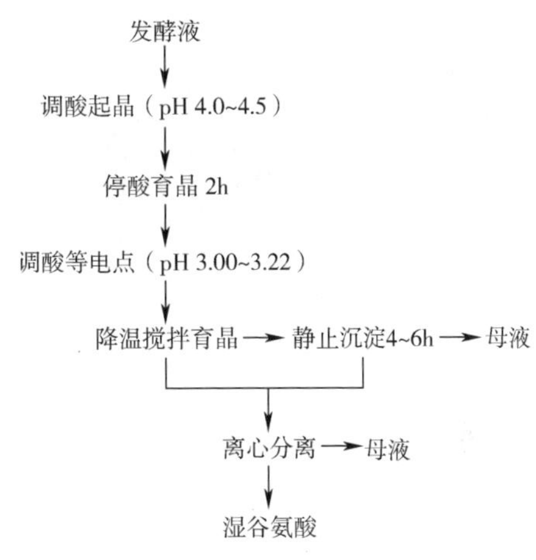

图 9-26　低温等电点分批提取谷氨酸工艺流程

（二）溶剂萃取法

液液萃取也称为溶剂萃取，是使用一种溶剂将目的物质从另一种溶剂中提取出来的方法。萃取法是利用溶质在互不相溶的两相之间分配系数的不同，而使溶质得到纯化或浓缩的方法。在溶剂萃取中，被提取的溶液称为料液，其中欲提取的物质称为溶质，用来进行萃取的溶剂称为萃取剂。经接触分离后，大部分溶质转移到萃取剂中，得到的溶液称为萃取液，而被萃取出溶质的料液称为萃余液。

萃取法可分为固液萃取、液液萃取、超临界萃取、液膜萃取等，在发酵工业中应用很普遍，如抗生素、维生素、激素、有机酸和生物碱以及一些固态发酵产物的提取等。其中液液萃取由于其分离程度高、选择性好、生产周期短、能耗低、便于连续操作等优点而得到广泛的应用。

1. 影响溶剂萃取效果的因素

（1）温度　多数微生物的产物在较高温度下不稳定，萃取多维持在室温或较低温度下进行，对热敏物质的萃取一般控制温度在 0～10℃ 范围。但降温萃取则会增加整个系统的冷却负荷和动力消耗，萃取效率较低，但萃取液中的杂质少；升高温度可以增加物质的溶解度，降低液体的黏度，可提高一些小分子物质的萃取效率，温度可以控制在 50～70℃ 范围，但所获萃取液的杂质也较高。因此，选择萃取温度时应综合考虑这些因素。

（2）pH　在低 pH 条件下，酸性物质大部分呈非解离分子状态，而碱性物质则大部分呈阳离子状态；在高 pH 条件下，酸性物质大部分呈阴离子状态，而碱性物质则呈非解离分子状态。阳离子和阴离子都易溶于水，非解离分子则易溶于有机溶剂。根据这一性质，酸性物质处于低 pH 或碱性物质处于高 pH 时，可以溶于有机溶剂。对于两性物质，当溶液的 pH 处于被萃取物质的等电点时，其溶解度最低。如果采用溶剂萃取，宜选择 pH 处于等电点时进行。

(3) 溶剂的选择　溶质在两相的分配决定于所选择的溶剂和水相的性质，萃取所用的溶剂应考虑对产物有较大的溶解度和良好的选择性。除此以外，还要求：①溶剂与被萃取液的互溶度小，黏度低，界面张力适中，对相的分散和两相分离有利；②溶剂的回收和再生容易，化学稳定性好；③溶剂价格低廉；④溶剂的安全性好，毒性低等。

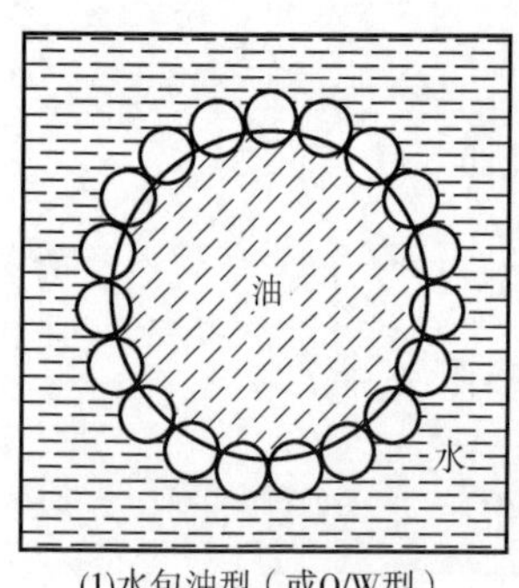

(1)水包油型（或O/W型）

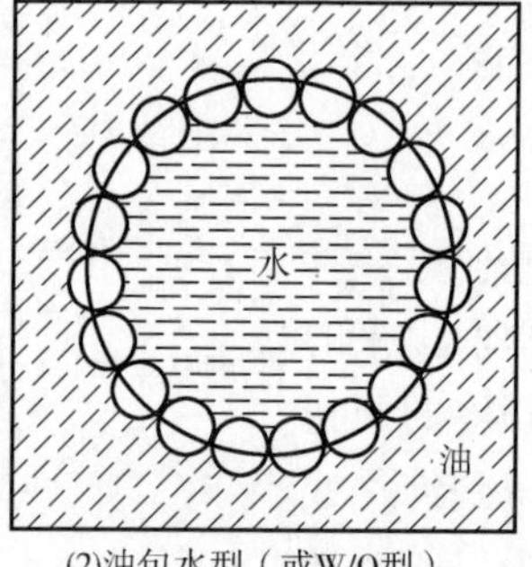

(2)油包水型（或W/O型）

图 9-27　乳浊液作用示意图

(4) 乳化和去乳化　在溶剂萃取过程中，经常会出现一种液体分散到另一种本不相溶的液体中的现象，即水或有机溶剂以微小液滴形式分散于有机相或水相中（图 9-27）称为乳化。在发酵液中会出现两种夹带，一种是发酵液中央带有机溶剂微滴，使目标产物受到损失，另一种是有机溶剂中央带发酵液，给后处理操作带来困难。乳化现象的产生将导致有机溶剂相和水相分离困难，影响收率和产品质量，因此如何防止乳化及破坏乳化也是溶剂萃取过程中的一个重要环节。去乳化常用的方法有加热、过滤或离心分离、吸附法、稀释法和转型法等。

在实施萃取操作前，对发酵液进行过滤或絮凝沉淀处理，可去除大部分蛋白质及固体微粒，防止乳化现象的发生。产生乳化现象后，可根据乳化的程度和乳浊液的形式，采取适当的破乳手段，常用的去乳化方法：

①离心分离：当乳化现象不是很严重时，可采用离心分离的方法。

②升高温度：黏度是乳浊液稳定的一个因素，温度升高，使溶液的强度下降，从而使乳浊液破坏。对热稳定姓较高的产物，可用加热方法破乳化。

③稀释法：在乳浊液中加入连续相，降低乳浊液的浓度，来减轻乳化现象。

④吸附法：在乳浊液中加入吸水性物质，破坏乳浊液。例如 $CaCO_3$易被水所润湿，而不能被有机溶剂所润湿，将乳浊液过 $CaCO_3$层时，乳浊液中的水分则被吸附。生产上将红霉素一次丁酯抽提液通过 $CaCO_3$层，以除去微量水分，有利于后续提取。

⑤转型法：就是使 W/O 型的乳浊液变为 O/W 型的乳浊液过程或者是相反的过程等。这种转型法在发酵工业产物提取过程中应用较多，加入的表面活性剂常称为去乳化剂。在发酵工业中常用的去乳化剂主要有两种：一种是阴离子表面活性剂，如十二烷基磺酸钠，易溶于水，微溶于有机溶剂，适于破坏 W/O 型乳浊液，目前广泛用于红霉素的提取；另一种是阳离子表面活性剂，如溴代十五烷基

吡啶，适用于破坏 W/O 型乳浊液，目前广泛用于青霉素等抗生素的提取。

2. 工业萃取方式

工业萃取操作流程可分为单级萃取和多级萃取。多级萃取中又有多级错流萃取和多级逆流萃取之分。

（1）单级萃取　如图 9-28 所示，单级萃取是使用一个混合器和一个分离器的萃取操作。料液 F 与萃取溶剂 S 一起加入混合器内搅拌混合，料液与萃取剂在混合过程中密切接触，被萃取的组分进入萃取剂，达到平衡后的溶液送到分离器内分离，得到萃取相 L 和萃余相 R，萃取相送至回收器，萃余相 R 为废液。在回收器内产物与溶剂分离（如蒸馏、反萃取等），溶剂则可循环使用。

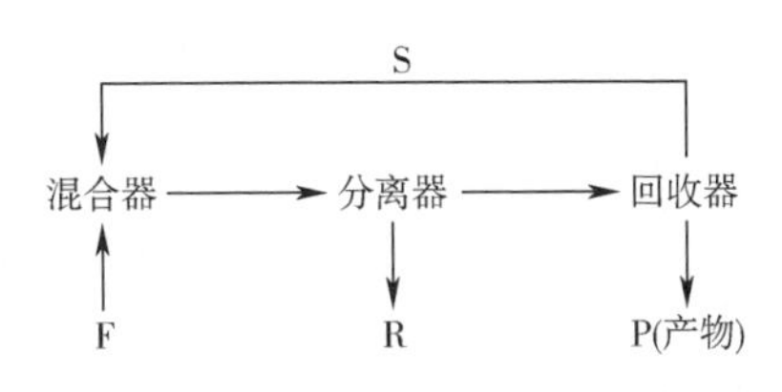

图 9-28　单级萃取流程

单级萃取混合设备有搅拌罐、管式混合器、喷嘴式混合器等。传统的混合设备是搅拌罐，利用搅拌浆将料液和萃取剂相混合。管式混合器一般为 S 形长管，萃取剂和料液从一端导入，混合体系从另一段导出，管内流体呈湍流状态。萃取效率比搅拌罐高，可实现连续操作。喷嘴式混合器利用工作流体在一定压力下经喷嘴高速射出，当流体流至喷嘴时速度增大，产生真空，从而将液体吸入达到混合目的。

萃取分离中，主要通过离心力作用将萃取相和萃余相分离，常用的设备有蝶片式离心机、管式离心机、离心萃取机等。

（2）多级萃取　单级萃取流程简单，但因只萃取一次，一般萃取收率不高。为提高萃取率常常采用多级萃取，多级萃取又有多级逆流萃取和多级错流萃取，具体流程如图 9-29 和图 9-30 所示。

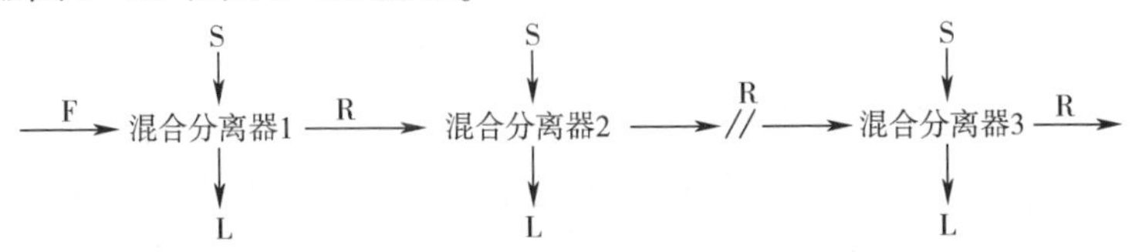

图 9-29　多级错流萃取流程

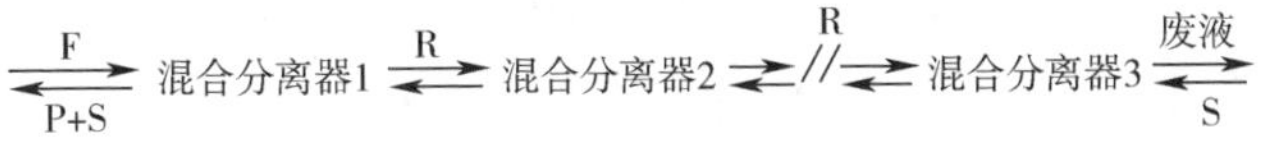

F　混合分离器1　R　混合分离器2　R　混合分离器3　废液

P+S　　　　　　　　　　　　　　　　　　　　S

图 9-30　多级逆流萃取流程

多级错流萃取原料液依次通过各级混合器，新鲜溶剂则分别加入各级混合器中，前级的萃余相为后级的原料，传质推动力大。多级错流萃取流程中每级萃取均需加入新鲜溶剂，故溶剂消耗量大，得到的萃取液产物平均浓度较稀，但萃取较完全。

多级逆流萃取流程中料液走向和萃取剂走向相反，只在最后一级中加入萃取剂，故和错流萃取相比，萃取剂消耗少，萃取液产物平均浓度高，产物收率高。因而在工业上应优先采用多级逆流萃取流程。

在多级萃取中，如果仍用混合器和分离器组合的方法，则设备投资过大、操作也繁琐，级数越多上述缺点越突出。因此，在多级萃取中，最常用的设备是脉动塔和转盘塔。

3. 溶剂萃取法提取青霉素生产实例

提取青霉素方法有多种，目前多数采用溶剂萃取法，工业级青霉素钾盐的提取工艺操作要点如下：

（1）发酵液预处理和过滤　发酵液放罐后，首先要冷却至10℃以下，因为青霉素在低温时比较稳定，细菌繁殖也较慢，可以避免青霉素破坏。发酵液除了冷却外还需进行过滤预处理，由于青霉素生产菌的菌丝较粗，一般过滤较容易，目前主要采用鼓式过滤及板框过滤。滤液中含有0.5~2.0mg/mL的蛋白质，对后续步骤不利，必须去除。通常用硫酸调节pH为4.5~5.0，加入0.07%的絮凝剂十五烷基化吡啶（PPB）和0.07%的硅藻土作为助滤剂进行二次过滤。由于发酵液中含有一定量的$CaCO_3$，酸化时会部分溶解形成硫酸钙沉淀，故酸化时应注意控制好pH。

（2）萃取　结合青霉素在不同pH下的稳定性、在乙酸丁酯（BA）及水中的分配系数以及青霉素的pK值（25℃时为2.76），一般从滤液萃取到乙酸丁酯时，控制pH为1.8~2.2，而从乙酸丁醋反萃取到水相时，选择pH为6.8~7.2。反萃取时，为避免pH波动，常用缓冲液如磷酸盐缓冲液、碳酸氢钠溶液等。

目前，生产上采用二级逆流萃取方式。从发酵液中进行一次萃取时，乙酸丁酯的用量与发酵液之比为1∶(1.5~2.0)，即浓缩倍数为1.5~2.0；从缓冲液中进行二次萃取时，浓缩倍数为2.0~2.5。从乙酸丁醋反萃取到水相时，因分配系数较大，浓缩倍数可达3~5。经过反复萃取，大约浓缩10~12倍，浓度可达到结晶要求。整个萃取过程应在低温（10℃以下）进行，各种贮罐都通过蛇管以冷冻盐水冷却，并尽量缩短萃取时间。

（3）脱色、脱水、结晶　在萃取液中加入0.3%活性炭，充分搅拌10min进行脱色，然后压滤。滤液冷冻至-10℃以下，通过冷冻脱水，使萃取液水分含量低于0.9%，经过过滤可把BA清液分离出去。

将脱色、脱水、分离所得的结晶液升温至10~15℃，然后加入乙酸钾-乙醇溶液。乙酸钾-乙醇溶液的水分应控制在9.5%~11%内，乙酸钾浓度控制在46%~51%内。1mol乙酸钾可生成1mol的青霉素钾盐，但由于反应是可逆的，故应采取过量的0.1mol乙酸钾，使反应朝生成青霉素钾盐的方向进行。

加入乙酸钾-乙醇溶液后，适当搅拌，青霉素钾盐可结晶析出，静置1h以上，离心分离可得青霉素钾盐晶体。青霉素钾盐晶体经洗涤、离心、真空干燥可得工业级青霉素钾盐成品。

（三）离子交换法

离子交换法是根据物质的酸碱度、极性和分子大小的差异而进行的一种分离操作。离子交换剂是一类能与其他物质发生离子交换的物质，分为无机离子交换剂（如沸石）和有机离子交换剂（离子交换树脂）。离子交换法具有成本低、工艺操作方便、提取效率较高、设备结构简单以及节约大量有机溶剂等优点，已广泛应用于抗生素、氨基酸、有机酸等发酵工业。

离子交换树脂是一种不溶于酸、碱和有机溶剂且具有一定孔隙度的高分子化合物，如图 9-31 所示。离子交换树脂可以分成两部分：一部分是不能移动的、多价的高分子基团，构成树脂的骨架，使树脂具有化学稳定的性质；另一部分是酸性或碱性功能团，称为活性离子，它在树脂骨架中进进出出，就发生离子交换现象。它们的构造模型和交换过程如图 9-32 所示。

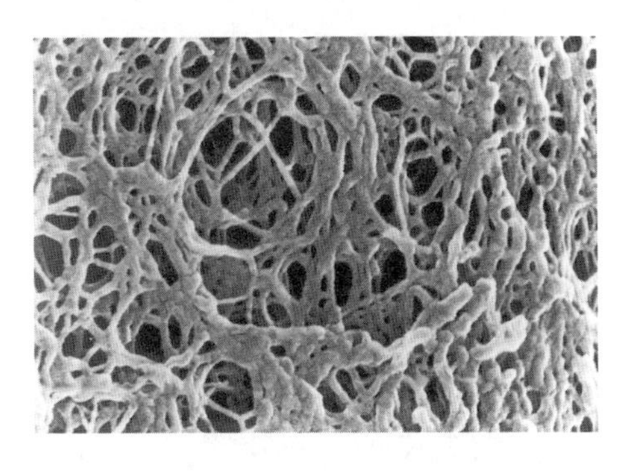

图 9-31　离子交换树脂多孔网状结构

1. 离子交换树脂的分类

离子交换树脂按照其可交换功能团中的活性离子分为强酸性阳离子树脂、弱酸性阳离子树脂、强碱性阴离子树脂和弱碱性阴离子树脂。

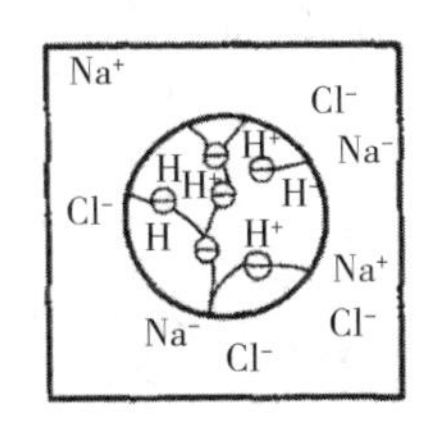

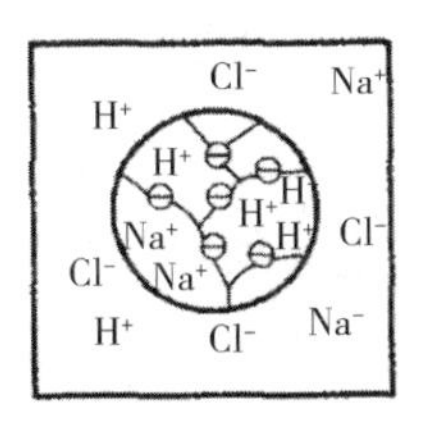

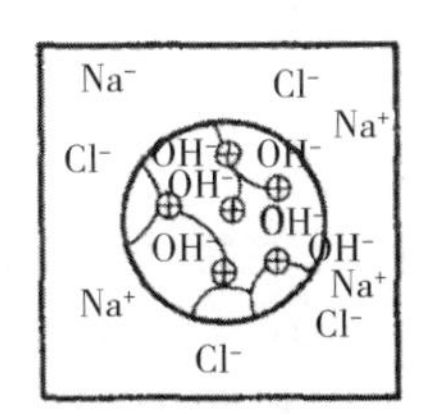

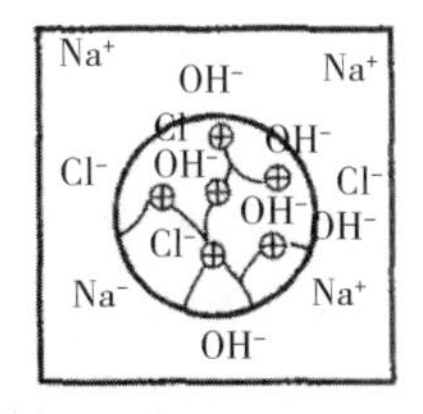

图 9-32　离子交换树脂的构造及交换过程示意图

强酸性阳离子树脂含有强酸性基团，如磺酸基（$—SO_3H$），能在溶液中离解 H^+ 而呈强酸性，其结构见图 9-33 所示。树脂中的 SO_3^- 基团能吸附溶液中的其他阳离子，如 Na^+。强酸性树脂的离解能力很强，在酸性或碱性溶液中都能离解和产生离子交换作用，因此使用时 pH 一般不受限制。

弱酸性阳离子树脂含有弱酸性基团，如羧基（—COOH），酚羟基（—OH）等，在水中离解出 H^+ 而呈弱酸性，$R·COO^-$ 能与溶液中的其他阳离子吸附结合，

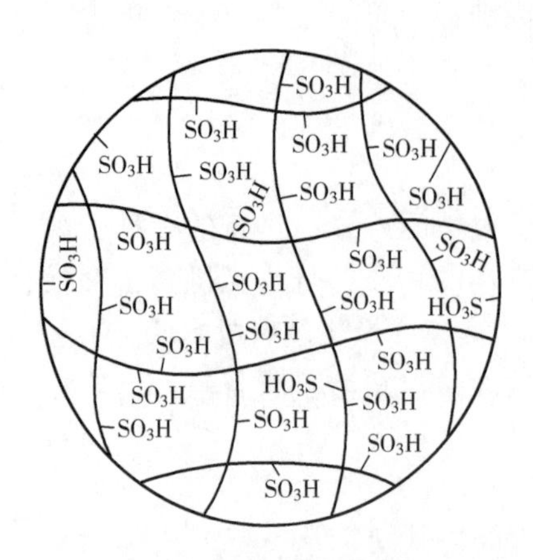

图 9-33 磺酸型阳离子交换树脂结构示意图

而产生阳离子交换作用。这类树脂由于离解性较弱，溶液 pH 较低时，难以离解和进行离子交换，只有在碱性、中性或微酸性溶液中才能进行离解和离子交换，交换能力随溶液的 pH 增大而提高。

强碱性阴离子交换树脂含有季胺基（$—NR_3OH$）等强碱性基团，能在水中离解出 OH^- 而呈碱性，树脂中的离解基团能与溶液中其他阴离子吸附结合，产生阴离子交换作用。这类树脂的离解性很强，使用 pH 不受限制。

弱碱性阴离子交换树脂含有弱碱性基团，如伯胺基（$—NH_2$）、仲胺基（—NHR）或叔胺基（$—NR_2$），它们在水中能离解出 OH^- 而呈弱碱性，交换作用与强碱性阴离子交换树脂相同。和弱酸性树脂一样，这类树脂的离解能力较弱，只能在低 pH 下进行离子交换操作。其交换能力随 pH 变化而变化，pH 越低，交换能力越强。

2. 离子交换流程及设备

离子交换的一般流程：①原料的预处理，使得流动相易于被吸附剂吸附；②原料液和离子交换树脂充分接触，使吸附进行；③淋洗离子交换树脂，以除去杂质；④把离子交换树脂上的有用物质解吸并洗脱下来；⑤离子交换树脂的再生。

离子交换罐为椭圆形顶和底的圆筒形设备。圆筒底的高径比一般为2~3，最大为5。树脂层高约占圆筒高度的50%~70%。具有多孔支持板的离子交换罐如图 9-34 所示。离子交换树脂的下部用多孔陶土板、粗粒无烟煤、石英砂等作为支撑体。被处理的溶液从树脂的上方加入，经过分布管使液体均匀分布于整个树脂的横截面。加料可以是重力加料，也可以是压力加料，后者要求设备密封。

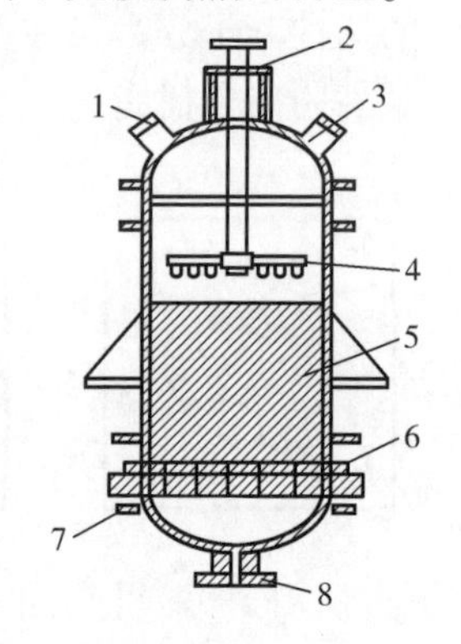

图 9-34 具有多孔支持板的离子交换罐

1—视镜 2—进料口 3—手孔 4—液体分布器 5—树脂层 6—多孔板 7—尼龙布 8—出液口

3. 离子交换法提取柠檬酸生产实例

柠檬酸发酵液，除柠檬酸外，还含有其他代谢产物和一些杂质，如草酸、葡萄糖酸、蛋白质、胶体物质及带负电荷的色素等，成分复杂，必须通过物理和化学方法将柠檬酸提取出来。

柠檬酸是 α-羟基三羧酸，在水中很容易解离成 H^+ 和 H_2Ci^-、HCi^{2-}、Ci^{3-} 等离子，因此可以利用弱碱性阴离子交换树脂从柠檬酸发酵液中分离柠檬酸。然后用 NaOH 溶液或氨水解吸可得柠檬酸钠液或柠檬酸铵液，再用阳离子交换树脂转型可获得纯净的柠檬酸液。工业上常采用 OH^- 型 701 弱碱性阴离子交换树脂来交换吸附柠檬酸。离子交换法提取柠檬酸的工艺流程如图 9-35 所示。

交换吸附前，先将柠檬酸发酵液加热至 80~90℃，然后采用压滤机或带式过滤机除去发酵液中的菌体、大分子杂质，以防污染树脂。以 701 型树脂吸附柠檬酸，一般情况下，顺流上柱的交换容量为 2.3~2.5kmol/m^3（湿树脂），逆流上柱的交换容量为 2.0~2.3kmol/m^3（湿树脂）。生产中，滤液一般以 2~5m^3/（m^3·h）的流速进入 OH^- 型 701 树脂柱，保持恒定液位进行交换吸附。开始流出 OH^- 废液的 pH 较高，当 pH 逐步降至 3.0 左右时，停止吸附，以免柠檬酸流失。

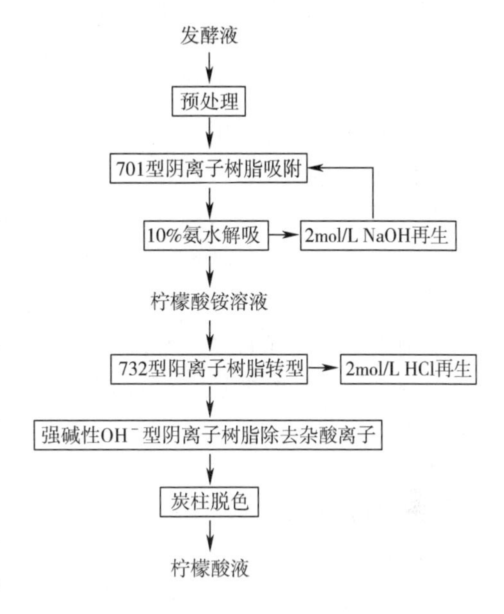

图 9-35 离子交换法提取柠檬酸的工艺流程

停止吸附后，进水洗涤树脂柱，最初流出液含有柠檬酸应予以回收，之后不含柠檬酸的流出液可排放，至流出液无残糖为止。然后，进 10%氨水进行洗脱，氨水洗脱流速一般为 1m^3/（m^3·h），洗脱时流出液 pH 逐步升高，当 pH 上升至 8.0 时停止进氨水，用无离子水将柱内残余柠檬酸根顶出并回收，然后用水反洗树脂柱，以便疏松树脂，最后再生树脂柱。

将洗脱液以 0.5~1.0m^3/（m^3·h）的流速输入 H^+ 型 732 型阳离子树脂柱，使柠檬酸铵转变为柠檬酸。最初流出液中柠檬酸浓度较低，应单独回收，接着流出液逐渐变浓，pH 逐步下降，但后来由于铵盐流出使 pH 又会回升，因此，一旦发现流出液中出现铵根离子，应停止转型，并水洗、再生阳离子树脂柱。

将柠檬酸液以 2.0~3.0m^3/（m^3·h）的流速输入 OH^- 型强碱性阴离子交换柱，由于强碱性阴离子树脂在酸性条件下对 SO_4^{2-}、Cl^-、草酸根等杂酸离子的吸附交换势高，柠檬酸根几乎不被吸附，可除去 SO_4^{2-}、Cl^-、草酸根等杂酸离子。流出液以 0.5~1.0m^3/（m^3·h）的流速输入颗粒炭柱脱色，最后可获得纯净的柠檬酸液。

（四）吸附法

吸附法是利用固体吸附剂处理液体或气体混合物，将其中所含的一种或几种组分吸附在固体表面，使混合物各组分分离的过程。吸附的目的一方面是将发酵液中的发酵产品吸附并浓缩于吸附剂上，另一方面利用吸附剂除去发酵液中的杂质或色素物质、有毒物质（如热原）等。吸附剂通常在酸性条件下是吸附杂质或色素，而在中性的情况下则可把抗生素吸附，例如活性炭对链霉素的吸附。

吸附法具有不用或少用有机溶剂、操作与设备简单、吸附过程中 pH 变化小等优点，但选择性差，收率低，特别是一些无机吸附剂吸附性能不稳定，不能连续操作，劳动强度大，尤其是粉末活性炭吸附剂还影响环境卫生。近年来，研制了一些凝胶类吸附剂、大孔网状聚合物吸附剂，克服了上述一部分缺点，在工业规模生产上得到广泛应用。

1. 吸附过程

吸附过程通常包括待分离料液与吸附剂混合、吸附质（溶质）被吸附到吸附剂表面、料液流出、吸附质解吸回收等四个过程。吸附质解吸也是吸附剂再生的过程。当液体或气体混合物与吸附剂长时间充分接触后，系统达到平衡，吸附质的平衡吸附量（单位质量吸附剂在达到吸附平衡时所吸附的吸附质量）首先取决于吸附剂的化学组成和物理结构，同时与系统的温度、压力以及该组分和其他组分的浓度或分压有关。通过改变温度、压力、浓度及利用吸附剂的选择性可将混合物中的组分分离。

2. 吸附类型

按照吸附剂与吸附质表面分子间结合力的不同，吸附作用可分为物理吸附、化学吸附和交换吸附三种类型。

（1）物理吸附　吸附剂和吸附质通过分子力（范德华力）产生的吸附称为物理吸附。物理吸附发生在吸附剂的整个自由界面。物理吸附与吸附剂的表面积、细孔分布和温度等因素有密切的关系。物理吸附的吸附热较小，一般在 2.09～4.18kJ/mol 的范围内，需要的活化能很小，多数在较低的温度下进行。

物理吸附是可逆的，即在吸附的同时，被吸附的分子由于热运动会离开固体表面，分子脱离固体表面的现象称为解吸。物理吸附除吸附剂的表面状态外，吸附时其他性质都未改变，故两相在瞬间即可达到平衡，吸附和解吸的速度都很快。

（2）化学吸附　化学吸附是由于吸附剂在吸附质之间发生化学反应，产生电子转移的现象。吸附热通常较大，一般在 41.8～418kJ/mol 的范围内，需要较高的活化能，具有较强的选择性。

化学吸附一般为单分子层吸附，吸附后较稳定，不易解吸。物理吸附与化学吸附虽有基本区别，但有时也很难严格划分，两者可以在同一体系中同时发生。

（3）交换吸附　吸附剂表面如果为极性分子或离子所组成，则它会吸引溶液中带相反电荷的离子而形成双电层，这种吸附称为交换吸附。吸附剂与溶液间发生离子交换，即吸附剂吸附离子后，它同时要放出等当量的离子于溶液中，离子的电荷是交换吸附的决定因素。离子所带电荷越多，它在吸附剂表面的相反电荷点上的吸附力就越强。电荷相同的离子，其水化半径越小，越容易被吸附。

3. 常用的吸附剂

吸附剂按其化学结构可分为两大类：一类是有机吸附剂，如活性炭、聚酰胺、纤维素、大孔树脂等；另一类是无机吸附剂，如白土、氧化铝、硅胶、硅藻土、磷酸钙等。下面介绍几种常用的吸附剂。

（1）活性炭　常用于发酵产物的脱色和除臭，以及氨基酸、多肽、糖等的分离提取。活性炭具有吸附力强，分离效果好，来源比较容易，价格便宜等优点。

活性炭有粉末炭、颗粒炭（有圆柱状、球状和不定型）之分。粉末活性炭颗粒极细，呈粉末状，其总表面积、吸附力和吸附量都特别大，是活性炭中吸附力最强的一类。因其颗粒太细，过滤分离时的流速太慢，需要加压或减压操作；颗粒状活性炭的颗粒较前者大，其总表面积相应减小，吸附力及吸附量比粉末活性炭小，但过滤速度比粉末活性炭快。

（2）硅胶　天然的多孔二氧化硅通常称为硅藻土，而人工合成的称为硅胶，用水玻璃制成。硅胶具有多孔的网状结构，既能吸附非极性化合物，也能吸附极性化合物，对极性化合物的吸附能力更大。可用于芳香油、萜类、生物碱、固醇类、脂肪类、氨基酸等的吸附分离。

硅胶的吸附能力随含水量的增加而降低，其表面上带有大量的羟基，有很强的亲水性，极易吸水而降低活性，因此硅胶一般于105~110℃活化1~2h后使用。活化后的硅胶应马上使用，如当时不用，则要储存在干燥器或密闭的瓶中，但时间不宜过长。

（3）氧化铝　氧化铝也是一种常用的亲水性吸附剂，它具有较高的吸附容量，分离效果好，再生容易，特别适用于亲脂性成分的分离。活性氧化铝有碱性氧化铝、中性氧化铝、酸性氧化铝三种。碱性氧化铝常用于碳氢化合物的分离；中性氧化铝适用于酸、酮、某些苷类及在酸碱性溶液中不稳定的化合物（如酯、内酯等）的分离；酸性氧化铝适用于天然及合成酸性色素及某些醛、酸的分离。

（4）大孔网状聚合物吸附剂　有些离子交换树脂可以用作吸附剂，主要是依靠树脂骨架和溶质分子间的分子吸附，而不发生离子交换。因此，人们将大网格离子交换树脂去其功能团，而保留其多孔的骨架，其性质就可和活性炭、硅胶等吸附剂相似，称为大孔网状聚合物吸附剂。大孔网状聚合物吸附剂具有选择性好、解吸容易、机械强度好、可反复使用和流体阻力小等优点。

大网格吸附剂是一种非离子型共聚物，其吸附能力，不但与树脂的化学结构和物理性能有关，而且与溶质及溶液的性质有关。

4. 常见吸附法的操作方式

（1）搅拌罐吸附　在带有搅拌的反应罐中，将吸附剂和发酵液混合接触，吸附后用离心或过滤的方法进行分离。例如，在酶的纯化过程中，将吸附剂添加到溶液中，如果所需的生物分子不被吸附，则在用吸附剂处理时，能从溶液中除去杂质；如果所需的生物分子适宜于吸附，则能被吸附到吸附剂上，将其从溶液中分离出来，然后从吸附剂上抽提或淋洗下来。常用的搅拌罐吸附装置如图9-36所示。

（2）固定床吸附　又称填充床反应器，是一根简单的、充满吸附剂颗粒的竖直圆管，含目标产物的液体从管子的一端进入，流经吸附剂后，从管子的另一端流出，如图 9-37 所示。

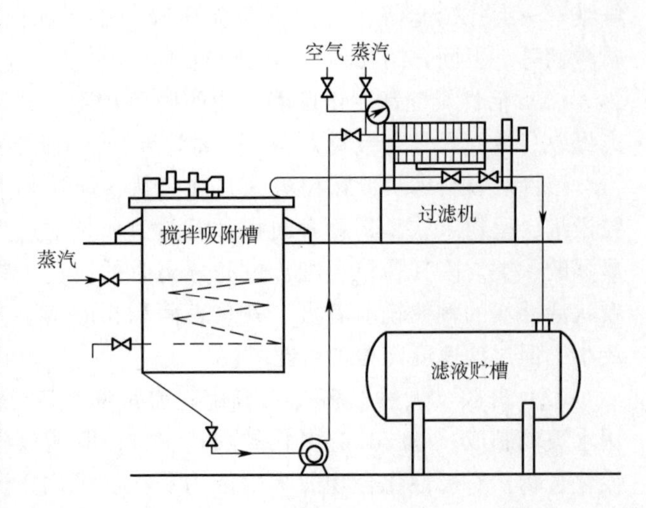

图 9-36　搅拌罐吸附装置

操作开始时，绝大部分溶质被吸附，故流出液中溶质的浓度较低，随着吸附过程的继续进行，流出液中溶质的浓度逐渐升高，在某一时刻浓度突然急剧增大，此时称为吸附过程的“穿透”，应立即停止操作。吸附的溶质需先用不同 pH 的水或不同的溶剂洗涤床层，然后洗脱下来。

固定床是最常用的吸附设备，属于间歇操作。工业上应用最多的是固定床吸附塔，大多为圆柱形立式筒体结构。

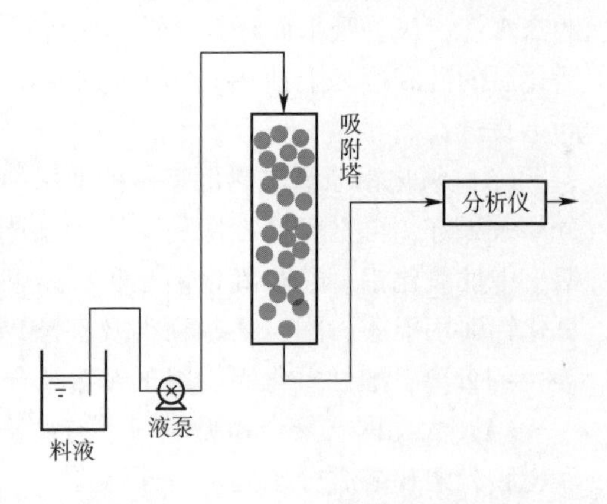

图 9-37　固定床吸附操作

（3）膨胀床吸附　为在床层膨松状态下实现平推流的扩张床吸附技术。膨胀床中使用的吸附介质必须易于流态化，并能实现稳定的分级。如图 9-38 所示，膨胀床吸附首先要使床层稳定地扩张开，然后经过进料、洗涤、洗脱、再生与清洗，最终转入下一个循环。

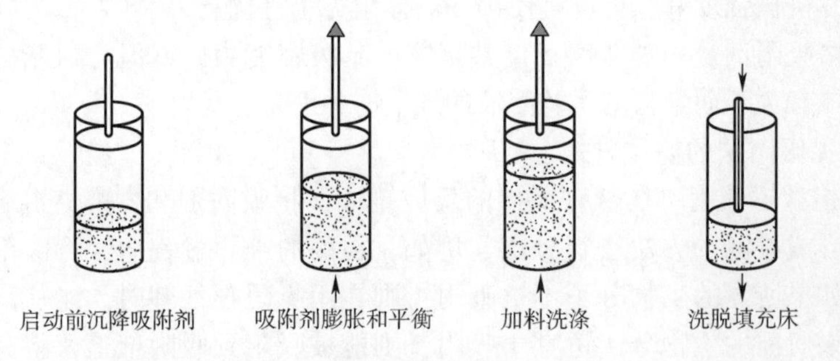

图 9-38　膨胀床吸附的操作过程

5. 吸附法生产实例

(1) 谷氨酸中和液的活性炭脱色　目前我国氨基酸工业中，基本上都采用活性炭脱色工艺。例如，味精生产中，常用粉末活性炭对谷氨酸中和液进行第一步脱色，然后再用颗粒活性炭用于最后一步脱色。

脱色时，先向谷氨酸中和液中加入适量的粉末活性炭，在一定的温度、pH 下搅拌一定时间，活性炭吸附饱和后，进行过滤。由于活性炭和谷氨酸的质量对脱色效果影响较大，一般要对实际批次进行脱色实验，以滤液的最高透光率来决定活性炭用量、脱色 pH、脱色温度以及脱色时间。

虽然颗粒活性炭的吸附能力较小，但装填在脱色柱内可实现连续操作，可以再生，故常用于最后一道脱色工序。将经过粉末活性炭脱色的谷氨酸中和液流入颗粒活性炭脱色柱，控制温度、pH、流量等脱色条件，脱色柱流出液即为脱色液。吸附饱和后，颗粒炭须进行再生，先用 NaOH 水溶液作为洗脱剂，解吸吸附的色素，然后用 HCl 水溶液作为再生剂。

(2) 大孔网状聚合物吸附提取红霉素

①发酵液的预处理和过滤：发酵液除了含有红霉素外，绝大部分是菌丝体、残留培养基以及各种代谢产物等。为了促进菌丝结团加快过滤，需加入 3%硫酸锌，由于硫酸锌呈酸性，为防止红霉素被破坏，用 10%的 NaOH 溶液调节 pH 至 7.8~8.2。过滤去除菌体后，由于溶液中红霉素为 1800U/mL 以上时吸附量显著下降，须用水将滤液稀释至 1800U/mL 左右。

②吸附与解吸：红霉素在中性和酸性条件下呈阳离子状态，可用大孔离子交换树脂吸附分离制备。常用大孔树脂 CAD-40 或 SIP-1300 等为吸附剂，通过动态吸附，对滤液中的红霉素有效吸附。滤洗液通过双串联柱吸附（以每 1min 0.6 倍树脂体积的流速上柱），达到饱和吸附后用 40℃蒸馏水快速洗涤树脂，再用乙酸丁酯与 2%氨水混合液（2∶1）解析树脂（每 1min 洗脱剂流量为树脂体积 1/130），红霉素集中在最初的 1~2h 内，随后的分离采用乙酸丁酯萃取的溶剂工艺。乙酸丁酯解析液在 pH 4.7~5.2 的乙酸-磷酸氢二钠缓冲液中反萃取，当红霉素转入缓冲液后，再用 pH 9.8~10 的乙酸丁酯在 38~40℃下萃取，最后在-5℃的 10%的丙酮水溶液中结晶，干燥得到红霉素成品。

(五) 蒸馏法

发酵工业中，将液体混合物进行分离，或者进一步提纯，或者从溶液中回收某种溶剂，往往应用蒸馏方法。例如，白酒生产中，通过蒸馏酒醅后，再经过陈酿、勾兑而制得白酒；酒精发酵生产中，通过发酵醪的蒸馏和精馏而得到医药级酒精，通过恒沸蒸馏而得到无水酒精；抗生素和酶制剂发酵生产的提取过程中，回收某种溶剂也常常采用蒸馏方法。与其他的分离手段，如萃取、吸附等相比，其优点在于不需要使用混合物组分以外的其他溶剂，因而不会引入新的杂质。

1. 蒸馏

蒸馏分离主要依据是混合液中各组分具有不同的挥发度，即在相同温度下各自蒸汽压不同，使低沸点组分蒸发，再冷凝导致易挥发组分在冷凝液中的含量比原液中增多，是蒸发和冷凝两种单元操作的联合。蒸馏可分为简单蒸馏和精馏。

拉乌尔定律指出：混合液中蒸汽压高（沸点低）的组分，在气相中的含量总是比液相中高；反之，蒸汽压低（沸点高）的组分，在液相中含量总是比气相中高。一般把气相中酒精含量与液相中酒精含量的比值称为酒精的挥发系数（用 K 表示）。实验数据表明，在酒精浓度达到 97.6%（体积分数）前，酒精的挥发系数总是大于 1，用常规的蒸馏方法可以使酒精变浓。

常压下，水的沸点是 100℃，无水酒精为 78.3℃，由两种不同量的液体组成混合物的沸点总是在 78.3~100℃之间（恒沸点除外），一定浓度的酒精溶液便具有相应的沸点。酒精蒸馏中，挥发系数随着酒精浓度增加而变小，当酒精浓度增加至 97.6%（体积分数）时，挥发系数为 1，此时相应的沸点是 78.15℃，这个沸点为酒精-水混合物的最低恒沸点，比酒精和水的沸点都低。在常压下采用常规的蒸馏手段是无法获得 100%（体积分数）的纯酒精，需在减压情况下进行蒸馏，可以将恒沸点向增加酒精含量的方向移动，当压力降低到一定程度时，就能获得 100%（体积分数）酒精。

2. 精馏

精馏又称分馏，通过对混合物进行加热，针对混合物中各成分的不同沸点进行冷却，最后分离成相对纯净的单一物质过程，可以将混合物分成多种组分。精馏实际上是多次蒸馏，它更适合于分离提纯沸点相差不大的液体有机混合物。

从醪塔导出的粗酒精中含有很多不同化学组成的挥发性杂质，按化学性质可分为醇、醛、酯、酸等四大类。从酒精提纯的角度可分为三类：头级杂质、中级杂质和尾级杂质。为除去酒精中的杂质，需采取精馏手段。

杂质在汽相和液相中的百分含量之比，称为杂质的挥发系数，杂质的挥发系数与酒精的挥发系数之比称为杂质的精馏系数，表示在同一酒精浓度下，杂质和酒精挥发性能的差异程度。

一般来说，醛、酯类头级杂质在酒精水溶液中的挥发系数和精馏系数始终大于 1，比酒精更容易挥发，在精馏设备中向上运动的速度快于酒精，将聚集在精馏设备的最高层，在塔顶排出。戊醇等尾级杂质在酒精浓度小于 55%（体积分数）时，其挥发系数大于 1，精馏时向上运动，但其精馏系数小于 1，运动速度比酒精慢；当酒精浓度大于 55%时，其挥发系数小于 1，在精馏设备中运动方向朝下。因此，尾级杂质在精馏塔中上升不到 2~3 层塔板便被截留而回流，在底部聚集。

3. 酒精生产中的蒸馏与精馏提取

酒精发酵生产的原料不同，发酵过程生成的杂质也不同，生产中应根据发酵成熟醪的组成、杂质的性质以及酒精的纯度选择单塔、两塔、三塔、四塔、五塔乃至六塔蒸馏流程。

两塔酒精蒸馏由粗馏塔和精馏塔组成，将酒精的蒸馏和精馏两个过程分别在两个塔内进行。粗馏塔的作用是将酒精和挥发性杂质从发酵醪中分离出来，并排除酒糟（内含固形物、不挥发性杂质及大部分水）。精馏塔的作用是将酒精增浓和除臭，最后得到符合规格的成品酒精。根据精馏塔进料方式的不同，可将两塔蒸馏流程分为气相进料两塔蒸馏流程和液相进料两塔蒸馏流程。下面重点介绍气相进料两塔蒸馏工艺流程。

气相进料两塔蒸馏流程如图 9-39 所示。发酵醪经预热器 3 与精馏塔的塔顶酒精蒸汽进行热交换，加热至 40℃以上，并进入粗馏塔 1 顶部（18~22 块塔板），粗馏塔塔底用蒸汽直接加热，使塔底温度为 105~108℃，塔顶温度为 92~95℃。酒精含量为 50%（体积分数）左右的酒精-水蒸气从粗馏塔顶部引出，并送入精馏塔 2 的中部。酒糟由粗馏塔底部排出。精馏塔也用直接蒸汽加热，并被进料口区分为上下两段，上段称为精馏段，有 40~60 块塔板，下部称为脱水段（提馏段），有 13~18 块塔板。酒精蒸汽在精馏塔内上升，逐渐增浓，最后从塔顶排出并顺次经过醒液预热器 3 和冷凝器 4、5、6。预热器 3 和冷凝器 4、5 中的冷凝液全部回入精馏塔顶部作为回流。冷凝器 6 中的冷凝器作为醛酯馏分（头级杂质）取出，工厂里称为工业酒精。不凝结气体和一部分醛类从排醛管排入大气，不含酒精的蒸馏废水从精馏塔底部排出。

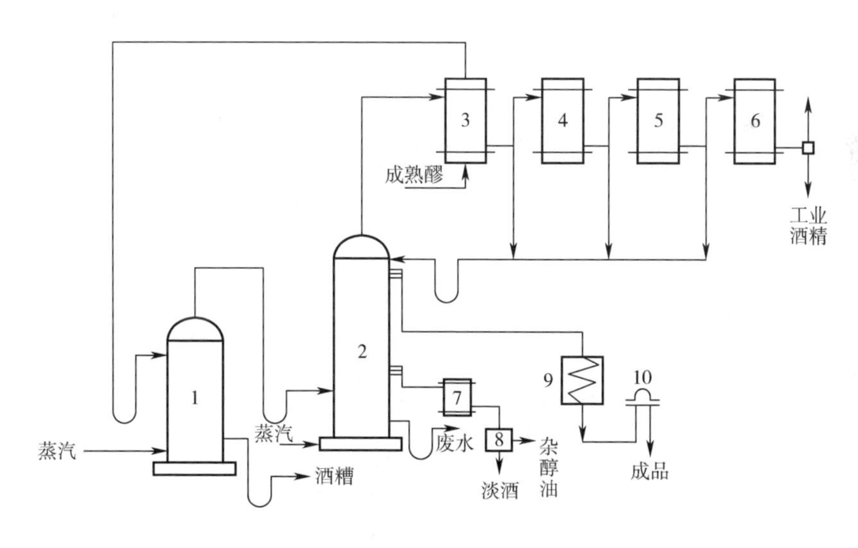

图 9-39　气相进料两塔蒸馏工艺流程

1—粗馏塔　2—精馏塔　3—预热器　4~6—冷凝器　7，9—冷却器
8—淡酒回收器　10—检酒器

成品酒精从精馏塔顶部第 4、5、6 块塔板上液相取出，经成品冷却器 9，检酒器 10，其质量达到标准后送入酒库。尾级杂质杂醇油通常从进料层往上第 2、3、4

块塔板液相取出，经冷却器、乳化器和分离器得到粗杂醇油，再经盐析罐除水后进入贮罐，分离产生的淡酒回入精馏塔下部相应塔板上。

（六）膜分离技术

用天然的或人工合成的膜，以外加压力或化学位差为推动力，依靠膜的选择性，对双组分或多组分的溶质和溶剂进行分离、分级、提纯或富集的方法，统称膜分离法。膜分离实质是物质透过或被截留于膜的过程。

1. 膜分离类型

膜分离按分离粒子或分子大小可以分为微滤（MF）、超滤（UF）、纳滤（NF）、反渗透（RO）、透析（DA）和电渗析（ED）6种，几种主要膜分离的基本特征如表9-4所示。

表9-4　膜分离技术的基本特征

项目	膜结构及孔径	推动力及操作压力/MPa	分离机理	适用范围
微滤	对称微孔膜，0.02~10μm	压力差，0.05~0.5	筛分	含微粒或菌体溶液的消毒、澄清和细胞收集
超滤	不对称微孔膜，0.001~0.02μm	压力差，0.1~1.0	筛分	含生物大分子、小分子有机物或细菌、病毒等微生物的溶液分离
纳滤	带皮层不对称复合膜，<2nm	压力差，0.5~1.0	优先吸附，表面电位	高硬度和有机物溶液的脱盐处理
反渗透	带皮层不对称复合膜，<1nm	压力差，1~10	优先吸附，溶解扩散	海水和苦咸水的淡化，制备纯水
透析	对称或不对称的膜	浓度差	筛分，扩散度差	小分子有机物和无机离子的去除
电渗析	离子交换膜	电位差	离子迁移	离子脱除，氨基酸分离等

（1）透析　透析是利用膜两侧溶质浓度差为传质推动力和小分子的扩散作用，从溶液中分离出小分子物质而截留大分子物质的过程。透析法在临床上常用于肾衰竭患者的透析，生物分离上用于大分子溶液的脱盐。

（2）电渗析　电渗析是一种以电位差为推动力，利用离子交换膜选择性地使阴离子或阳离子通过的性质，达到从溶液中分离带电离子组分的分离过程。电渗析主要用于海水淡化、纯水制备和废水处理。在分析上可用于无机盐溶液的浓缩和脱盐，工作原理如图9-40所示。

（3）微滤　即微孔过滤，也称为绝对过滤，用孔径0.02~10μm的多孔膜，以

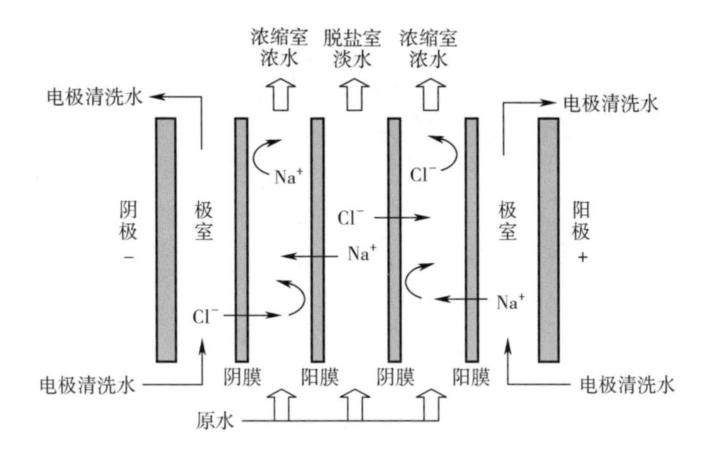

图 9-40　离子交换膜功能示意图

压力差为推动力，截留超过孔径的大分子的膜分离过程。微滤（或超滤）的基本分离主要过程：①在膜表面及微孔内被吸附（吸附截留）；②在膜孔中停留而被去除（网络截留）；③在膜面被机械截留（筛分）。一般认为物理筛分起主导作用。微孔滤膜各种截留作用如图 9-41 所示，微滤技术被认为是目前所有膜技术中应用最广、经济价值最大的技术，主要用于过滤不溶性悬浮的微粒和微生物。

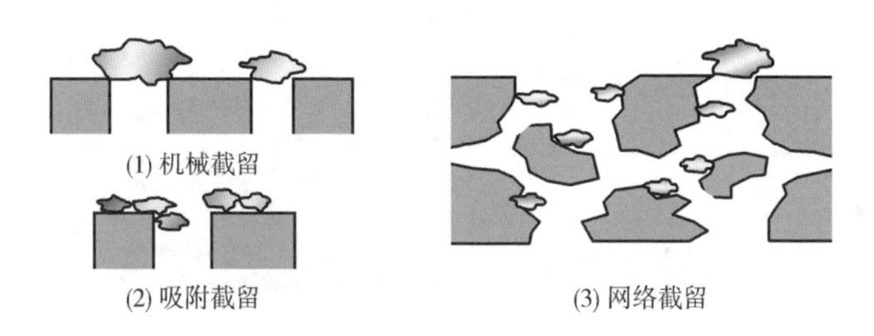

图 9-41　微孔滤膜各种截留作用示意图

（4）超滤　含有微粒和大分子的溶液在压力差的作用下，溶剂和小于膜孔径的溶质由膜透过，而大于膜孔径的溶质则被截留，从而达到溶液的净化、分离和浓缩，如图 9-42 所示，超滤主要用于分离生物大分子。与微滤的不同之处在于能截留溶解的大分子，与反渗透的不同之处在于所截留的大多为大分子溶质。

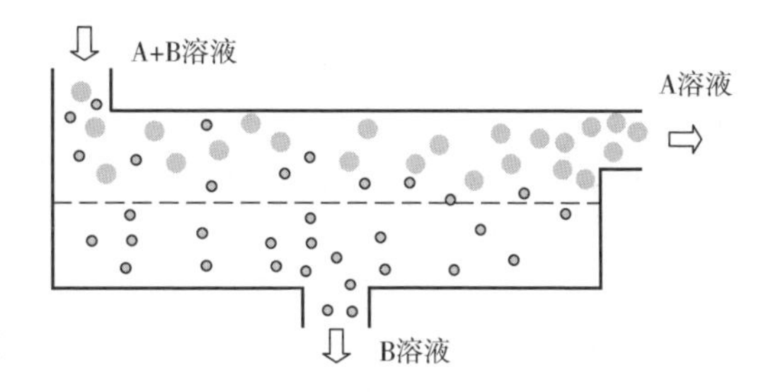

图 9-42　超滤截留作用示意图

超滤作为一种膜分离技术，在工业生产、医药卫生和环境保护等领域得到了广泛的应用，如海水淡化和超纯水的制备、无菌液体食品的制造、血液超滤净化、药物的浓缩和净化、乳制品的浓缩以及废水处理等。

（5）纳滤　以压力差为推动力，用纳滤膜从溶液中分离出相对分子质量300~1000的物质的膜分离过程。纳米过滤能截留小分子有机物，同时透析出盐，达到浓缩和透析目的。

（6）反渗透　利用反渗透膜选择性地透过溶剂（通常是水）而不使溶质透过的性质，对溶液施加压力，使溶剂通过反渗透膜而从溶液中分离的过程，反渗透截留微粒如图9-43所示。随着反渗透过程的进行，溶剂不断地从高浓度一侧渗透到低浓度一侧，而溶质则被膜截留，在膜表面附近形成一溶质的浓度梯度，出现浓差极化现象。

反渗透技术的大规模应用主要是苦咸水和海水淡化。此外，被大量用于纯水制备及生活用水处理，以及难以用其他方法分离的混合物，如合成或天然聚合物的分离。工业应用的反渗透装置如图9-44所示。随着反渗透膜的高度功能化和应用技术的开发，反渗透过程的应用逐渐渗透到制备受热容易分解的产品以及化学上不稳定的产品，如药品、生物制品、食品等方面。

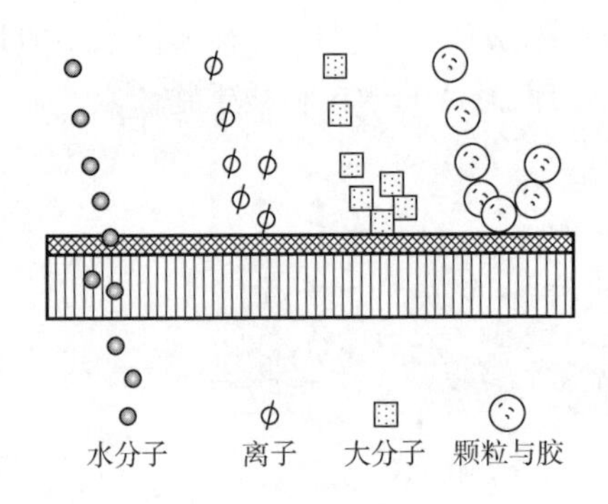

图9-43　反渗透截留微粒示意图

图9-44　工业应用的反渗透装置

概念解析　渗透和反渗透

用一个只有水分子才能透过的半透膜将一个水池隔成两部分，在隔膜两边分别注入纯水和盐水到同一高度［图9-45（1）］。过一段时间就可以发现纯水液面降低，而盐水的液面升高［图9-45（2）］。这种水分子透过膜迁移到盐水中的现象称作渗透现象。盐水液面升高到一定高度达到一个平衡点，这时膜两端液面差所代表的压力被称为渗透压。

当体系处于渗透平衡状态时，如果外界增加盐水侧的压力，就会破坏已形成的渗透平衡，出现水分子从盐水侧通过半透膜向纯水侧扩散的现象［图9-45

(3)]，由于此时水的迁移方向与渗透相反，故称为反渗透。反渗透克服溶剂的渗透压，通过反渗透膜的选择透过性使溶剂透过而离子等物质被截留，从而实现对液体混合物进行分离的过程。反渗透的操作压差一般为1.0~10.0MPa，截留组分为1~10μm的小分子溶质，此外，还可从液体混合物中去除全部悬浮物、溶解物和胶体。反渗透膜常用的有纤维素膜、芳香聚酰胺膜和复合膜。

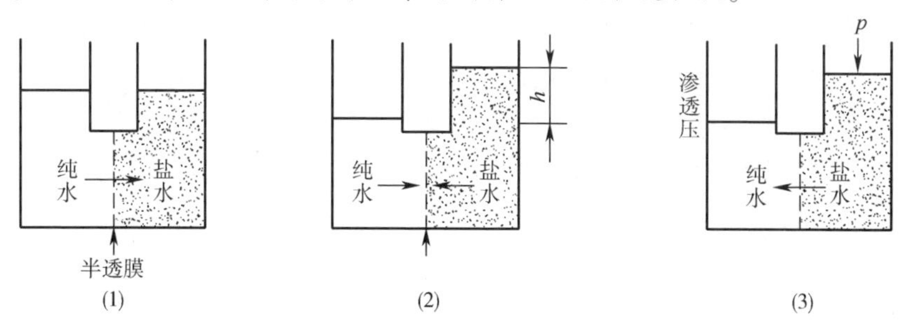

图 9-45　渗透现象示意图

2. 膜分离装置

目前生产的膜过滤装置都是由膜组件或膜装置构成。一个膜装置由膜、固定膜的支撑物、间隔物以及收纳这些部件的容器构成的一个单元。目前市售商品膜组件主要有板框式、管式、螺旋卷式和中空纤维式等四种。

(1) 板框式膜器　板框式膜器使用平板式膜，这类膜器件的结构与常用的板框压滤机类似，由导流板、膜、支撑板交替重叠组成。如图9-46所示为一种板框式膜器的部分示意图。支撑板相当于过滤板，它的两侧表面有窄缝，其内腔有供透过液通过的通道，支撑板的表面与膜相贴，对膜起支撑作用。导流板相当于滤框，但与板框压滤机不同。料液从下部进入，由导流板导流流过膜面，透过液通过膜，经支撑板面上的窄缝流入支撑板的内腔，然后从支撑板外侧的出口流出。料液沿导流板上的流道一层层往上流，从膜器上部的出口流出，即得浓缩液。

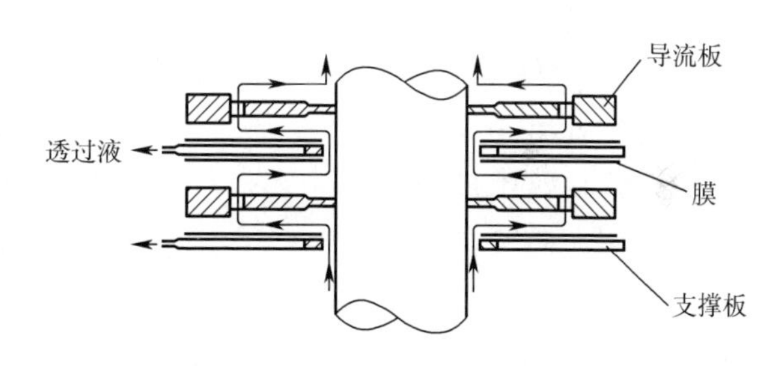

图 9-46　板框式膜器

板框式膜器的优点是组装方便，膜的清洗更换比较容易，料液流通截面较大，不易堵塞。其缺点是需密封的边界线长，为保证膜两侧的密封，对板框及其起密封作用的部件加工精度要求高。

(2) 管式膜器　管式膜器由管式膜制成，其结构原理与管式换热器类似，如图9-47所示。管式膜的排列形式有列管、排管或盘管等。管式膜分为外压和内压两种，内压式膜涂在管内，料液由管内走，外压式膜涂在管外，料液由管外间隙走。因外压管需有耐高压的外壳，应用较少；管式膜组件的缺点是单位体积膜组件的膜面积少，一般仅为 33~330m^2/m^3。

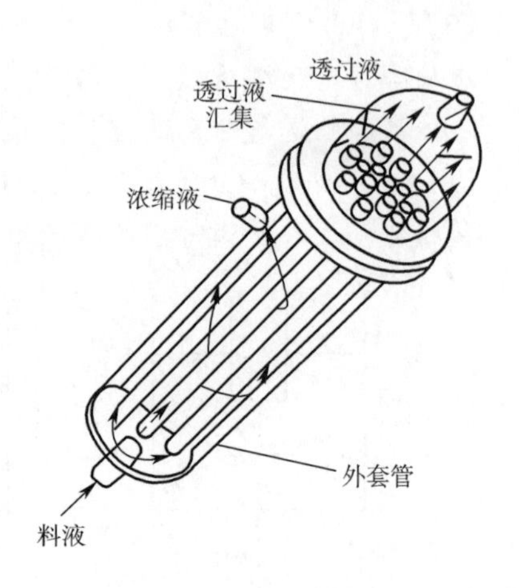

图 9-47　管式膜器

（3）螺旋卷式膜器　螺旋卷式膜器的主要元件是螺旋卷膜，它是将膜、支撑材料、膜间隔材料依次叠好，围绕一中心管卷紧成一个膜组，若干膜组顺次连接装入外壳内。操作时，样品液在膜表面通过间隔材料沿轴向流动，而透过液则沿螺旋形流向中心管。螺旋卷式膜组件构造如图 9-48所示。

（4）中空纤维膜器　中空纤维膜器的结构与

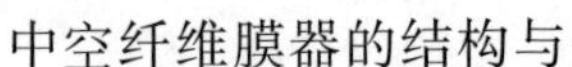

管式膜类似，如图 9-49 所示为中空纤维膜制成的膜组件示意图，它由几十万至数百万根纤维丝组成（图 9-50），这些中空纤维与中心进料管捆在一起，一端用环氧树脂密封固定，另一端用环氧树脂固定，料液进入中心管，并经中心管上下孔均匀地流入管内，透过液沿纤维管内从左端流出，浓缩液从中空纤维间隙流出后，沿纤维束与外壳间的环隙从右端流出。

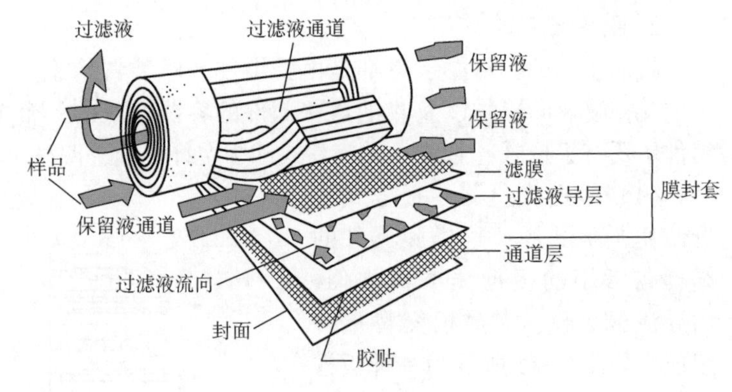

图 9-48　螺旋式超滤膜组件

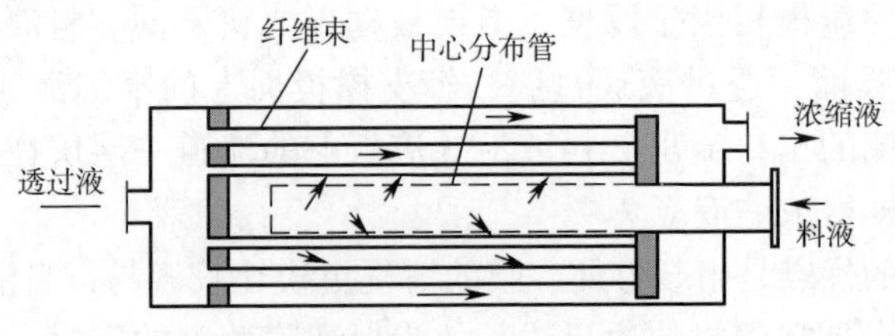

图 9-49　中空纤维式膜器

中空纤维膜器设备紧凑，单膜面积高达 16000~30000m^2/m^3。因中空纤维内径小、阻力大，易堵塞，所以料液走管间，透过液走管内。这类膜污染难除去，因

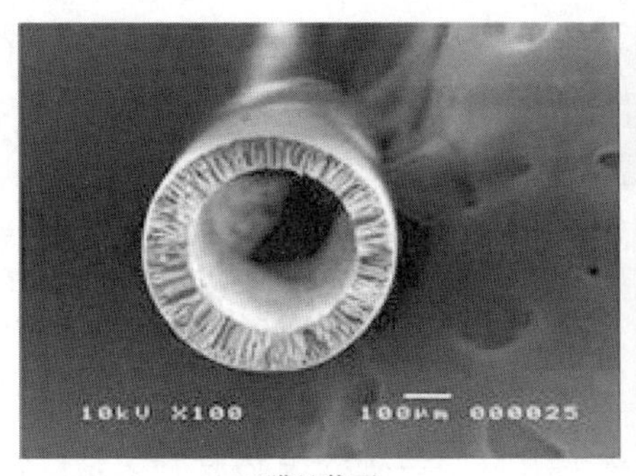

(1)膜丝截面

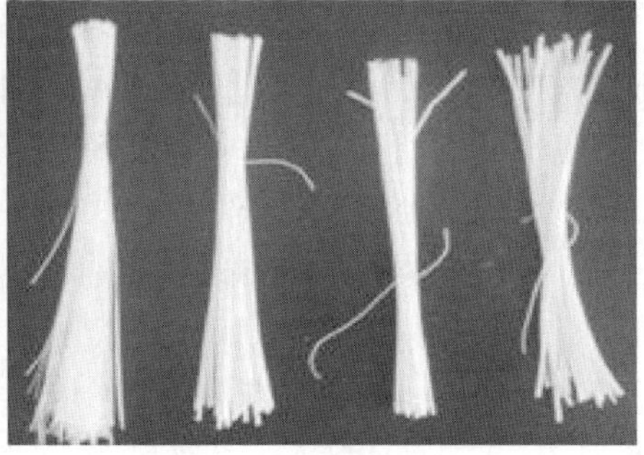
(2)膜丝

图 9-50 中空纤维膜丝

此对料液处理要求高，中空纤维一旦损坏，无法更换。

3. 膜分离法的应用

在生物产品的分离和纯化方面，膜分离技术在生物化工方面的应用广泛，如图 9-51 所示。

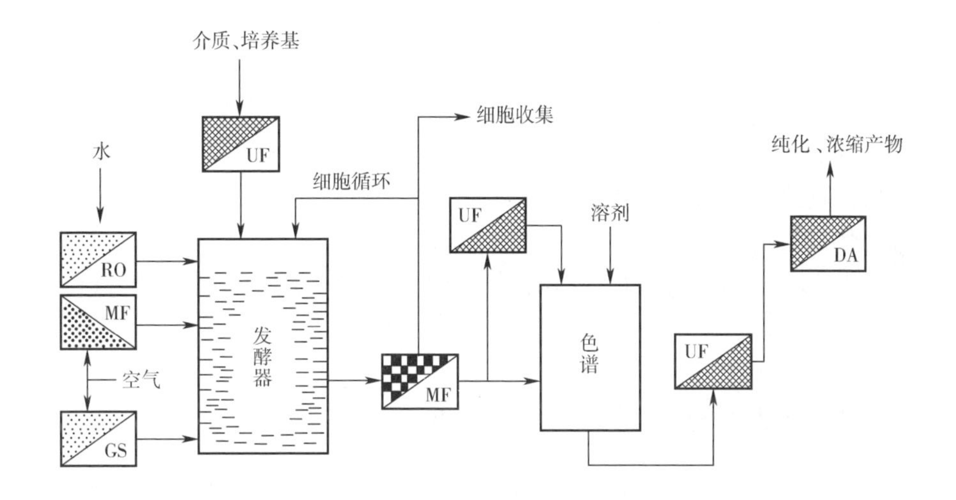

图 9-51 膜分离技术在生物化工方面的应用示意图

注：①—用反渗透（RO）或超滤（UF）净化水中有害离子或胶体、大分子物质；②—用微滤（MF）过滤空气除菌；③—用气体分离（GS）制备富氧气体供氧；④—用 MF 或 UF 收集细胞；⑤—用 UF 或 MF 过滤介质与培养基，除去微生物与大颗粒；⑥—用 UF 浓缩产品与脱盐或小分子有机物；⑦—用透析（DA）进行产品脱盐或小分子有机物

（1）发酵液的过滤与细胞收集　如果所需目的物在液体中，则需废弃菌体细胞，这时的过滤操作称为发酵液的过滤；如果所需产品在细胞内，或细胞本身就

是目标产物，则称为细胞的收集。

（2）小分子产物的回收　氨基酸、抗生素、有机酸等发酵产品的相对分子质量都在2000以下，而通常超滤膜的截留相对分子质量在10000~30000之间，因而能透过超滤膜，而蛋白质、多肽、多糖等杂质被截留。

（3）浓缩　经过超滤或透析后，溶液浓度会变稀，为便于后续处理，需将其浓缩，但传统的蒸发方法容易对热敏性产品产生影响，因此可以采用反渗透法浓缩。

（4）除热原　热原是由细菌的细胞壁产生，主要成分为脂多糖类、脂蛋白等物质，相对分子质量较大，注入体内会使体温升高，传统的去热原方法是活性炭吸附或石棉板过滤，但是前者会造成产率下降，后者对操作者身体有害并且对产品质量有一定的影响。当产品相对分子质量在1000以下，用截留分子质量为10000的超滤膜可以有效地除去热源，并且不影响产品的回收率。

4. 膜分离过程的影响因素

对膜分离过程的影响因素包括三个方面：一是引起过滤效率下降的因素，如渗透压、溶液黏度等；二是引起膜堵塞的因素，如生物质、胶体等大分子在膜表面形成污垢，或者硫酸钙、二氧化硅等无机物在膜表面结垢等；三是引起膜损坏的因素，如高温、高压、游离氯等对膜的损坏。

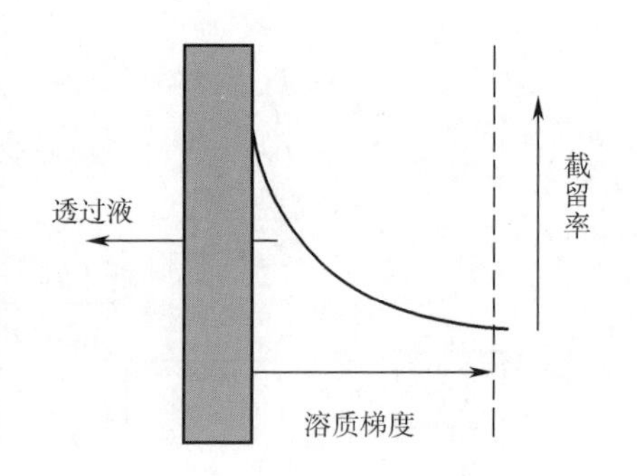

图9-52　浓度极化形成示意图

（1）浓差极化　浓差极化是指在膜分离过程中，由于水透过膜，因而在膜表面的溶质浓度增高，形成溶质的浓度梯度，如图9-52所示。这种在膜表面附近浓度高于主体浓度的现象称为浓度极化或浓差极化。在浓度梯度的作用下，溶质与水以相反方向扩散，在达到平衡状态时，膜表面形成一溶质浓度分布边界层，它对水的透过起着阻碍作用，如图9-53所示。

浓差极化边界层降低了透水速率和膜系统的分离能力。提高过滤温度或提高沿膜的流动速率可以减轻或延迟浓差极化现象的发生，但往往会增加操作费用。除此以外，有研究表明，采用脉冲式进料方式，或在膜通道中装入棱角形式的混合或排水部件，也能提高传质速率。

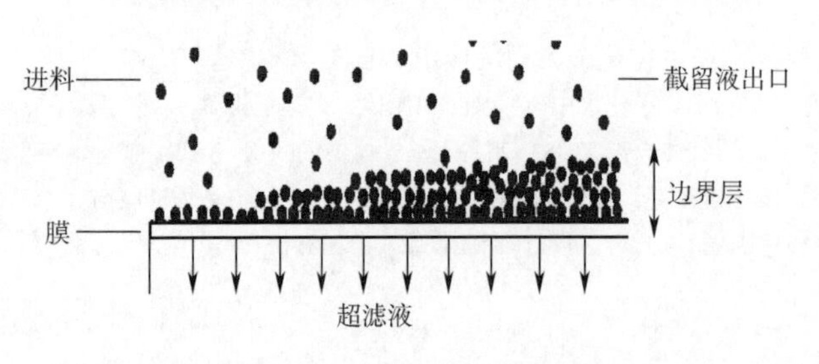

图9-53　极化边界层的产生

（2）温度　在一定范围

内提高温度可以降低溶液黏度，溶质溶解度增大，被截留组分逃离膜表面的速率加快，浓差极化减弱，因此膜过滤能维持较高通量。理论上温度越高，过滤速率越快。但考虑到物料的热敏性、膜材料的耐热性，过滤温度应以接近上限为宜。

（3）压力　控制膜两侧压力差，增加压差可以提高过滤通量，但过高的压力会导致膜形态和性能的改变，从而引起过滤通量及渗透液质量的下降。

（4）pH　一些膜材料易遭受水解作用，在酸性或碱性范围内水解速率更快。水解导致膜通量增加，但透过液质量下降，同时膜寿命缩短。

（5）游离氯　游离氯是一种强氧化剂，为了避免游离氯对膜的损害，通常在料液中添加活性炭或亚硫酸氢钠排除游离氯。

（6）有机溶剂　聚合膜和特殊材料的复合膜对于有机溶剂的稳定性要比乙酸纤维素膜高得多，但多数有机溶剂对这类膜仍会产生损害作用。一般来说，有机溶剂对膜的损害程度与浓度有关，所以在实际使用中必须注意在允许的极限范围内工作。

5. 膜的污染与清洗

（1）膜污染　膜在使用中，尽管操作条件保持不变，但通量仍逐渐降低的现象，称为膜污染。膜污染是膜分离过程中遇到的最大问题，会导致透过通量和目标产物的回收率大幅下降。污染的原因一般认为是膜与料液中某一溶质的相互作用，或吸附在膜上的溶质和其他溶质相互作用而引起的。

（2）膜清洗　为保证膜分离操作高效稳定的进行，必须定期除去膜表面及膜孔内的污染物，经清洗后，如纯水通量达到或接近原来水平，则可以认为污染已经消除，膜的透过性能已经恢复。选用清洗剂要根据膜的性质和污染物的性质而定。要求清洗剂不仅要具有良好的去污能力，同时又不能损害膜的过滤性能。一般选用水、盐溶液、稀酸、稀碱、表面活性剂、氧化剂和酶溶液等为清洗剂。

（七）结晶与干燥技术

1. 结晶技术

结晶是过饱和溶液的缓慢冷却（或蒸发）使溶质呈晶态从溶液中析出的过程。由于只有同类分子或离子才能排列成晶体，故结晶过程具有高度选择性，析出的晶体纯度很高。物质能否结晶主要取决于其自身的性质，此外还必须在一定的条件下才能形成晶体。结晶操作在氨基酸、有机酸、抗生素和酶制剂工业中都有广泛应用。

（1）结晶的基本原理　晶体是化学性均一的固体，具有一定规则的晶形。一个晶体由许多性质相同的单位粒子（包括原子、离子、分子）有规律地排列而成，在宏观上具有连续性、均一性。一般把许多性质相同的粒子在空间有规律地排列成格子状的固体称作晶体。结晶的全过程包括形成过饱和溶液、晶核形成和晶体生长等三个阶段，溶液达到过饱和是结晶的前提，过饱和率是结晶的推动力。物质在结晶时放出热量，称为结晶热。结晶是一个同时有质量和热量传递的过程。

（2）结晶形成的条件

①样品的纯度：一般结晶液的纯度达到50%以上才能形成晶体。

②溶液的浓度：高浓度的结晶液，以利于溶液中溶质分子间的相互碰撞聚合。但当浓度过高时，相应杂质的浓度及溶液黏度也增大，反而不利于结晶析出，或生成纯度较差的粉末结晶。实际生产中应根据工艺和具体情况确定或调整溶液的浓度。

③pH：调整 pH 可改变晶形，也可使晶体长大到最适大小。结晶溶液 pH 一般选择在被结晶酶的等电点附近。

④温度：结晶的温度通常在4℃下或室温25℃下，低温条件下，酶不仅溶解度低，而且不易变性，又可避免细菌繁殖。

⑤晶种：不易结晶的活性物质，需加入微量的晶种才能结晶。例如，在胰凝乳蛋白酶结晶母液中加入微量胰凝乳蛋白酶晶体可导致大量结晶的形成。

（3）结晶设备　结晶设备可分为蒸发结晶设备、冷却结晶设备、等电点结晶设备和真空结晶设备等。由于蒸发结晶设备是采用蒸发溶剂，使浓缩溶液进入过饱和区起晶，并不断蒸发，以维持溶液一定的过饱和度进行育晶。结晶过程与蒸发过程同时进行。搅拌蒸发结晶器如图 9-54 所示。

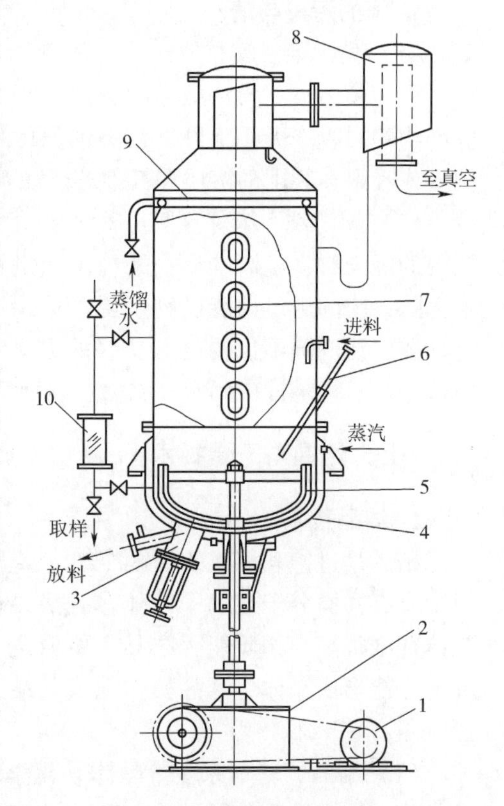

图 9-54　搅拌蒸发结晶器

1—电动机　2—减速器　3—放料底阀　4—夹套　5—锚式搅拌器　6—温度计　7—视镜　8—气液分离器　9—淋水管　10—置比重计筒

冷却搅拌结晶设备比较简单，对于产量较小，结晶周期较短的，多采用立式搅拌结晶罐。如图 9-55 所示的立式搅拌结晶罐常用于生产量较小的柠檬酸结晶。其冷却装置为蛇管，蛇管中通入冷却水或冷冻盐水。浓缩后的柠檬酸精制液从上部流入结晶罐，同时启动框式搅拌器搅拌，使溶液冷却均匀。对于 0.5~1m^3 的结晶罐，初期可采用快速冷却，1~2h 内降至40℃，然后以 2~3℃/h 的速度降温，起晶后再次减慢速度，直至冷却到20℃。结晶时间一般为 96h，这样得到的柠檬酸结晶颗粒比较粗大均匀。结晶成熟后，晶体连同母液一起从设备的锥底排料口放出。

2. 干燥技术

干燥是发酵产品提取过程中最后一个

环节。目的是利用热能使湿物料中的湿分（水或其他溶剂）汽化而除去。一些固体产品如抗生素、酶制剂、味精、柠檬酸和酵母等，都需要进行干燥处理，以除去物料中的水分，同时便于产品的方便保存、运输、销售及使用。常用的干燥方法有气流干燥、沸腾干燥、喷雾干燥、冷冻干燥和辐射干燥等。

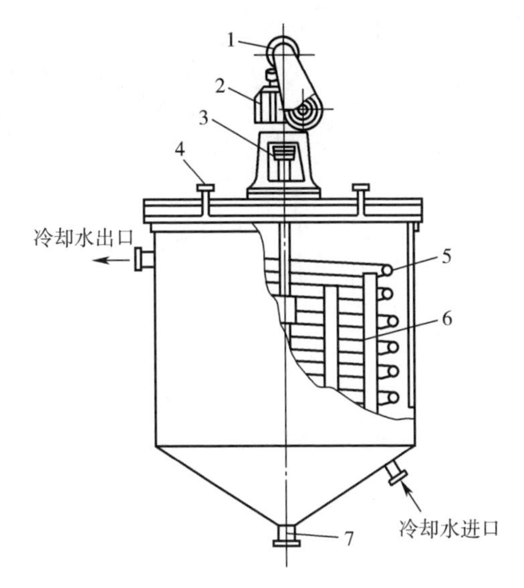

图 9-55　立式搅拌冷却结晶罐

1—电动机　2—减速器　3—搅拌轴　4—进料口　5—冷却蛇管　6—框式搅拌器　7—出料口

（1）气流干燥　气流干燥就是把呈泥状或块状的湿物料，经过适当方法使之分散于热气流中，在与热气流并流输送的同时，进行干燥而得到粉粒状干燥制品的过程。

气流干燥的基本流程如图 9-56 所示。湿物料经料斗和螺旋加料器进入干燥管下部，空气由鼓风机鼓入，经加热器加热后与物料汇合，物料被高速热气流分散得以干燥。干燥的固体物料随气流进入旋风分离器，分离后收集起来，废气经抽风机由排气管排出。

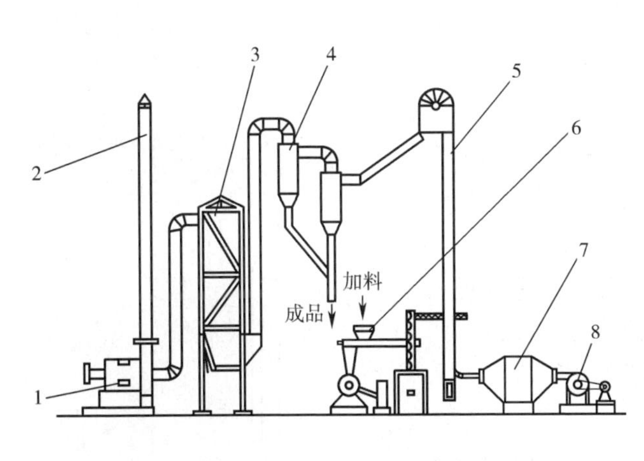

图 9-56　气流干燥基本流程

1—抽风机　2—袋式除尘器　3—排气罐管　4—旋风分离器　5—干燥管　6—螺旋加料器　7—加热器　8—鼓风机

（2）沸腾干燥　沸腾干燥又称为流化床干燥，是利用热的空气流体使孔板上的粒状物料呈流化沸腾状态，使水分迅速汽化达到干燥的目的。沸腾干燥工艺流程如图 9-57 所示。

空气经加热净化后，由引风机从下部导入干燥室，湿物料经加料器进入干燥室内，热气体穿过流化床底部的多孔气体分布板，形成许多小气流射入物料层。将操作气速控制在一定范围内时，颗粒物料悬浮在上升的气流中形成沸腾状流化床，料层内颗粒物料相互碰撞，混合剧烈，使物料得以干燥。干燥产品经床侧卸料管卸出，湿废气体由引风机从床层顶部抽出排空，用旋风分离器、袋滤器，捕获被夹带的细粉后排出。

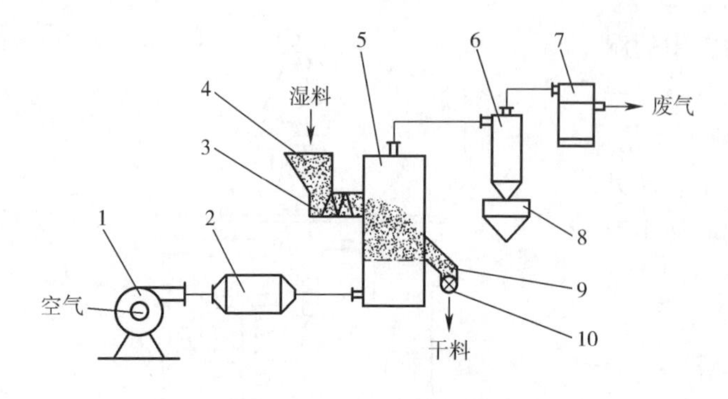

图 9-57　沸腾干燥的基本流程

1—鼓风机　2—加热器　3—螺旋加料器　4，8—料斗　5—干燥室　6—旋风分离器　7—袋滤器　9—卸料管　10—星形卸料器

多层流化床干燥器如图 9-58所示，其结构分为上下两部分，中间隔一层筛板，上下有溢流管连接，热气流经第二层的底部送入进入第一层，最后经床内气固分离器排出。待干燥的固体颗粒则由最上层加入，经溢流管进入第二层，最后由出料口排出。

（3）喷雾干燥　喷雾干燥是利用不同的喷雾器，将溶液、乳浊液、悬浊液或浆料喷成雾状，使其在干燥室中与热空气接触，水分被蒸发而成为粉末状或颗粒状的产品。通常喷雾干燥装置由雾化器、干燥塔、空气加热系统、供料系统、气固分离和干粉收集系统等部分组成，其流程如图 9-59 所示。

喷雾干燥器的工作原理：送风机将空气通过加热器加热后，由干燥塔顶部的热风分配器进入干燥塔内，热风分配器的作用是使热空气均匀进入干燥塔内，并呈螺旋状运动。同时由供料泵将物料送至干燥器顶部的雾化器，物料被雾化成极小的雾状液滴，使物料和热空气在干燥塔内充分地并流接触，水分迅速蒸发，并在极短的时间内将物料干燥成干品，干品粉料经旋风分离器分离后，通过出料装置收集装袋，湿空气则由引风机引入湿式除尘器后排出。

喷雾干燥是液体工艺成形和干燥工业中最广泛应用的工艺，具有生产操作简便，产品干燥速度快、均匀度好等优点。例如，α-淀粉酶常用喷雾干燥，塔容积一般为 $125m^3$，进风温度140～150℃，酶液进料量 500L/h，塔内空气流速为 $0.25m^3/s$，物料在塔内降落时间为 15～20s，日处理 10t 发酵液。

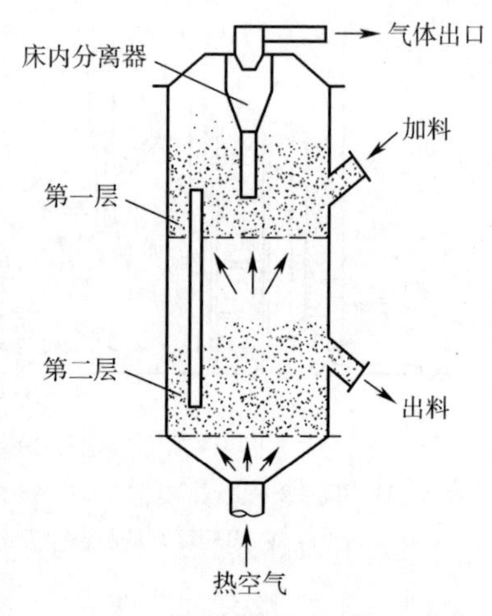

图 9-58　多层流化床干燥器结构示意图

（4）冷冻干燥　真空冷冻干燥是一种新的干燥方法，又称为冰冷干燥、升华干燥或冻干。将被干燥的物料首先进行预冻至冰点以下，然后在真空状态下使水分直接升华而获得干燥。冷冻干燥可分为预冻、升华干燥、解析干燥三个阶段，如图 9-60 所示。

冷冻干燥后物料呈多孔的海绵状结构，保持

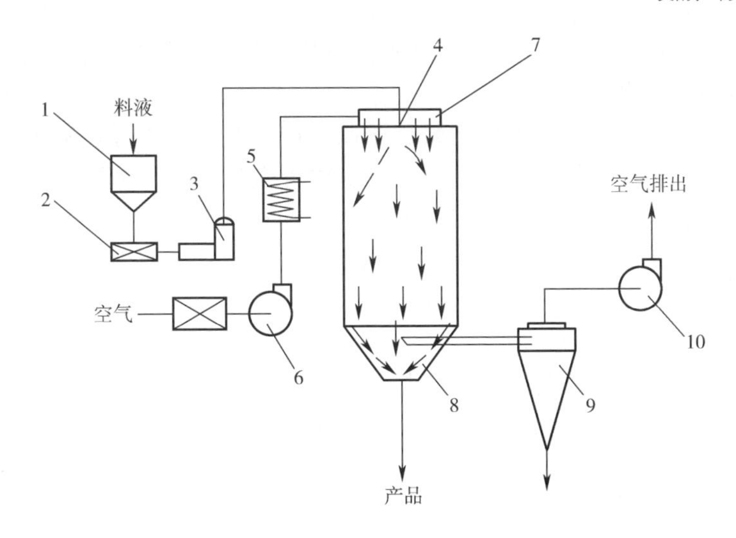

图 9-59　喷雾干燥的基本流程

1—料液槽　2—过滤器　3—泵　4—雾化器　5—空气加热器　6—风机
7—空气分布器　8—干燥室　9—旋风分离器　10—排风机

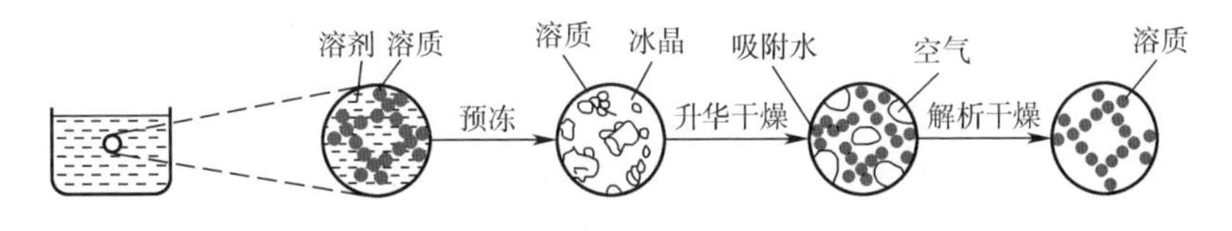

图 9-60　冷冻干燥过程

完整的形态、生物活性和溶解度，挥发性成分损失很小，适宜于具有生理活性的生物大分子和酶制剂、维生素及抗生素等热敏性发酵产品的干燥，而不致影响其生物活性或效价，也适合其他一些化学产品，药品和食品的干燥。

（5）辐射干燥　利用湿物料对一定波长电磁波的吸收并产生热量将水分汽化的干燥过程称辐射干燥。电磁波频率由高到低包括红外线、远红外线、微波等，这类方法在工业上均有应用。

红外线干燥时，红外线的波长区间大致为 0.75~1000nm，因其波长位于红色光波长（0.6~0.75nm）外而得名。红外线在电磁波谱中，介于红光和微波间的电磁辐射，波长比红光长，有显著的热效应。红外线干燥技术利用的是其特有的热效应实现对物料的干燥。红外线容易被物体吸收，对极性物质，如水分子有特别的亲和力，能深入物料内部，使物体在极短时间内获得干燥。红外线具有产生容易、无需特定媒介、可控性良好、节能环保、加热均匀以及干燥时间短等优点。

远红外线干燥时，远红外线的主要波长范围在 2.5~30μm，与很多物质的固有振动频率范围重叠。因此，当远红外线照射到物体上后，会被其表面所吸收，使物体的固有振动变得活跃，其结果是物体的温度升高，这就是采用远红外线加热的原理。远红外线能够直接向加热对象供给能量，能量不会向多余的物体扩散，具有良好的节能效果。

微波干燥时，当待干燥的湿物料置于高频电场时，由于湿物料中水分子具有极性，则分子沿着外电场方向取向排列，随着外电场高频率变换方向，水分子会迅速转动或快速摆动。又由于分子原有的热运动和相邻分子间的相互作用，使分子随着外电场变化而摆动的规则运动受到干扰和阻碍，从而引起分子间的摩擦而产生热量，使其温度升高。

微波干燥能深入到物体内部，属于内部加热干燥，具有以下特点：①加热干燥时间比较短；②干燥均匀；③便于控制；④热效率高。微波干燥缺点：设备费用高，耗电量大，且须注意劳动保护，防止强微波对人体的损害。

项目任务

任务 9-1　壳聚糖絮凝法沉淀微生物菌体

一、任务目标

（1）加深理解发酵液中固液分离的预处理方法。

（2）理解和掌握絮凝法的原理及分离操作过程。

二、操作原理

壳聚糖是甲壳素经化学法脱乙酰基后的产物，是至今发现的唯一天然碱性多糖。壳聚糖分子链上分布着大量游离羟基和氨基，尤其在一些稀酸溶液中易质子化，从而使壳聚糖分子链上带有大量的正电荷，成为一种可溶性聚电解质，具有阳离子型絮凝剂的作用。壳聚糖安全无毒，可生物降解，环境友好，因而成为絮凝、回收菌体和蛋白质的理想絮凝剂。

壳聚糖絮凝法沉淀微生物菌体的过程复杂，其主要沉降原理是壳聚糖与带电的悬浮颗粒通过分子间的架桥、氢键及电荷吸附等作用形成粗大的絮凝团，最终沉降下来。pH 是影响菌悬液絮凝分离结果的重要因素，只有在酸性环境中，壳聚糖分子链中的$-NH_2$与 H^+结合形成$-NH_3^+$，具有电中和与吸附交联的双重作用。

三、材料器具

1. 材料

（1）药品及试剂

壳聚糖，海藻酸钠，1%的氢氧化钠溶液，1%乙酸溶液，6mol/L 的盐酸。

（2）菌种及其培养基

枯草芽孢杆菌，酵母菌，营养肉汤培养基，YPD 酵母培养基。

2. 主要仪器设备

酸度计，分光光度计，电子天平，大试管，吸管等。

四、任务实施

1. 发酵液的制备

枯草芽孢杆菌用肉汤培养基培养，酵母菌用 YPD 酵母培养基培养，发酵至稳定期得到菌悬液。

2. 絮凝剂和助凝剂的配制

壳聚糖预先溶于 1%乙酸溶液中，终浓度为 10g/L。海藻酸钠预先溶于 1%的氢氧化钠溶液中，终浓度为 10g/L。

3. 不同 pH 的菌悬液配制

将发酵的菌悬液混匀，并在 600nm 下测定其吸光度（A_1），分别取发酵液 20mL 置于 50mL 离心管中，用 6mol/L 的盐酸或氢氧化钠溶液调 pH 分别为 3.5，4.0，4.5，5.0，5.5，6.0。

4. 絮凝沉淀

向不同 pH 的发酵液中加入 0.6mL 的海藻酸钠溶液（终浓度约为 0.3g/L），并迅速混匀，再向发酵液中加入 1mL 壳聚糖溶液（终浓度约为 0.5g/L），振荡 5min 后在室温下静置 40min，取上清液在 600nm 下测定其吸光度（A_2）。

5. 絮凝率的计算

计算公式：

$$\text{絮凝率（FR）} = \frac{A_1 - A_2}{A_1} \times 100\%$$

式中 A_1——絮凝前菌悬液在 600nm 波长下的吸光度；

A_2——絮凝后上清液在 600nm 波长下的吸光度。

五、结果处理

（1）分别测定不同 pH 条件下微生物菌体的絮凝率，并作出不同 pH 对两种发酵液絮凝率影响的效果图。

（2）确定壳聚糖对发酵液絮凝的最适 pH。

六、任务考核

（1）絮凝率的计算无差错。（20 分）

（2）正确绘制不同 pH 对两种发酵液絮凝率影响的效果图。（20 分）

（3）絮凝操作准确。（30 分）

（4）确定壳聚糖对发酵液絮凝的最适 pH。（30 分）

任务 9-2 酵母蔗糖酶的提取

一、任务目标

（1）掌握细胞研磨法破碎酵母细胞的方法。
（2）学会蔗糖酶抽提及酶活力测定的原理和操作。

二、操作原理

蔗糖酶（sucrase，EC 3.2.1.26）又称转化酶，能催化蔗糖水解产生葡萄糖、果糖，是一种广泛存在于自然界中的糖苷酶。目前蔗糖酶在农产品加工、食品、医药等行业中发挥重要作用。

蔗糖酶一般从酵母中提取。蔗糖酶属于胞内水解酶，提取时需对酵母细胞进行破壁处理，破壁方法主要有研磨法、酶解法、反复冻融法等，本实验采用研磨法彻底破碎细胞使其释放出来。蔗糖酶的耐热温度为 50℃，45℃以下可保持酶活不变；在 pH 为 3.0~8.0 范围内均可保持较高的酶活。蔗糖酶的活性中心有巯基，提取时应防止其被氧化，或者加入还原剂（如维生素 C）保持酶活力。

三、材料器具

1. 材料和试剂

活性干酵母，石英砂，甲苯（AR），0.5mol/L 氨水，1mol/L 醋酸溶液，1mol/L NaOH，DNS 试剂。

2. 主要仪器设备

研钵，离心机，天平，烧杯，量筒，容量瓶，玻璃棒等。

四、任务实施

1. 制备酵母泥

取活性干酵母 5g，加入 100mL 麦芽汁，小心混匀。静止复水、活化，每隔 10min 轻轻搅拌，共 3 次。于 28℃、160r/min 摇瓶培养 12~15h，5000r/min 离心 10min，取沉淀。

2. 破碎细胞

在研钵内加入酵母泥，加 5~10g 石英砂，再加 10mL 甲苯，在研钵内研成糊状。然后加 10mL 水，研磨 10min 左右，重复 2 次。之后转移到离心管中，以 5000r/min 的转速离心 15min。

3. 粗提

用吸管小心将离心后的中间水层转移到干净的离心管中，注意勿带上层甲苯相，以5000r/min的转速离心15min。将第二步离心后的上清液取出，倒入量筒中记录其体积（V_1），取2.0mL进行第一组分（测定组1：粗酶液）的酶活力测定。

4. 热抽提

将1mol/L醋酸溶液逐滴加入粗提液中，调其pH至5.0，然后迅速放入到45℃的水浴中，保温30min。在恒温过程中，注意经常缓慢摇动试管或搅拌抽提液。之后在冰浴中迅速冷却，以5000r/min的转速离心15min，弃去热变性杂蛋白。量出上清液体积（V_2），取2.0mL进行第二组分（测定组2：热抽提液）的酶活力测定。

五、注意事项

（1）提纯过程应在低温下操作。

（2）研磨应充分，尽量使所有的蔗糖酶都进入溶液中。

（3）热抽提时，要选择合适的温度和加热时间，防止目的物变性。

六、结果处理

（1）将两次测定的体积记录。

（2）测定酶活力。

（3）计算蔗糖酶回收率。

七、任务考核

（1）离心、研磨等操作无差错。（40分）

（2）正确测定第一组分酶活。（30分）

（3）正确测定第二组分酶活。（30分）

附：蔗糖酶酶活的测定。

蔗糖酶作用于β-1，2糖苷键，将蔗糖水解为D-葡萄糖和D-果糖。葡萄糖和果糖具有还原性，在偏碱性条件下，可与DNS试剂共热后生成棕红色物质，在一定浓度范围内，还原糖的量和反应液的颜色强度成正比例关系。蔗糖酶的活力通过其水解生成的还原糖量来反映。

1. 蔗糖酶将蔗糖水解为还原糖

试剂	粗酶液组		热提纯酶液组	
（均35℃预热）	测定组1	对照组1	测定组2	对照组2
酶液/mL	1.0	1.0	1.0	1.0
1mol/L NaOH液/mL	—	0.5	—	0.5
5%蔗糖液/mL	2.0	2.0	2.0	2.0
35℃水浴10min，自来水冷却				
1mol/L NaOH液/mL	0.5	—	0.5	—

2. DNS 法测定还原糖量

试剂	粗酶液组		热提纯酶液组	
	测定组 1	对照组 1	测定组 2	对照组 2
水解液/mL	1.0	1.0	1.0	1.0
蒸馏水/mL	1.0	1.0	1.0	1.0
DNS 液/mL	1.0	1.0	1.0	1.0
沸水浴 5min，自来水冷却，稀释至 10mL，以对照组调零，记录测定组 OD_{540}。				

3. 计算酶活力

将吸光度代入下面还原糖标准曲线，得到水解液中还原糖的质量。

$$Y=0.67X+0.027$$

式中 Y——吸光度；

X——还原糖的质量，mg（蔗糖酶活力指在一定实验条件下，在规定时间内释放 1mg 还原糖的酶量为一个活力单位）。

（1）计算酶活力公式为

酶活力/（U/mL）= 还原糖毫克数×3.5（水解液体积）/1.0（酶液体积）

（2）计算蔗糖酶回收率公式为

回收率=纯酶液活力/粗酶液活力

任务 9-3 酵母蔗糖酶沉淀分离实验

一、 任务目标

（1）掌握有机溶剂沉淀酶蛋白的方法。

（2）熟悉酶蛋白沉淀分离原理、特点、适用性以及操作方法。

二、 操作原理

采用有机溶剂沉淀法提纯蔗糖酶。根据蔗糖酶的分子量和亲水性，在溶液中加入一定量的无水乙醇溶液，利用其脱水作用，破坏了蛋白质分子表面的水化膜，使蔗糖酶聚集沉淀下来，而与其他杂质分开。

三、 材料器具

1. 材料

粗细胞抽提液 E，无水乙醇，4mol/L 乙酸。

2. 主要仪器设备

磁力搅拌器，离心机，烧杯，量筒，滴管，分液漏斗。

四、任务实施

1. 调酸

粗酶液 E，用 4mol/L 稀乙酸调 pH 至 4.5。

2. 沉淀除杂

32%乙醇饱和度沉淀除杂。按 $X_1/(V+X_1)=0.32$ 计算并量取所需乙醇体积 X_1（V 为粗酶液体积），粗酶液 E（体积 V mL）及所需乙醇在冰箱中预冷，把酶液置于烧杯中，放在磁力搅拌器上，在一定的搅拌下用分液漏斗缓缓滴加乙醇。滴加中，酶液渐渐浑浊，滴加完毕后，分装于离心管中平衡，于 5000r/min 离心 10min，得到上清液，倒入另一烧杯中，待用，弃去沉淀。

3. 沉淀蔗糖酶

47.5%（体积分数）饱和度乙醇沉淀蔗糖酶。按 $X_2/(V+X_2)=0.475$ 计算浓度达 47.5%所需的无水乙醇量，再按 X_2-X_1 量取需补加的无水乙醇体积。用步骤 2 所示的方法继续在上清液中缓缓滴加乙醇，使乙醇浓度达到 47.5%，于 5000r/min 离心 10min，弃去上清液，得少量沉淀，用 60mL pH 6.0 的磷酸缓冲液溶解，不溶物离心除去，得上清液即为较纯的蔗糖酶液。

五、注意事项

要注意离心操作时温度的控制。

六、结果处理

（1）量蔗糖酶液体积并准确记录。

（2）分别测定粗酶液 E 和沉淀蔗糖酶液酶活力。

（3）采用考马斯亮蓝法测定粗酶液 E 和沉淀蔗糖酶液蛋白质的含量（mg/mL），并计算比活力。

$$比活力=\frac{蔗糖酶活力}{1\text{mL 酶液蛋白质的含量}}$$

七、任务考核

（1）调酸、离心等操作无差错。（20 分）

（2）蔗糖酶液体积记录的准确性。（20 分）

（3）正确测定酶活力。（40 分）

（4）正确计算比活力。（20 分）

项目拓展（九）

项目思考

1. 发酵产物有哪些类型？发酵醪有哪些基本特征？
2. 发酵液的预处理及菌体分离的目的是什么？
3. 菌体分离常用的方法有哪些？简述每种方法的原理、特点及适用范围。
4. 常见的细胞破碎方法及各自的特点。
5. 简述发酵产物的提取方法。
6. 过滤法分离菌体时，提高过滤速度可采取什么措施？
7. 在萃取中为什么会产生乳化现象？常用哪些方法来破乳？
8. 简述离子交换的操作步骤。
9. 简要说明结晶的目的、原理、影响因素及常用的结晶方法。
10. 常用的干燥方法有哪些？简述各方法的优缺点及适用范围。

项目十

细胞固定化技术

项目导读

生物固定化技术是现代生物工程领域中的一项新兴技术，是使生物催化剂更广泛、更有效使用的一种重要手段。生物催化剂通过物理或化学方法固定化后，其催化性能得以改善，使用效率大大提高。目前，固定化生物催化剂的研究如雨后春笋般迅猛发展，现已由单一固定化酶、固定化微生物细胞发展到固定化动植物细胞、固定化细胞器、固定化原生质体、固定化微生物分生孢子以及酶与微生物、好氧微生物与厌氧微生物的联合固定化等，其应用研究涉及食品与发酵工业、化学合成工业、医疗诊断、环境污染治理与检测、能源开发等各个领域，充分显示了固定化生物催化剂的发展前景。

本项目主要学习微生物细胞固定化技术的原理与方法、固定化载体和反应器以及固定化微生物细胞的实际应用。在掌握一般游离微生物发酵工艺的基础上，进一步掌握固定化细胞的发酵工艺和技术。

项目知识

一、 细胞固定化技术概述

（一）固定化技术的发展

固定化技术是将细胞（酶）限制或定位于特定空间位置的技术，通常是将细胞或酶通过物理或化学方法与水不溶性的载体结合而制备固定化细胞的过程。固定化细胞就是被限制或定位于特定空间位置而不能自由移动的细胞，但细胞仍保留催化活性并具备能被反复或连续使用的活力。固定化细胞在一定的空间范围内能进行生命活动，它与固定化酶同被称为固定化生物催化剂。细胞固定化技术是在固定化酶的基础上发展起来的新技术，因此固定化细胞也称第二代固定化酶。固定化细胞主要是利用细胞内酶和酶系，比固定化酶应用普遍。

20 世纪 50 年代，开始了酶固定化研究。1953 年德国科学家首先将聚氨基苯乙烯树脂与淀粉酶、胃蛋白酶、羧肽酶和核糖核酸酶等结合，制成了固定化酶。

60 年代，是固定化酶技术迅速发展的时期。1969 年，日本的千畑一郎首次应用固定化氨基酰化酶用于 DL-氨基酸光学分离，生产 L-氨基酸，成功实现了固定化酶的工业应用。

70 年代，在固定化酶的基础上，科学家们研制成固定化细胞，并且用于生产。1971 年，第一届国际酶工程学术会议在美国召开，会议的主题是固定化酶，并就微生物细胞固定化的研究进行探讨。固定化微生物细胞的工业应用以日本的千畑一郎等于 1973 年利用聚丙烯酰胺凝胶包埋具有高活性天冬氨酸酶的大肠杆菌生产 L-天冬氨酸为标志。接着，他们于 1974 年又成功地固定了含延胡索酸酶的产氨短杆菌用于生产 L-苹果酸。中国科学院微生物所固定化酶研究小组首先成功地将黑曲霉葡萄糖淀粉酶吸附于 DEAE-SephadexA50 上，并进行了一系列研究。1978 年，日本的铃木等固定化细胞生产 α-淀粉酶研究成功。20 世纪 70 年代末，法国研究成功固定化细胞生产啤酒。因此，20 世纪 70 年代是固定化细胞技术取得进展的重要时期。

80 年代，又发展了固定化原生质体技术，排除了细胞壁这一障碍。因此，现代固定化技术不仅包括固定化酶，还包括固定化细胞和细胞器等。

（二）固定化细胞的分类

固定化细胞主要是按细胞类型和生理状态进行分类，如图 10-1 所示。

目前研究和应用较多的是固定化微生物细胞，其次是固定化动、植物细胞。最初固定化的微生物细胞一般是死细胞，只利用其酶活性，近年来发展到固定化

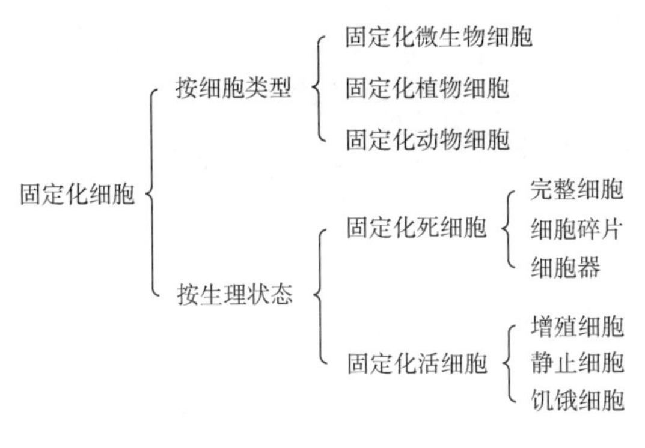

图 10-1　固定化细胞分类

增殖细胞。固定化死细胞一般在固定化之前细胞经过物理或化学方法的处理，如加热、匀浆、干燥、冷冻、酸及表面活性剂等，细胞处于死亡状态，细胞膜的渗透性增加或副反应得以抑制。细胞经固定化后，需要利用的"目的酶"仍保持催化活力，所以比较适于单酶催化的反应。

固定化静止细胞和饥饿细胞在固定化后细胞仍保存活性，但由于采用了控制措施，细胞并不生长繁殖，而是处于休眠状态或饥饿状态。固定化增殖细胞又称固定化生长细胞，是指固定在水不溶性载体上，在一定的空间范围进行生命活动的细胞，细胞固定化后仍能进行正常的生长、繁殖和新陈代谢。例如，琼脂包埋的酵母细胞数初始为 10^6个/m^3，培养 2d 后，细胞数可达 10^9 ~ 10^{10}个/m^3。固定化增殖细胞能不断繁殖、更新，反应所需的酶可以不断更新，且保持稳定，适宜于连续和长期使用，因此，在发酵工业中最有发展前途。

固定化细胞由于其用途和制备方法不同，其形状可以是颗粒状、块状、条状、薄膜状或不规则状等。但目前大多数制备成颗粒状。

二、 固定化微生物细胞的制备方法

固定化微生物细胞和固定化酶的方法都是以酶的应用为目的，其制备方法也基本相同。传统分类主要有吸附法、包埋法、共价结合法、交联法四大类，另外还有热处理法、无载体法等。其中用于固定化增殖细胞的方法主要有吸附法和包埋法两大类。

（一）吸附法

吸附法是利用载体对细胞的亲和性或通过静电吸引将细胞直接吸附在水不溶性载体上的一种固定化方法，又叫载体结合法。微生物细胞与载体之间不起化学反应，具有操作简单、固定化条件温和、细胞活性损失小、载体可以反复使用等优点，所以被广泛应用和深入研究。缺点是吸附容量小、吸附力较弱、易脱落。特别在底物分子较大、介质离子强度和 pH 变化的情况下，操作稳定性差，使用受到了一定限制。吸附法分为物理吸附和离子结合两种，如图 10-2 所示。

物理吸附法是通过氢键、疏水键等作用力将细胞或酶吸附于不溶性载体的方法。很多类型的微生物细胞，具有吸附在固体表面的天然倾向，能比较牢固地"粘"在载体上，从而形成固定化细胞。

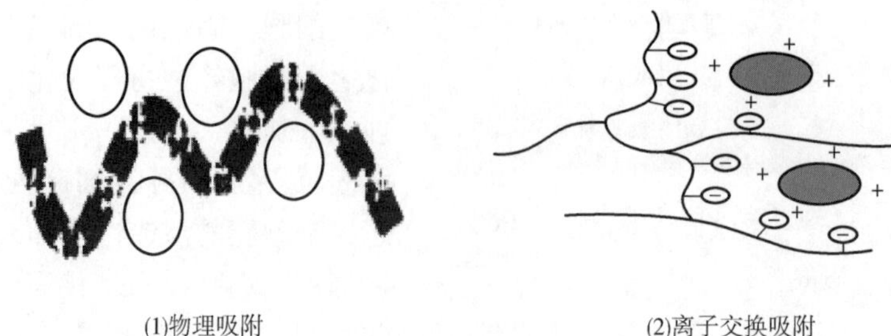

图 10-2　物理吸附法示意图

物理吸附法中，常见的细胞吸附载体及用途如表 10-1 所示。在环境保护领域内使用的活性污泥中含有各种各样的微生物，这些微生物可以沉积吸附在硅藻土、多孔玻璃、多孔陶瓷、多孔塑料等载体的表面，用于各种有机废水的处理，降低废水中的化学需氧量（COD）和生化需氧量（BOD）；各种霉菌会长出菌丝体，这些菌丝体可以吸附缠绕在多孔塑料、海绵、聚氨酯泡沫及金属丝网等载体上用于生产有机酸和酶等。

表 10-1　常见的细胞吸附载体及用途

细胞	载体	用途	备注
酵母	多孔陶瓷或塑料	酒精、啤酒生产	pH 3~5
活性污泥	硅藻土、多孔玻璃、陶瓷或塑料	有机物废水处理	沉积吸附
霉菌	多孔塑料、海绵、金属丝网	有机酸和酶生产	菌丝体

离子吸附是利用微生物在解离状态下因静电引力作用而固定于带有相反电荷的离子交换剂上。与物理吸附相比，离子吸附比较牢固一点，吸附效果较好。常用载体有离子交换树脂、DEAE-纤维素、DEAE-葡聚糖凝胶、CM-纤维素等。

（二）包埋法

将细胞定位于凝胶网格内或聚合物半透膜胶囊中的技术称为包埋法，分为凝胶包埋法和微胶囊法，如图 10-3 所示。

1. 凝胶包埋法

将酶或微生物菌体包埋在高分子凝胶网格中的包埋方法，称为凝胶包埋法，这种方法包埋的颗粒属于网格型。微生物固定化方法中，凝胶包埋法是固定化微生物中用得最多、最有效的方法。其原理是将微生物细胞截留在水不溶性的凝胶孔隙的网络空间中。

凝胶包埋法具有方法简单、条件温和、稳定性好，细胞增殖快等的优点。其主要缺点：①载体存在扩散限制作用，且扩散阻力还会导致固定化酶动力学行为的改变，降低酶活力；②许多载体形成凝胶后对高分子底物的通透性差，只有小

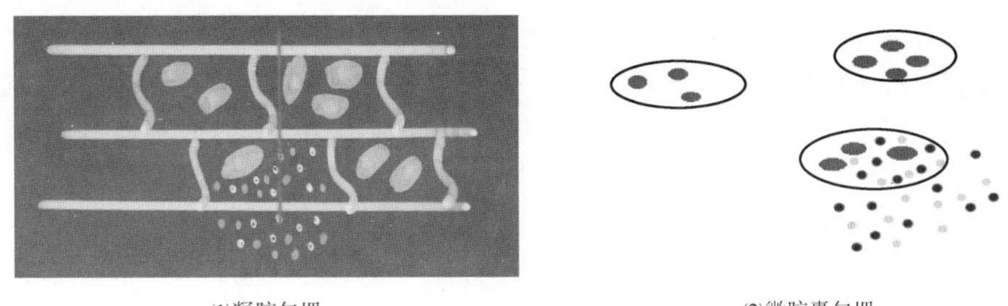

图 10-3　包埋法示意图

分子可以通过高分子凝胶的网格扩散。因此，凝胶包埋法只适合作用于小分子底物和产物的酶，对于那些作用于大分子底物和产物的酶是不适合的。

常用的凝胶包埋剂有琼脂、海藻酸钠、卡拉胶、明胶、聚丙烯酰胺（ACAM）、聚乙烯醇（PVA）等。根据包埋剂的特性，凝胶包埋法分为海藻酸钙凝胶包埋法、卡拉胶包埋法、聚丙烯酰胺凝胶包埋法等，各种包埋法所采用的凝胶又具有各自的优缺点。

（1）海藻酸钙凝胶包埋法　海藻酸钙凝胶固定化细胞一般用“钙盐法”生产。其原理通常是利用海藻酸钠溶于水，而其钙盐不溶于水，易形成耐热性凝胶的特性，在其钠盐溶液中加入氯化钙作为凝胶成型剂，使 Ca^{2+} 与海藻酸根螯合形成不溶于水的海藻酸钙凝胶网络，从而将微生物细胞包埋固定，具体如图 10-4 和图 10-5 所示。

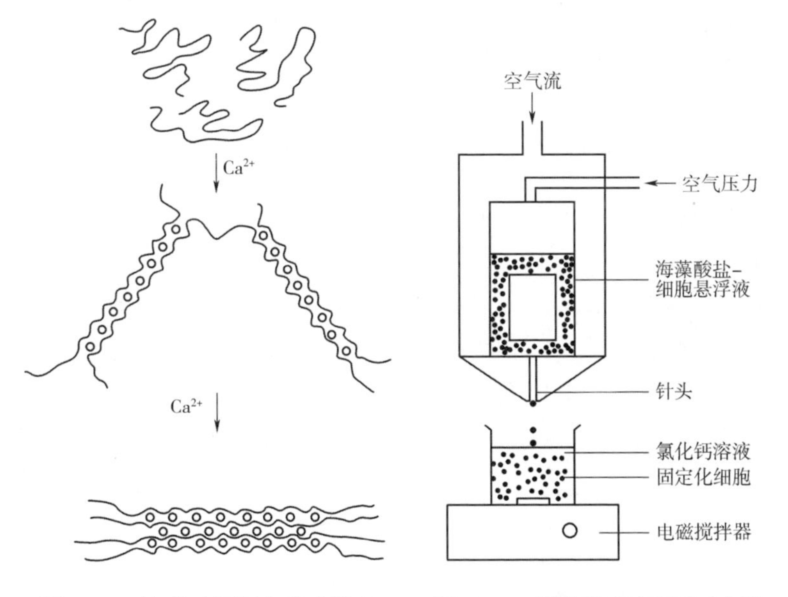

图 10-4　海藻酸钙网络形成模型　　图 10-5　滴落法制备固定化细胞

以海藻酸盐为载体，建立包埋固定化微生物的方法：先将海藻酸钠溶于水，加热杀菌冷却，然后将海藻酸钠溶液与一定体积的细胞或孢子悬浮液混合均匀，使海藻酸钠最终浓度为2%~3%，再将海藻酸钠与菌体混合液用注射器或滴管滴入5%的氯化钙溶液中，固定化7~8h，形成球状固定化细胞胶粒，最后滤出颗粒，用生理盐水洗净，备用。

海藻酸钠和氯化钙在实验室中易获得，成本相对其他固定化方法来说较低。但在高浓度电介质（K^+，Na^+）溶液中，固定化颗粒不稳定，Ca^{2+}易脱落，从而使凝胶的机械强度下降。

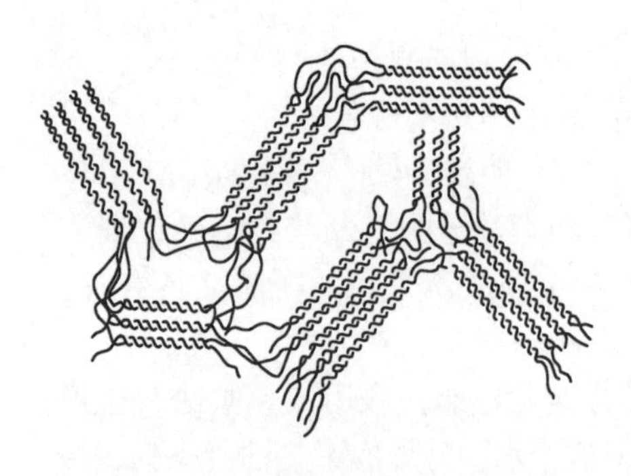

图 10-6　琼脂凝胶网络形成模型

（2）琼脂凝胶包埋法　琼脂是一种天然高分子多糖，琼脂凝胶截留细胞是一种非常简单易行的微生物细胞固定化方法。琼脂凝胶形成模型如图 10-6 所示，其原理是在溶液中改变一个或多个参数（如温度、盐浓度、pH 或溶剂），一些天然或合成高分子聚合物，通过沉淀作用形成凝胶。

利用琼脂在温度高于 50℃时熔化，而低于此温度时则凝固的特性，将其溶于水后与微生物混合，然后冷却凝固或加入非水相溶液中，从而制成固定化微生物。其特点是包埋微生物活性较高，制作较容易。缺点是氧和底物及产物的扩散受到限制，琼脂凝胶的机械强度较差，且成球受温度影响较大。

做一做　以琼脂为载体，建立包埋固定化微生物细胞的方法

将琼脂加热溶于水，冷却至45~50℃，使琼脂溶液与微生物细胞混合均匀，琼脂的最终浓度为3%。

方法一：将琼脂与微生物细胞的混合液倒入已灭菌的培养皿中，使之冷却凝固，然后将凝胶切成3mm×3mm×3mm的小方块，用生理盐水洗净，备用。

方法二：在45~50℃条件下，将琼脂与微生物细胞混合物用针形管滴入上层是液体石蜡、下层是水的量筒中，然后滤出固定化细胞颗粒，用生理盐水洗净，备用。

（3）卡拉胶包埋法　卡拉胶是一种海藻多糖，广泛用作食品添加剂。20 世纪 70 年代末，人们开始用卡拉胶作为固定化微生物细胞的载体。卡拉胶有三种类型：κ-卡拉胶、λ-卡拉胶和ι-卡拉胶，其中，κ-卡拉胶是一种较好的固定化载体。

与琼脂一样，卡拉胶可以通过冷却形成双螺旋结构来形成凝胶。对于电荷较高的 κ-卡拉胶只有当阳离子，如 K^+或 Ca^{2+}存在时，双螺旋之间才会发生凝聚，从而形成凝胶化，如图 10-7 所示。阳离子填充到凝聚体中，抑制双螺旋链之间的静电排斥。利用该法制备固定化细胞的方法简单，反应条件温和，得到的固定化细胞的活性高。

K^+离子存在下生成凝胶的具体方法：一定量的胶悬浮于水中，加热溶解灭菌冷却至 35~50℃，然后加入一定量细胞悬浮液混匀，趁热滴到预冷的氯化钾溶液中，或冷的植物油中，成型后再滴氯化钾溶液，形成小球状固定化细胞胶粒或片状等。可用 NH_4^+、Ca^{2+} 替代 K^+。当卡拉胶浓度低时，强度不够，可加戊二醛等交联剂再交联处理，进行双重固定化。

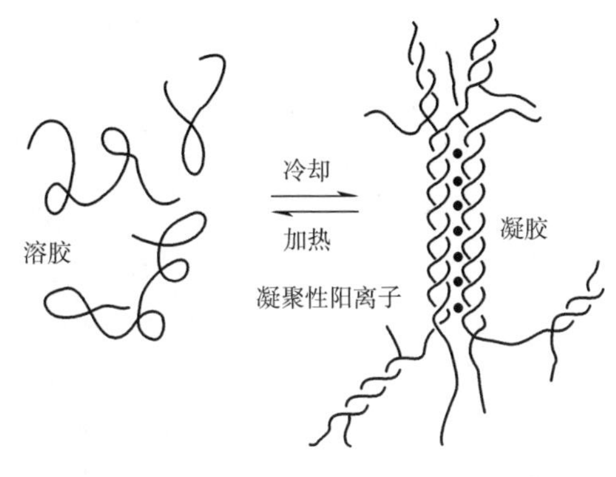

图 10-7　阳离子引起的凝胶化

（4）ACAM 凝胶包埋法　ACAM 凝胶是由丙烯酰胺单体和交联剂甲叉双丙烯酰胺在催化剂作用下聚合形成三维网状结构的凝胶。常用的催化剂和加速剂是过硫酸铵和四甲乙二胺（TEMED）或三乙醇胺。

一般操作：先配制一定浓度的丙烯酰胺和亚甲基双丙烯酰胺溶液，然后与一定浓度的细胞悬浮液混合，再加入一定量的过硫酸铵和四甲基乙二胺，混合后让其静置聚合，从而获得所需形状的固定化细胞胶粒。这种方法制备的凝胶颗粒机械强度高，适用于多种细胞的固定化。

（5）PVA 包埋法　PVA 是一种新型的微生物包埋固定化载体，PVA-H_3BO_3包埋法采用硼酸（H_3BO_3）作为交联剂，利用 PVA 在加热后溶于水，然后与微生物细胞混合均匀，滴入饱和 H_3BO_3溶液中，通过醇与酸的酯化反应，制成不溶于水的固定化细胞颗粒。利用该法制得的凝胶颗粒机械强度高，使用寿命长且弹性好。

（6）光交联树脂包埋法　采用一定相对分子质量的光交联树脂预聚物（Mr：1000~3000），加入 1%左右光敏剂，加水成一定浓度，加热至 50℃，然后与一定浓度的细胞悬浮液混合，摊成一定厚度薄层，在紫外光照 3min，交联固定化制成固定化细胞，无菌下切成一定形状。

该法的优点：树脂孔径随预聚物分子量不同而改变（孔径可调整）；强度大，可连续使用较长时间；易固定，紫外线照射几分钟即可完成；对细胞生长繁殖和新陈代谢没有影响。

2. 微胶囊法

利用半透性聚合物薄膜将细胞包埋起来的方法，称为微胶囊法，这种类型属于微囊型。这类方法和凝胶包埋法一样只适用于小分子底物，对大分子底物不适用。

微胶囊法一般通过乳化作用，利用半通透性聚合物薄膜将细胞包埋起来，形成微型胶囊（图 10-8）。具体又可分为界面聚合法、液体干燥法、分相法和液膜法等几种。微囊直径一般为 1~100μm，有的直径达到 700μm 或更大一些。膜厚约 100nm，膜孔径约 3.6nm，表面积与体积之比极大，有利于底物和产物的扩散。

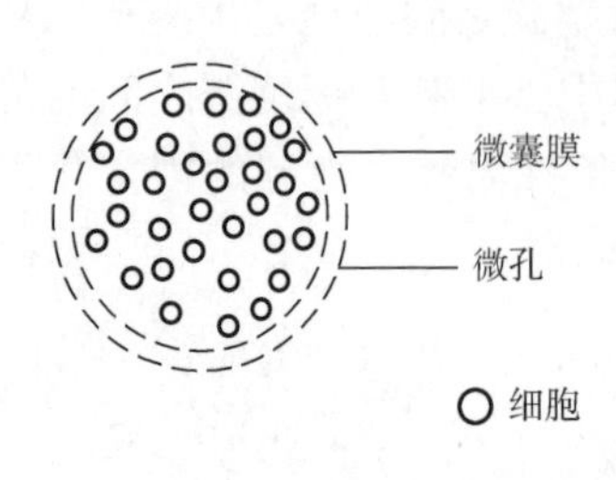

图 10-8　微胶囊包埋细胞

（三）共价结合法

共价结合法是利用细胞表面的反应基团（如氨基、羧基、羟基、巯基、咪唑基等）与活化的无机或有机载体反应，形成共价键将细胞固定，如图 10-9 所示。用该法制备的固定化细胞一般为死细胞。该法操作稳定性高，但由于试剂的毒性，易引起细胞的破坏。

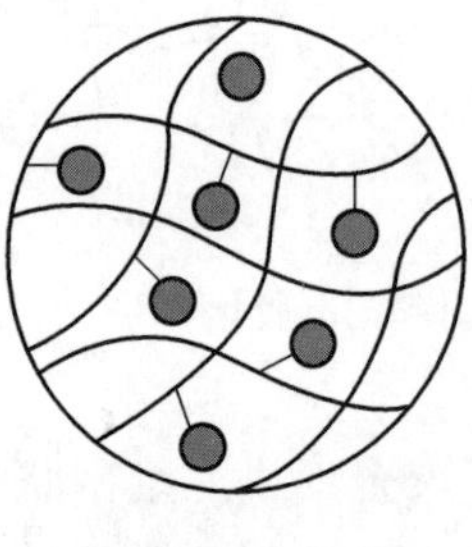

图 10-9　共价结合固定细胞

（四）交联法

化学交联法使用双功能和多功能试剂，如醛和胺，使微生物细胞或酶之间进行反应，从而将细胞或酶彼此交联，形成网状结构，即成固定化细胞，如图 10-10 所示。交联剂有很多，主要有戊二醛、聚乙烯亚胺等。

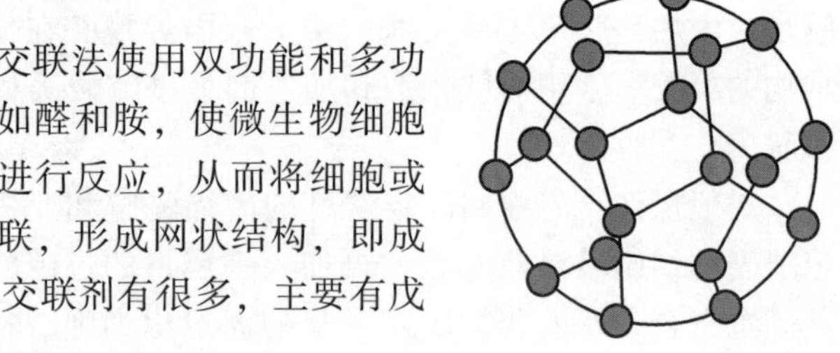

图 10-10　交联固定细胞

与共价结合法一样也是利用共价键固定微生物细胞或酶，不同的是它不使用载体，最常用的交联剂是戊二醛。该法可得到高细胞浓度，结合强度高，稳定性能好，经得起 pH 和温度的剧烈变化。由于交联试剂的毒性，对细胞活性影响很大，往往会毒害活细胞。所以交联法的应用受到一定限制，实际中常与包埋法等联合使用。

概念解析　共固定化技术

共固定化是将酶、细胞器和细胞同时固定于同一载体中，形成共固定化系统，这种系统比较稳定，可将几种不同功能的酶、细胞器和微生物细胞进行协同作用。共固定化技术是在混合发酵技术和固定化技术的基础上发展起来的一门新技术，可以充分利用酶和细胞各自的催化功能，将一些原来不能由细胞直接利用的底物变成可以直接利用的底物（由于酶的存在将底物及时进行了转化，保证了反应的进行），大大提高了生产效率。

共固定化的形式：①细胞/细胞，如啤酒酵母与大肠杆菌；②细胞/酶，如黑曲霉与过氧化氢酶；③细胞器/酶，如叶绿体与氢化酶。

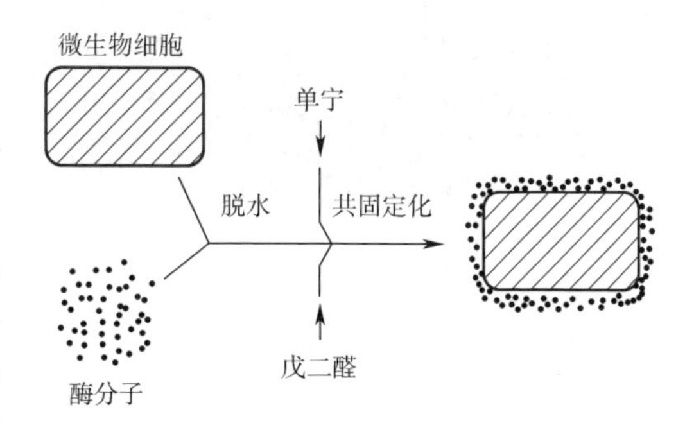

图 10-11　用酶包埋细胞共固定化

共固定化交联法一般是将脱水干燥的微生物细胞（如啤酒酵母）悬浮在要结合的酶溶液中（如纤维素酶、蛋白酶等），使酶沉积在细胞壁上，脱水后加入戊二醛和单宁使酶和细胞交联在一起，形成共固定化生物催化剂，如图 10-11 所示。用这种方法制备的固定化生物催化剂主要由外表包有酶的单一微生物细胞构成。根据应用目的不同，既可固定活细胞，也可固定死细胞。

海藻酸盐共固定是先用交联剂（如 1% 的碳化二亚胺）把酶和 2% 海藻酸钠共价结合，然后加入细胞（如酵母），混匀后，再把含酶和细胞的海藻酸钠混合物滴加到 2%～4% 的 $CaCl_2$ 溶液中，形成包埋型共固定化颗粒，如图 10-12 所示。这种方法适用范围很广。

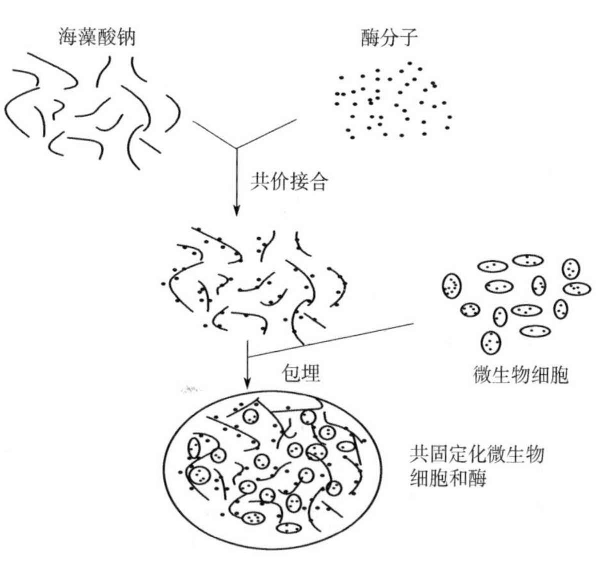

图 10-12　海藻酸盐共固定化微生物细胞和酶

（五）热处理法

热处理法是将含酶细胞在一定温度下加热处理一段时间，使酶固定在菌体内，而得到固定化菌体。例如，将培养好的含葡萄糖异构酶的链霉菌细胞在 60～65℃ 的温度下处理 15min，葡萄糖异构酶将全部固定在菌体内。热处理法只适用于那些热稳定性较好的酶的固定化，热处理时，要严格控制好加热温度和时间，以免引起酶的变性失活。热处理法也可与交联法或其他固定化法联合使用，进行双重固定化。

（六）絮凝法

絮凝法是利用某些微生物细胞具有自絮凝形成颗粒的能力而对细胞进行固定

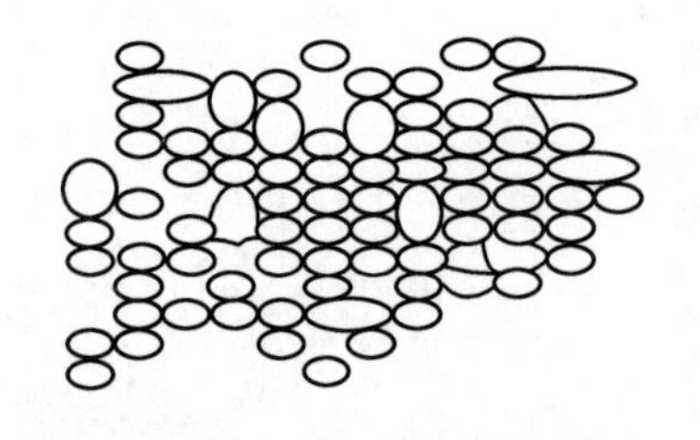

图 10-13 絮凝颗粒示意图

化的方法，又称无载体法，或自固定化法。微生物细胞的自絮凝通常指细胞在生长期间发生的无性凝集。絮凝作用首先在酵母培养过程中观察到的，后被证实其现象是由于悬浮在液体中的单细胞聚集成絮凝物或丝状物，然后出现沉淀或漂浮的结果，如图 10-13 所示。在液体发酵后期，菌种良好的絮凝性不仅可使发酵液澄清速度加快，提高细胞分离的性能，而且还可防止细胞自溶，因此，细胞絮凝性是评价菌种优劣的一个重要指标。

利用微生物细胞自絮凝形成颗粒作为一种固定化技术，是一个全新的概念。与各种载体固定化细胞技术相比，具有非常突出的优点，主要体现在：①细胞的固定化方法非常简单，一般在摇瓶培养阶段就可以快速形成絮凝颗粒，培养液澄清透明，絮凝细胞颗粒可以在生物反应器中逐级扩大培养，不产生细胞固定化过程的附加成本；②不使用细胞生长和代谢产物合成所需营养物质以外的其他任何化学物质，细胞的生理和生态环境不受外来物质的干扰和影响，有利于目标代谢产物的顺利合成；③自絮凝细胞颗粒内部结构呈松散型，传质阻力很小，而且其颗粒内部表面不断自我更新，颗粒整体活性非常好；④在生物反应器中一定的生理、生态、物理、化学和流体力学条件下，小颗粒的絮凝和大颗粒的解离可以呈动态平衡，不存在载体固定化细胞的强度问题。

此外，自絮凝固定化细胞在颗粒的形成过程中可以营造出一个适宜的微生态环境，使之有利于微生物代谢过程中彼此之间的协调，或者说有利于微生物之间生物信息的传递。

微生物絮凝是一个极复杂的现象，不仅受环境、生理等方面影响，而且与遗传因子、蛋白质有关。与化学絮凝剂相比，絮凝剂本身是微生物菌体，不会产生二次污染，无毒、无害，使用安全。目前发现絮凝效果最好的絮凝剂是红平红球菌对废水处理具有明显的效果。虽然微生物絮凝剂在发酵工业、医药工业和废水处理中有广阔的应用前景，但目前微生物絮凝剂的研究还主要停留在实验室研究阶段。

三、 细胞固定化载体

细胞固定化技术的关键在于所采用的固定化载体材料的性能。理想的固定化细胞载体应该是对微生物无毒性，不影响细胞代谢，传质性能良好，性能稳定，不易被生物分解，强度高，寿命长，价格低廉等。在生物技术领域和工业生产应用中，细胞要固定在无菌的载体上，整个工艺过程的灭菌是极其重要的。这就要求载体热稳定性好，并且能经受住高压。

（一）固定化载体材料

目前所采用的固定化载体材料主要分为有机高分子载体、无机载体和复合载体三类。

有机高分子载体分为天然高分子载体和合成有机高分子载体，这类载体在包埋法中应用最为广泛。天然高分子载体对微生物无毒性，传质性能好，但强度低，厌氧条件下易被微生物分解，寿命短，常见的有琼脂、明胶、卡拉胶、海绵、甲壳素、海藻酸钠、壳聚糖等。合成有机高分子载体抗微生物分解性好，机械强度高，化学稳定性好，但传质性能较差，常见的有 ACAM、光硬化树脂、PVA、聚丙烯酸凝胶等。

PVA 是一种水溶性高分子聚合物，性能介于塑料和橡胶之间。PVA 凝胶强度较高，化学稳定性好，抗微生物分解性能强，有很高的孔隙率，可提供最佳的菌体代谢物转运途径，相对于 ACAM 凝胶，对生物的毒性很小，细胞的活性损失小，是目前国内外研究最为广泛的一种包埋固定化载体。但是其传质性能不如海藻酸钙等天然高分子凝胶载体。许多有机化合物和无机化合物是 PVA 水溶液的稳定剂、凝固剂和增塑剂，如表 10-2 所示。

表 10-2　PVA 常见的稳定剂、凝固剂和增塑剂

稳定剂	凝固剂	增塑剂
异丙醇	Na_2SO_4	乙二醇
正丁醇	$(NH_4)_2SO_4$	丙三醇
环己醇	硼砂	二甘醇
吡啶	硼酸	丙二醇
苯酚	丙酮	
NaSCN	NaH_2PO_4	

无机载体如多孔陶珠、红砖碎粒、砂粒、微孔玻璃、高岭土、硅藻土、活性炭、氧化铝等，大多具有多孔结构，利用吸附作用和电荷效应将微生物或细胞固定。此类载体具有机械强度大、对细胞无毒性、不易被微生物分解、耐酸碱及寿命长等特性。无机载体内部有较大的孔隙度，可以容纳不断增殖的微生物，使得载体内细胞浓度增大，提高了处理效率，多用于吸附法固定化细胞。

常见的几种无机载体中，多孔陶珠的吸附能力强，孔径可调控。红砖碎粒是一种来源广、成本低、易制造的细胞固定化载体材料，在吸附性能、酸碱耐受性、细胞的增殖速度及脱色效果方面，具有实用性，具有较大的应用前景。

无机载体的固定化方法简单易行，只需把载体放入含有一定浓度的微生物溶液中，固定一段时间（一般为 24h 左右）即可。

复合载体是由有机载体材料和无机载体材料结合而成，实现了两类材料在许多性能上的优势互补。如以玉米芯和海藻酸钠作为复合载体采用吸附包埋可以实现红曲霉菌细胞的固定。

（二）固定化细胞载体的性能比较

固定化细胞载体的性能比较如表 10-3 所示。

表 10-3 几种固定化细胞载体的性能比较

载体	强度	耐生物分解性	对生物毒性	固定难易	成本价格
琼脂	0.5	无	无	易	便宜
海藻酸钠	0.8	较好	无	易	较便宜
PVA-H_3BO_3	2.75	好	一般	较易	便宜
明胶	0.4	差	无	易	较贵
角叉莱胶	0.8	较差	无	易	贵
ACAM	1.4	好	较强	难	贵

细胞固定化技术虽然已经显示出明显的优势，但是目前还不够成熟，很多工作都处于探索阶段，在固定化载体的细胞毒性、固定化细胞的机械强度、传质性能、载体的成本及使用寿命等方面还存在不足，其应用潜力远未得到挖掘，所有这些都已经成为其发展和应用的瓶颈，而这些问题的解决在很大程度上需要借助于生物、材料及化工的最新技术。

四、固定化细胞发酵工艺控制

（一）固定化细胞的预培养

固定化细胞制备好后，一般要进行预培养，以利于固定在载体上的细胞生长繁殖，然后才用于发酵生产。因此，预培养的目的就是获得活力较强的微生物细胞。通常细胞的固定化生长主要有四种形式：①包埋在多孔物质中的生长；②附着在悬浮固体载体表面的生长；③附着在固定填料上的生长；④菌体絮凝成团生长。细胞在载体的生长达到平衡后的一段时间内，固定化细胞的浓度基本保持恒定，同时，随着细胞的生长和繁殖，有一些细胞泄漏到培养液中，这些泄漏细胞则是游离细胞，它们也在培养液中生长繁殖。因此，固定化细胞的培养系统包括固定在载体上的细胞和游离细胞两部分。

为了使固定化细胞生长良好，预培养应采用有利于生长的培养基和工艺条件。例如，将包埋好的固定化酵母细胞放入增殖培养基中，在 28~32℃ 通气培养 40~60h，其增殖的酵母细胞数可达到 10^9 个/mL 以上，用于酒精发酵，酒精生产能力可达到 25~35mg/（mL·h）。

（二）溶氧的供给

溶氧的供给是固定化细胞好气性发酵的关键限制性因素之一。固定化细胞在进行培养过程中，由于受到载体的影响，氧的溶解和传递受到一定的阻碍作用。特别是采用包埋法制备的固定化细胞，氧要通过凝胶层扩散到凝胶粒内部，才能供细胞应用，这使氧的供给成为主要的限制性因素。例如，氧气在海藻酸钙凝胶中的扩散速率随凝胶中细胞浓度、凝胶颗粒和载体浓度的增大而降低。为此，必须增加溶氧的供给，才能满足细胞生长和产酶的需要。另外，有人研究用固定化细胞发酵葡萄糖生产柠檬酸时，利用发酵槽内的木屑吸附解脂复膜孢酵母，当酵母在木屑上繁殖太多形成厚层时，对氧扩散也形成阻碍，影响氧的传递。

由于固定化细胞反应器均不能采用强烈的搅拌，以免破坏固定化细胞，所以，增加溶氧供给的主要方法是加大通气量。例如，游离的枯草杆菌细胞发酵生产 α-淀粉酶，通气量一般控制在 0.5~1m^3/（m^3・min），而采用固定化细胞发酵，其通风比要达到 1~2m^3/（m^3・min），或者更多。此外，还可通过改变固定化载体、固定化方法或改变培养基组分等手段，以改善供氧。例如，琼脂对氧的扩散不利，应尽量少用作固定化载体；在凝胶中加进某些物质，使其有利于氧的传递；采用过氧化氢酶与细胞共固定，再在培养液中添加适量的过氧化氢，通过酶的作用产生氧气，供细胞使用；降低培养基的浓度和黏度等。

（三）温度的控制

固定化细胞对温度的适应范围较广，在分批发酵和半连续发酵中，温度不难控制。但在连续发酵过程中，由于稀释率较高，反应器内温度变化较大。若只是在反应器内调节温度，则在流加的培养液温度差别较大时，难以达到要求。一般在培养液进入反应器之前，必须预先调节到适宜温度。实验结果表明，固定化增殖酵母细胞发酵生产酒精的最适温度一般为 30~34℃，但不同菌种最适发酵温度往往是不同的，这需要通过实验进行确定。

（四）培养基成分的控制

一些研究结果表明，固定化增殖酵母细胞能适应较高糖浓度发酵液，其酒精生产能力可以远比游离细胞高，如表 10-4 所示。不过，一般培养基的浓度不宜过高，否则有可能出现底物的抑制作用。

表 10-4　不同底物浓度对细胞生产酒精能力的影响

糖蜜浓度（总糖分）/%	酒精生产能力/［g/（L・h）］	
	固定化细胞	游离细胞
10	13.4	10.1
17	20.2	16.5
24	24.0	14.1
31	19.3	5.8

另外，通过改变培养基组分来降低培养基的黏度，会有利于氧的溶解和扩散，从而克服固定化细胞好氧发酵过程中氧溶解和传递的限制。

五、 固定化细胞反应器

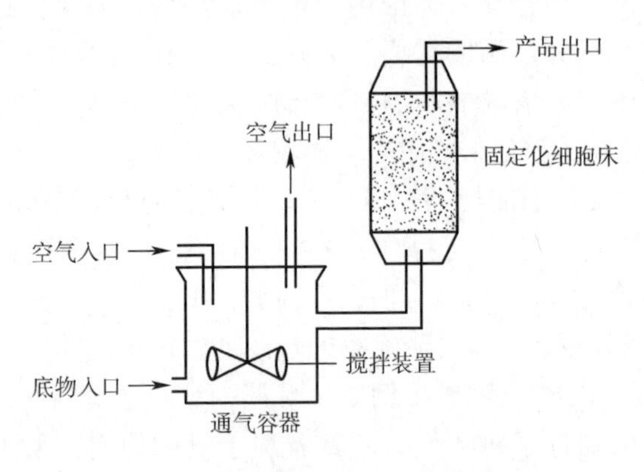

图 10-14 填充床反应器模式图

利用固定化细胞反应器完成固定化细胞的生化反应，固定化细胞反应器包括以下几种类型。

（一）填充床反应器

填充床反应器，又称固定床反应器。将固定化细胞填充于反应器内，制成稳定的柱床，然后，通入底物溶液，在一定的反应条件下实现酶催化反应，以一定的流速，收集含产物的转化液（图 10-14）。反应过程中，床层静止不动，流体通过床层进行反应。该反应器适用于各种形状的固定化细胞、黏度不大的底物溶液以及有产物抑制的转化反应，是目前在固定化酶和细胞技术中使用最普遍、应用也最广泛的一种反应器，被广泛用于工业化生产。

该反应器的优点：①便于底物和催化剂的充分接触及产物与催化剂的分离，可连续生产；②与搅拌式反应器相比，催化剂机械损耗小，可重复利用，适于长时间的工业化生产；③结构简单，反应速率快，效率高。缺点：①操作过程中催化剂不能更换；②传质系数和传热系数相对较低；③氧气传输系数相对较低。④当底物溶液含固体颗粒或黏度很大时，会引起堵塞现象，也不宜采用。

（二）流化床反应器

流化床反应器是利用底物溶液以足够大的流速，从反应器底部向上通过固定化细胞柱床时，便能使固定化细胞颗粒始终处于流化状态，如图 10-15 所示。该反应器具有固液混合好的优点，有利于固定化细胞的增殖，从而得到相对稳定的细胞数量。由于混合程度高，使得传质和传热情况良好且不会堵塞，因此，流化床反应器适用于底物是黏性或颗粒性物质，或反应需供气、排气的情况。由于底物流动速度较大，流化床反应器不适用于需停留时间长的反应。

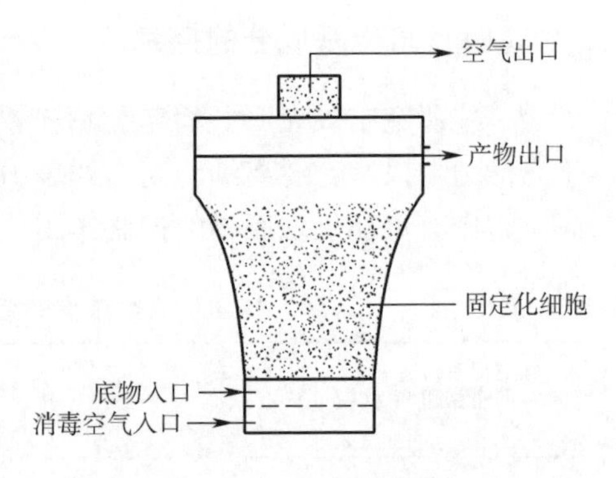

图 10-15 流化床反应器模式图

（三）间歇式搅拌反应器

间歇式搅拌反应器，又称间歇式搅拌罐或搅拌式反应罐。其特点是底物与固定化酶（细胞）一次性投入反应器内，产物一次性取出。反应完成之后，固定化酶（细胞）用过滤法或超滤法回收，再转入下一批反应。

该反应器装置较简单，造价较低，传质阻力很小，反应能很迅速达到稳态。缺点是操作麻烦，固定化细胞经反复回收使用时，易失去酶活性。

（四）连续式搅拌反应器

连续式搅拌反应器如图 10-16 所示。向反应器投入固定化细胞和底物溶液，不断搅拌，反应达到平衡之后，再以恒定的流速连续流入底物溶液，同时，以相同流速输出反应液（含产物）。反应桶内装有搅拌器，使反应组分与固定化细胞颗粒混合均一，出口处有过滤膜，可使不断补充的新鲜底物与反应液流量维持动态平衡。这种反应器适合于有底物抑制的情况。

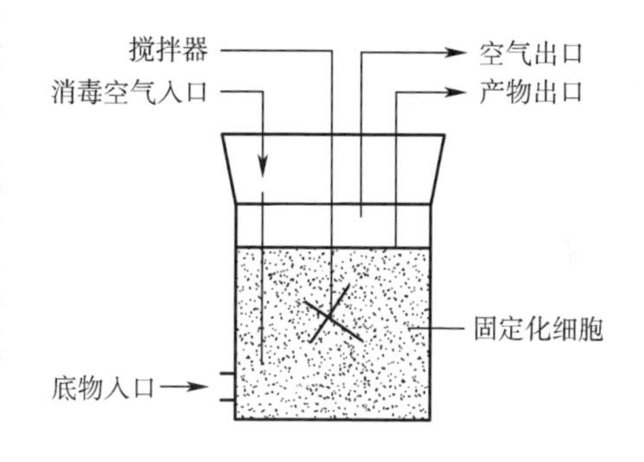

图 10-16　连续式搅拌反应器

连续式搅拌反应器开放式结构便于更换固定化细胞，也便于温度和 pH 的控制。其缺点是搅拌产生较大的剪切力，容易对固定化细胞造成破坏。通过增强固定化颗粒强度或改变搅拌方式可部分解决这一问题。

（五）中空纤维反应器

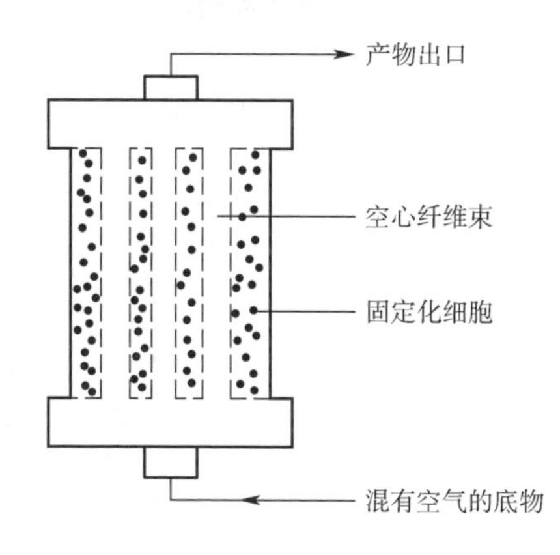

图 10-17　中空纤维反应器模式图

中空纤维反应器如图 10-17 所示。用具有半透性的空心纤维填充的反应器，空心纤维在反应器中提供很大的催化剂表面积。这种空心纤维只能让反应物和产物通过，而不让完整细胞通过。空心纤维在反应器系统中可按不同方式排列，可以将完整细胞包埋在纤维束的外壳上，而使底物在纤维中通过，底物通过中空纤维壁扩散到细胞中去，而产物又扩散到中空纤维中来；相反，细胞可以固定在纤维中，而底物在中空纤维外通过。

中空纤维反应器能完整保留细胞，细胞更换方便，有利于维持其活性或生产不同的产物。其主要缺点：无法保证细胞的均匀分布，稳定性差；使用的反应液必须进行预过滤，以防止颗粒堵塞纤维。

项目任务

任务10-1 酵母细胞的包埋固定及培养

一、任务目标

（1）理解包埋固定化细胞的原理和方法。

（2）掌握用海藻酸钠固定化酵母细胞的制备及培养方法。

二、操作原理

选用海藻酸钠和氯化钙制成的海藻酸钙凝胶包埋酵母生长细胞。固定化酵母细胞的培养在酒精发酵瓶中进行，如图10-18所示。

三、材料器具

1. 材料

（1）2%海藻酸钠溶液10mL，加热助溶，灭菌后，冷却至45℃备用。

（2）100mL 2%氯化钙溶液，灭菌冷却后备用。

（3）市售活性干酵母，无菌蒸馏水。

2. 主要仪器设备

20mL注射器，烧杯，玻璃棒，三角瓶，酒精发酵装置。

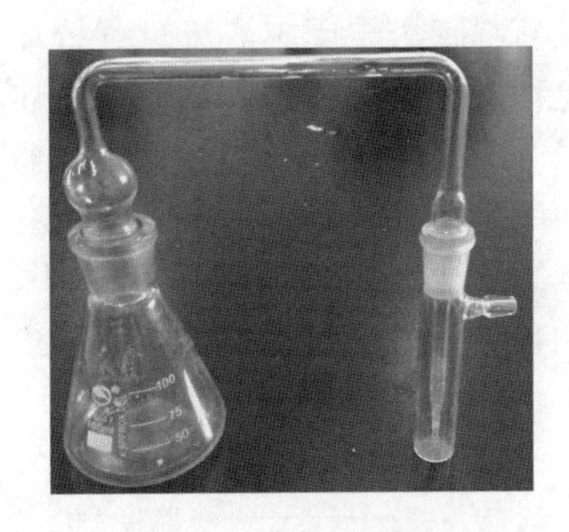

图10-18 酒精发酵装置

四、任务实施

1. 酵母细胞的活化

取市售干酵母按1∶20的比例投放于36~38℃的温水中活化15~20min，酵母细胞活化时体积会变大，活化前应该选择体积足够大的容器，以避免酵母细胞的活化液溢出容器外。

2. 海藻酸钠溶液及交联剂的制备

称取3g海藻酸钠，用100mL烧杯装有50mL蒸馏水边加热边搅拌溶胀15min，直至完全溶化，用无菌水定容至50mL，封口灭菌。加热时要用小火，或者间断加热，反复几次，直到海藻酸钠溶化为止。

配制2%浓度的氯化钙溶液100mL，加入稀盐酸调节溶液至适合酵母生长的pH 3.8~6.0。装入200mL烧杯中，封口灭菌，冷却后备用。

3. 酵母细胞的固定化

在冷却至45℃左右海藻酸钠溶液中，加入5mL预热至35℃活化的酵母培养液，进行充分搅拌，使其混合均匀，再转移至注射器中。用注射器以缓慢而恒定的速度将其滴入氯化钙溶液中，边滴边摇动三角瓶，即可制得直径为2~3mm左右的凝胶珠。凝胶珠在氯化钙溶液中钙化30min，即可使用。以上操作均应在超净工作台上进行，按照无菌操作要求操作以免影响实验结果。

4. 发酵培养

把制得的固定化酵母细胞，移入生理盐水或无菌水中，洗涤2次，然后把固定化小球全部转移到发酵培养基中（10%的葡萄糖液）20mL中，28℃，静止培养一周后测乙醇含量。将发酵后的固定化酵母细胞用生理盐水洗1次，就可以再接入新的发酵培养基，进行第2次发酵。

5. 观察和测定

（1）培养前，揩干三角瓶外壁，置于天平上称量，记下质量为m_1；培养完毕后，取出三角瓶轻轻摇动，使二氧化碳尽量逸出，在同一架天平上称重，记下质量为m_2，二氧化碳质量$=m_1-m_2$。

（2）打开三角瓶，嗅闻有无酒精气味，从三角瓶中取出发酵液5mL，注入空试管中，再加10%硫酸溶液2mL；向试管中滴加1%重铬酸钾溶液10~20滴，如管内由橙黄色变为黄绿色，则证明有酒精生成（注：用纯酒精加水做对比试验，该现象并不明显）。

五、 结果处理

项目	固定化颗粒形状	凝胶珠质量（好、不好）	CO_2的释放量/g	酒精检验
结果				

六、 注意事项

（1）加热使海藻酸钠溶化是操作中最重要的一环，涉及到任务的成败。

（2）刚形成的凝胶珠应在氯化钙溶液中浸泡一段时间，以便形成稳定的结构。检验凝胶珠的质量是否合格，具体方法：一是用镊子夹起一个凝胶珠放在实验桌上用手挤压，如果凝胶珠不易破裂，无液体流出，就表明凝胶珠合格；二是在实验桌上用力摔打凝胶珠，若凝胶珠易弹起，也能表明制备的凝胶珠是合格的。

（3）如果制作的凝胶珠颜色过浅、呈白色，说明海藻酸钠的浓度偏低，固定的酵母细胞数目较少；如果形成的凝胶珠不是圆形或椭圆形，则说明海藻酸钠的浓度偏高，制作失败，需要再作尝试。

七、 任务考核

（1）海藻酸钠溶解充分，溶液均一。（10分）
（2）固定化处理过程顺序完整、操作正确。（40分）
（3）固定化所得颗粒均匀、成珠状，没有或少有蝌蚪状或条状。（30分）
（4）准确计算二氧化碳的释放量。（20分）

任务10-2 双载体固定化红曲发酵红曲色素

一、 任务目标

（1）掌握用双载体固定化红曲细胞的制备及摇瓶发酵方法。
（2）了解红曲发酵液的色素测定原理和方法。

二、 操作原理

红曲为专性好氧丝状真菌，菌丝发达，深层发酵时，易形成菌丝团，引起氧气及其他营养物质的传递困难，从而导致色素产率低于传统固态发酵。固定化红曲的发酵培养生产红曲色素具有菌体密度高、反应速率快、稳定性好、使用寿命长、可重复利用、便于产物分离等优点。

本任务采用玉米芯为吸附载体、海藻酸钠为包埋剂对红曲霉细胞进行吸附包埋固定化，菌体得以吸附在玉米芯颗粒的表面及内部，再经海藻酸钠薄层包埋，使菌体得以支撑而利于生长和代谢活动，同时复合载体固定化细胞的机械强度大，从而提高了固定化细胞的使用寿命。本任务采用摇瓶发酵方法。

三、 材料器具

1. 材料

（1）菌种斜面红曲霉（*Monascus purpureus*）。
（2）3mm球形玉米芯，4% $CaCl_2$溶液，5%的海藻酸钠溶液，75%乙醇。
（3）斜面培养基（%，浓度均为质量分数）可溶性淀粉3，葡萄糖6，蛋白胨，琼脂3，pH 5.5~6.0。
（4）增殖培养基（%，浓度均为质量分数）可溶性淀粉3，$NaNO_3$ 0.3，KH_2PO_4 0.15，$MgSO_4 \cdot 7H_2O$ 0.10，黄豆饼粉0.5，pH 5.5~6.0。
（5）发酵培养基（%，浓度均为质量分数）：大米粉5，$NaNO_3$ 0.2，KH_2PO_4 0.15，$MgSO_4 \cdot 7H_2O$ 0.10，pH 5.5~6.0。

2. 主要仪器设备

粉碎机，250mL三角瓶，烧杯，容量瓶，量筒，离心机，天平，高压灭菌锅，恒温培养箱，摇床培养箱，分光光度计。

四、任务实施

1. 红曲霉孢子的固定化

将30℃培养的斜面红曲用无菌蒸馏水制备菌悬液，使孢子浓度为6×10^6个/L。于无菌条件下，将10mL红曲霉孢子液与10g粉磨成直径为3mm球形玉米芯混合浸泡10min，然后与15mL浓度5%的海藻酸钠溶液混浸，再倾入至100mL含4% $CaCl_2$溶液中，制成直径为3~4mm的颗粒，固化2h，滤出凝胶粒。用无菌水洗涤2~3次后，取1g固定化细胞颗粒转入装有50mL增殖培养基的250mL三角瓶中培养48h。

2. 固定化细胞发酵

把增殖培养的固定化细胞转入装有50mL发酵培养基的250mL三角瓶中，于旋转摇床培养150r/min，30℃下发酵72h。然后过滤得固定化细胞颗粒，重复发酵5批次。

3. 残糖的测定

用费林氏快速测定法。

4. 发酵液中色素色价的测定

（1）醇溶性色素的测定　准确吸取1mL发酵液于试管中，加入75%乙醇9mL，振荡提取1h后3000r/min离心5min，取上清液5mL于试管中，用同一乙醇溶液适当稀释。稀释液用分光光度计测OD_{420}和OD_{520}，以70%乙醇溶液作空白对照。

（2）水溶性色素的测定发酵液经纱布过滤，将滤液3000r/min离心5min，取上清液5mL于试管中，加水稀释。稀释液用分光光度计测OD_{420}和OD_{520}。

$$色价（U/mL）=（OD_{420}+OD_{520}）\times稀释倍数$$

五、结果记录

固定化红曲细胞颗粒重复发酵产色素情况：

重复次数	1	2	3	4	5
色价/（U/mL）					
残糖/（g/L）					
固定化细胞强度情况（好、不好）					

六、任务考核

（1）红曲霉孢子的固定化操作规范、熟练、完整。（30分）

（2）固定化细胞摇瓶发酵条件控制合理。（10分）

（3）固定化细胞气升式反应器发酵条件控制合理。(20 分)
（4）残糖的测定正确、数据可靠。(20 分)
（5）发酵液中色素色价的测定正确、数据可靠。(20 分)

项目拓展（十）

项目思考

1. 简述固定化细胞制备方法与特点。
2. 简述固定化细胞的优缺点。
3. 以海藻酸钠凝胶包埋法为例，简述包埋法的操作步骤。
4. 简述常用的固定化细胞载体。
5. 简述固定化细胞发酵过程的工艺控制的要点。
6. 分别简述固定化细胞在食品工业、农业、环境保护和能源方面的应用。

项目十一

典型发酵产品生产工艺

项目导读

发酵工程和技术作为生物技术的重要组成部分，在工业、农业、食品、医药及环境保护等领域日益发挥着重要作用，应用越来越广泛，发酵产品种类不断扩大。

本项目在一般发酵技术和工艺的基础上重点学习几种常见的发酵产品（啤酒、酒精、柠檬酸、透明质酸及硫氰酸红霉素）的生产工艺，进一步巩固前面各项目所学的发酵工艺的基本知识和技能。特别是柠檬酸、透明质酸及硫氰酸红霉素的工艺技术部分内容主要来自相关发酵企业的发酵技术和工艺。

项目知识

一、 啤酒生产

啤酒是以大麦芽和酿造水为主要原料，以大米、玉米等谷物为辅料，以极少量啤酒花为香料，经过啤酒酵母糖化发酵酿制而成的一种含有丰富二氧化碳而起泡沫的低酒精度［2.5%~7.5%（体积分数）］的健康饮料酒。

（一）啤酒营养成分

啤酒是一种含有碳水化合物、蛋白质、维生素、矿物质等营养十分丰富的低酒精度的饮品，素有“液体面包”的美称。

科学研究表明，啤酒中含有人体所需的17种氨基酸，其中有8种不是人体所能合成的，人体必需氨基酸占12%~22%，含有12种维生素（尤以B族维生素最突出）以及矿物质等多种营养素。啤酒具有较高的热量，1L啤酒的热量可达1779kJ。因此，早在1972年7月墨西哥召开的第9届世界营养食品会议上，啤酒就被正式推荐为营养食品。

（二）啤酒酿造原料

酿造啤酒的主要原料是大麦、水、酵母、酒花。另外，还有一些辅助原料，如大米、小麦等。

1. 大麦

大麦是酿造啤酒的主要原料，酿造时先将大麦制成麦芽，再进行糖化和发酵。大麦适于酿造啤酒的原因：大麦便于发芽，并产生大量的水解酶类；大麦种植遍及全球；大麦的化学成分适合酿造啤酒；大麦是非人类食用主粮。

大麦子粒主要由胚、胚乳、谷皮三部分组成。其中，胚乳约占麦粒质量的80%~85%，胚乳的绝大部分通过适当分解成为酿造啤酒最主要的成分。

淀粉是大麦的主要贮藏物，存于胚乳细胞内，占干物质的58%~65%。淀粉含量越高，浸出物就越多，麦汁收得率也越高。半纤维素和麦胶物质是胚乳细胞壁的组成部分，约占大麦干物质的10%。发芽过程中半纤维素酶将细胞壁分解之后，其他水解酶才能进入细胞内分解淀粉等大分子物质。大麦蛋白质主要存在于糊粉层中，含量一般在9%~12%，大麦蛋白质含量高低及其类型直接影响啤酒质量，其主要作用：提供酵母营养，使啤酒口感醇厚、圆润，丰富啤酒泡沫。多酚类物质约占大麦干重的0.1%~0.3%，多存在于谷皮中，对发芽有一定抑制作用，使啤酒具有涩味。

2. 辅助原料

啤酒酿造过程中，除了使用大麦麦芽作为主要原料外，还可添加部分辅助原料。正确使用辅助原料可以降低原料成本，调整麦汁组成，提高啤酒发酵度，增强啤酒某些特性，改善啤酒泡沫性质。我国盛产大米，所以大米一直是我国啤酒酿造广泛采用的一种辅助原料，其最大特点是淀粉含量高，可达75%~82%，无水浸出率高达90%~93%。玉米是世界栽培最广的品种，也是酿造啤酒的主要品种。我国是世界小麦主要生产国，小麦发芽后制成小麦芽也是酿造啤酒的主要原料。由于淀粉工业的发展，用淀粉作啤酒辅料是有前途的。

3. 酵母

酵母的种类很多，用于啤酒生产的酵母称作啤酒酵母（*Saccharomyces cerevisiae*）。

根据 Loder 分类，酵母有 39 属，350 种。根据发酵方式分：上面发酵酵母和下面发酵酵母。

4. 酒花

啤酒花，简称酒花，被誉为“啤酒的灵魂”，成为啤酒酿造不可缺少的原料之一。酒花的作用主要是酒花能赋予啤酒柔和的微苦味，促进麦汁和啤酒的澄清，能提高啤酒泡沫起泡性和泡持性，增加麦汁和啤酒的生物稳定性，作为啤酒防腐剂。通常把酒花粉压制成的短棒状的颗粒酒花，如图 11-1 所示。颗粒酒花具有体积小、不易氧化、运输、使用控制和保管都比较方便的优点，是世界上使用最广泛的酒花形式。

酒花中，对啤酒酿造具有重要意义的主要成分是酒花树脂、酒花精油和多酚物质。酒花树脂是提供啤酒愉快苦味的主要来源，主要 α-酸，β-酸及其一系列氧化、聚合产物；酒花精油是啤酒重要的香气来源，特别是它容易挥发，是啤酒开瓶闻香的主要成分；多酚物质能与蛋白质形成复合物，促进蛋白质凝固，在啤酒中形成黑色物质，增加啤酒的色泽，低分子多酚能赋予啤酒一定的醇厚性。

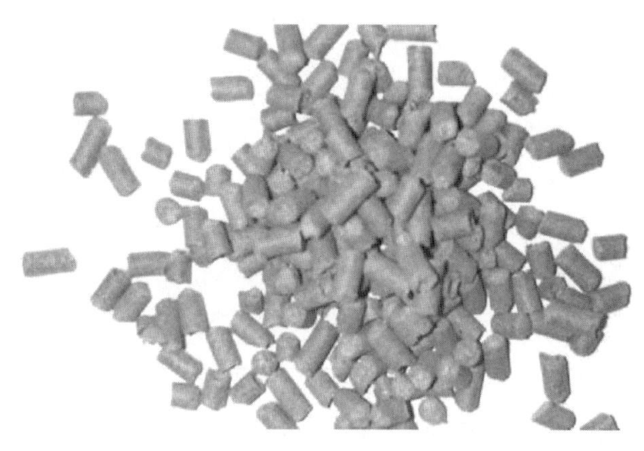

图 11-1　啤酒用颗粒酒花

5. 水

水是啤酒酿造非常重要的原料，按用途分可将啤酒厂用水分为多种，每种水的用途不同，要求也不一样。啤酒厂用水分类如图 11-2 所示。

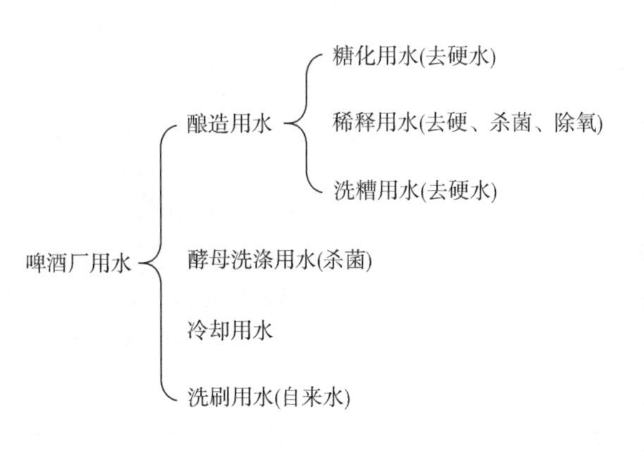

图 11-2　啤酒厂用水分类

糖化用水、洗槽用水、啤酒稀释用水直接参与啤酒酿造，在习惯上称酿造水。回收的酵母要经过洗涤后再用，酵母洗涤用水要达到无菌要求，否则杂菌会进入酵母培养液中，进而污染发酵醪。稀释用水若含有杂菌，会直接进入啤酒中，因此，这两部分水必须进行除菌处理，除菌方法：沙滤棒过滤、加氯杀菌、臭氧杀菌及紫外线杀菌等。

酿造用水直接进入啤酒，是啤

酒中最重要的成分之一。酿造用水除必须符合饮用水标准外，还要满足啤酒生产的特殊要求。淡色啤酒的酿造用水质量要求如表 11-1 所示。

表 11-1　　淡色啤酒酿造用水部分项目质量要求

项目	理想要求	最高极限	超过极限引起的后果
透明度	透明，无沉淀	透明，无沉淀	影响麦汁浊度，啤酒容易浑浊
总硬度/°d	2~8	10	高硬度的水适合酿造浓色啤酒和特种口味啤酒
永久硬度/°d	3~5	12	过量引起啤酒口味粗糙
暂时硬度/°d	0~3	16	使糖化醪降酸，造成糖化困难
总溶解盐类/（mg/L）	150~200	500	含盐过高，使啤酒口味苦涩、粗糙
Fe^{2+}/（mg/L）	0~0.02	0.5	有铁腥味，影响酵母生长、发酵
SO_4^{2-}/（mg/L）	10~50	100	引起啤酒干苦
Zn^{2+}/（mg/L）	1.0~3.0	5.0	少量时是酵母生长的营养离子，过多时对酵母有毒性，抑制酶活性
Mg^{2+}/（mg/L）	10~50	80	引起啤酒干苦
Ca^{2+}/（mg/L）	30~50	100	阻碍酒花 α-酸异构，酒花口味粗糙

水中所含 Ca^{2+}、Mg^{2+}和水中存在的 SO_4^{2-}、CO_3^{2-}、Cl^-、NO_3^-所形成盐类的浓度称为水的硬度。我国规定 1L 水中含有 10mg 氧化钙为 1°d（德国度）。淡色啤酒要求使用 8°d 以下的软水，深色啤酒可用 12°d 以上的硬水。硬度的法定计量单位是以 mmol/L 表示的，1mmol/L=2.804°d。

（三）啤酒酿造工艺

啤酒酿造基本工艺流程：

原料（麦芽、大米）→粉碎→糖化→麦汁过滤→煮沸→回旋沉淀→麦汁冷却→充氧→发酵→啤酒过滤→无菌灌装

典型的啤酒生产工艺如图 11-3 所示。

1. 麦芽制造

大麦是酿造啤酒的主要原料，但是首先必须制成麦芽，才能用于酿酒。大麦在人工控制和外界条件下发芽和干燥的过程，称为麦芽制造。大麦发芽后称绿麦芽，干燥后叫麦芽。麦芽制造主要包括浸麦、发芽、干燥及除根等步骤。

（1）浸麦　使麦芽吸收发芽所需一定量水分的过程，称为大麦的浸渍，简称浸麦。浸麦是为了供给大麦发芽时所需的水分，提供充足的氧气，使之开始发芽。大麦经浸渍后的含水百分率，称为浸麦度。一般麦粒达到正常的浸麦度，即含水量在 43%~48%范围内。

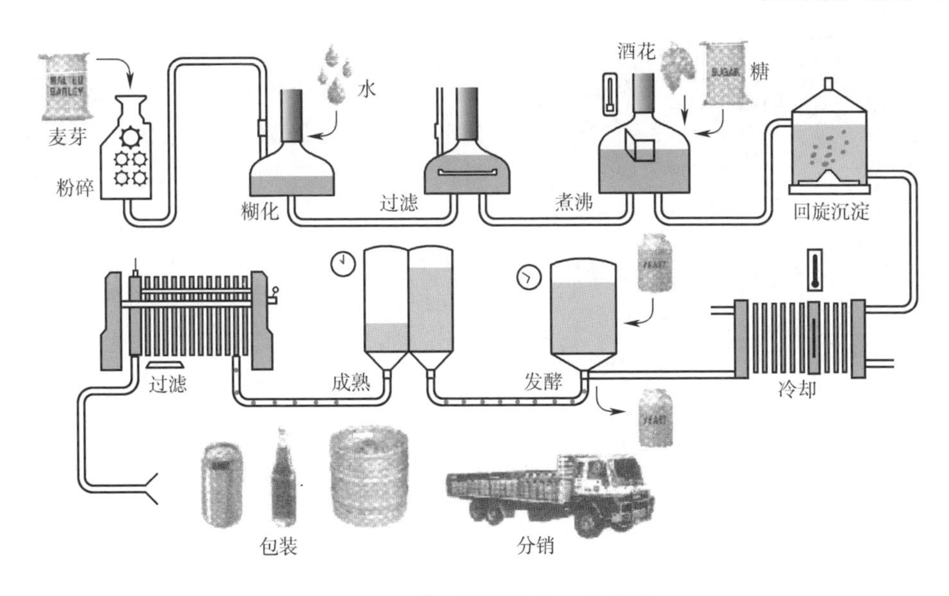

图 11-3　典型啤酒生产工艺过程

（2）发芽　浸渍大麦在理想控制的条件下发芽，生成适合啤酒酿造所需要的新鲜麦芽，发芽是一种生理生化过程，新鲜大麦芽如图 11-4 所示。大麦发芽的目的：激活原有的酶；生成新的酶；物质转变。

糖化过程中的酶主要来自麦芽本身，胚乳的糊粉层是制麦时形成酶的最关键起点，产生的赤霉酸有诱导水解酶形成的作用，制麦过程外加赤霉酸于浸渍大麦可缩短制麦周期。发芽过程形成的酶以水解酶为主，包括淀粉分解酶（α-淀粉酶、β-淀粉酶、支链淀粉酶、α-葡萄糖苷酶、麦芽糖酶和蔗糖酶等）；蛋白酶（内肽酶、羧肽酶、氨肽酶、二肽酶等），麦芽糖化时，起催化水解作用的蛋白酶类主要是内肽酶和羧肽酶；半纤维素酶类（最主要的是β-葡聚糖酶）和磷酸酯酶等。

图 11-4　新鲜大麦芽

发芽过程中主要控制浸麦度、发芽温度、发芽时间和通风等条件。

（3）干燥和除根　绿麦芽含水分高，不能贮存，也不能进入糖化工序，必须经过干燥。麦芽经干燥，产生麦芽特有的色、香、味。麦芽干燥后经过机械原理将麦芽的根除去，除根干燥后的大麦芽如图 11-5 所示。

2. 麦汁制备

麦（芽）汁制备主要有原辅料粉碎、糖化、醪液过滤、麦汁煮沸及麦汁后处

图 11-5　除根干燥后的大麦芽

理等过程。

(1) 原料粉碎　麦芽粉碎的目的主要在于使表皮破裂，增加麦芽本身的表面积，使其内容物质更容易溶解，利于糖化。在这一过程中，必须保护麦皮，对于表皮的粉碎要求破而不碎，原因是表皮组成主要是各种纤维组织，其中有很多物质会影响啤酒的口味，如果将其粉碎，在糖化过程中，会使其更易溶解，从而影响啤酒的质量，其次是让其麦皮充当过滤槽中的过滤层，达到更好的过滤效果。

对于大米来说，粉碎的越细越好，有利于糊化。玉米要求先脱胚和壳，粉碎度不能超过要求。

(2) 糖化　麦汁的制备，俗称糖化，即粉碎干麦芽后，利用麦芽所含的各种水解酶，在适宜的条件下，将麦芽中不溶性高分子物质（淀粉、蛋白质、半纤维素等），逐步分解成低分子可溶性物质的过程。

①糖化阶段酶反应及温度控制：麦汁制备过程中不同温度下的酶反应是不同的，因此，糖化过程中的不同阶段，要采用不同的温度进行控制。糖化不同阶段的温度控制如表 11-2 所示。

表 11-2　糖化不同阶段的温度控制

阶段	温度/℃	时间/min	作用
浸渍阶段	35~40	15~30	酶的浸出和酸的形成；β-葡聚糖的分解
蛋白质分解阶段	45~55	不超过 60	蛋白质分解成多肽和氨基酸
糖化阶段	62~70	30~120	淀粉被分解成可发酵性糖和糊精
糊精化阶段	75~78	60	淀粉进一步分解；其他酶的钝化

②糖化过程的主要物质变化：糖化过程主要包括淀粉分解，蛋白质分解，酸的形成和多酚物质的变化。

辅料的糊化醪和麦芽中淀粉受到麦芽中淀粉酶的分解，形成低聚糊精和以麦芽糖为主的可发酵性糖。α-淀粉酶与 β-淀粉酶性能及其水解产物如表 11-3 所示。淀粉糖化时，麦芽淀粉受到麦芽中淀粉酶的催化水解，液化和糖化同时进行。

糖化时蛋白质的水解，也称蛋白质休止。蛋白质水解产物影响着啤酒的泡沫、风味和非生物稳定性等，如麦汁中氨基酸过多，影响酵母的增殖和发酵，而其中氨基酸过少，则酵母增殖困难，最后导致发酵困难。

表 11-3　　　　α-淀粉酶与β-淀粉酶性能比较（Allen 和 Spradin）

性能	α-淀粉酶	β-淀粉酶
特异性	α-1，4 葡萄糖苷键	α-1，4 葡萄糖苷键
作用机制	内切酶	非还原端外切酶
作用范围	不能作用，但能绕过α-1，6 键	不能作用，也不能绕过α-1，6 键
主要分解产物	极限糊精	β-麦芽糖
反应液黏度下降	快	慢
与碘液反应蓝色消失	快	慢
葡萄糖产生	慢	快
麦芽糖产生	慢	快
糊精产生	快	慢

麦芽皮壳中含有谷皮酸、多酚类物质，它们的溶解会使麦汁色泽加深，并使啤酒具有不愉快苦涩味，降低啤酒的非生物稳定性。

③糖化方法：糖化的主要方法有煮出糖化法，浸出糖化法，双醪糖化法等。

煮出糖化法的特点是将糖化醪液的一部分，分批加热到沸点，然后与其余未煮沸的醪液混合，使全部醪液温度分阶段地升高到不同酶分解所需要的温度，最后达到糖化终了温度。煮出糖化法可以弥补一些麦芽溶解不良的缺点。二次煮出糖化法分别如图 11-6 所示。二次煮出糖化法适宜处理各种性质的麦芽和制造各种类型的啤酒。

浸出糖化法仅利用酶的作用进行糖化，其特点是将全部醪液从一定的温度开始，缓慢分阶段升温至糖化终了温度，醪液无煮沸阶段。浸出糖化法需要使用溶解良好的麦芽。

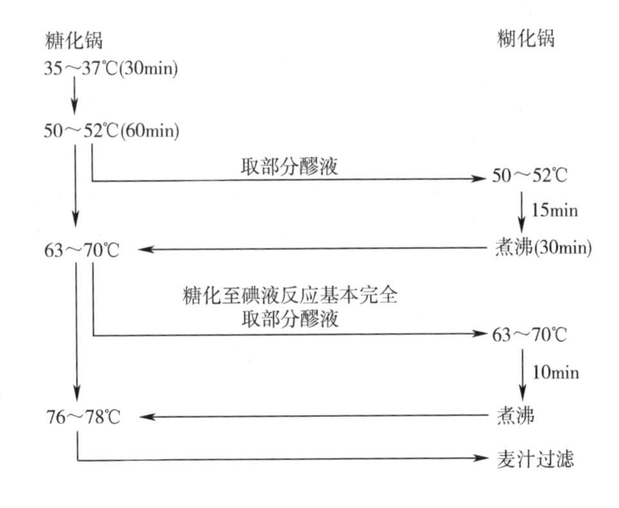

图 11-6　二次煮出糖化工艺

升温浸出糖化法中，先利用低温水浸麦 0.5～1.0h，促进麦芽软化和酶的活化，然后升温到 50℃左右进行蛋白质分解，保持 30min，再缓慢升温到 62～63℃，糖化 30min 左右，再升温至 68～70℃，使α-淀粉酶发挥作用，直到糖化完全，再升温至 76～

78℃，终止糖化。

双醪浸出糖化法如图 11-7 所示，此法辅料的糊化、糖化和麦芽的糖化分别在糊化锅和糖化锅中进行，操作简单，糖化周期短，3h 内即可完成。由于没有兑醪后的煮沸，麦芽中多酚、麦胶等物质溶出相对较少，所制麦汁色泽较浅、黏度低、口味柔和、发酵度高，更适合于制造浅色淡爽型啤酒和干啤酒。

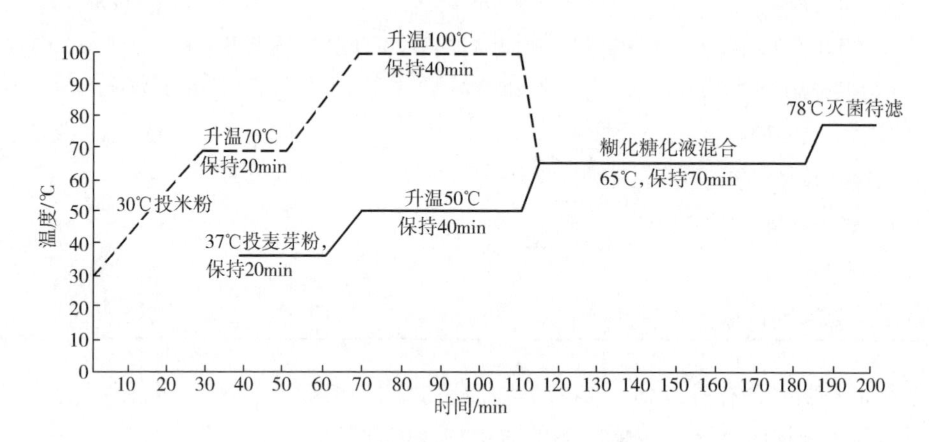

图 11-7　双醪浸出糖化法糖化曲线图

④糖化设备：糖化设备主要有糊化锅和糖化锅。糊化锅结构如图 11-8 所示，其体积应为糖化锅体积的 1/2~2/3，糖化锅结构、外形、加工材料都与糊化锅大致相同。

⑤糖化工艺条件的控制：一般糖化料水比 1∶(3~4)，糊化料水比 1∶(5~6) 为宜。实际生产中，糖化醪浓度一般以在 20%~40%。我国采用大米作为辅料，添加量一般为 25%左右。

糖化醪 pH 一般控制在 5.2~5.6 之间。实际生产中，多采用加酸调节糖化的 pH，以增加各种酶的活性。通常选用磷酸或乳酸调节 pH。

(3) 醪液过滤　糖化结束，应在最短的时间内，将糖化醪液中的溶出物质和非溶性的麦糟分离，以得到澄清的麦汁和良好的浸出物收率。

以麦糟为滤层，利用过滤方法得到的麦汁，称作第一麦汁或“过滤麦汁”。然后

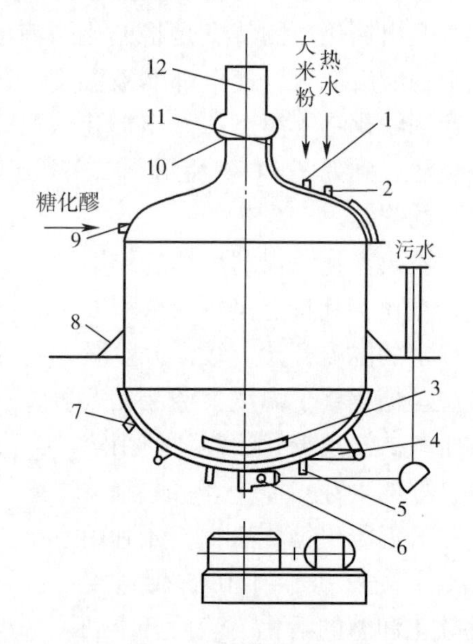

图 11-8　糊化锅

1—大米粉进口　2—热水进口　3—搅拌器
4—加热蒸汽管进口　5—蒸汽冷凝水出口
6—糊化醪出口　7—不凝性气体出口
8—耳架　9—麦芽粉液或糖化醪入口
10—环形槽　11—污水排出口管　12—风门

利用热水洗涤过滤后的麦糟，得到的麦汁，称作第二麦汁或者洗糟麦汁，这个过程称为“洗糟”。分离后得到的固体部分称为“麦糟”，这是啤酒厂的主要副产物之一，液体部分为麦汁，是啤酒酵母发酵的基质。

常用的麦汁过滤设备有过滤槽，压滤机等。过滤槽是最广泛使用的麦汁过滤设备，进入过滤槽的醪液，先聚集在槽内过滤板上部，经沉降后，麦糟形成过滤层，麦汁则流经麦糟过滤层和过滤板，并经过出料阀而被送往麦汁煮沸锅。

（4）麦汁煮沸和酒花添加　麦汁煮沸过程中的变化及其作用：①蒸发多余的水分；②破坏酶的活性，终止生化反应，固定麦汁组成；③麦汁灭菌；④浸出酒花中的有效成分；⑤使蛋白质变性凝固，增加啤酒的稳定性。

添加酒花一般分三次添加，酒花可以直接从人孔加入，也可以在密闭煮沸时先将酒花加入酒花添加罐中，然后再利用煮沸锅中的麦汁将其冲入煮沸锅中。

（5）麦汁后处理　麦汁后处理工艺如图 11-9 所示。

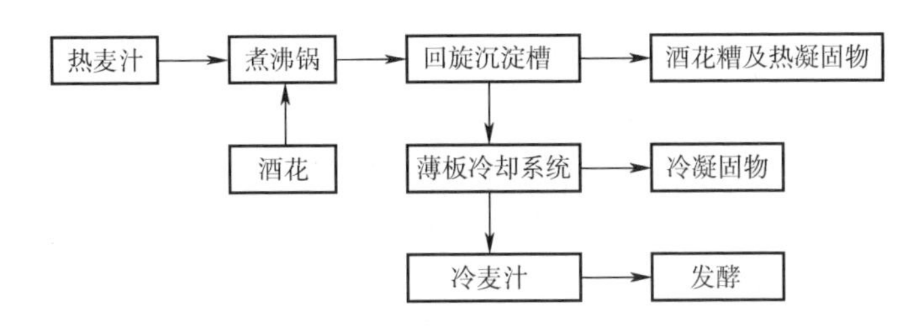

图 11-9　麦汁后处理工艺

①热凝固物的去除：热凝固物又称粗凝固物，它是以蛋白质和多酚物质为主的复合物，这种凝固物主要是在麦汁煮沸时产生，煮沸的麦汁在冷却到 60℃ 前均可析出。发酵前必须除掉热凝固物，目前绝大多数啤酒厂采用回旋沉淀槽分离热凝固物。

②麦汁冷却及冷凝固物去除：常用的麦汁冷却设备是薄板冷却器，一般采用两段冷却到适于酵母发酵的温度 6~8℃，冷却时间通常为 1~2h。

麦汁经缓慢冷却析出的无定形的细小颗粒，称为冷凝固物，主要是蛋白质与多酚的复合物，另外还黏附有碳水化合物、苦味物质和无机盐等。分离冷凝固物常用方法有酵母繁殖槽沉降法和浮选法。

澄清麦汁溶液中溶解的各种干物质称作“浸出物”，最终麦汁的化学组成中：可发酵性糖（糖葡萄糖、果糖、蔗糖、麦芽糖、麦芽三糖）约占 70%~75%，通常以麦芽糖含量表示，非发酵性糖（主要为低分子糊精）为 15%~25%，含氮化合物为 3.5%~5.5%，矿物质为 1.0%~2.5%，其他约 1.0%。

③麦汁充氧：酵母是兼性微生物，在进入发酵阶段之前，需要繁殖到一定的数量，这阶段是需氧的。因此，要将麦汁通风，使麦汁达到一定的溶解氧含量(7~10mg/L)。通常采用文丘里管充气，通入的空气应先进行无菌处理，即空气过滤。

文丘里管是两端截面大，中间有缩节的管子。在缩节处通入无菌空气时，就会被吸入麦汁中，并以微小气泡形式均匀散布于高速流动的麦汁中。

3. 啤酒发酵

冷却后的麦汁添加酵母后，便开始发酵，整个发酵过程可分为酵母恢复活力阶段、有氧呼吸阶段及无氧呼吸阶段。酵母接种后，开始在麦汁充氧的条件下，恢复其生理活性，以麦汁中的氨基酸为主要氮源，可发酵糖为主要碳源，进行呼吸作用，并从中获取能量而繁殖，同时产生一系列代谢副产物，此后便在无氧条件下进行酒精发酵。

啤酒酵母对可发酵性糖的发酵顺序：葡萄糖>果糖>蔗糖>麦芽糖>麦芽三糖。

麦汁经过酵母发酵除了生成乙醇和二氧化碳外，还会产生一系列的代谢副产物，这些副产物是构成啤酒风味和口味的主要物质。

（1）原麦汁浓度　啤酒的原麦汁浓度是指经糖化灭菌后，麦汁发酵前浸出物的浓度（质量百分比）。麦汁中的浸出物是多种成分的混合物，以麦芽糖为主。作为啤酒质量控制的指标和工艺控制的参数而被测定，对实际生产有重要意义。

啤酒的度数指的是啤酒的原麦汁浓度（质量分数），常用“°P”标示。比如，12°P 的啤酒就是用浸出物浓度为 12%的麦芽汁酿造而成的。酒精度是指啤酒中所含酒精的体积分数，其含量由原麦汁浓度和发酵度决定。啤酒的酒精度一般在 2.5%~7.5%。

概念解析　糖锤度和柏拉图度

糖锤度计：为了调整啤酒酿制时原麦汁浓度，控制发酵进程，常常在麦汁制造及啤酒发酵过程中用简易的糖锤度计法测定麦汁的浓度。糖锤度计实际上是一简易密度计，主要是测定麦汁及啤酒中所含的浸出物含量，如图 11-10。浸出物越多，密度越大。啤酒麦汁中，浸出物含量常以蔗糖的质量分数来表示。但是麦汁中还包括非糖成分，一般假定非糖物质对密度的影响和蔗糖相等。

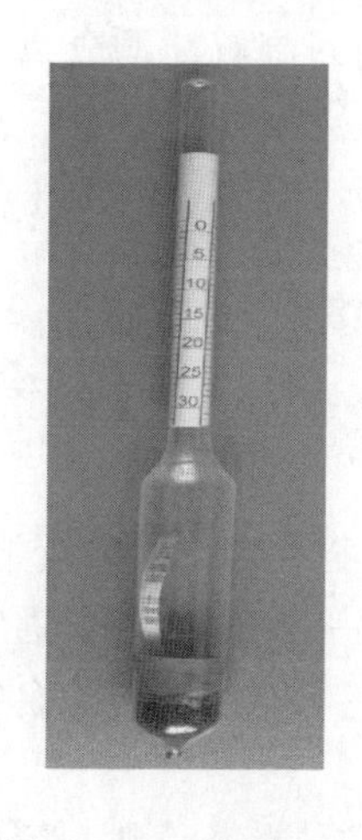

图 11-10　糖锤度计

糖锤度又称勃力克斯（Brixscale），以符号°Bx 表示，以蔗糖溶液的质量分数为刻度。其刻度方法是以 20℃ 为标准，在蒸馏水中为 1%的蔗糖溶液中为 1°Bx，即 100g 糖液中含糖 1g。当测定温度不在标准温度 20℃ 时，必须进行校正。

糖锤度计使用方法：①将某糖溶液倒入 200~250mL 的干燥量筒中，加到量筒容积的 3/4，并用温度计测定样品液的温度；②将洗净擦干的糖垂度计小心置入蔗糖溶液中，待静止后，再轻轻按下少许，待其浮起至平衡为止，读取糖液水平面与密度计相交处的刻度；③根据糖液的温度和糖垂度计的读数查表校正为 20℃ 的数值。

柏拉图度（Plato,°P）是一种与°Bx相同的表示密度的刻度，也以20℃蔗糖溶液的质量分数来表示。很明确，柏拉图度就是指20℃时的糖度，因为只有勃力克斯密度计，没有柏拉图度密度计，不存在在各种温度下用柏拉图度密度计测定的情况，它纯粹是一个标准而已。

（2）啤酒发酵过程中的主要物质变化　在啤酒发酵过程中，可发酵糖约有96%发酵为乙醇和二氧化碳，是代谢的主产物，其余转化为其他发酵副产物或作为碳骨架合成新酵母细胞。主发酵产生的二氧化碳，一部分溶解在发酵液中，大部分扩散到空气中，嫩啤酒中二氧化碳含量一般为0.25%~0.27%（质量分数）。

在正常发酵过程中，麦汁中含氮物约下降1/3，主要是约50%的氨基酸和低分子肽为酵母所同化。麦汁中近1/3的苦味物质损失掉，主要原因是由酵母细胞的吸附、发酵时间增长等原因造成的。麦汁的pH一般为5.2~5.6，麦汁发酵后，pH降低很快。采用下面发酵法发酵啤酒，发酵终了，pH一般为4.2~4.4。pH下降主要是由于有机酸的形成，同时也由于磷酸盐缓冲溶液的减少。

（3）其他发酵产物高级醇（俗称杂醇油）是啤酒发酵代谢中较重要、含量较多的副产物，对啤酒风味有重大影响，超过一定量时有明显的杂醇味，啤酒中高级醇含量应低于90mg/L。啤酒含有适量的酯，香味丰满协调，但酯含量过高，会使啤酒有不愉快的香味或异香味。

连二酮是双乙酰和2，3-戊二酮的总称，其中对啤酒风味起主要作用的是双乙酰。双乙酰被认为是衡量啤酒成熟与否的决定性指标，双乙酰的味阈值为0.1~0.15mg/L，在啤酒中超过阈值会出现馊饭味。淡爽型成熟啤酒，双乙酰含量以控制在0.1mg/L以下为宜；高档成熟啤酒最好控制在0.05mg/L以下。

啤酒发酵过程中乙醛及挥发性硫化物对啤酒风味也有重要影响。啤酒中的硫化氢应控制在0~10μg/L的范围内，成熟啤酒的乙醛正常含量一般低于10mg/L。

（4）传统啤酒发酵工艺　啤酒发酵有上面发酵法和下面发酵法两种方法，我国普遍采用下面发酵法。传统的下面啤酒发酵过程一般分为主发酵和后发酵（贮酒）两个阶段，普遍采用低温主发酵-低温后发酵工艺，如图11-11所示。

①主发酵：澄清麦汁冷却至6~7℃，流入增殖槽，接种酵母，接种量达到(2~3）$\times 10^7$个/mL，混合均匀。通入无菌空气，使溶解氧含量在8mg/L左右。酵母经繁殖20h左右，待麦汁表面形成一层泡沫时，将增殖槽中的麦汁泵入主发酵槽内，进行厌氧发酵。发酵约2d后，温度升至发酵的最高温度8~9℃，先维持最高温度3~4d，然后缓慢均匀降温至3~4℃。主发酵最后一天急剧冷却，使大部分酵母沉降槽底，然后将发酵液送至贮酒罐进行后发酵。

主发酵根据表面现象可分为酵母繁殖期、起泡期、高泡期和落泡期等阶段。各阶段的发酵现象和特征如表11-4所示。某啤酒厂前发酵池中的高泡期现象如图11-12所示。

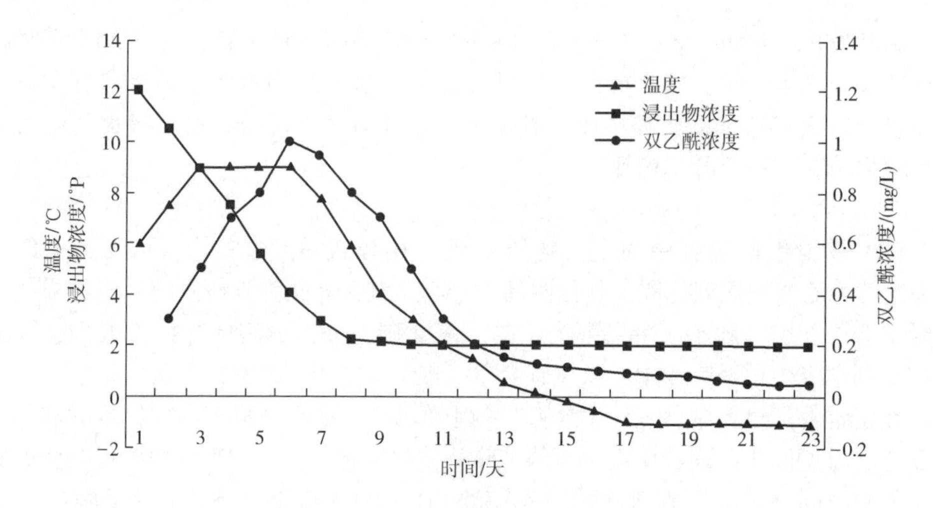

图 11-11　低温主发酵-低温后熟工艺

表 11-4　　主发酵各阶段特征

发酵阶段	特　征
酵母繁殖期	麦汁添加 8~16h 以后，液面上出现二氧化碳小气泡，逐渐形成白色的，乳脂状的泡沫
起泡期	换槽 4~5h 后，麦汁表面逐渐出现更多的泡沫，由四周渐渐向中间扩散，泡沫洁白细腻，厚而紧密，如花菜状，有二氧化碳小气泡上涌，并且带出一些析出物。此时发酵液温度每天上升 0.5~0.8℃，每天降糖 0.3%~0.5%，维持时间 1~2d，不需人工降温
高泡期	发酵后 2~3d，泡沫增高，形成隆起，并因酒内酒花树脂和蛋白质-单宁复合物开始析出而逐渐变为棕黄色，此时为发酵旺盛期，需要人工降温，但是不能太剧烈，以免酵母过早沉淀，影响发酵作用。高泡期一般维持 2~3d，每天降糖 1.5%左右
落泡期	发酵 5d 以后，发酵力逐渐减弱，二氧化碳气泡减少，泡沫回缩，酒内析出物增加，泡沫变为棕褐色。此时应控制液温每天下降 0.5℃左右，每天降糖 0.5%~0.8%，落泡期维持 2d 左右
泡盖形成期	发酵 7~8d 后，泡沫回缩，形成泡盖，撇去所析出的多酚复合物，酵母细胞和其他杂质，应大幅度降温，使酵母沉淀。此阶段可发酵性糖已大部分分解，每天降糖 0.2%~0.4%

主发酵过程要特别注意温度、麦汁浓度及发酵时间的控制。麦汁经主发酵后的发酵液叫嫩啤酒，此时酒的二氧化碳含量不足，双乙酰，乙醛，硫化氢等挥发性物质没有减低到合理的程度，酒液的口感不成熟，不适合饮用。大量的悬浮酵母和凝结析出的物质尚未沉淀下来，酒液不够澄清，一般还需几周的后发酵和贮酒期。

②后发酵：后发酵，又称贮酒，其目的是完成残糖的最后发酵，饱和二氧化碳，促进啤酒澄清和风味成熟。将嫩啤酒输送到贮酒罐称下酒。

后发酵多控制先高后低的贮酒温度。前期控制在 3~5℃，而后逐步降温至 -1℃。有些新工艺，前期温度控制范围很大（3~13℃），以保持一定的高温尽快

图 11-12　啤酒厂前发酵池（高泡期）

还原双乙酰，促进啤酒成熟。

（5）大罐发酵　随着啤酒工业的发展，现在啤酒厂普遍采用一罐发酵工艺，即麦汁的主发酵，双乙酰还原、降温排酵母以及低温贮酒阶段在同一个露天发酵罐中进行。大罐啤酒低温主发酵-高温后熟工艺流程：

空罐预冷 → 进麦汁满罐 → 主发酵 → 升温 → 封罐升压 → 双乙酰还原 → 降温 → 贮酒

低温主发酵-高温后熟工艺曲线如图 11-13 所示。

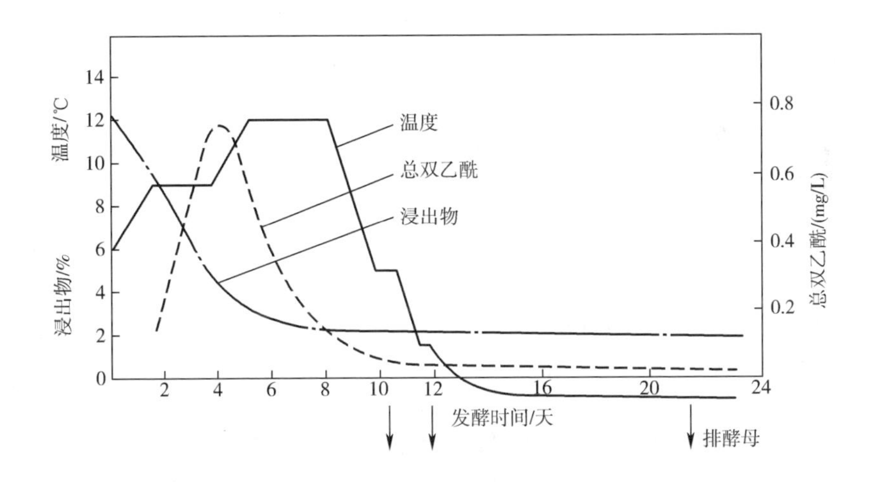

图 11-13　低温主发酵-高温后熟工艺曲线

麦汁接种温度为 6~7℃，约 3d 左右温度就升至 8~9℃，并维持在发酵顶温 9℃进行啤酒发酵，当发酵度达到 50%左右后立即关闭冷却装置，使品温升到 12~13℃完成双乙酰的后熟。当发酵液中双乙酰含量达到工艺要求 0.05~0.08mg/L 时，再次开启冷却装置使品温降至-1℃，然后贮酒 8d 左右。

4. 啤酒澄清

发酵后的啤酒，口味已成熟，二氧化碳已饱和，但其内还仍然存在一定量的固体小颗粒，必须将其过滤掉，方可包装出售。过滤的方法：滤棉过滤、硅藻土过滤、板式过滤机、离心分离。柱式硅藻土过滤机如图 11-14 所示。

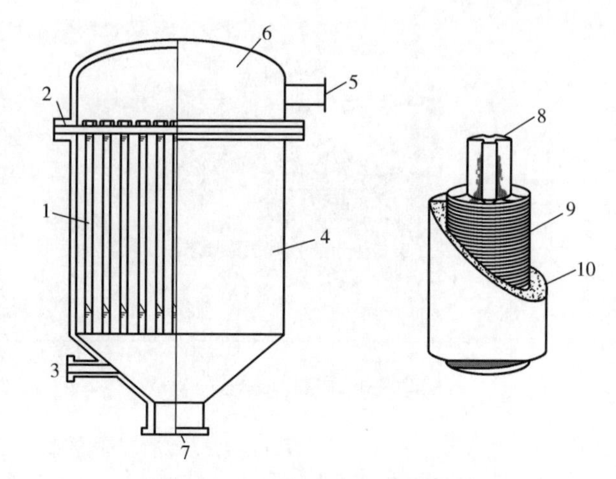

图 11-14 柱式硅藻土过滤机

1—过滤棒 2—隔板 3—啤酒入口 4—机壳 5—清酒入口 6—清酒室 7—排污口 8—过滤棒 9—环形结构 10—硅藻土层

5. 啤酒生产质量控制

（1）成品啤酒的感官和理化要求 我国成品啤酒的感官和理化要求分别如表 11-5、表 11-6、表 11-7、表 11-8 所示。

表 11-5 淡色啤酒的感观要求（GB/T 4927—2008）

项目		优级	一级
外观①	透明度	清亮透明，允许有肉眼可见的微细悬浮物和沉淀物（非外来异物）	
	浊度/EBC≤	0.9	1.2
泡沫形态		泡沫洁白细腻，持久挂杯	泡沫较洁白细腻，较持久挂杯
泡持性②/s ≥	瓶装	180	130
	听装	150	110
香气和口味		有明显的酒花香气，口味纯正、爽口，酒体协调，柔和，无异香、异味	有较明显的酒花香气，口味纯正，爽口，酒体协调，无异香、异味

注：①对非瓶装的“鲜啤酒”无要求。
②对桶装（鲜、生、熟）啤酒无要求。

表 11-6 浓色啤酒、黑色啤酒的感观要求（GB/T 4927—2008）

项目		优级	一级
外观①	透明度	酒体有光泽，允许有肉眼可见的微细悬浮物和沉淀物（非外来异物）	
	浊度/EBC≤	0.9	1.2
泡沫形态		泡沫细腻挂杯	泡沫较细腻挂杯
泡持性②/s ≥	瓶装	180	130
	听装	150	110

续表

项目	优级	一级
香气和口味	有明显的麦芽香气，口味纯正、爽口、酒体醇厚、杀口、柔和、无异味	有较明显的麦芽香气，口味纯正、较爽口、杀口、无异味

注：①对非瓶装的“鲜啤酒”无要求。
②对桶装（鲜、生、熟）啤酒无要求。

表 11-7　淡色啤酒理化要求（GB/T 4927—2008）

项目		优级	一级
酒精①/%（体积分数）≥	≥14.1°P	5.2	
	12.1~14.0°P	4.5	
	11.1~12.0°P	4.1	
	10.1~11.0°P	3.7	
	8.1~10.0°P	3.3	
	≤8.0°P	2.5	
原麦汁浓度/°P		≥10.0°P 允许的负偏差为“-0.3”；≤10.0°P 允许的负偏差为“-0.2”	
总酸/（mL/100mL）≤		3.0	
		2.6	
		2.2	
二氧化碳②/%（质量分数）		0.35~0.65	
双乙酰/（mg/L）≤		0.10	0.15
蔗糖转化酶活性③		呈阳性	

注：①不包括低醇啤酒、无醇啤酒。
②桶装（鲜、生、熟）啤酒二氧化碳不得小于 0.25%（质量分数）。
③仅对“生啤酒”和“鲜啤酒”有要求。

表 11-8　浓色啤酒、黑色啤酒理化要求（GB/T 4927—2008）

项目		优级	一级
酒精①/%（体积分数）≥	≥14.1	5.2	
	12.1~14.0°P	4.5	
	11.1~12.0°P	4.1	
	10.1~11.0°P	3.7	
	8.1~10.0°P	3.3	
	≤8.0°P	2.5	

续表

项　目	优　级	一　级
原麦汁浓度/°P	≥10.0°P 允许的负偏差为“-0.3”； ≤10.0°P 允许的负偏差为“-0.2”	
总酸/（mL/100mL）≤	4.0	
二氧化碳②/%（质量分数）	0.35~0.65	
蔗糖转化酶活性③	呈阳性	

注：①不包括低醇啤酒、脱醇啤酒。

②桶装（鲜、生、熟）啤酒二氧化碳不得小于0.25%（质量分数）。

③仅对“生啤酒”和“鲜啤酒”有要求。

（2）保存期　12°P 瓶装新啤酒保存期在7d以上，熟啤酒在60d以上。

二、酒精生产

酒精（乙醇）是用途最广和用量最大的有机溶剂之一。酒精按产品质量或性质，分为高纯度酒精（酒精浓度不得低于99.5%）、无水酒精、精馏酒精、工业酒精（只要求酒精浓度达到95.0%）和医药酒精。

酒精按生产方法可分为发酵法酒精和合成法酒精两大类，目前，我国90%以上的酒精是用发酵法生产。由于发酵原料来源广泛，所以发酵法酒精被视为可长期持续供应的清洁能源，而广受重视。

（一）酒精发酵原料

1. 淀粉质原料

淀粉质原料是发酵生产酒精的主要原料，利用淀粉质原料发酵生产酒精是我国当前生产酒精的主要方法，它是利用薯类、谷物及野生植物等含淀粉的原料，在微生物的作用下将淀粉水解为葡萄糖，再进一步发酵生成酒精。

薯类原料包括甘薯、木薯和马铃薯等。甘薯干及鲜甘薯是一种良好的酒精生产原料，为我国大多数工厂所采用，是我国生产酒精的主要薯类原料。谷物原料（粮食原料）也是很好的酒精生产原料，包括玉米、小麦、高粱、大米等。

2. 糖质原料

常用的糖质原料有糖蜜、甘蔗、甜菜和甜高粱等。

糖蜜含糖量较高，一级甘蔗糖蜜含糖分50%以上，甜菜糖蜜含糖量50%左右，所含主要成分为蔗糖。甘蔗是一种良好的制糖原料，20世纪70年代起，国外开始直接利用甘蔗生产酒精，即利用甘蔗压榨或萃取后的蔗汁进行酒精发酵。甜菜所含主要糖分是蔗糖，此外还含少量其他碳水合物和果胶质。甜高粱是一种高秆作物，其秆中含糖分10%~12%，所结的高粱米富含淀粉，均可用于发酵酒精，是具有潜在发展前途的糖质原料。

3. 纤维质原料

近年来，纤维素和半纤维素生产酒精的研究有了突破性的进展，纤维素和半纤维已成为很有潜力的酒精生产原料。可用于酒精生产的纤维质原料包括农作物纤维质下脚料（稻草、麦草、玉米秆、玉米芯、花生壳、稻壳、棉籽壳等）、森林和木材加工工业的下脚料（树枝、木屑等）、工厂纤维素和半纤维素下脚料（甘蔗渣、废甜菜丝、废纸浆等）及城市废纤维垃圾等四类。

4. 其他原料

主要指亚硫酸盐纸浆废液、甘薯和马铃薯淀粉渣、各种野生植物和乳清等。例如，造纸原料经亚硫酸盐液蒸煮后，废液中含有六碳糖，这部分糖在酵母作用下可以发酵生成酒精，主要是工业酒精。

（二）与酒精发酵有关的微生物

1. 糖化菌

用淀粉质原料生产酒精时，在进行乙醇发酵之前，一定要先将淀粉全部或部分转化成葡萄糖等可发酵性糖，这种淀粉转化为可发酵性糖的过程称为糖化，所用催化剂称为糖化剂。糖化剂可以是由微生物制成的糖化曲（包括固体曲和液体曲），也可以是商品酶制剂。无机酸也可以起糖化剂作用，但酒精生产中一般不采用酸糖化。

能产生淀粉酶类并用于水解淀粉的微生物种类很多，但它们不是都能作为糖化菌用于生产糖化曲，实际生产中主要用的是曲霉和根霉。

酒精生产中，曾用过的曲霉包括黑曲霉、白曲霉、黄曲霉、米曲霉等。酒精和白酒生产中，不断更新菌种，是改进生产、提高淀粉利用率的有效途径之一。我国的糖化菌种经历了从米曲霉到黄曲霉，进而发展到用黑曲霉的过程。

20 世纪 70 年代，我国选育出黑曲霉新菌株 As. 3. 4309（UV-11）。目前，该菌株性能优良，我国很多酒精厂和酶制剂厂都以该菌种生产麸曲、液体曲以及糖化酶等，新的糖化菌株也都是 As. 3. 4309 的变异菌株。

根霉和毛霉也是常用的糖化菌。常用的根霉和毛霉有东京根霉（又叫河内根霉）、爪哇根霉和鲁氏毛霉等。

2. 酒精酵母

许多微生物都能利用已糖进行酒精发酵，但在实际生产中用于酒精发酵的几乎全是酒精酵母（俗称酒母），利用淀粉质原料生产酒精的酵母在分类上叫啤酒酵母。该种酵母菌繁殖速度快，发酵能力强，并具有较强的耐酒精能力。常用的酵母菌株有南阳酵母、拉斯 2 号酵母、K 字酵母、M 酵母、卡尔斯伯酵母等。利用糖质原料的酒母除啤酒酵母外，还有粟酒裂殖酵母和克鲁维酵母等。

想一想 **酵母菌内的酶有哪些？**

酵母菌中可分离出二三十种酶，能直接参与酒精发酵的只有十多种。酒精酵母不含α-淀粉酶及β-淀粉酶等淀粉酶，因此，酿酒酵母是不能直接利用淀粉进行酒精发酵。在利用淀粉质原料生产酒精时，必须把淀粉转化成可发酵性糖，才能被酵母利用来进行酒精发酵。酒精酵母也不含乳糖酶，所以也不能利用乳糖进行发酵。

酵母菌内含与酒精发酵关系密切的酶主要有两类，一类为水解酶，另一类为酒化酶。水解酶类主要包括蔗糖酶、麦芽糖酶、肝糖酶等。酒化酶是指参与酒精发酵的各种酶及辅酶的总称，它主要包括已糖磷酸化酶、氧化还原酶、烯醇化酶、脱羧酶及磷酸酶等。在这些酶的作用下，把糖变成酒精。这类酶为胞内酶，只存在于酵母细胞内，而不被酵母分泌到细胞外，所以，酒精发酵要求有强壮的酵母活细胞参与活动。

（三）糖化方法

目前我国酒精生成中糖化主要采用间歇糖化工艺和连续糖化工艺。

1. 间歇糖化工艺

间歇糖化在糖化锅内完成，糖化锅的结构如图11-15所示。先将糖化锅洗净，并加入适量的冷水，然后放入蒸煮醪，边搅拌，边开冷水进行冷却。待醪液冷却到61~62℃时，加入糖化剂，搅拌均匀后，调整糖化醪液的pH在4.0~4.6，静止糖化30min，再冷却至30℃后供发酵用。

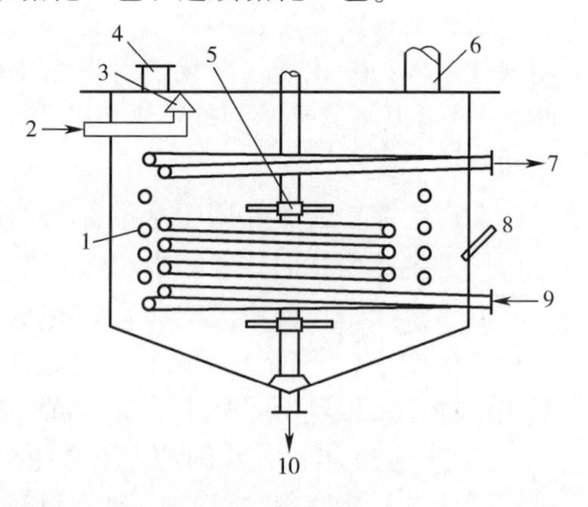

图11-15 糖化锅结构图

1—冷却管 2—蒸煮醪 3—吹醪管 4—人孔 5—搅拌器 6—排气筒 7—冷水入口 8—温度计 9—冷水进口 10—糖化醪

2. 连续糖化工艺

连续糖化法是连续将蒸煮醪冷却到糖化温度送至糖化锅内进行糖化，然后又连续泵送糖化醪经冷却至发酵温度后送入发酵罐。连续糖化工艺目前采用的有两种形式，主要差异是糖化前的冷却设备不同，一种是采用将蒸煮醪直接在糖化锅内冷却，另一种是采用真空冷却。

（1）混合冷却连续糖化法　利用原有的糖化罐，先把罐中约2/3的糖化醪冷却至60℃左右，然后加入温度为85~100℃的蒸煮醪，并通过糖化锅内冷却装置进行冷却。同时加入糖化剂并开动搅拌，使其混合均匀，按规定的工艺条件进行连续糖化。该工艺所用设备简单，工艺操作不复杂，但有时冷却时间长，糖化温度不好控制。

（2）真空冷却连续糖化法　该法是蒸煮醪在进入糖化锅前，将蒸煮醪在真空冷却器中瞬时冷却至规定的糖化温度（58～60℃），然后加入糖化剂，在糖化锅中进行糖化，糖化时间约 30min。糖化完成后，经喷淋冷却器将糖化醪冷却至发酵温度（28～30℃），然后送往至发酵车间。真空冷却连续糖化法如图 11-16 所示。

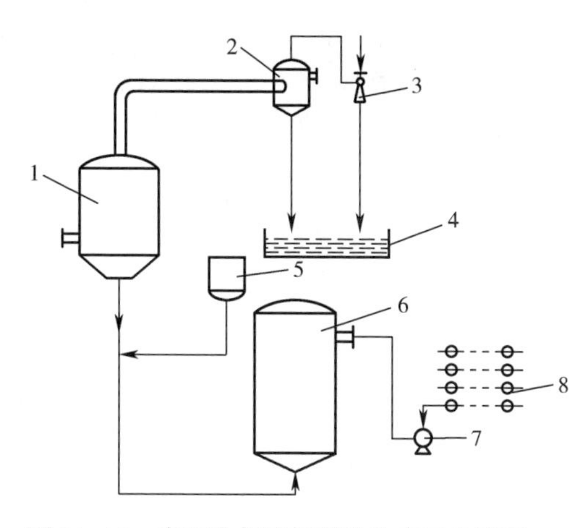

图 11-16　真空冷却连续糖化生产工艺流程
1—真空冷却器　2—混合冷却器　3—蒸汽喷射器
4—液封水箱　5—糖化曲贮罐　6—糖化罐
7—糖化醪泵　8—喷淋冷却器

（四）发酵工艺

根据发酵醪注入发酵罐的方式不同，可以将酒精发酵的方式分为间歇式、半连续式和连续式三种。

1. 间歇发酵法

间歇式发酵法就是指全部发酵过程始终在一个发酵罐中进行。由于发酵罐容量和工艺操作不同，在间歇发酵工艺中，又可分为如下几种方法。

（1）一次加满法　将糖化醪冷却到 27～30℃后，接入糖化醪量 10%的酒母，混合均匀后，经 60～72h 发酵，即成熟。此法适用于糖化锅与发酵罐容积相等的小型酒精厂。其优点是操作简便，易于管理，缺点是酒母用量大。

（2）分次添加法　适用于糖化锅容量小，而发酵罐容量大的工厂。生产时，先打入发酵罐容积 1/3 左右的糖化醪，接入 10%酒母进行发酵，再隔 2～3h 后，加第二次糖化醪，再隔2～3h，加第三次糖化醪。如此，直至加到发酵罐容积的 90%为止。从第一次加糖化醪直至加满发酵罐，其总时间不应超过 10h。

此外，还有分割主发酵醪法，此种发酵方式省去了酒母的制备，其无菌要求较高。

2. 半连续发酵法

半连续发酵是指在主发酵阶段采用连续发酵，而后发酵则采用间歇发酵的方式。常用的方法：将一组多个发酵罐连接起来，使前 3 个罐保持连续发酵状态。开始时，在第 1 只罐接入酒母后，使该罐始终处于主发酵状态，连续流加糖化醪。待第 1 罐加满后，溢流入第 2 罐，此时可分别向第 1、第 2 两罐流加糖化醪，并保持两罐始终处于主发酵状态。待第 2 罐流加满后，醪液自然流入第 3 罐。第 3 罐流加满后，流入第 4 罐。第 4 罐加满后，则由第 3 罐改流至第 5、第 6 罐，依次类推。从第 4 罐后便进入间歇发酵，第 4、5 罐发酵结束后，送去蒸馏。半连续发酵法的操作方式如图 11-17 所示。

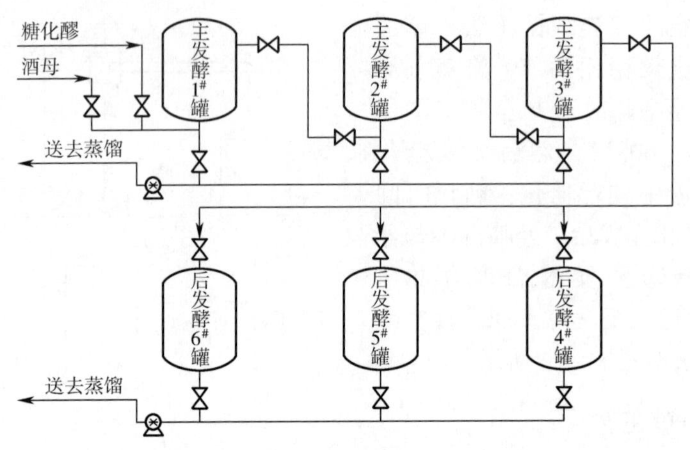

图 11-17　半连续发酵法的操作方式

3. 多级连续发酵法

如图 11-18 所示，多级连续发酵法是用 8~10 个发酵罐串联在一起，组成一组发酵系统。各罐连接是由前一罐上部经连通管流至下一罐底部。投产时，先将酒母接入第 1 罐，然后在保持主发酵状态下流加糖化醪，满罐后，流入第 2 罐。在保持两罐均处于主发酵状态下，与第 1 罐同时流加糖化醪。待第 2 罐流加满后，又流入第 3 发酵罐，又在保持 3 个罐均处于主发酵状态下，向 3 个罐同时流加糖化醪。待第 3 罐流加满后，自然流入第 4 罐，直至流到末罐。

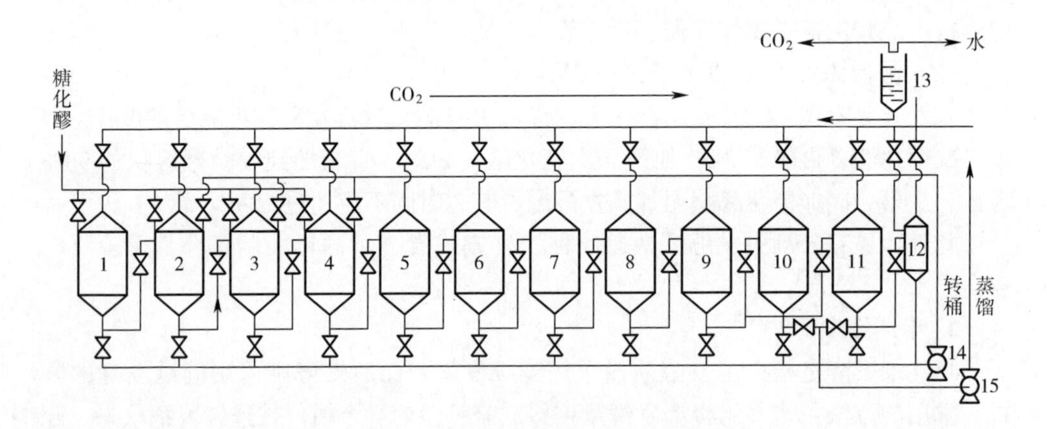

图 11-18　多级连续流动发酵法生产流程

1—酵母繁殖罐　2~9—发酵罐　10，11—计量罐　12—泡沫捕捉器　13—二氧化碳洗涤塔

14—转筒泵　15—成熟醪泵

这样，只在前 3 只发酵罐中流加糖化醪，并使处于主发酵状态，从而保证了酵

母菌生长繁殖的绝对优势，抑制了杂菌的生长。从第 4 只发酵罐起，不再流加糖化醪，使之处于后发酵阶段。当醪液流至末罐时，发酵醪即成熟，即可送去蒸馏。发酵过程从前到后，各罐之间的醪液浓度、酒精含量等，均保持相对稳定的浓度梯度。从前面 3 只发酵罐连续流加糖化醪，到最后 1 罐连续流出成熟发酵醪，整个过程处于连续状态。

（五）淀粉质原料发酵生产酒精

淀粉质原料生产酒精分为原料预处理、原料蒸煮、糖化剂制备、糖化、酒母制备、乙醇发酵和蒸馏等工艺，工艺流程如图 11-19 所示。

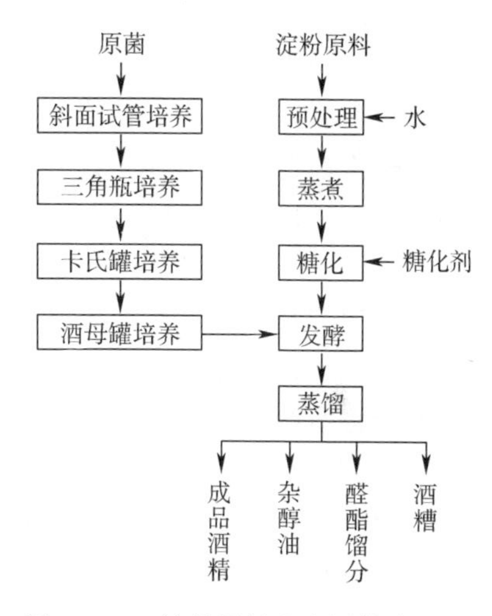

图 11-19　淀粉原料生产酒精流程

1. 原料预处理

原料首先要通过振荡筛、吸铁器等将其中的混杂的小铁钉、泥块、杂草、石块等杂质除去。原料除杂后要进行粉碎，目前国内大多采用干粉碎法，设备大多采用锤式粉碎机。

2. 蒸料

淀粉质原料吸水后在高温、高压下蒸煮，可以破坏植物组织和细胞，使淀粉彻底糊化、液化，使蒸煮物料成为均一的糊化醪，为进一步淀粉转化为糖创造良好的条件；其次蒸料还有灭菌的作用。

概念解析　糊化和液化

糊化：淀粉受热吸水膨胀，从细胞壁中释放，破坏晶状结构并形成凝胶的过程。

液化：淀粉在热水中糊化形成高黏度凝胶，如继续加热或受到淀粉酶的水解，使淀粉长链断裂成短链状，黏度迅速降低的过程。

（1）蒸煮过程中甲醇的产生果胶物质是细胞壁组成的一部分，也是细胞间层的填充剂，其化学成分是由许多链状化合物的半乳糖醛酸或半乳糖醛酸甲脂所组成。里面含有许多甲氧基，在蒸煮时，甲氧基从果胶物质中分离出来，生成甲醇。反应式：

$$(RCOOCH_3)_n + nH_2O \rightarrow (RCOOH)_n + nCH_3OH$$

果胶质　　　　　　　果胶酸　　甲醇

果胶物质的含量，随原料品种不同而异，薯类原料所含果胶物质比谷类原料多，因此，生成甲醇量也较多。甲醇的存在，对发酵不利，同时对酒精的质量也有影响。因此，在生产中应尽量控制甲醇的产生。

（2）蒸煮工艺　间歇蒸煮工艺流程：

加水入蒸煮锅→投料→升温→蒸煮→吹醪

加水按粉状原料1∶4.0；甘薯原料1∶（3.2~3.4）；谷物原料1∶（2.8~3.0）。投料后升温时间一般采用40min左右。

目前我国各酒精厂广泛采用连续蒸煮工艺，方法有多种，常用有罐式（锅式）连续蒸煮、管道式连续蒸煮、塔式（柱式）连续蒸煮三种方法。

3. 糖化

糖化通过添加酶制剂或糖化曲来完成。糖化曲中含有的并起作用的淀粉酶类包括α-淀粉酶、β-淀粉酶、葡萄糖淀粉酶和异淀粉酶（脱支酶）。淀粉在这几类酶的共同作用下被彻底水解成葡萄糖和麦芽糖，麦芽糖可在麦芽糖酶的作用下进一步生成葡萄糖。

另外，在糖化曲中除含有淀粉酶类外，还含有一些蛋白酶等，后者在糖化过程中能将蛋白质水解成胨、多肽和氨基酸等。

4. 酒母制备

（1）酒母制备过程　酒母扩大培养过程，分为实验室扩大培养和酒母罐扩大培养两阶段，具体流程如图11-20所示。整个酒母扩大培养过程控制的温度均为28~30℃。

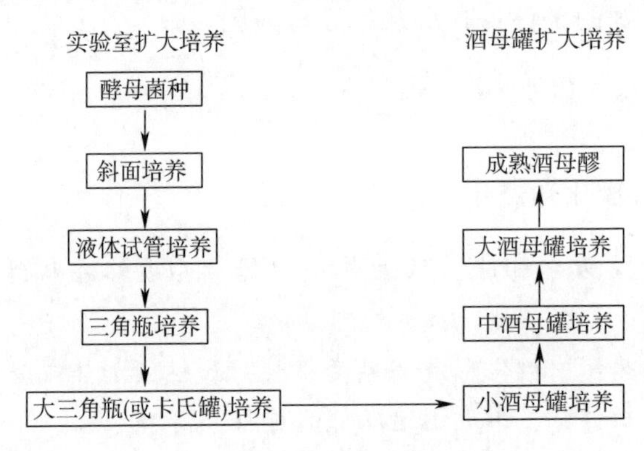

图11-20　酒母扩大培养流程

（2）酒母培养设备　主要为酒母培养罐，铁制圆桶，因其通风要求不高，所以罐体直径与高之比近1∶1。酒母培养罐结构如图11-21所示。罐体密闭，底部呈碟形或锥形，罐内设有冷却蛇管，罐底设搅拌器，转速为80~100r/min，有的罐底部还设有无菌空气吹管，另外，罐体底部还设有排醪口，侧面还装有冷水与蒸汽进出口管。

（3）成熟酒母质量指标　根据生产实践，好的酒母除了要求其细胞形态整齐、

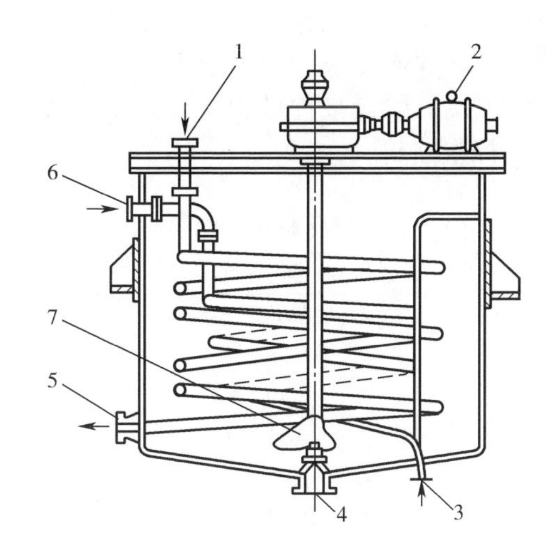

图 11-21　酒母培养罐

1—冷却水进口　2—电动机　3—蒸汽冷凝液出口

4—排醪口　5—冷却水出口　6—蒸汽进口　7—搅拌器

健壮、没有杂菌、芽孢多、降糖快外，还要通过表 11-9 的几项指标来进行检查。

此外，成熟酒母醪中的酒精含量一方面反映酵母耗糖情况，也反映酵母成熟程度。如果酒母醪中酒精含量高，说明营养消耗大，酵母培养过于成熟，此时，应停止酒母培养，否则会因营养缺乏或酒精含量高抑制酵母生长，造成酵母衰老。成熟酒母醪中的酒精含量一般为 3%~4%（体积分数）。

表 11-9　成熟酒母的指标

检查项目	小酒母	大酒母
酵母细胞数/（亿/mL）	1	1
出芽率/%	20~25	15~20
死亡率/%	1 以下	1 以下
耗糖率/%	40~45	45~50
酸度	不增高	不增高

5. 酒精发酵

糖化醪送入发酵罐，接入酒母后，即开始酒精发酵。

前发酵期一般为前 10h 左右，一般控制发酵温度为 28~30℃。主发酵期为前发酵期之后的 12h 左右，此期间发酵醪温度上升也快，生产上应加强温度控制，最好控制在 30~34℃。经主发酵期，醪液的糖分大部分已被耗掉，发酵进入后发酵期。在后发酵期阶段，发酵作用弱，产生热量也少，应控制发酵温度在 30~32℃。后发酵一般需要约 40h 才能完成，总发酵时间一般控制 60~72h。一般工艺工厂糖化醪浓度为 16~18°Bx，发酵成熟醪的酒精含量为 6%~10%（体积分数）。

酒精发酵醪成熟指标的控制是生产中一项重要工作。发酵醪的成熟虽与发酵时间、醪液浓度、发酵温度、酵母接种量和发酵方式等因素有关，但最终主要由表 11-10 所列的几项指标来控制。

表 11-10　　发酵成熟醪质量指标

项　目	间歇发酵	连续发酵
镜检	酵母形态正常，杂菌很少	酵母形态正常，杂菌稀少
外观浓度/°Bx	0.5 以下	0 以下
总糖含量/%	1 以下	0.6 以下
还原糖含量/%	0.3 以下	0.2 以下
酒精含量/%（体积分数）	8~10	9~10
总酸/（g/dL）	增酸 1 以下	增酸 0.5 以下
挥发/（g/dL）	0.3 以下	0.2 以下

6. 酒精蒸馏与精馏

酒精蒸馏包括两个过程：将酒精和所有容易挥发的物质从发酵液中分离出来的过程，称为粗馏。发酵成熟醪经过蒸馏后所得到的粗酒精，杂质较多。除去粗酒精中的杂质，进一步提高酒精浓度，使之成为各种规格成品酒精的过程，称为精馏。

蒸馏所用设备为蒸馏塔，又称为粗馏塔，精馏所用设备为精馏塔。粗馏塔的作用是将乙醇从成熟醪中分离出来，并排除酒糟。精馏塔的作用是浓缩乙醇和排除大部分杂质。

（1）发酵成熟醪的组成　发酵成熟醪的成分有不挥发性成分和挥发性成分两大类。

不挥发性成分包括甘油、琥珀酸、乳酸、脂肪酸、无机盐、酵母菌体、不发酵及未发酵完全的糖、皮壳、纤维等。挥发性杂质一般分成醇类、醛类、酸类和酯类等四大类，如表 11-11 所示，这些杂质随酒精蒸馏进入粗酒精中，需要精馏除去，在精馏中，沸点比酒精低的杂质先被蒸馏出，称为中间杂质，包括乙醛、乙酸乙酯和甲酸甲酯等，有些杂质沸点高的杂质出现在蒸馏酒尾中，呈油状浮在液面，称为尾级杂质，又称杂醇油。

表 11-11　　粗酒精的主要杂质及来源

杂质来源	名称
原料蒸煮	甲醇、烯萜
酵母生命活动	杂醇油、乙醛、甘油、有机酸
粗酒精组分间相互作用	酯类
醇类遇空气氧化	醛类
蒸馏时成熟醪过热及分解	硫化氢、糠醛

(2) 酒精蒸馏与精馏工艺　酒精蒸馏一般有两塔、三塔等多种蒸馏工艺。

两塔工艺过程分别在粗馏塔和精馏塔内进行。其中气相进塔（即粗馏塔顶上升的酒精蒸气直接进入精馏塔）方式为淀粉原料酒精工厂所采用。

三塔式连续蒸馏流程中，在粗馏塔和精馏塔之间增加一个排醛塔（分馏塔），其作用是排除醛酯类头级杂质。目前，半直接三塔式连续蒸馏在国内酒精工业得到广泛应用，如图 11-22 所示。

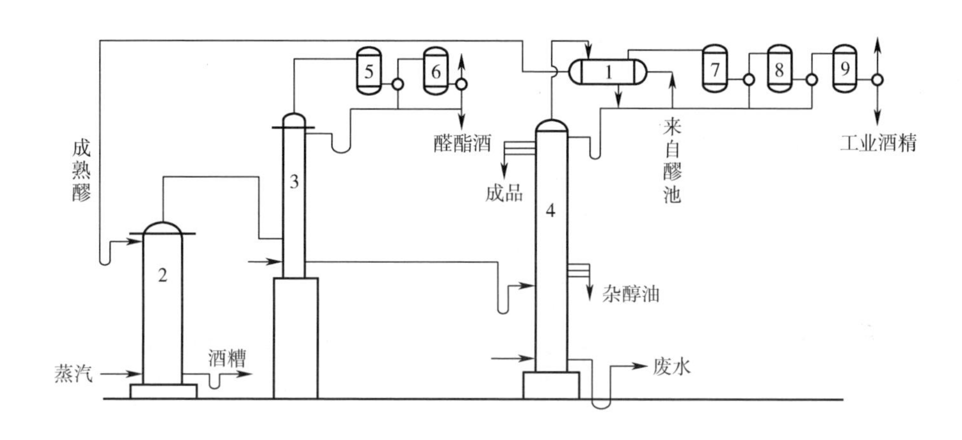

图 11-22　半直接式三塔蒸馏流程图

1—醪液预热器　2—粗镏塔　3—醛塔　4—精馏塔　5~9—冷凝器

当成熟醪自醪池经往复泵送入预热器后，进入粗馏塔，塔顶上升的酒精蒸气直接进入排醛塔，从排醛塔塔顶经冷凝后，绝大部分酒精冷凝液回流塔内，少量蒸汽和杂质冷凝后作为醛酯酒（工业酒精）排出，醛酯酒的酒精含量为 95.5%~96%。排醛塔塔顶回流的酒精在向下流动的过程中，一方面由于塔内酒精浓度很高，阻止了精馏系数较小的杂醇油继续上升，另一方面又使其与脱醛液一同下流至塔底，由于排醛塔是气体直接加热，所以提馏段的酒精浓度较粗馏塔导出的粗酒精浓度略低，一般在 30%~35%之间。

脱出部分杂质的稀酒精液从塔底进入精馏塔，再经精馏塔浓缩并抽提杂醇油和排除杂质。因此，成品酒精质量较高，能达到精馏酒精标准。

(六) 糖质原料发酵生产酒精

糖质原料生产酒精不必进行糖化及之前的工艺操作，工艺过程较为简单。糖蜜酒精生产工艺过程包括前处理、酒母制备、发酵和蒸馏四个工序，具体工艺如图 11-23 所示。

前处理主要是将糖蜜稀释至糖浓度为 12%~18%（依不同的发酵工艺而异）。糖蜜中常缺乏酵母必需的营养物质，需要添加一些氮源、营养盐（如硫酸铵、硫酸镁、磷酸盐等）以及生长素（如酵母菌自溶物）等。一般来说，采用甘蔗糖蜜，要添加硫酸铵0.1%~0.12%、硫酸镁0.04%~0.05%及适量的酵母浸出液等；采用甜菜糖蜜，要添加过磷酸钙约1%，有时还要加少量的硫酸铵。在前处理中，还需要加酸酸化，将发酵稀糖液pH调至4.0~4.5，这样能起到防止发酵过程中杂菌繁殖等作用。所加酸一般为硫酸，也有用盐酸的。

糖蜜经前处理后，接入酒母，于30~35℃发酵，酒精发酵所用工艺主要是间歇法和连续法，成熟醪酒精度为6%~9%（体积分数）。

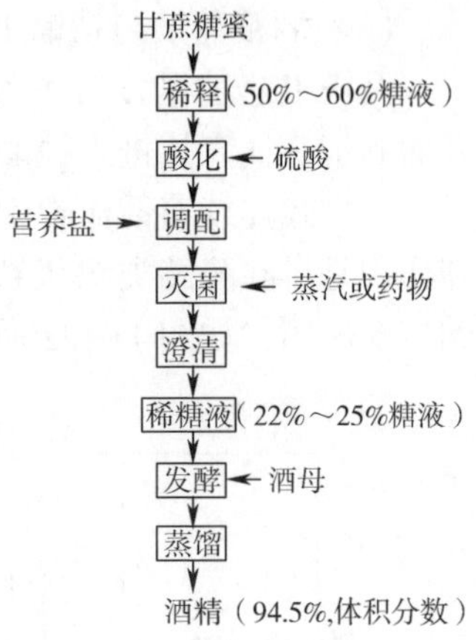

图11-23 以甘蔗糖蜜为原料的酒精生产工艺

三、柠檬酸生产工艺

（一）概述

发酵生产有机酸是重要的工业领域，我国是世界上最早利用和发酵生产有机酸的国家之一。目前，柠檬酸和乳酸系列产品已进入国际市场；苹果酸和衣康酸已大规模生产；葡萄糖酸的发酵生产已进入成熟阶段；聚乳酸（PLA）塑料的问世使L-乳酸的应用领域扩大到化工、环保等方面，前景喜人。在众多有机酸发酵产品中，柠檬酸的规模和发展速度最大，占酸味剂市场的70%左右。

目前柠檬酸的生产都是采用微生物发酵法，用于柠檬酸工业化生产的菌种广泛采用黑曲霉。但是，以石油、乙酸、乙醇等为原料时，只有酵母才能作为柠檬酸的生产菌株，如解脂假丝酵母、热带假丝酵母等。但是酵母利用石油原料生产柠檬酸时会产生相当数量的异柠檬酸。

高产柠檬酸的黑曲霉菌株主要的特征：①在以葡萄糖为唯一碳源的培养基上生长不太好，菌落较小，形成孢子的能力也较弱；②能耐受高浓度的葡萄糖，并产生大量酸性α-淀粉酶和糖化酶，即使在低pH下两种酶仍具有大部分活力；③能耐高浓度柠檬酸，但不能利用和分解柠檬酸；④能抗微量金属离子，特别是抗Mn^{2+}、Zn^{2+}、Cu^{2+}和Fe^{2+}等金属离子；⑤在摇瓶和深层液体培养时能产生大量细小的菌丝球；⑥具有旁系呼吸链活性，利用葡萄糖时不产生或少产生ATP。

柠檬酸的发酵机理：柠檬酸是TCA循环代谢过程的中间产物，在正常情况下，柠檬酸在细胞内不会积累，且柠檬酸是黑曲霉的良好碳源。柠檬酸积累是菌体代谢失调的结果，黑曲霉发酵过程中，在高浓度葡萄糖、低pH和充分供氧的条件下，由于Mn^{2+}的缺乏，NH_4^+的浓度升高，柠檬酸对磷酸果糖激酶（PFK）的反馈抑制作用被解除，促进了EMP途径；控制Fe^{2+}的浓度，顺乌头酸水合酶和异柠檬酸脱氢酶活性丧失或很低，TCA循环被阻断，因而，柠檬酸大量积累并排出菌体外。柠檬酸代谢途径如图11-24所示。深层通气发酵是柠檬酸发酵生产的主要方法。国内以淀粉质原料为培养基，发酵产酸一般为 11%～13%，最高达 15%，糖酸（一水柠檬酸）转化率 90%～104%，发酵周期为 50～70h。深层发酵法的一般生产工艺流程如图 11-25 所示。

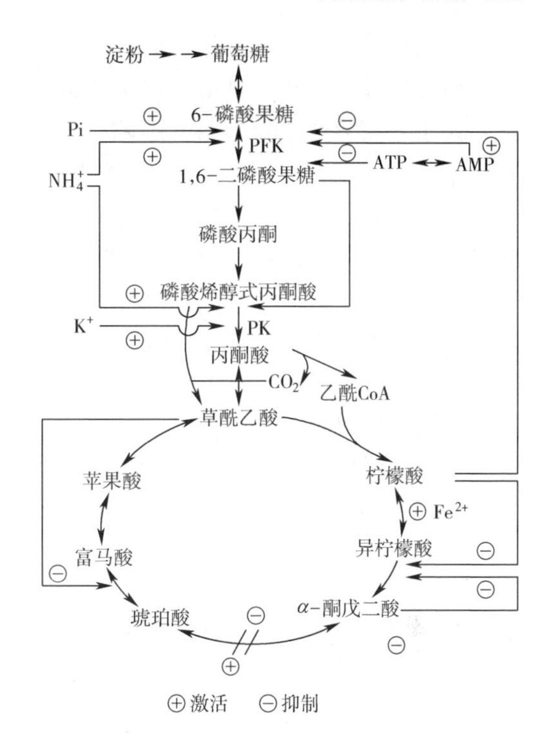

图 11-24 柠檬酸代谢途径

注：PFK-磷酸果糖激酶

黑曲霉是需氧菌，其生长繁殖和维持生命活动以及由葡萄糖转化为柠檬酸时都需要一定的氧气。在一定范围内培养基的溶氧分压几乎与产酸成正比，溶氧分压低，产酸明显受影响或甚至完全不产酸。在发酵 15～30h，菌体大量生长繁殖耗氧量最大，而产酸阶段耗氧虽略有减弱，但在这一时期只要几分钟的缺氧造成的影响是不可逆的，甚至发酵失败，因此，在整个发酵过程中不能停止通气和搅拌。采用加大空气流速及加快搅拌速率的方法，使培养液中溶氧达到 60%饱和度对产酸有利。

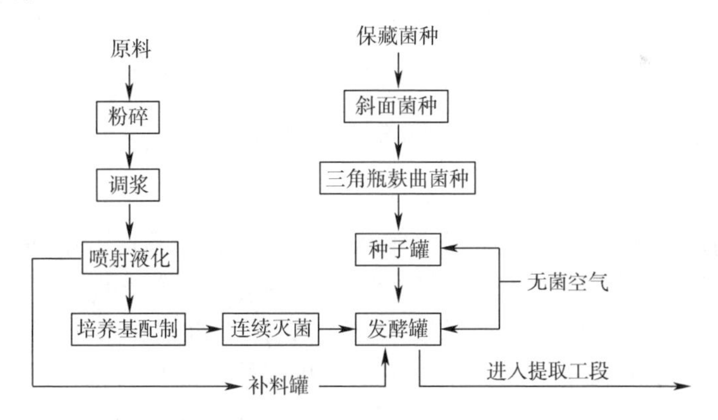

图 11-25 我国深层发酵柠檬酸基本工艺流程

柠檬酸的发酵过程还需要掌握一定的温度、pH 等条件。一般认为，黑曲霉适合在 28～30℃时产酸。温度过高会导致菌体大量繁殖，糖被大量消耗以致产酸降低，同时还生成较多的草酸和葡萄糖酸；温度过低则发酵时间延长。微生物生成柠檬酸要求低 pH，最适 pH 为 2～4，这不仅有利于生成柠檬酸，减少草酸等杂酸的形成，同时可避免杂菌的污染。

黑曲霉发酵生产柠檬酸时会形成大量的菌丝球，所谓菌丝球是指由许多真菌菌丝缠绕而成的小球，是由菌球中心向四周辐射的分支菌丝构成的。菌丝球的形态、大小和数量对产酸有明显影响，若发酵后期形成正常的菌丝球，有利于降低发酵液黏度并增加溶氧，产酸量就高，一般认为，发酵过程只有形成小而紧密、核心部分呈空心状的菌丝球产酸才良好。因为这种菌丝球增大了菌丝与培养基接触界面，利于对营养物质和溶氧的吸收，同时形成菌丝球改善培养基的流体性质，利于氧的传递。若出现异形菌丝体，如产生分支状菌丝体或菌丝球伸“脚”菌丝太多，菌体大量繁殖，则造成溶氧降低，产酸量迅速下降。

柠檬酸发酵液中，除主要产物外，还含有其他代谢产物和一些杂质，如草酸、葡萄糖酸、蛋白质、胶体物质等，应通过物理或化学方法将柠檬酸提取出来。大多数工厂仍采用碳酸钙中和及硫酸酸解的钙盐法提取柠檬酸，钙盐法提取工艺如图 11-26 所示。此外，还可用萃取法、电渗析法和离子交换法提取柠檬酸。

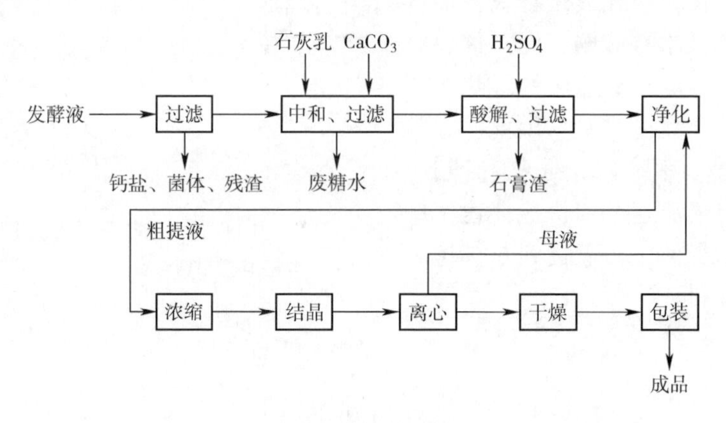

图 11-26　钙盐法提取柠檬酸工艺流程

钙盐法的基本过程：发酵液首先经过加热处理后，采用过滤或超滤除去菌体等不溶性残渣，然后在澄清过滤液中加入碳酸钙或石灰乳进行中和，使柠檬酸以柠檬酸钙形式沉淀下来，通过过滤（或离心）将它与可溶性的糖、蛋白、氨基酸、其他有机酸、无机离子等杂质分离开，中和工艺流程如图 11-27 和图 11-28 所示。柠檬酸钙用热水反复洗涤后再经硫酸酸解，生成柠檬酸和硫酸钙沉淀，硫酸钙沉淀被滤除，最后获得粗柠檬酸液（酸解液）。中和和酸解反应分别为：

中和：$2C_6H_8O_7 \cdot H_2O+3CaCO_3 \rightarrow Ca_3(C_6H_5O_7)_2 \cdot 4H_2O+3CO_2\uparrow+H_2O$；

酸解：$Ca_3(C_6H_5O_7)_2 \cdot 4H_2O+3H_2SO_4+4H_2O \rightarrow 2C_6H_8O_7 \cdot H_2O+3CaSO_4 \cdot 2H_2O$

粗柠檬酸液通过脱色和离子交换进一步净化，净化后的柠檬酸溶液再经浓缩、结晶、离心得到柠檬酸晶体，干燥和检验后包装出厂。

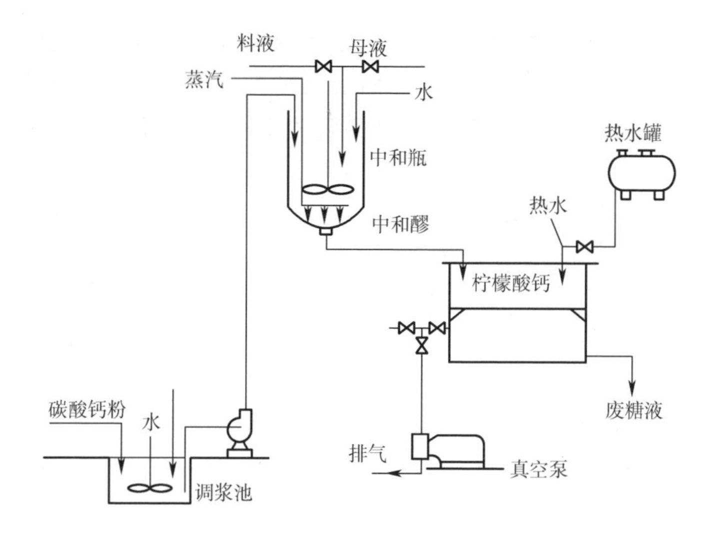

图 11-27　中和工艺流程

（二）柠檬酸生产工艺

柠檬酸发酵生产过程包括菌种制备、淀粉质原料液化、发酵以及提取几个阶段。现就某发酵企业的柠檬酸工业化生产工艺进行简要介绍。

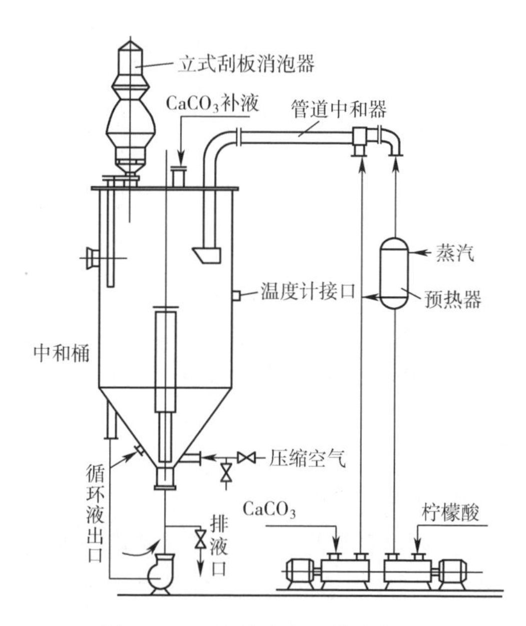

图 11-28　连续中和工艺流程

1. 菌种制备

（1）摇瓶培养基制备称取 250g 玉米粉，加水定容至 1000mL，加 α-淀粉酶 2g。于水浴锅中，60℃左右保温 1h，再升温至 100℃，用碘液检测无淀粉反应，即液化完全，留取 10% 液化液即 100mL，其余用滤布除渣，滤液定容至 1000mL，即得玉米粉液化液培养基。按 50mL/瓶的量装入 250mL 三角瓶内，灭菌备用。

（2）分离筛选　通过平板分离获得的黑曲霉单菌落接入摇瓶培养基中，摇瓶培养 48h，镜检、测酸，要求菌球大小一致，菌丝健壮、无杂菌、有小梗、酸度正常；96h 酸度正常。初筛较好的菌种经过复筛，挑选出产酸最高的一株保藏在小试管中备用。

（3）大试管培养　用 4°Bé 麦芽汁制备大试管固体斜面，然后接入经过复筛的小试管菌株孢子，培养室内培养。同一批号随机抽取 1/3，进行摇瓶培养，48h 下摇瓶产酸正常，镜检无杂菌，证明此批大试管合格，可用于制作麸曲。

（4）麸曲培养　取大片麸皮，用水将淀粉冲洗干净，甩去多余水分，麸皮含水量调至55%～65%左右，将55～60g麸皮装入1000mL三角瓶中，塞好棉塞，灭菌冷却。将菌种接入麸曲三角瓶中，至麸曲培养间进行麸曲培养。

为保证种子罐的种子培养质量，需对每一批麸曲菌种进行随机抽查，只有抽查合格的麸曲才可用于制作孢子悬浮液。方法：取培养成熟的麸曲，每8瓶为一组，在酒精火焰下每瓶麸曲用接种针蘸取少许放入同一个装有玉米粉培养基的三角瓶中，(34±1)℃条件下摇瓶培养24h，镜检观察，生长状况良好、无染菌污染、菌丝正常的麸曲方可用于生产。

（5）孢子悬液制备　在酒精火焰下，按一瓶无菌水稀释三瓶麸曲的标准，将无菌水倒入麸曲瓶内，摇匀。在接种钢瓶口周围放上酒精棉球，拧紧瓶盖只剩一丝，点燃棉球的同时，迅速拿去瓶盖。将孢子悬液倒入接种钢瓶中。接完后，用镊子夹去棉球，盖紧瓶盖贴上接种日期，菌种批号。

2. 淀粉质原料液化

（1）调浆　除杂后的玉米经粉碎后打入调浆罐，依进入调浆罐内玉米粉量调节加水量，粉浆浓度要大于液化配料定容浓度且符合相关工艺规定。调浆完毕，向罐内加入一定量的耐高温α-淀粉酶，用量一般为每吨玉米粉添加0.5～1.8kg耐高温α-淀粉酶。加水定容至规定体积，然后加$Ca(OH)_2$调节pH。

（2）液化　虽然柠檬酸生产菌黑曲霉能产生和分泌淀粉酶和糖化酶，但是为了缩短发酵时间，对于各种淀粉以及薯干、木薯、玉米粉粉碎后的原料都需预先进行液化，目前柠檬酸发酵生产均采用酶法进行液化。料液通过喷射液化器进满承压罐后进入层流罐，承压罐、层流罐受压≤0.2MPa。一次液化温度80～85℃，当料液进至最后一个层流罐时，打开维持罐进料阀，进行二次液化。二次液化温度90～95℃。

液化料液合格后，板框压滤机进料压滤。

3. 发酵

（1）种子罐接种　种子罐容积50m^3，种子罐中先打入玉米液化液（总糖约15%），另加营养盐适量，定容为种子罐总体积65%～70%。培养基用0.1MPa蒸汽灭菌30 min，当罐温降至38℃时（冬季39～40℃），准备接麸曲。保持罐内正压，用火焰保护法将钢瓶内的孢子液接入种子罐，要不停摇晃钢瓶直至液体接完，然后关闭小排气和接种阀，将进风阀打开1圈，罐压控制不低于0.05MPa，运转18h后进风阀全开，上罐结束。

（2）种子培养　种子罐接麸曲温度38℃（指标范围为36～40℃，根据实际环境温度进行调整），接种pH2.5（该控制指标为目标值，指标范围为≤3.5）。培养温度36℃（该控制指标为目标值，指标为33～36.5℃），罐压控制在0.05～0.1MPa，搅拌转速90～150r/min，通风比0.12～0.15/min。种龄30h（根据实际生长情况进行调整）。培养过程中采取镜检手段对种子罐生长情况进行监控。其例行镜检为菌种生长的6~14h内，每2h一次，18h后每6h一次，接种前取样。如遇特殊情况适当添加镜检次数。

（3）发酵罐接种　发酵罐容积300m^3，发酵罐中打进液化液底料，然后添加辅料，尿素、氢氧化钙等，发酵罐消罐结束后，当罐温降至60~65℃时，将一定量的糖化酶接入发酵罐，并在此温度下保温30min~1h。当罐温降至38~39℃时接种，首先关闭种子罐接种分配箱上的所有小排气，接着关闭种子罐底蒸汽阀和管道上所有小排气，给出接种信号，接种10min后停种子罐搅拌，接种完毕。

（4）发酵罐培养　发酵罐培养温度37℃。罐压控制在0.05~0.1MPa，搅拌转速90~150r/min，通风比0.12~0.15/min。培养过程中采取镜检手段对种子罐生长情况进行监控。其例行镜检为菌种生长的16h内每4h一次，16h后每8h一次，接种前取样。产酸停止，还原糖达到0，达到放罐条件。

4. 提取

（1）发酵液预处理　成熟的发酵液用蒸汽加热至100℃后再放罐。加热的作用是终止发酵，使蛋白质变性凝固，易于过滤，使菌丝受热破裂，彻底释放菌体内的柠檬酸。发酵液经压滤后，即为清液。若清液浊度>25NTU，清液菌丝体>10个/50mL，需增加二次过滤。剩余的固形物成为酸渣。用水将酸渣中残余柠檬酸分离出来而得到的低浓度柠檬酸溶液，称为稀酸。

（2）中和　将$CaCO_3$和$Ca(OH)_2$分别调浆，浓度均为60%（质量分数）。

向中和桶内注入一定量母液（来自后道结晶工序，即柠檬酸结晶体分离后残余的柠檬酸饱和溶液）和清液，并打入适量的稀酸，使混合液酸度达到110~120g/L要求，搅拌物料，混合均匀，加热至70℃。然后加入$CaCO_3$并逐步加大钙流量，时间不宜超过45min，以免时间偏长影响柠檬酸钙颗粒的形成，可适当加入少量消泡剂消沫。当pH达到4.4时停止加钙，通入少量蒸汽（通蒸汽3min），搅拌5~10min使中和反应充分，取样测定残酸在0.1%~0.2%之间即达到终点。

走进企业　母液、清液和稀酸

母液：指离心机把柠檬酸结晶体甩干后，甩出来的未结晶的柠檬酸浓缩液。用无离子水喷洗柠檬酸结晶体表面杂质后，被甩出来后，一并也叫母液。母液的柠檬酸浓度高，一般在700g/L以上。

清液：指经过过滤的柠檬酸发酵液，一般在120~150g/L左右。

稀酸：柠檬酸发酵液过滤后的固体就是柠檬酸酸渣（饼状物，俗称滤饼），酸渣里含有柠檬酸，用自来水顶进滤饼，将残存的柠檬酸洗出来，一次不行，再洗一次，最后用空气顶吹。直到滤饼中的柠檬酸含量在0.5%以下。此时，洗水中柠檬酸含量大概在5%~8%左右。因为浓度低于清液，所以俗称稀酸。

中和时加清液的同时，还加入了母液和稀酸，是为了提高收率，同时做到废物利用，而且浓度一大一小，调配后酸度正好，这是行业内的通用做法。

用 $Ca(OH)_2$ 调终点时，前期加 $CaCO_3$ 操作同前，当 pH 达到 4.1 时停止加 $CaCO_3$，通入少量蒸汽，控制时间 3min，使物料充分反应，然后加入 $Ca(OH)_2$，调 pH 至 4.6~5.0 即合格。物料沉降 30min 后，取样观察，确认柠檬酸钙完全沉降。真空抽滤并洗水，确保柠檬酸钙含水量 50%以下。

（3）酸解　经中和并洗净的柠檬酸钙不宜贮放过久，应迅速进行酸解。酸解采用质量分数为 98%的浓硫酸。酸解时，先把柠檬酸钙用水调成糊状，加热至 85℃，缓慢加入适量的硫酸（通过搅拌和物料的酸解反应，溶液中硫酸质量分数保持在 5%~8%）。理论上加入硫酸的质量为碳酸钙质量的 98%，因为中和时生成少量可溶性杂酸的钙盐，以及过滤洗涤时有少量柠檬酸钙的损失，实际硫酸加入量是碳酸钙用量的 92%~95%为宜。酸解做料温度始终控制在 70~95℃。

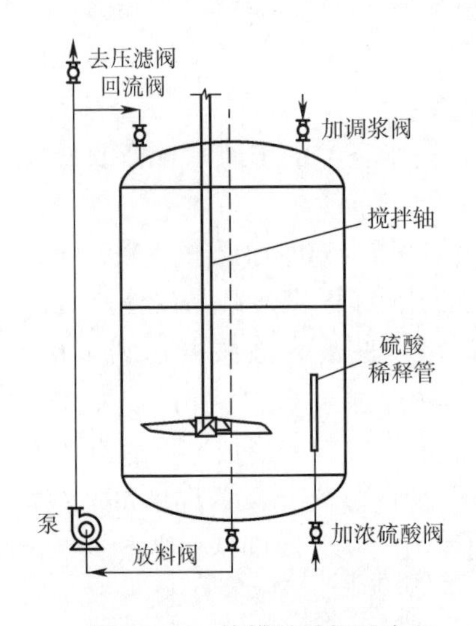

图 11-29　柠檬酸酸解反应釜

酸解过程在反应釜中进行，直至酸解反应釜内物料达到双清。值得注意的是操作人员要穿戴好劳动保护用品（防酸服、防护眼镜、面罩及手套），每个环节不得违章操作，应小心谨慎、集中精力。酸解反应釜如图 11-29 所示，酸解终点，煮沸 30~45min，然后板框压滤。

（4）脱色　酸解达终点后，可加入活性炭脱色，或用树脂脱色。活性炭用量一般为柠檬酸量的 1%~3%，35℃保温 30~35min，即可采用真空抽滤或离心分离；采用树脂脱色时，先滤去硫酸钙沉淀，再将清液通过树脂柱脱色。脱色液透光率≥95%。

（5）离子交换　在柠檬酸酸解液中，混有发酵和提取过程中带入的大量杂质。如 Ca^{2+}、Fe^{3+}、Cl^- 等离子，影响产品质量，多采用离子交换树脂去除这些金属离子和阴离子。及时检测稀酸浓度和透光率检测，直至交换液透光率≥95%，Fe^{3+}<5mg/kg，Cl^-<5mg/kg。

（6）浓缩与结晶　浓缩在一、二、三效蒸发器中进行。浓缩过程中，保证一效温度≤105℃，一效真空度-10~5kPa；二效温度 70~90℃，二效真空度-30~-75kPa；三效温度 55~80℃，三效真空度≥-85.5kPa。

浓缩料液在结晶锅内进行。打料前期、中期抽样测相对密度，接料（60℃）波美度应在 1.340~1.345。浓缩液温度需控制在 48~65℃，降温速度（前期）控制在（10±5）℃/h，起晶结束后，以下降 3℃/h 为标准。

经离心后得到的湿晶体（水分≤0.8%）进入烘干机烘干，然后进行包装，成品包装间温度控制在10~25℃，相对湿度≤87%。

四、 透明质酸生产工艺

（一）概述

透明质酸（Hyaluronic Acid，HA），又称玻尿酸，是由D-葡萄糖醛酸和N-乙酰氨基葡萄糖为双糖单位聚合而成的直链式酸性高分子黏多糖，结构式如图11-30所示。透明质酸溶于水、不溶于有机溶剂。从生物体提取的透明质酸呈白色，无异味、具有很强的吸湿性。透明质酸在氯化钠溶液中由于葡萄糖醛酸中的羧基基团解离，产生的H^+使得呈现为酸性多聚阴离子状态，赋予了透明质酸酸性黏多糖的性质。透明质酸具有高保湿性、黏弹性和生物相容性等许多优良性质，因而在生物医药、化妆品和保健食品等领域具有广泛应用。

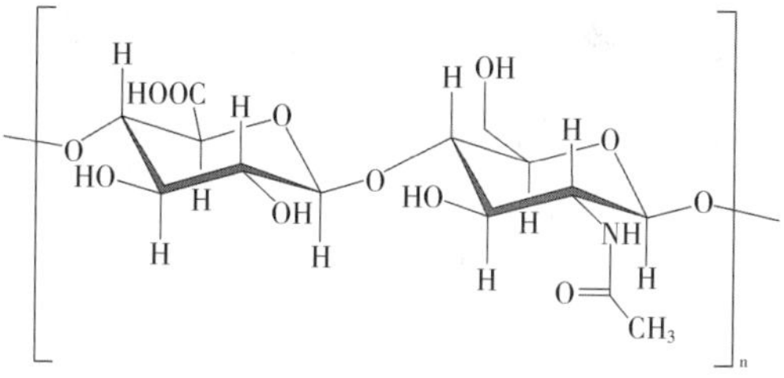

透明质酸具有广泛的用途，因而，大规模制备透明质酸是十分必要的。目前常用的制备技术有两种：一是利用天然原料即从动物组织中提取，主要原料是人的脐带、鸡冠或牛眼玻璃体等。用丙酮或乙醇等有机溶媒将原料脱脂、脱水、风干后，用蒸馏水浸泡、过滤，然后以氯化钠水溶液和氯仿溶液处理，之后加入胰蛋白酶保温后得到混合液，最后用离子交换剂进行处理、纯化得到精制的透明质酸。组织提取法工艺简单，获得的透明质酸分子量较大，黏度高，保湿性能好。但由于原料有限，且原料中的透明质酸含量低，同时又与硫酸软骨素等黏多糖共存于组织中，故此法产量低、质量差、成本高，难以大规模生产。二是生物发酵法，主要以葡萄糖作为碳源，发酵48h后，过滤除去菌体和杂质，然后用醇沉淀法得到高纯度的透明质酸。发酵法的关键在于菌种的选择，目前所用的菌种主要有兽疫链球菌、马疫链球菌和类马疫链球菌等。动物组织提取法和发酵法生产透明质酸的比较如表11-12所示。

图11-30　透明质酸结构式

表11-12　动物组织提取法和细菌发酵法生产透明质酸的比较

项目	提取法	发酵法
存在状态	在原料中与蛋白质和其他多糖形成复合体	在发酵液中游离存在
分离精制	复杂	容易

续表

项目	提取法	发酵法
相对分子质量	取决于动物组织原料，基本无法控制，一般小于 $10×10^5$	可通过发酵培养条件进行控制，一般为大于 $15×10^5$
质量	取决于动物组织原料的品质与数量，产率低	品质稳定，产率高
成本	高	低

因此，发酵法生产透明质酸具有产量不受动物原料资源的限制，成本低，分离纯化工艺简单，易于规模化生产等优点，是透明质酸生产的发展方向。目前，应从提高透明质酸产率，提高产品相对分子质量和分离纯化技术方面进行深入研究。

透明质酸发酵工艺中，大多数采用有氧发酵。有氧发酵有利于 UTP 生成，而 UTP 是生成透明质酸的两个活化前体物（UDP-葡萄糖醛酸和 UDP-*N*-乙酰氨基葡萄糖）所必需的。因此，从代谢调控的角度，有氧发酵有利于透明质酸的合成，且透明质酸产率高、相对分子质量大。在有氧发酵中，不同的溶氧量会对菌体增殖、透明质酸的合成以及副产物的形成产生很大影响。因而，在发酵过程中通常保持一个适当的溶氧量，且在不同的阶段采用不同的溶氧量，是提高发酵产率的有效手段之一。

发酵生产透明质酸所用的培养液中，氮源为蛋白胨、酪蛋白水解液、酵母粉、牛肉膏等。其中，酵母粉最为常用，除作为氮源外，还含有多种维生素和生长因子，有些是链球菌生长所必需的。碳源主要是各种单糖、蔗糖和淀粉水解物，最常用的是葡萄糖，要求药品级口服葡萄糖，其他还有 PO_4^{3-}、SO_4^{2-}、K^+、Na^+、Ca^{2+}、Mg^{2+}等无机盐。

兽疫链球菌（*Streptococcus zooepidemicus*）发酵法生产透明质酸的关键步骤是培养基和发酵条件的优化。该菌对培养基和培养条件要求非常严格，因为兽疫链球菌代谢途径会严格受到培养基的配方以及比例的影响，同时兽疫链球菌对氧气的供给比较苛刻，高搅拌速率能显著提高透明质酸的分子量，但过高的速率会破坏分子链反而降低透明质酸的分子量，因此发酵过程中搅拌桨的转速和通气量要受到严格控制，搅拌速度通常控制在 100~800r/min。发酵过程中，温度通常为 37℃，pH 控制在 6.0~8.5 范围内，过酸过碱的环境都会影响菌体生长，降低透明质酸的产率。

（二）透明质酸的发酵生产

下面按照 $1m^3$ 发酵罐为例介绍某企业的透明质酸的发酵工艺技术，该发酵工艺采用两级发酵，摇瓶菌种进罐方式，发酵罐接种量 10%，发酵过程中需要补液碱和糖。发酵周期 18~24h，发酵单位 5~5.5g/L，总收率≥75%。

1. 培养基的配制

分离平板、斜面的培养基相同，分离平板采用 *Φ*90 培养皿，斜面采用 750mL

茄瓶，培养基配比如表 11-13 所示。

表 11-13　分离平板和斜面培养基配比

序号	原料名称	配比/%
1	可溶性淀粉	1.5
2	酵母浸出粉	0.4
3	磷酸二氢钾	0.05
4	硫酸镁	0.05
5	琼脂粉	1.8

使用纯化水配制，灭菌前使用 10%的液碱调 pH 至 6.8～7.2。灭菌工艺为 121℃、20min。

种子瓶、生产摇瓶培养基相同，种子瓶采用 500mL 三角摇瓶，装量 50mL，生产摇瓶采用 5L 大三角摇瓶，装量 500mL。种子瓶和生产摇瓶培养基配比如表 11-14 所示。

表 11-14　种子瓶和生产摇瓶培养基配比

序号	原料名称	配比/%
1	可溶性淀粉	1.0
2	葡萄糖	3.0
3	酵母浸出粉	0.8
4	蛋白胨	0.6
5	磷酸二氢钾	0.2
6	消泡剂	0.02

使用饮用水配制，灭菌前用 10%的液碱调节 pH 至 6.8～7.0。灭菌工艺为 121℃、20min。接种后置于 37℃下培养 20～22h。培养成熟的种子具有的特性：pH 下降至 6.1，残糖小于 1.0，透明质酸含量大于 2g/L。

发酵瓶采用 500mL 或 750mL 的三角摇瓶，装量为 50mL。发酵瓶培养基的配比如表 11-15 所示。

表 11-15　发酵瓶培养基配比

序号	原料名称	配比/%
1	可溶性淀粉	1.0
2	葡萄糖	3.0
3	酵母浸出粉	0.8

续表

序号	原料名称	配比/%
4	牛肉膏	0.2
5	蛋白胨	1.0
6	磷酸二氢钾	0.2
7	磷酸氢二钠	0.2
8	硫酸镁	0.06
9	消泡剂	0.005

将原料投入到摇瓶中，使用液碱调整 pH 6.8~7.2，计料体积 50mL，控制灭菌后体积 45mL。灭菌工艺为 121℃、20min。

2. 菌种的分离纯化

生产透明质酸的产生菌为经过重组的兽疫链球菌，遗传性能稳定，菌种的制备和保藏与常规的链球菌工艺相似。镜下观察呈圆球状，常见多个细菌连在一起，呈链状，故称链球菌。以透明质酸为主要成分的荚膜围绕在菌体周围，保护细菌免受伤害。

（1）初筛将保藏的高产兽疫链球菌冻存管菌种制成菌悬液，经梯度稀释后涂布到分离平板上，每个平板涂布 0.2mL 稀释菌液。培养温度为（36.5±0.5）℃，通常培养 30h 即可长出合适的单菌落。培养时，前 5h 正置平板，后倒置平板培养。在平板上选取合格的单菌落接种于茄瓶斜面上。合格单菌落的特点：菌落直径 2~3mm，表面粗糙，微皱褶，菌苔圆形微突起，灰白色，培养时间较长时，背面会有棕色色素。斜面培养温度为（36.5±0.5）℃，湿度 40%~60%，通常培养 2d 即成熟。

刮取约（0.5×0.5）cm^2的斜面菌层，接种到种子瓶中。置于（37.0±0.5）℃的摇床中，转速 220rpm，培养 16~22h 得到成熟种子液。把成熟的种子液接种到发酵瓶中，接种量为 10%。置于（37.0±0.5）℃的摇床中培养，转速 220r/min，相对湿度 40%~60%。30h 放瓶，通常选取发酵单位高于 5000μg/mL 的斜面进行复筛。

（2）复筛将初筛斜面扩培至新斜面上，置于（36.5±0.5）℃、湿度 40%~60%下培养，约 7d 成熟。按照“成熟斜面→种子瓶→发酵瓶”的流程复筛，复筛的发酵单位仍然要高于 5000μg/mL。

（3）生产摇瓶种子的制备　选取经过复筛的斜面接种于生产大摇瓶中，接种量：2cm^2菌苔/50mL 种子液，然后置于（36.5±0.5）℃的摇床中培养，转速 220r/min，20~26h 得到成熟的生产摇瓶种子液。

由于采用挖块接种的方式会带来接种量不均匀的问题，因此也可使用适量无菌水（40mL）将斜面菌苔洗下，振荡均匀后吸取 5mL 接种于生产摇瓶中。

成熟的生产摇瓶种子液应有如下特性：OD≥10.0，pH 降至 6.1 左右。

3. 发酵工艺

（1）种子罐培养基的配制与培养　一级种子罐的培养基如表 11-16 所示。

表 11-16　一级种子罐培养基配比

序号	原材料名称	配比/%
1	葡萄糖	3.0
2	酵母浸出粉	1.0
3	蛋白胨	0.1
4	无机盐	0.1

100L 的一级种子罐计料体积为 70L，在种子罐内加入适量（50L）饮用水，按照配比投入全部原料，加水补足计料体积，确认灭菌前的体积为 60L，温度为 35~42℃。通过种子罐夹套中通入蒸汽预热至 100℃，然后开始升温至 120~122℃，灭菌 30min。

灭菌结束后降温至 40~50℃后，停止搅拌，确认消后体积为（12±1）m^3，pH6.9~7.2，待接种。

接种前需确认摇瓶种子液 OD≥10.0，接种量 50mL/100L。一级种子罐培养条件：培养温度（36.0±1.0）℃，罐压 0.05MPa，通风比 1/min，搅拌转速 200r/min，培养周期 14h（10~20h）。

优良一级种子液的指标：菌浓≥18%，pH 下降到 6.8~6.9。菌浓测定采用 3000r/min 离心 10min 的方法。

（2）种子罐生产实例（100L 种子罐）　接入摇瓶菌种质量指标：培养周期 20h，放瓶 pH 6.1，OD_{530}8.3，菌种量 500mL。

种子罐计料体积 80L，灭菌前 pH 6.53，没有使用液碱调节，灭菌前体积 70L，温度 42℃，灭菌工艺为 121℃、30min，灭菌后实际体积 80L。100L 种子罐基本培养条件如表 11-17 所示。

表 11-17　100L 种子罐基本培养条件

周期/h	pH	通风量/vvm	温度/℃	罐压/MPa	搅拌/（r/min）	菌浓/%
接种后	7.05	10	36.5	0.05	200	8
1	7.01	10	36.9	0.05	200	8
2	6.95	10	36.3	0.05	200	8
4	6.97	10	36.5	0.05	200	11
6	6.98	10	36.4	0.05	200	12
8	6.98	10	36.4	0.05	200	14

续表

周期/h	pH	通风量/vvm	温度/℃	罐压/MPa	搅拌/(r/min)	菌浓/%
10	7.07	10	36.5	0.05	200	14
12	7.07	10.6	36.2	0.05	200	15
14	6.92	10	36.5	0.05	200	18

（3）二级发酵罐培养基的配制与培养　发酵罐培养基的配比如表 11-18 所示。

表 11-18　发酵罐培养基配比

序号	原材料名称	配比/%
1	葡萄糖	8.0
2	酵母粉	5.0
3	蛋白胨	2.0
4	无机盐	0.1

1m^{3}的发酵罐计料体积 800L。pH 在 6.90~7.10，如果 pH 不合格，需要使用稀盐酸或液碱调整到合格范围内。接种量为 10%（100L→1m^3），实际接种量 80L。发酵罐的培养条件如表 11-19 所示。

表 11-19　1m^{3}发酵罐发酵培养条件

序号	控制项目	控制指标	说明
1	培养温度	36~37℃	
2	罐压	0.01~0.02MPa	DO 降至 3mg/kg 时，控制 0.02MPa；DO 降至 3mg/kg，放罐，控制 0.01MPa
3	搅拌转速	100~120r/mim	搅拌功率为 320~400kW
4	通风比	1vvm	发酵过程中由于物料黏度过大，需要逐渐提高风量，以确保菌体所需的溶氧浓度
5	发酵周期	20~30h	

另外，还需要控制以下指标：

①溶氧控制：发酵接种前调整空气流量、搅拌转速等指标，控制 pH，在 10h 后出现溶氧低谷，全程要确保 pH 在 6.8~7.2。后期当 pH 变化频繁时，可适当提高空气流量和搅拌转速。

②补糖：当培养到 10h 的左右，根据补碱频率约 5~7 次/min，一次性补糖。

③pH 控制（液碱）：使用工业液碱控制发酵液 pH，前期 5h 以后开始补碱，随着 pH 的变化，补碱的频率越来越频繁。

（4）发酵生产实例（$1m^3$） 计料体积800L，投入培养基后pH为5.21，投入液碱调至pH7.0，消前液量650L，温度59℃，消后体积720L。发酵条件控制如表11-20所示。

表11-20 $1m^3$发酵罐发酵控制条件

周期/h	pH	通风量/（m^3/min）	温度/℃	残糖	HA/（g/L）	备注
接种后	7.14	80	37.0	5.132	1.001	
2	7.02	80	37.0	—	—	
4	6.94	80	37.0	—	—	
6	6.90	80	37.0	—	—	开始补碱
8	7.02	80	37.0	—	—	
10	7.02	80	37.0	3.184	3.253	开始补糖
12	6.92	80	37.0	—	—	
14	6.89	80	37.0	—	—	
16	7.03	80	37.0	—	—	
18	7.05	85	37.0	—	—	
20	7.00	85	37.0	—	5.213	
22	6.98	80	37.0	0.08	5.512	

注：罐压控制0.05MPa；搅拌转速控制100~120r/min。

（5）发酵罐生产指标 发酵罐生产指标汇总如表11-21所示。

表11-21 发酵罐生产指标汇总

始发体积/L		放罐指标	
培养基体积	600	培养周期	22h
种子液体积	80	放罐体积	710L
补料-30%液碱	20	放罐效价	5.512g/L
补料-50%葡萄糖	40	残糖	<0.1g/L
补消泡剂量	0	体积收率	88.75%（挥发11%）
合计体积	800	罐批产量	3.915kg

4. 提取工艺

放罐前洗刷絮凝罐，再加入发酵液3倍体积的酒精，发酵液冲入絮凝罐后开空气翻腾10min左右，停空气，静置至半成品浮出后，捞出半成品脱水，将捞好的半成品用回收酒精浸泡过后，换至新的回收酒精中，浸泡12~24h，离心10min后，称重，做好记录。

在溶解罐中加入1200L水，加热至50~55℃。称取半成品18kg（离心甩干撕碎）加入溶解罐中，然后加入200mL甲醛，搅拌至完全溶解，此时，加入200L左右酒精并加入360mL（无水碳酸钠10%）碳酸钠溶液。10min后，用浓度23%~

25%的碱液调 pH8.4~8.6，加碱时应缓慢。pH 调好后，分 4 次加入活性炭，每次加 900g，活性炭先用 30L 水搅拌均匀后再加入溶解罐内，开始加活性炭后需随时测 pH，要控制在 8.4~8.6。加活性炭期间，每间隔 15~20min 在溶解罐内加珍珠岩粗 12kg 或细 8kg（溶于 100L 纯水）并混合均匀，控制 pH8.4~8.6。

物料混合液经板框过滤，透光率达到 98%以上进中间罐，然后在中间罐中加入 1.6kg 活性炭（预先用 20L 纯水调好）搅拌均匀，调 pH 到 5.4~5.6，停搅拌吸附 1h，然后再经几次过滤，直至透光率达到 100%以上进制粉罐。

5. 制粉和干燥

过滤液进入制粉罐，调 pH 5.4~5.6。边搅拌边缓慢压入等体积酒精（pH7.0，流速 $1m^3/h$），再以 5s1 勺的速度加入饱和盐水，直至有粉末析出，然后缓慢加入两倍酒精（pH7.0，流速 $1.2m^3/h$），沉淀 30min，抽出上清液，从底部放出所需产品。产品沉淀后吸去上层酒精，用回收酒精（浓度 95%以上）脱水 1 次（24h）；产品再一次沉淀后吸去上层酒精，用新酒精（浓度 95%以上）脱水一次（24h）。离心机甩干后，用无水乙醇脱水 1 次，最后离心机甩干，并使用双锥回转真空干燥器对透明质酸湿晶体进行真空干燥 15h 左右，水分控制在 9%以下，经分析合格后，进包装。

6. 成品透明质酸相关指标

透明质酸理化、卫生及毒性试验指标分别如表 11-22、表 11-23、表 11-24 所示。

表 11-22　透明质酸理化指标

项　目	指　标
葡萄糖醛酸含量/%	≥42
黏度分子质量/u	$8\times10^5 \sim 2\times10^6$
pH（0.1%水溶液）	6.0~7.5
干燥失重/%	≤10
蛋白质含量/%	≤0.1
铅（以 Pb 计）/（mg/kg）	≤10
砷（以 As 计）/（mg/kg）	≤2
汞（以 Hg 计）/（mg/kg）	≤1

表 11-23　透明质酸卫生指标

项　目	指　标
菌落总数/（cfu/g）	≤100
粪大肠杆菌	不得检出
绿脓杆菌	不得检出
金黄色葡萄球菌	不得检出
溶血性链球菌	不得检出
霉菌和酵母菌/（cfu/g）	≤100

表 11-24　　透明质酸毒性试验

项　目	指　标
急性皮肤毒性试验	无急性毒性反应
皮肤刺激试验	无刺激反应
眼刺激试验	无刺激反应

五、红霉素（硫氰酸盐）生产工艺

（一）概述

红霉素（erythromycin，Er）是红色糖多孢菌的次级代谢产物，其抗菌谱和青霉素 G 相似，特别对抗酸杆菌、革兰阳性细菌、大病毒及立克次体有抗菌活性。红霉素为十四元大环内酯类抗生素，其分子是由红霉素内酯、红霉素糖和脱氧氨基己糖三部分组成。硫氰酸红霉素的分子结构式如图 11-31 所示。

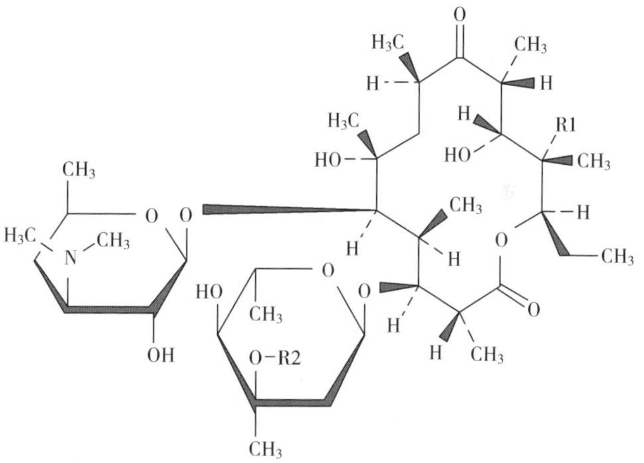

红霉素	分子式	M_r	R1	R2
A	$C_{37}H_{67}NO_{13}$	734	OH	CH_3
B	$C_{37}H_{67}NO_{12}$	718	H	CH_3
C	$C_{36}H_{65}NO_{13}$	720	OH	H

图 11-31　硫氰酸红霉素分子结构式

硫氰酸红霉素不仅是兽用抗生素，还是大环内酯类原料药的母核，是合成国际医药市场上十分畅销的三大半合成红霉素（阿奇霉素、罗红霉素和克拉霉素）的关键中间体原料，从而，奠定了硫氰酸红霉素在国际医药原料药市场上的强势地位。

我国早在上世纪 60 年代已开始生产红霉素，80 年代末至 90 年代初才开始试生产硫氰酸红霉素。进入 21 世纪，国际市场包括我国对硫氰酸红霉素的需求不断上升。

（二）红霉素生产工艺

红霉素发酵是以红色链霉菌（*streptomyces Erythreus*）为生产菌种，孢子经过斜面培养后，进行菌丝摇瓶培养，然后接入一、二级种子罐培养，经检验质量合格后，接入发酵罐，通入无菌空气，开搅拌，严格控制罐温、罐压，并通过调节空气流量和搅拌转速控制溶氧，进行深层液体发酵。

发酵生产中的培养基主要采用淀粉和葡萄糖作为碳源，豆饼粉、玉米浆和硫酸铵等作为氮源。在发酵过程中，定量流加前体丙醇，根据 pH 变化流加液化糖，同时依据补糖量流加黄豆油。菌丝在代谢过程中不断分泌红霉素。经过 8d 左右发酵，菌丝产生一定数量红霉素后，开始衰老断裂，即可放罐提取。

红霉素是一种碱性抗生素，在碱性情况下易溶于醋酸丁酯等有机溶剂，而在酸性时溶于水中，可与某些无机酸和有机酸形成盐，因此，主要采用溶媒萃取法提取。先将发酵液进行预处理，得到滤液，将滤液 pH 调至 9.8~10.2，用醋酸丁酯提取，然后在丁酯相中加入硫氰酸钠，用冰醋酸调 pH4.5~4.8，形成硫氰酸红霉素盐，以提纯红霉素，制备符合兽药典规定的硫氰酸红霉素。红霉素发酵的主要技术经济指标如表 11-25 所示。

表 11-25　红霉素发酵主要技术经济指标

项目	指标
周期/h	144~168
发酵单位/（g/L）	10~12
组分	A+B+C≥93%，B≤5%，C≤5%
收率/%	85（以硫氰酸盐计）

下面具体介绍某企业红霉素发酵生产工艺。

1. 菌种工艺

（1）斜面孢子制备　菌种为红色糖多孢菌（EM61）。斜面培养基成分：淀粉 0.5%，葡萄糖 0.5%，鱼胨 0.5%，玉米浆 0.1%（湿重），氯化钠 1.0%，磷酸二氢钾 0.015%，甜菜碱盐酸盐 0.05%，氯化钙 0.008%，微量元素溶液 0.2mL/100mL，琼脂 2.0%~2.2%。消前 pH7.0（20%KOH 调整）。

称量后，先将淀粉糊化，在与其他成分混合配成预定体积，待调 pH 后，分装在茄型瓶中，经 118~120℃、0.1MPa 下灭菌 30min 后，摆成斜面，置于 34℃恒温培养 5~7d，待冷凝水蒸发干后，观察无杂菌生长即可使用。

准备好沙土管及空白斜面，按无菌操作法用沙土孢子或冷干管中的牛乳孢子接种，置于（34.0±0.5）℃，相对湿度 40%~50%，培养 8~9d，长好后直接用于生产或置于 4℃冰箱保存备用。斜面生长过程及变化如表 11-26 所示。

表 11-26　斜面培养时间及其变化情况

培养时间/h	菌落变化情况
24	长出菌落
48	菌落白色略带黄，背面无色素

续表

培养时间/h	菌落变化情况
72	菌落白色一片，边缘上部呈现底色
96	背面上半部底色呈豆沙色或咖啡色，正面浅黄白色
120	底色变深，浅豆沙色，下部有底色，正面白色
144	底色加深，正面白色
168	底色加深，正面白色逐渐呈灰色
192	正面孢子丰满浅鼠灰红色，底色呈深豆沙色或深咖啡色

斜面孢子特征：高产菌落边缘圆、灰色，中间凸起正中有凹陷、中间白色，个别有梅花型，扎根较深。

（2）摇瓶菌丝制备　培养基配比：蔗糖3%，玉米浆1.6%，硫酸铵0.2%，碳酸钙0.7%，黄豆油0.5mL/300mL三角瓶，20%NaOH调pH5.5左右。培养条件：在34℃、220~240r/min摇瓶机振荡培养24h左右。

2. 发酵工艺

（1）培养基配比　种子罐和发酵罐培养基配比如表11-27所示。

表11-27　种子罐和发酵罐培养基配比

原材料名称	配比/%		
	一级种子罐	二级种子罐	发酵罐
淀粉	—	3.2	3.0
黄豆饼粉	—	3.5	4.5
玉米浆	1.7~3.2	—	—
糊精	—	3.2	—
蔗糖	3.0	—	—
氯化钠	—	0.5	—
碳酸钙	0.6~0.7	0.6	0.8
黄豆油	0.6	1.1	0.7
消泡剂	—	—	0.02
计算体积/m^3	1	10	100
消前体积/m^3	0.8	8	75~78
消后体积/m^3	1	9	90~92

（2）培养基灭菌　中、小罐及糖、油罐均采用实罐消毒方式进行灭菌，正丙醇采用闷消方式灭菌。发酵罐采用连续灭菌方式灭菌。其灭菌压力、温度和时间如表11-28所示。

表 11-28　　各类罐体灭菌条件

项目	小罐	中罐	大罐		糖化罐	植物油	正丙醇
			空消	连消			
压力/MPa	0.1~0.14	0.1~0.14	0.14~0.18	>0.3	0.08~0.12	0.15~0.2	0.2（闷消）
温度/℃	120~128	120~128	128~132	128~132	115~123	130~135	118~122
时间/min	30	30~40	60	3~5/m^3	30~35	60	60

消毒时，小罐、中罐、油罐及糖罐均预热到70~80℃再进汽。大罐配料时预热到65~70℃时打料。正丙醇管道的消毒压力必须保持在0.2MPa，消毒45min。丙醇计量罐，一般每周消毒一次。油管道消毒压力0.2MPa，时间为45min左右。糖管道消毒压力0.3MPa，时间为60min左右。种子罐和发酵罐培养基消后质量标准如表11-29所示。

表 11-29　　种子罐和发酵罐培养基消后质量标准

项目	一级种子罐	二级种子罐	发酵罐	糖罐
总糖/%	3.2±	7.5±	4.5~6±	
还原糖/%	0.44±	0.4±	0.3±	35~40
氨基氮/（mg/dL）	80±	60±	50±	
pH	6.1~6.6±	6.8±	7.8±	3.5±

（3）一级种子培养　培养基灭菌后，罐温降至37℃时，采用微孔压差法将摇动瓶种子或孢子接入罐中培养。罐温全程控制在（34.0±0.5）℃，通入无菌空气，通风比0.8~1.0/min，罐压0.05MPa，全程开搅拌，转速140r/min。培养过程中每过段时间需取样作无菌试验，测pH、菌体沉淀物体积（PMV），10h后取样观察菌丝形态，30h开始测黏度。

培养33h左右菌丝形态呈网状，菌丝体粗壮，分枝少，染色深且均匀，PMV在12%以上，pH回升至6.6左右，无杂菌，即可移入二级种子罐。

（4）二级种子罐培养　培养基灭菌后，罐温降至34℃时，用压差法将符合质量要求的一级种子接入二级罐中。全程控制罐温（34.0±0.5）℃，通风比保持0.8~1.0/min，罐压控制0.05~0.06MPa，全程搅拌，转速130rpm。培养过程中，每过段时间需取样作无菌试验，测pH、PMV、黏度，观察菌丝形态。培养13h左右，镜检菌丝呈网状，菌丝体细、长、直、分枝少，染色均匀，PMV在20%以上，无杂菌，即可移入大罐。

（5）发酵罐培养　培养基灭菌后，罐温降到36℃时，将搅拌转速调到80r/min，空气流量调至3000m^3/h，罐压维持在0.025MPa，调溶氧显示100%，然后停搅拌接种，接种后，罐温控制（34.0±0.5）℃，搅拌转速80r/min，空气流量3000m^3/h。

培养过程中控制溶氧、pH，并流加补入糖、醇、油，其原则：

①溶氧控制：100h 前控制在（50±5）%，100h 后控制在（40±5）%。当溶氧降至控制范围底限时，依次交替提高搅拌转速和空气流量，使溶氧在控制范围内。

②pH 与补糖控制：通过补糖来控制 pH。24h 前，当 pH 降至最低又回升至 7.1 时，开始缓慢补糖，控制 pH 在 7.2~7.3。24~40h 控制 pH 在 7.0~7.05，40h 后控制 pH 在 6.9~6.95。放罐前 1h 停止补糖，pH 回升。

③补醇控制：发酵 12h 后，当发酵液 PMV 达到 30%时，开始补醇，速率 0.08~0.09mL/（L/h），放罐前 5h 停止补醇。

④补油控制：发酵 24h 后，根据补糖速率确定补油速率，当糖耗大于 20kg/h 时开始补油，糖耗小于 48kg/h 时按 0.092mL/（L/h）补油；在 48~60kg/h 按 0.145mL/（L/h）；在 60kg/h 以上按 0.215mL/（L/h）补入。放罐前 8h 停止补油。

（6）发酵过程菌丝形态生长变化　发酵过程菌丝形态生长变化情况如表 11-30 所示。

表 11-30　发酵过程菌丝形态生长变化情况

阶段	菌丝形态生长变化
Ⅰ阶段	孢子吸水膨胀、发芽，长出分枝，分枝旺盛，美兰着色深，原生质充实，菌丝呈丛状
Ⅱ阶段	菌丝长成丛状，延长交织成网状，菌丝体较粗壮，分枝少，染色深且均匀
Ⅲ阶段	菌丝呈网状，菌丝体细、长、直、分枝少，染色均匀
Ⅳ阶段	菌丝呈网状，菌丝分节，断节有空泡，染色较浅，同时有新生细长着色较深的菌丝长出。衰老的菌丝逐渐自溶，菌丝状态模糊，放罐应控制在菌丝大量自溶阶段

3. 提取工艺

（1）预处理　将发酵液放入预处理罐，待放到一半时，开启搅拌和空气搅拌（如有空气搅拌），边放罐边加 $ZnSO_4$和 15%~20%的 NaOH 维持 pH7.0~8.0，待发酵液放完时，加够 $ZnSO_4$，调节 pH8.0~8.4。$ZnSO_4$加入量控制在 30~50g/L，并控制滤速在 8mL/5min 以上，$ZnSO_4$尽量少加，然后进板框压滤机压滤。

发酵液预处理工艺控制点：发酵液的碱化 pH 控制在 8.0~8.4，滤液 pH 控制在 7.5~8.0，温度 20~30℃，滤液单位 2500~4000U/mL，NaOH 配制浓度 20%。

（2）萃取（采用二级逆流静态提取）　在提取罐中加入上批二级提取的丁酯（如是第一次，则加入新鲜丁酯），将已经用 15%~20% NaOH 溶液调好 pH 10.1±0.1 的碱化液（调碱后的滤液）打入提取罐中。边打边滴入 2%的破乳剂。打完后，开动空气搅拌 8~10min。静置 1h 后分层，转出下层水相进入另一罐进行二级萃取（新鲜丁酯已经打入备提取用）。上层丁酯相经碟片式高速离心机分离，分离出清亮透明丁酯相即为红霉素抽提轻液。

二级萃取操作同一级萃取操作一样，但要复测 pH。如果 pH 不符合要求，加入 20%的 NaOH 溶液调节 pH 至规定值。然后静置 1h 分层，水相最终控制单位低于200U/mL以下。废水打入回收岗位蒸馏回收丁酯。上层丁酯相经碟片式高速离心机分离后储于储罐中备用，用于下批一级萃取用。

醋酸丁酯萃取工艺控制要点：pH以pH计测定为准，一级萃取pH 10.1±0.1，二级萃取pH 10.5±0.1；醋酸丁酯加入量一级按1/12~1/13（体积分数）加入，二级按1/15~1/16（体积分数）加入；抽提温度32℃左右；丁酯萃取液要求清亮，无明显乳化层。

（3）成盐结晶　将分离轻液打入结晶罐中，升温至43℃，加入1/10（体积分数）的饱和食盐水搅拌洗涤15min，然后静置45min分层，分尽下层乳化层和水。连续洗涤三次。洗涤后，开动搅拌，缓缓加入已经配制好的硫氰酸钠溶液，先慢后快，控制加入时间不得少于45min。滴加入50%的冰醋酸溶液，调节pH4.6~4.8。先慢后快，控制加入至调好pH的时间不得少于45min。继续搅拌30min后，停止搅拌，冷却降温，静置30min后，温度降到28℃以下，即可开始分离。

工艺控制要点：轻液洗涤温度40~43℃，用饱和食盐水洗涤；硫氰酸钠加量以10亿单位为准，按0.2kg/10亿加入；成盐pH控制4.6~4.8，温度43℃左右；硫氰酸钠浓度配制成20%，冰醋酸浓度配制成50%。

（4）分离洗涤　将成盐结晶液放入抽滤缸真空抽滤。抽滤缸中的湿盐用适量新鲜丁酯浸泡挖洗，约10min后再真空抽干。将湿盐转入混洗缸中，加入1~1.5倍的热蒸馏水充分混洗，离心，再用热蒸馏水淋洗2~3次，直至洗出的蒸馏水表面无明显溶媒即可。

工艺控制要点：过滤后用新鲜丁酯泡洗一次；蒸馏水温度控制在50~60℃。

（5）干燥包装　将湿盐放入喷雾干燥器中，通入75~80℃的热空气加热干燥2~3h。干燥后，收入桶中密闭保存，同时称重，通知质控部门取样检验。检验合格，按质控部门的包装通知进行包装，然后办理成品入库。

工艺控制要点：空气必须经高效过滤膜过滤；控制空气温度在75~80℃。

项目任务

任务11-1　实验室啤酒的酿造

一、任务目标

（1）了解啤酒发酵各阶段的现象和特点。

（2）学会分析啤酒酿制过程中相关指标。

二、 材料器具

1. 材料及试剂

活性啤酒干酵母，大麦芽，啤酒花，硅藻土，碘液，4mmol/L 的盐酸溶液（取浓盐酸 150mL，注入 300mL 蒸馏水中），1%邻苯二胺溶液（精密称取分析纯邻苯二胺 0.25g 溶于 4mmol/L 的盐酸溶液，定容至 25mL，摇匀，贮于棕色瓶中，应当日配制），消泡剂（有机硅消泡剂或甘油聚醚），铬酸洗液。

2. 主要仪器设备

温度计，纱布，烧杯，500mL 三角瓶，天平，水浴锅，量筒，抽滤装置，双乙酰蒸馏装置，酒精蒸馏装置，离心机，糖锤度计，容量瓶（100mL），密度瓶（附温度计，25mL 或 50mL），紫外分光光度计。

三、 任务实施

1. 麦芽汁制备

将麦芽粉碎，粗细粉比例约 1∶2.5，称取 100g 置于 1L 的烧杯中，加入 500mL、50℃的水，搅拌均匀后，置于恒温水浴锅中 50℃保温浸渍 1h 左右。然后升温至 65~68℃，约 5min 搅拌一次，维持 1h。用碘液呈色反应检测糖化程度，糖化结束的醪液立即升温至 76~78℃，趁热用纱布过滤，滤渣可加入少量 78~80℃热水洗涤。滤液经离心或硅藻土真空抽滤，过滤出麦芽汁于大烧杯中，加入 0.5g 酒花搅匀，煮沸 25min，再加 0.5g 酒花，继续煮沸 5min。煮沸过程始终处于沸腾状态，控制麦芽汁糖度为 8%~10%（糖度计测定）。麦芽汁冷却后备用。

2. 啤酒发酵

（1）活性干酵母活化　配制 2%蔗糖溶液，煮沸后冷却，按活性干酵母与糖液量 1：20 称取活性干酵母，38~40℃保温活化 30min。

（2）接种发酵　取 250mL 麦汁上清液放入经过灭菌处理的 500mL 三角瓶中，接种 20mL 酵母种子液，棉塞盖好，置于生化培养箱中 20~25℃培养 12~24h，培养过程中不断搅拌，然后恒温 10℃静止发酵 5~7d。

（3）后发酵　前（主）发酵结束后，发酵醪过滤装瓶、压盖，放入冰箱贮存。贮藏温度以保持在 4℃左右，后发酵 14~20d。

四、 结果分析

（1）采用糖锤度计测量麦汁浸出物浓度（糖度）。

（2）记录各发酵期的现象。

（3）分析啤酒中双乙酰含量。

五、 注意事项

（1）在啤酒酿制过程中，所有工具和容器，都要严格消毒。

（2）要注意糖锤度计和密度瓶使用时的温度。

六、任务考核

（1）糖锤度计和密度瓶的正确操作。（40分）
（2）不同发酵期的现象描述。（20分）
（3）双乙酰和酒精含量测定及其结果。（40分）

附一：啤酒中双乙酰的测定

用蒸汽把双乙酰从样品中蒸馏出来，加入邻苯二胺后，形成2，3-二甲基喹喔啉，在335nm波长下有最大吸收峰，其吸光度与双乙酰的含量符合朗伯-比尔定律，可对样品的双乙酰含量进行定量测定。

1. 测定方法

（1）蒸馏　把双乙酰蒸馏器安装好（图11-32），把夹套蒸馏器下端的排气夹打开，将内装2.5mL蒸馏水的容量瓶置于冷凝器下端，使馏出口尖端浸没在水下面，外加冰水冷却。加热蒸汽发生瓶至沸，通过水蒸气加热夹套蒸馏器，备用。

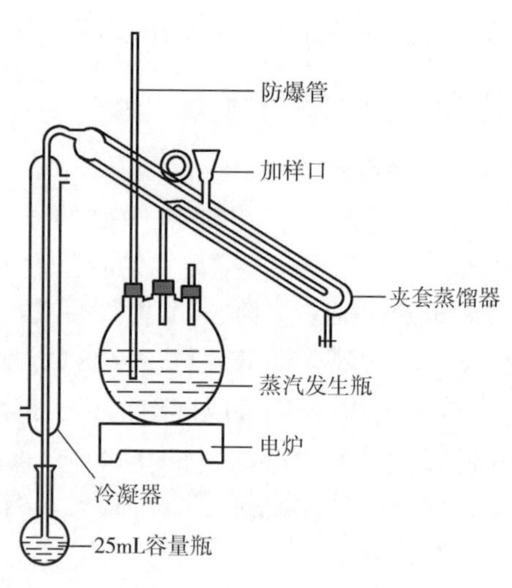

图11-32　双乙酰蒸馏装置示意图

于100mL量筒中先加入2~4滴消泡剂，再注入5℃左右未除气的啤酒100mL。待夹套蒸馏器下端冒大气泡时，打开加样口瓶塞，将啤酒迅速注入蒸馏器内，再用约10mL蒸馏水冲洗量筒，洗液同时倒入蒸馏器内，迅速盖好加样口塞子，用水封口。待夹套蒸馏器下端再次大量冒大汽时，将排气夹夹住，开始蒸馏，接馏液，直到馏出液接近25mL时取下容量瓶，用水定容至25mL，摇匀（蒸馏应在3min中内完成）。

（2）显色　混匀馏出液，分别吸取馏出液10mL置于两只比色管中。一管作为样品管加入0.5mL、1%（质量分数）的邻苯二胺溶液，另一管不加，作空白。充分摇匀后，同时置于暗处放置20~30min，然后于样品管中加2mL、4mmol/L的盐酸溶液，于空白管中加入2.5mL、4mol/L的盐酸溶液，混匀。

（3）测定　在335nm波长处，用2cm比色皿以空白作对照测定样品吸光度。

（4）计算结果　双乙酰含量的计算公式：

$$双乙酰\ (mg/L) = A_{335} \times 1.2$$

式中　A_{335}——样品吸光度，指用2cm比色皿测得，若用1cm比色皿，则吸光度乘以2；
　　1.2——换算系数，是多次用纯双乙酰测得的吸光度和双乙酰含量的换算系数。

2. 注意事项

(1) 消泡剂的用量越少越好，用量过高会使测定结果出现较大的误差。

(2) 蒸馏时加入试样要迅速，勿使双乙酰损失。严格控制水蒸气量，勿使泡沫过高，被水蒸气带出而导致蒸馏失败。

(3) 显色反应在暗处进行，否则会导致结果过高。

(4) 发酵液、清酒液、桶装啤酒，采样后应立即测定，不需经过样品处理。

(5) 瓶（听）装啤酒：先将原瓶（听）装啤酒浸入冰水浴中，使其品温降至5℃以下，开盖，立即注入已加消泡剂的100mL量筒中，无需进行样品处理。

附二：啤酒中酒精度的测定

将样品进行蒸馏，测量馏出液的相对密度，查表得出样品中酒精的含量，即为酒精度。

1. 操作方法

(1) 样品的蒸馏　称取100.0g已处理好的样品（除气并经过滤，温度为20℃）置于500mL已知质量的蒸馏瓶中，加约50mL水和数粒玻璃珠，装上蛇形冷凝器（图11-33），用已知质量的100mL容量瓶接受蒸馏液（容量瓶浸于冷水或冰水中），缓缓加热容量瓶，收集约95mL蒸馏液（应在30～60min内完成），取下容量瓶，调节溶液温度至20℃，然后加水恢复蒸馏液至原质量100.0g。

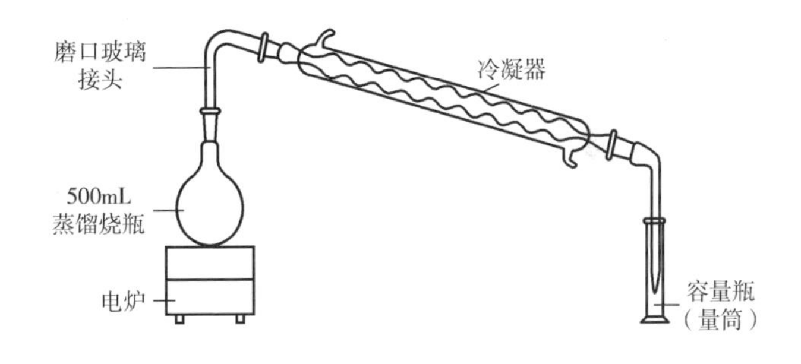

图11-33　酒精蒸馏装置示意图

(2) 密度瓶校正　用铬酸洗液将密度瓶（图11-34）、温度计和小帽泡洗后，用自来水冲洗，再用蒸馏水冲洗，然后用无水乙醇、乙醚顺次洗涤数次，吹干，在干燥器中冷却至室温。用电子天平准确称其质量（精确至0.0001g）。

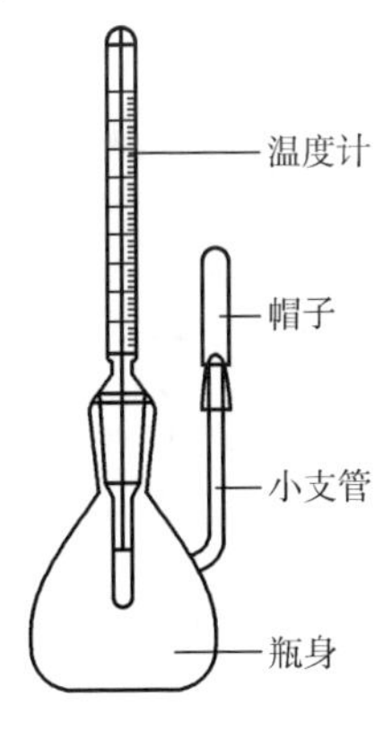

图11-34　密度瓶示意图

将煮沸后冷却至约15℃的蒸馏水注满密度瓶，然后插入温度计（瓶中应无气泡），立即浸入（20.0±0.1）℃的水浴中，至密度瓶温度达20℃，并保持20～30min，用滤纸吸去溢出支管的水，盖上小帽，从水浴中取出。放置，待和室温一致时擦干外壁，立即称量（准确至0.0001g）

(3) 酒精度测定　将密度瓶中的水倒去，用冷却至约15℃的蒸馏液反复冲洗密度瓶及温度计三次，然后注满蒸馏液，按步骤（2）相同的操作方法，称量出密度瓶与蒸馏液的质量。密度瓶小帽在（2）、（3）步骤之间应进行干燥。

2. 结果计算

（1）蒸馏液的相对密度的计算公式：

$$d_{20}^{20} = (m_2 - m) / (m_1 - m)$$

式中 d_{20}^{20}——样品中蒸馏液在20℃时的相对密度；

m——密度瓶的质量/g；

m_1——密度瓶和蒸馏水的质量/g；

m_2——密度瓶和蒸馏液的质量/g。

（2）根据计算出的相对密度 d_{20}^{20}，查相对密度-酒精度对照表，求得酒精度。

3. 注意事项

（1）蒸馏时冷却水的温度不得高于20℃，否则会导致结果偏低。

（2）密度瓶称量前调整至室温，为防止当室温高于瓶温时，水汽在瓶外壁冷凝，引起测量误差。

任务11-2 甜酒酿发酵

一、 任务目标

（1）了解糯米甜酒发酵的原理和方法。

（2）初步学会制作糯米甜酒。

二、 操作原理

甜酒酿，又称米酒、米甜酒，是我国传统的发酵食品，其产热量高，酒度低，风味独特，具有良好的营养价值。它主要是利用酒药中的有益微生物（霉菌和酵母菌）将蒸熟的糯米饭糖化发酵而成。将糯米经过蒸煮糊化，利用酒药中的根霉和米曲霉等微生物将原料中糊化后的淀粉糖化，将蛋白质水解成氨基酸，然后酒药中的酵母菌利用糖化产物生长繁殖，并通过酵解途径将糖转化成酒精，从而赋予甜酒酿特有的香气、风味和丰富的营养。我国黄酒生产中的淋饭酒在某种程度上就是由甜酒酿发展而来的。

三、 材料器具

1. 材料

糯米，酒曲（药）。

2. 主要仪器设备

电饭锅，多孔蒸盘，托盘，塑料碗，保鲜膜，保鲜袋，干净纱布，恒温箱等。

四、 任务实施

实验流程：

糯米→浸米→洗米→蒸饭→淋饭→拌曲→搭窝→发酵→成品

1. 浸米和洗米

选择当年产优质糯米为主要原料。将淘洗干净的糯米注入清水，使水浸过糯米为宜，浸泡12~24h（冬季长些，夏季短些），至可以用手碾碎即可，用自来水冲洗干净，沥干水分。

2. 蒸饭

将沥干的糯米放在电饭锅的蒸架上（衬干净纱布）蒸熟，圆汽后再蒸30min。要求达到熟而不糊、透而不烂、外硬内软、疏松易散、均匀一致。

3. 淋饭

用凉开水淋洗蒸熟的糯米饭，使其降温，要边拌边淋，使米饭快速降温至35℃左右，避免因缓慢冷却导致微生物污染。

4. 拌酒曲

将酒曲（若是块状则研成粉末）按量均匀的拌在糯米中，使其中的根霉孢子分散在米饭里。不同的组分可以用不同的接种量（0.5%~3%不等）进行对比实验。

5. 搭窝

将拌好酒曲的米饭装入一次性塑料碗中，用干净的汤匙压平表面，中间扒一个小窝，表面再洒少许酒曲，然后用保鲜膜密封（若塑料碗小，装量较满，为了保证足够的氧气，可将塑料碗放入保鲜袋中，扎紧袋口）。

6. 保温培养

将塑料碗置于25℃的恒温箱中培养36~40h，如果米饭变软，表示已糖化好；凹窝中有许多液体渗出，有水、有酒香味，表示已有酒精和乳酸生成，即可停止保温。这时最好再蒸一次，杀死其中的微生物和酶，停止其活动，以便放置取食。

五、 结果分析

在保温12h后，每隔5h进行观察和记录。记录内容包括米饭的变化情况、香味及口感等。一般标准：有黄酒特有的香气，醇香浓郁，口感甜美、爽口、柔和。

六、 注意事项

（1）制作甜酒的关键是干净，尽可能无菌操作，一切东西都不能沾生水和油。

（2）糯米饭一定要蒸熟，不能太硬或夹生。

（3）米饭一定要凉透至35℃以下才能拌酒曲，否则会杀死霉菌，影响正常发酵。

（4）发酵过程中，既要密封好，又要控制好氧气的供给。氧气不足会影响糖化，氧气过多，表面长毛，影响感官体验。

七、任务考核

（1）材料准备情况。（10 分）

（2）蒸米饭符合要求。（30 分）

（3）淋饭和拌酒曲的正确操作。（40 分）

（4）培养期间的观察及时间控制。（20 分）

任务 11-3 黑曲霉发酵生产柠檬酸

一、任务目标

（1）了解柠檬酸发酵、提取的原理及过程。

（2）熟悉和掌握摇瓶种子制备方法，掌握柠檬酸液体发酵及相关参数分析方法。

二、材料器具

1. 材料及试剂

菌种：黑曲霉（实验室分离并保存）。

黑曲霉种子培养基：20%玉米粉糖化过滤液。

发酵培养基：20%葡萄糖溶液与玉米糖化过滤液按 5∶1 混合。

2. 试剂

高温淀粉酶，葡萄糖，0.1429mol/L NaOH，轻质碳酸钙（200 目），高锰酸钾，硫酸，活性炭，阳离子树脂，95%乙醇，1%酚酞试剂，DNS 试剂，碘指示剂，草酸铵结晶紫液。

3. 主要仪器设备

80 目筛子，电子天平，灭菌锅，水浴锅，超净工作台，恒温培养箱，摇床，离心机，pH 计，分光光度计，显微镜，碱式滴定管，大烧杯，500mL 三角瓶等若干。

三、任务实施

1. 20%玉米水解糖液制备

将玉米粉用 80 目筛子筛好备用，按自来水：玉米粉为 4：1（质量比）配制 20%的淀粉乳，混匀。调 pH 6.5，加入氯化钙（对固形物 0.2%），加入液化酶（加酶量按 20U/g），边加热边搅拌，待加热到 72℃，保温 10min，再加热到 90℃

后，恒温水解 30min。碘反应呈棕红色，液化结束。迅速将料液 pH 调至 4.2~4.5，同时迅速降温至 60℃，加入糖化酶（加酶量按 200U/g），60℃保温数小时后。用无水酒精检验无糊精存在时，将料液 pH 调至 4.8~5.0，并加热至 80℃，保温 20min，然后将料液降至 60~70℃，用双层纱布过滤，即得到 20%玉米水解糖液。

2. 摇瓶种子制备

将 20%玉米水解过滤液分装至 500mL 三角瓶中，装量为 50mL，121℃，灭菌 15~20min。

待培养基温度降至 40℃以下时，将活化的黑曲霉孢子接入培养基中，在 33~36℃，200r/min 的摇床培养 20h 左右。菌球致密，直径不应超过 0.1mm、菌丝短且粗壮、分支少、瘤状、部分膨胀为优。

3. 摇瓶发酵

取 20%玉米水解糖液，按 0.3%~0.35%比例加入硫酸铵，然后分装至 500mL 三角瓶中，装量为 50mL，121℃，灭菌 20min。待培养基温度降至 40℃以下，接入摇瓶种子 2mL（或三角瓶麸曲制备的孢子悬液，孢子浓度为 10^6~10^8个/mL），24h 前于转速 100r/min，24h 后于转速 200~300r/min 的摇床上，32℃连续培养 3~4d。

4. 发酵罐发酵

把 20%玉米水解糖液 3000mL 装入 5L 的发酵罐中，加入 0.3%~0.35%的硫酸铵，pH 调至 4.0。封罐，灭菌 30min。冷却至 35℃，在无菌条件下，接入摇瓶种子或一个三角瓶麸曲制备的孢子悬液。发酵条件：32℃，初始 pH 4.0，转速 200r/min，通风量：发酵 0~18h 为 0.1vvm，发酵 18~30h 为 0.15vvm，发酵 30h 以后为 0.25vvm。一般发酵 5~6d 结束，当发酵液滴定酸度不再上升，残糖在 0.2%~0.5%时立即放罐。

5. 提取精制

（1）发酵液预处理　收集成熟的发酵液倒入一个大烧杯中，加热至 80℃，保温处理 10~20min，趁热离心，除去菌体、蛋白质、酶及孢子等杂质。

（2）碳酸钙中和　称取一定量的碳酸钙粉末（每 100g 一水柠檬酸需要加入 71.43g 碳酸钙，过量的碳酸钙会造成胶体等其它杂质的沉淀而影响质量），边搅拌边缓慢地加入预处理的发酵液中（防止产生大量的泡沫），继续加热到 90℃，反应 30min，柠檬酸呈钙盐析出。趁热抽滤，并用沸水洗涤沉淀物 2~3 次（除去残糖、蛋白质等可溶性杂质）。残糖检查方法：可用 1%~2%高锰酸钾 1 滴加到洗涤水中，3min 内不变色，说明糖分已洗净。

中和终点的控制可用 pH 法或用 NaOH 滴定法。pH 法以 4.4~4.8 为宜。

（3）硫酸酸解　在沉淀物中加入约 2 倍体积的蒸馏水，搅成糊状，调匀，然后加热至 85℃，在不断搅拌下，缓慢加入一定量的 0.1mol/L 硫酸溶液，用量为碳酸钙的 85%~90%（pH 1.8），当加入足够量的硫酸时，柠檬酸就会游离出来。反应 10min，使硫酸钙结晶成熟，3000r/min 离心 10min，收集上层清液。

（4）脱色和去除各种阳离子用1%的颗粒活性炭（GH-11）进行脱色，然后用阳离子树脂（732型）去除各种阳离子（当出口液的pH≤3时开始收集，流速为5mL/min；当出口液的pH>3时，收集结束），最后用阴离子树脂（D_{354}）去除阴离子（当出口液的pH≤2时开始收集，流速为5mL/min；当出口液的pH>3时，收集结束），得收集液。

（5）浓缩和结晶将收集液转入圆底烧瓶中，水浴60~70℃，真空度0.08~0.09MPa，浓缩至原体积约1/10；将浓缩液转入烧杯中，于室温下搅拌，待出现晶核，停止搅拌，再移入4℃冰箱冷却结晶约15min，抽滤获得柠檬酸晶体，烘干后称重。

四、项目检测

（1）pH、溶解氧的跟踪测定（从二次仪表中直接读取）。
（2）黑曲霉菌丝形态观察，每隔12h镜检黑曲霉菌丝的形态变化。
（3）酸解终点的确定。
（4）发酵过程中还原糖、总酸、柠檬酸浓度的测定。
（5）计算黑曲霉发酵柠檬酸的产率：柠檬酸（g）/发酵液（L）。

五、发酵过程检测方法

（1）黑曲霉镜检
方法一：直接取一滴发酵液于载玻片上，用盖玻片密封后镜检。
方法二：镜检过程：

涂片→干燥→固定→染色→水洗→干燥→镜检

（2）酸解终点的确定采用双管法，见附一。
（3）还原糖、柠檬酸浓度的测定分别见附二、附三。

六、结果统计

发酵过程相关参数变化情况填写下表

时间/h	菌丝形态	还原糖/（g/L）	总酸/%	柠檬酸浓度/（g/L）	pH
0					
12					
24					
48					
60					
72					

七、注意事项

（1）装入摇瓶的培养基不能太多，否则培养过程中黑曲霉所需要的氧气不充分。

（2）发酵过程中不能断氧，否则发酵失败。

（3）在形成柠檬酸钙沉淀及硫酸钙沉淀时应趁热离心（二者在 80~90℃时溶解度极低，可与其他物质分离）。

八、任务考核

（1）镜检及菌丝形态的描述。（20 分）

（2）酸解终点的确定，所需碳酸钙量计算无差错。（20 分）

（3）发酵液的总酸、还原糖和柠檬酸含量测定结果。（40 分）

（4）提取操作熟练准确。（20 分）

附一：酸解终点的确定-双管法

取过滤后的酸解液 1mL，平分为两个管，其中，一管加入 1mL 20%的硫酸，另一管加入 1mL 20%的氯化钙，加热至沸。如果两管均不浑浊，再分别加入 1mL 95%的乙醇，若仍不浑浊，即为酸解合格。

附二：发酵液还原糖测定

1. 1%葡萄糖标准溶液

准确称取 100mg 葡萄糖，用少量蒸馏水溶解后定容至 100mL，冰箱保存备用。

2. 葡萄糖标准曲线的制作

取 9 只干燥试管编号，分别按照下表项目的顺序加入各种试剂和操作。各管内溶液混匀，用空白管溶液调零，540nm 测定光密度（OD），以葡萄糖含量为横坐标，光密度为纵坐标绘制葡萄糖溶液标准曲线。

项目	空白	1	2	3	4	5	6	7	8
含糖总量/mg	0	0.2	0.4	0.6	0.8	1.0	1.2	1.4	1.8
葡萄糖标准液/mL	0	0.2	0.4	0.6	0.8	1.0	1.2	1.4	1.8
蒸馏水/mL	3.5	3.3	3.1	2.9	2.7	2.5	2.3	2.1	1.7
DNS 试剂/mL	1.5	1.5	1.5	1.5	1.5	1.5	1.5	1.5	1.5
加热	均在沸水浴中加热 5min								
冷却	立即用流动冷水冷却								
蒸馏水/mL	20.0	20.0	20.0	20.0	20.0	20.0	20.0	20.0	20.0
光密度									

3. 发酵液残留还原糖的测定

取一定体积的发酵液离心或用单层滤纸过滤去除菌体。准确量取 5mL 发酵上清液（视含糖量高低而定，在发酵周期内不同时期取样数量应有所不同）于 100mL 容量瓶中，用碱液（NaOH 3mol/L）调节至中性或碱性（pH7~9），以水稀释至刻度、摇匀。取 4 只干燥试管编号，按照下表的项目顺序加入相应试剂进行反应。540nm 测定光密度值，以 1、2、3 光密度值的平均值根据葡萄糖标准曲线算出发酵液所含还原糖的量。

项目	空白	1	2	3
发酵液/mL	0	2.0	2.0	2.0
蒸馏水/mL	3.5	1.5	1.5	1.5
DNS 试剂/mL	1.5	1.5	1.5	1.5
加热	均在沸水浴中加热 5min			
冷却	立即用流动冷水冷却			
蒸馏水/mL	20.0	20.0	20.0	20.0
光密度				

注意：DNS 法测还原糖受柠檬酸发酵液中酸碱性的影响程度大，所以在用 DNS 法测 pH 较低的发酵液中的还原糖时，必须先将待测液 pH 调到中性或偏碱性。

附三：柠檬酸浓度的测定

采用醋酸酐-吡啶法测定柠檬酸含量（适用于发酵液），其原理：柠檬酸在乙酸酐存在下与吡啶生成黄色，在 420nm 波长下比色测定。

1. 绘制标准曲线

精确称取柠檬酸（A.R.）1g，溶解后在容量瓶中定容至 1000mL，即浓度为 1mg/mL。使用时再将其稀释成 50，100，150，200，250，300，350，400，450，500mg/L 的标准溶液。分别吸取不同浓度的标准液 1mL，加入乙酸酐 5.7mL、吡啶 1.3mL。立即塞上塞子摇匀，放入 22~29℃ 恒温水浴中保温 30min，再立即取出，用分光光度计在 420nm 波长下比色。将记录的数据绘制成标准曲线。

2. 发酵液柠檬酸浓度的测定

把发酵醪液稀释适当倍数（柠檬酸含量应在 200~400mg/L），然后取 1mL 加乙酸酐 5.7mL，吡啶 1.3mL，后续操作与前述标准样测定相同。最后从标准曲线上查出柠檬酸含量。

3. 计算

$$柠檬酸浓度（g/L）=\frac{柠檬酸质量（mg，曲线上查得）}{取样体积（mL）}\times 稀释倍数$$

4. 注意事项

（1）此法是测定柠檬酸根的，但酒石酸、衣康酸、异柠檬酸的存在会直接影响显色，反丁烯二酸、丙酮酸、*L*-苹果酸的存在也有干扰。

(2) 本反应的时间性强，与吡啶生成的黄色会随时间的延长而加深，所以必须严格控制时间。如果来不及测定。应将样品置于冰浴中终止反应。

(3) 乙酸酐和吡啶易挥发，测定时，加入试剂后立即塞上塞子，整个操作越快越好。

(4) 本法对温度要求严格，不同温度下显色情况不同，应加以控制。

项目拓展（十一）

项目思考

1. 简述麦芽汁制备的过程。
2. 啤酒主发酵过程有哪几个阶段？
3. 啤酒酿造中添加酒花的作用是什么？
4. 简述淀粉质原料生产酒精的工艺过程。
5. 叙述酒精生产中的间歇糖化工艺。
6. 柠檬酸发酵工艺控制的要点有哪些？
7. 简述柠檬酸提取步骤。
8. 如何判断透明质酸的发酵终点？
9. 简述红霉素发酵罐培养过程控制的原则。

参考文献

[1]陈坚,堵国成.发酵工程原理与技术.北京:中国轻工业出版社,2012.

[2]葛邵荣.发酵工程原理与实践.上海:华东理工大学出版社,2011.

[3]胡斌杰,胡莉娟,公维庶.发酵技术.武汉:华中科技大学出版社,2012.

[4]李艳,发酵工程原理与技术.北京:高等教育出版社.2007.

[5]党建章.发酵工艺教程.北京:中国轻工业出版社,2003.

[6]邓毛程.发酵工艺教程.北京:中国轻工业出版社,2007.

[7]谢梅英,别智鑫.发酵技术.北京:化学工业出版社,2009.

[8]黄晓梅,周桃英,何敏.发酵技术.北京:化学工业出版社,2015.

[9]何国庆,食品发酵与酿造工艺学.北京:中国农业出版社,2011.

[10]岳春.食品发酵技术.北京:化学工业出版社,2008.

[11]陈坚,堵国成,刘龙.发酵工程实验技术(第三版).北京:化学工业出版社,2013.

[12]孙宝国.食品添加剂(第二版).北京:化学工业出版社,2013.

[13]陶兴无.发酵工艺与设备(第二版).北京:化学工业出版社,2015.

[14]李学如,涂俊铭.发酵工艺原理与技术.武汉:华中科技大学出版社,2014.

[15]范文斌,池永红.发酵工艺技术.重庆:重庆大学出版社,2014.

[16]代书玲.发酵技术.北京:中国农业出版社,2015.

[17]李玉英.发酵工程.北京:中国农业大学出版社,2009.

[18]黄方一,叶斌.发酵工程.武汉:华中师范大学出版社,2006.

[19]韩德权.发酵工程.哈尔滨:黑龙江大学出版社,2008.

[20]叶勤.发酵过程原理.北京:化学工业出版社.2005.

[21]卢艳花.天然药物的微生物转化.北京:化学工业出版社.2006.

[22]石维忱.生物发酵产业现状及未来发展趋势,中国科学报,2015.

[23]于文国.发酵生产技术.北京:化学工业出版社(第三版),2015.

[24]韩德权.发酵工程.哈尔滨:黑龙江大学出版社,2008.

[25]周桃英.发酵工程. 北京:中国农业出版社,2008.

[26]熊宗贵.发酵工艺原理. 北京:中国医药科技出版社,1995.

[27]朱启忠.生物固定化技术及应用.北京:化学工业出版社,2009.

[28]禹邦超,胡耀星.酶工程(第二版).武汉:华中师范大学出版社,2007.

[29]禹邦超,周念波.酶工程(第三版).武汉:华中师范大学出版社,2014.

[30]王金胜.酶工程.北京:中国农业出版社,2007.

[31]袁勤生.酶与酶工程(第二版).上海:华东理工大学出版社,2012.
[32]徐凤彩.酶工程.北京:中国农业出版社,2001.
[33]梁传伟,张苏勤.酶工程.北京:化学工业出版社,2008.
[34]李冰峰,吴昊.酶工程(第二版).北京:化学工业出版社,2014.
[35]刘振宇.发酵工程技术与实践.上海:华东理工大学出版社,2009.
[36]周广田.现代啤酒工艺技术.北京:化学工业出版社,2007.
[37]许赣荣,胡文锋.固态发酵原理设备与应用.北京:化学工业出版社,2009.
[38]管斌,发酵实验技术与方案.北京:化学工业出版社,2010.
[39]李玉林,任国平.生物技术综合实验.北京:化学工业出版社,2009.
[40]孙俊良.发酵工艺(第二版).北京:中国农业出版社,2008.
[41]陈军.发酵工程实验指导.北京:科学出版社,2013.
[42]张祥胜.发酵工程实验简明教程.南京:南京大学出版社,2014.
[43]陈国豪.生物工程设备.北京:化学工业出版社,2009.
[44]范文斌,池永红.发酵工艺技术.重庆:重庆大学出版社,2014.
[45]汪文俊,熊海容.生物工程专业实验教程.武汉:华中科技大学出版社,2012.
[46]胡巅,赵学慧.酿造与发酵异同之辨析[J].中国酿造,1997(05).
[47]姚小员,储消和,庄英萍等.接种方式对阿维菌素发酵过程的影响[J].食品与生物技术学报,2009,28(05).
[48]刘子宇,李平兰,郑海涛等.微生物高密度培养的研究进展[J].乳品加工,2005(12).
[49]程功,徐建中,张伟国.L-精氨酸生物合成机制及其代谢工程育种研究进展[J].微生物学通报.2016,43(6).
[50]张红岩,辛雪娟,申乃坤等.代谢工程技术及其在微生物育种的应用[J].酿酒,2012(4).
[51]刘仲汇,冯 东,冯德荣等.pH值与温度智能控制系统在的应用[J].农业工程学报.2005(8).
[52]章冬梅.泡沫对工业发酵的影响及控制[J].化工设计.2008(1).
[53]聂建红, 王瑞, 孙葳等,微波灭菌及应用[J],吉林医药学院学报,2009:30(1).
[54]赵丹,连微微,汤蓉等.微波灭菌技术的应用与研究进展[J].贵阳中医学院报,2014:36(5).
[55]戚小灵,滕学东,左 静.柠檬酸发酵液中还原糖测定方法的探讨[J].食品工程,2011(8).
[56]肖志刚,申德超,肖睿.酶解玉米粉糖化液脱色条件研究[J].农产品加工,2008(7).
[57]钱林波.固定化微生物技术修复PAHs污染土壤的研究进展[J].环境科

学,2016.

[58]王克明.复合载体固定化细胞红曲色素发酵条件的研究[J].中国酿造,2005(6).

[59]周瑾,周作明,荆国华.磁性固定化技术在环境工程领域的研究和应用进展[J].化工进展,2011,30(5).

[60]施安辉.利用固定化细胞连续发酵生产酸奶[J].生物工程学报,1995(11)(2).